A INCRÍVEL LENDA DA INFERIORIDADE

VOLUME II

Editora Appris Ltda.
1.ª Edição - Copyright© 2023 da autora
Direitos de Edição Reservados à Editora Appris Ltda.

Nenhuma parte desta obra poderá ser utilizada indevidamente, sem estar de acordo com a Lei nº 9.610/98. Se incorreções forem encontradas, serão de exclusiva responsabilidade de seus organizadores. Foi realizado o Depósito Legal na Fundação Biblioteca Nacional, de acordo com as Leis nos 10.994, de 14/12/2004, e 12.192, de 14/01/2010.

Catalogação na Fonte
Elaborado por: Josefina A. S. Guedes
Bibliotecária CRB 9/870

C672i Coelho, Vânia
A incrível lenda da inferioridade : volume II / Vânia Coelho.
1. ed. – Curitiba : Appris, 2023.
461. ; 23 cm.

ISBN 978-65-250-4792-8

1. Mulheres. 2. Patriarcado. 3. Feminismo. I. Título.

CDD – 305.42

Livro de acordo com a normalização técnica da ABNT

Editora e Livraria Appris Ltda.
Av. Manoel Ribas, 2265 – Mercês
Curitiba/PR – CEP: 80810-002
Tel. (41) 3156 - 4731
www.editoraappris.com.br

Printed in Brazil
Impresso no Brasil

VÂNIA COELHO

A INCRÍVEL LENDA DA INFERIORIDADE

VOLUME II

FICHA TÉCNICA

EDITORIAL
Augusto V. de A. Coelho
Sara C. de Andrade Coelho

COMITÊ EDITORIAL
Marli Caetano
Andréa Barbosa Gouveia (UFPR)
Jacques de Lima Ferreira (UP)
Marilda Aparecida Behrens (PUCPR)
Ana El Achkar (UNIVERSO/RJ)
Conrado Moreira Mendes (PUC-MG)
Eliete Correia dos Santos (UEPB)
Fabiano Santos (UERJ/IESP)
Francinete Fernandes de Sousa (UEPB)
Francisco Carlos Duarte (PUCPR)
Francisco de Assis (Fiam-Faam, SP, Brasil)
Juliana Reichert Assunção Tonelli (UEL)
Maria Aparecida Barbosa (USP)
Maria Helena Zamora (PUC-Rio)
Maria Margarida de Andrade (Umack)
Roque Ismael da Costa Güllich (UFFS)
Toni Reis (UFPR)
Valdomiro de Oliveira (UFPR)
Valério Brusamolin (IFPR)

SUPERVISOR DA PRODUÇÃO
Renata Cristina Lopes Miccelli

ASSESSORIA EDITORIAL
Letícia Campos

REVISÃO
Marcela Vidal Machado
Débora Sauaf

PRODUÇÃO EDITORIAL
Nicolas Alves

DIAGRAMAÇÃO
Bruno Ferreira Nascimento

CAPA
Lívia Weyl

REVISÃO DE PROVA
Romão Matheus
William Rodrigues

Aos meus filhos, Rafael Coelho e Fernanda Coelho.
À Marcela Fachini. À minha nora, Vanessa Berger.
Aos meus netos, João Gabriel, Letícia, Clara e Benjamin.

Agradeço à amiga jornalista Leonor Bueno, pelas sugestões e leitura crítica.

E as pessoas ficaram em casa
E leram livros e ouviram
E descansaram e se exercitaram
E fizeram arte e brincaram
E aprenderam novas maneiras de ser
E pararam
E ouviram fundo
Alguém meditou
Alguém orou
Alguém dançou
Alguém conheceu sua sombra
E as pessoas começaram a pensar
De forma diferente
E as pessoas se curaram
E na ausência de pessoas
Que viviam de maneiras ignorantes
Perigosas, sem sentido e sem coração,
Até a Terra começou a se curar
E quando o perigo terminou
E as pessoas se encontraram
Lamentaram pelas pessoas mortas
E fizeram novas escolhas
E sonharam com novas visões
E criaram novos modos de vida
E curaram a Terra completamente.

(Catherine O'Meara)

E as lágrimas que choro, branca e calma
Ninguém as vê brotar dentro da alma
Ninguém as vê cair dentro de mim.

(Florbela Espanca)

PREFÁCIO

Escrever um texto para a querida Vânia Coelho é mais que uma missão; é uma honra. Vânia é uma mulher no sentido total da palavra, alguém que tenho muita estima e consideração. Ela nos lembra do lado negativo do patriarcado, no volume II de seu livro *A Incrível Lenda da Inferioridade*, denunciando as suas atrocidades e injustiças.

A obra é um grito por justiça pela vida dessas mulheres extraordinárias. Vânia evoca mais uma vez a luta pela retomada de uma consciência mais justa em nossa sociedade. A mulher, sem dúvida, é a criação mais perfeita de Deus. A palavra "Mulher" ou "Mãe" é o nome de Deus na boca de uma criança. Ao nascer, somos a realização de um milagre, o magnífico está no fato de que viemos de uma semente, e isso só é possível graças à natureza da mulher.

Mas ser Mulher, com letra maiúscula, ao longo dos séculos não foi fácil. A história e o livro de Vânia nos mostram o quanto as mulheres sofreram, e o quanto as obras e os feitos delas foram uma verdadeira cruzada para abrir caminho para outras mulheres. Cada Mulher citada neste novo livro é uma "verdade" do quanto o mundo ainda precisa evoluir para alcançarmos um tempo mais justo e equilibrado. Cada história narrada é uma inspiração e uma reflexão sobre o nosso papel como ser humano, na construção de um novo mundo, lugar onde possamos virar essas páginas infelizes da história de milhares de mulheres que foram oprimidas, silenciadas, abusadas e desmerecidas, construindo, assim, um novo capítulo na história da espécie.

Existem exemplos de mulheres que lutaram contra a opressão, contra inúmeros preconceitos e conceitos, deixando claro que cada uma delas pode encontrar a felicidade com a escolha que mais leva ao encontro de si mesma, seja pelo trabalho, pela direção sexual ou pelo ideal que, enfim, resolver seguir.

São páginas profundas que percorremos ao ler este livro. É um mergulho na essência de mulheres inspiradoras como Pagu, Malala, Rosa Luxemburgo, Yoko Ogawa, Ângela Diniz e tantas outras. Em *A Incrível Lenda da Inferioridade*, volume II, você encontrará inspiração para seguir. Você vai se emocionar! Vai se revoltar com alguns fatos, vai pensar, e creio que, acima de tudo, vai se convencer de que temos um papel importante na transformação do nosso tempo. John Lennon — certa vez disse — ao sair dos Beatles: "Eu não quero ser Rei. Eu quero ser Real". E foi preciso uma mulher, Yoko Ono, para torná-lo real e fazê-lo abandonar qualquer ilusão de controle. Que outros homens abandonem essa ilusão e saibam conviver, respeitar e aprender com as Mulheres. Uma mulher é mais que uma inspiração. A Mulher é o ser mais perto da perfeição.

Que por meio do livro *A Incrível Lenda da Inferioridade*, volume II, de Vânia Coelho, o mundo possa reviver essas histórias, e compreender, finalmente, a posição da mulher na sociedade. E aprenda a respeitar, em todos os sentidos, a causa do Feminismo.

Rogério Naressi[1]

---

[1] Rogério Naressi é jornalista, empresário, consultor de negócios internacionais e de sustentabilidade. É, ainda, apresentador e diretor de TV.

SUMÁRIO

MULHERES DEFENESTRADAS DA HISTÓRIA..............19

OCULTAÇÃO...23
O sati.. 26
O *chhaupadi*.. 27
Mulher e política..................................... 33
Livrando-se das amarras............................... 40
A "Polícia do Pensamento"............................. 46
Os animes e a representação feminina de força......... 53
Responsabilidade ambiental nas mãos das mulheres 58

O LANCINANTE ENVELHECIMENTO FEMININO 61
Benedetta Barzini..................................... 62

ACADEMIA DE VÊNUS...69

CLEMENTINA DE JESUS.....................................77
A Rainha Quelé.. 80

RACHEL DE QUEIROZ.......................................89
As mulheres de Rachel de Queiroz...................... 94

ANTONIA BRICO..97
Ressuscitando a maestrina............................. 102

DJANIRA DA MOTTA E SILVA 107

NAIR DE TEFFÉ 115

ANNA AMÉLIA 125
  Mal de Amor 127
  Canção Brasil.. 128

LOU ANDRÉAS-SALOMÉ...............................135
  Lou, a maior inspiração de Nietzsche......................... 139

MARCÉLIA CARTAXO......................................143
  A estrela clariceana 146

SOPHIA DE MELLO ANDRESEN.......................149
  Mar sonoro... 152
  Terror de te amar... 152
  Pirata 153
  Quem és tu?.. 156
  Eurydice 158
  Endymion.. 158
  Dionysos 159
  Montanha.. 160
  Sophia lírica, sim, mas também, crítica e politizada................... 160
  Sophia e os contos de fada.................................... 166

CHIQUINHA GONZAGA 171

BUCHI EMECHETA...181
  A Dama e o Vagabundo 183
  A vida debruçada nas janelas de seus livros.......................... 188

PATRÍCIA REHDER GALVÃO............................195
  A poética de Pagu.. 205
  Natureza Morta.. 206
  Nothing.. 209
  Canal.. 211

EUGÊNIA SERENO..215
  Dos pássaros noturnos à escuridão de Sereno..................... 222

CONCEIÇÃO EVARISTO.....................................227

ROSA LUXEMBURGO 239
Revolucionária, sim senhor! 242

OLGA TOKARCZUK 249
Sobre os Ossos dos Mortos 253

MALALA YOUSAFZAI..261
O *breast ironing* 262

YOKO OGAWA...271
Alzheimer: a polícia da memória 275

EARTHA KITT 281

ÂNGELA DINIZ...287

ALEXANDRA KOLLONTAI 299

MARIA KIRCH 311

EIDY DA SILVA..317
E assim eram os dias... 326
A fada-madrinha 330
O amor 331

TARSILA DO AMARAL...345
Operários 351
Autorretratos 353

JUDITH BUTLER 355

TONI MORRISON 365

MARIE CURIE...371

DJAIMILIA PEREIRA DE ALMEIDA 377
A sociedade dita padrões que elevam ou diminuem pessoas............. 381
O calcanhar de Aquiles.. 382

ANAÏS NIN...389
Em busca do amor....................................... 399
Abandono paterno: crime de responsabilidade......................... 401
Quebrando tudo... 402

ANGELA DAVIS......................................403

HÉLÈNE CIXOUS....................................409
Aina 412
Por quem os sinos dobram................................ 414
A beleza não será mais proibida 422

SYLVIA PLATH......................................427
Mortos não falam, poesia, sim............................. 435
A Redoma de Vidro 439

MARY WOLLSTONECRAFT 441
El violador eres tú 442

QUEBRANDO PEDRAS. PLANTANDO FLORES..........451
Ainda assim eu me levanto............................... 452
Silvia Vinhas e Chimamanda Ngozi Adichie...................... 453

MULHERES DEFENESTRADAS DA HISTÓRIA

Alguns homens acreditam que "feminista" seja uma palavra só para mulheres. Mas o que realmente significa é pedir igualdade. Se você é homem e é a favor da igualdade, lamento lhe dizer que você é feminista.

(Emma Watson)

Esta obra é um *pot-pourri* de minhas leituras, reflexões, experiências e observações acerca das pesquisas, de algumas entrevistas e dos estudos que tenho realizado nos últimos anos. É, também, resultado de um olhar crítico-analítico sobre a realidade vivida pelas mulheres no Brasil e no mundo, deste século e dos anteriores. Por meio desses instrumentos, divulgo a vida militante de mulheres que foram ocultadas das páginas oficiais da história. E não se trata de apenas defender um feminismo, mas antes um humanismo.

Rebecca Solnit, autora estadunidense de *A Mãe de Todas as Perguntas: Reflexões sobre os Novos Femininos*, de 2017, fala sobre a necessidade de se discutir o feminino: "A ampla presença da violência de gênero e da violência sexual serve para restringir a liberdade e a confiança daquelas que têm de viver num mundo em que as ameaças compõem o pano de fundo de suas vidas, uma nota de rodapé em cada página, uma nuvem nublando todos os céus. Não são crimes passionais, como se costuma dizer, nem de desejo, mas sim, de fúria em controlar, impor ou reforçar uma estrutura de poder".

Nessa esteira, pretende-se, por meio de diálogos com várias linguagens, como teatro, música, literatura, cinema, artes plásticas, quadrinhos, animações, arquitetura, e de vários dedos de prosa com escritoras, jornalistas, historiadoras, psiquiatras e feministas, como Simone de Beauvoir, Mary Del Priori, Rose Marie Muraro e Betty Friedan, ressuscitar as mulheres ocultadas pela narração da vida e dos feitos de cada uma delas. Não se pretende biografar um nome feminino, mas noticiar fragmentos da luta contra o silenciamento de cada uma delas, das vitórias e das derrotas. Selecionam-se, neste segundo volume, mais 33 mulheres que foram silenciadas (ou que sofreram tentativas de mudez), de uma forma ou de outra, direta ou indiretamente, seja emocional, psíquica ou fisicamente.

Com o volume II de *A Incrível Lenda da Inferioridade*, pretende-se dar continuidade aos "ressuscitamentos" desse feminino sofrido, cujas atuações foram (e continuam sendo) importantes para a sociedade brasileira, a exemplo de Chiquinha Gonzaga, Clementina de Jesus, Djanira da Motta e Silva, Patrícia Galvão, Conceição Evaristo, Eidy da Silva, Marcélia Cartaxo, Ângela Diniz, e do mundo, como Lou Andreas-Salomé, Buchi Emecheta, Rosa Luxemburgo, Olga Tokarczuk, Malala Yousafzai. Mas por que um segundo volume? Porque há muito que falar sobre as mulheres. Elas são merecedoras de um espaço nas páginas oficiais do universo científico e das humanidades.

Há muitas mulheres que fizeram história e devem fazer parte dela oficialmente. Darei voz às mulheres que não puderam gritar e àquelas de cujo grito ecoou o som da resistência dizendo não à opressão. Neste volume, falarei de mulheres que lutaram com todas as forças contra a lenda da inferioridade, como venceram e como, apesar das forças, foram sucumbidas, devido aos muitos problemas emocionais — alguns antigos, porém, latentes — vindos de sociedades sempre contra o feminino e aos muitos dedos apontados em forma de ameaças. Dedos que ferem. À medida que conto a história de uma mulher, cito dezenas de outras, de modo que a obra se transforma em um imenso diálogo polifônico entre mulheres, obras e lugares femininos, tempos e espaços distintos mesclados a diversas áreas.

Entre essas mulheres estão Tarsila do Amaral, Anna Amélia, Sophia de Mello Breyner Andresen, Antonia Brico, Eartha Kitt, Marie Curie, Rachel de Queiroz, Anaïs Nin, Nair de Teffé, Yoko Ogawa, Toni Morrison, Eugênia Sereno, Angela Davis, Alexandra Kollantai, Maria Kirch, Sylvia Plath, Hélène Cixous e outras.

Os fragmentos das obras, dos feitos e da luta dessas mulheres seguem anacronicamente, de modo a alcançar mais dinâmica no ir e vir do leitor dentro de distintas demarcações do tempo-espaço, em diferentes contextos sociais, culturais, econômicos, artísticos, políticos e religiosos que serpenteiam o universo feminino.

OCULTAÇÃO

O jeito mais eficiente de fazer algo é fazendo.

(Amelia Earhat)

Houve um tempo em que tudo o que se relacionava ao feminino era sagrado. Esse tempo existiu, mesmo sendo estruturado em uma espécie de quebra-cabeça não inteiramente legitimado por alguns grupos sociais masculinos, nem pelos veios oficiais da história, que também são masculinos. Pouco se fala sobre a ginecocracia. Alguns dizem que o matriarcado alicerça-se em hipóteses; outros, ainda, que as hipóteses são infundadas. Mas as "eras" relacionadas à pré-história são atestadas, sim, por meio das combinações similares e contíguas de fósseis, de objetos utilitários e adornos encontrados em escavações. Ou seja, traçados metonímicos que vão construindo formas metafóricas de uma época longínqua, analisadas pela paleontologia.

Houve, sim, uma época anterior ao patriarcado, uma época de liberdade e poesia. Uma época em que o feminino era respeitado simplesmente por ser e existir. Mesmo com tantos séculos e séculos passados e algumas mudanças, hoje, tais mudanças, embora positivas, não são valorizadas nem tão significativas: "Apesar de o Brasil já até ter tido uma presidenta e de 45% dos lares serem comandados por mulheres, a brasileira continua sendo agredida, desqualificada, perseguida", diz a historiadora Mary Del Priore em *Sobreviventes e Guerreiras: uma breve história da mulher no Brasil de 1500 a 2000.*

Em se tratando dos dinossauros, por exemplo, podemos afirmar que eles nunca existiram? Não podemos! Segundo Rosana Gandini, doutora em Geociências, eles viveram "entre 250 a 65 milhões da era mesozoica, era esta dividida em triássica, jurássica e cretácea. O mesozoico é, especialmente, conhecido pelo aparecimento, domínio e extinção dos dinossauros, [...] quando essa era começou, existia um único continente, a Pangeia". A palavra *pangeia* vem de dois termos: *pan* designando todo, e *geia,* terra, ou seja, toda a terra. Coincidentemente, o vocábulo é feminino e se refere à colossal massa sólida — que formava um único continente, cercado por um único oceano, o Pantala. O pós-matriarcado foi eliminando as características sagradas das mulheres e enaltecendo o divino, no elemento masculino. O livro *Ritos Encantatórios: os signos que serpenteiam as chamadas bruxas*[2] descreve como a ordem natural dos gêneros foi subvertida, ficando o subterrâneo (as profundezas do inferno) como a origem do feminino, e a excelsior (magnificência do céu), do homem. E de repente a mulher passou a ser "coisa" do diabo, uma feiticeira com poderes malignos. Mas vale ressaltar que *excelsior* é uma palavra feminina, e *subterrâneo*, um termo masculino, assim como inferno.

Se nos cânones religiosos o homem é aquele que sempre esteve sentado ao lado direito de Deus, por que não se pode crer que o contrário ocorreu e que apenas foi ocultado? Hipótese por hipótese, podemos inverter a ordem das "coisas". Ou não? É incrível como ouço mulheres falando que o matriarcado nunca existiu, mas essas mesmas mulheres em nenhum momento criticam a imagem do homem como um ser divino. E com o nascimento das religiões nascem as manipulações. Não foi apenas o homem criado à semelhança do criador; a mulher também faz parte do espelho da divindade, ela é Terra e Céu, Ar e Água. Mas ninguém sabe disso! E a lenda da inferioridade se estabelece e perpetua-se de múltiplas formas. Uma delas é a ocultação.

Os sistemas pós-matriarcado tentaram apagar a deusa-mãe, a Gaia-Terra. Imergiram a população inteira nas águas de Letes, mas o rio não banhou todos. Há mulheres que cantam as cantigas femininas das deusas e das sacerdotisas da fertilidade e da abundância, da igualdade e da liberdade: *Reloj de campana, tócame las horas para que despierten las mujeres todas*[3], canta a argentina folclorista Paloma Del Cerro.

O rio banhou a maioria da população. As águas do Reino de Hades fazem esquecer o bem e o mal, o passado e o presente. Porquanto, o rio manipula, alcooliza, seduz e controla. Isso significa que parte da população não tem memória, logo, não sabe que não sabe; outra parte que não se banhou totalmente tem memória nebulosa,

---

[2] Refere-se à obra de 1998, de Vânia Coelho.

[3] "Relógio de sino, marque-me as horas para que todas as mulheres acordem".

mas também o que surge à mente não é compreendido. E por fim, os grupos que não se banharam no rio são subdivididos em dois: aqueles que têm memória e sabem interpretá-la, por isso lutam pelos direitos dos desmemoriados, e aqueles que têm consciência da falta de conhecimento dos banhados e se armam para dominar, de modo a tornar subalterna essa parte inconsciente. Estes últimos vão lutar para que o efeito do Rio Letes permaneça nos grupos sem memória para sempre e, desse modo, seguem dominando e oprimindo. Qualquer ação na tentativa de acender a memória da maior parte da população será censurada. Simone de Beauvoir, no livro *O Segundo Sexo,* ocupa-se da epígrafe do filósofo Søren Kierkegaard que diz: "Que desgraça ser mulher! Entretanto, a pior desgraça quando se é mulher é, no fundo, não compreender o que é ser uma desgraça".

E aqueles cujo sistema não consegue controlar? Mídias e autoridades transformam os conscientes em inimigos e combate-os cruelmente. As mulheres, os negros, os judeus, os homossexuais e os índios fazem parte do grupo que é perseguido e ocultado, assim como aqueles que detêm memória e conhecimento, e são, por isso, opositores. Há que existir consciência de todas as partes e sobre como agem e se manifestam, mas parece um vislumbre impossível.

Henrik Ibsen já falava sobre isso, em 1882, na peça *Um Inimigo do Povo.* É condenável e pernicioso à sociedade todo ser que tem consciência da realidade. A verdade fere os que manipulam e se acham escolhidos pelos deuses. E enquanto o cenário não sugar a essência das nações e não penetrar no coração da humanidade, tornando-se apenas um núcleo *homem-mulher-planeta*, o que resta aos conscientes é perseguição, o que resta à mulher é sofrimento: "Mergulha em sua estrada e construa sua própria resignação; transforma sua dor em pessoa e caminha com ela, lado a lado, corporifica seu sangue, que tanto asco causa, em sua casta de inferioridade e, quando não puder mais, quando não lhe restar função alguma, morra"[4].

As regras e as atitudes proibitivas no mundo feminino marcaram os séculos com sangue. O comportamento da sociedade para com o feminino sempre foi o da subserviência e o da exigência do sacrifício e, até mesmo, o da morte, a começar pelos ditados "A mulher edifica o lar", "Esposa virtuosa excede os rubis", "Ser mãe é padecer no paraíso",

---

[4] Trecho da prosa poética de Vânia Coelho.

"A recompensa está no céu". Em 2021, o número de mulheres que sofreu violência em plena pós-modernidade é assombroso. Alguns países andam em círculos, outros vão caranguejando, regridem em lugar de avançar, e o Brasil é um eminente exemplo desse retrocesso.

As mulheres já foram queimadas em fogueiras, degoladas nas mãos frias e certeiras de um carrasco encapuzado, acusadas sem provas, processadas e presas, sem julgamento justo e igualitário, agredidas pelos maridos, trancafiadas em manicômios e conventos, expulsas de casa pelos pais, humilhadas, violentadas, assassinadas. Durante a Guerra Civil da Nigéria, Chimamanda Ngozi Adichie, por meio da pena do personagem Ugwu, em *Meio Sol Amarelo*, denuncia a promiscuidade, a monstruosidade do líder do norte, Yakubu Gowon, que dizia que todas as mulheres mereciam ser estupradas.

Mas isso não isenta o personagem Ojukwu, líder militar do sudoeste, cujos soldados estupravam, muitas vezes para comemorar os massacres dos não igbos. As vitórias isoladas eram celebradas com gim barato e estupro e, quando havia apenas uma mulher, vários homens deleitavam-se agressivamente sobre ela. Nenhuma lei extermina a misoginia que nasce no ódio e perpetua-se nessa mesma lei que inexiste. Por que, no decorrer da história, o homem tem odiado a mulher?

O sati

Os horrores que muitas mulheres viveram (e vivem) foram marcados por distintos mecanismos de punição, na tentativa de coibir quaisquer atos de rebeldia. O sati é um deles, uma prática insana que obrigava a "viúva" a morrer de inúmeras formas em devoção ao marido. Inacreditável? Arrepia-me a extensão da crueldade da maioria das sociedades masculinas. O costume era praticado entre algumas aldeias hindus, não se sabe ao certo quando começou nem quando a prática foi extinta. As datas não são precisas, alguns textos marcam um longo período que vai do século V ao XVIII.

Para os mantenedores dessa execução, era um ato de pura moralidade, visto como dignificante, glorioso, eminente. A viúva deveria atirar-se na pira funerária como um ato honroso, ou seja, ser queimada viva. Algumas sociedades ejaculam quando veem mulheres sendo queimadas vivas em fogueiras delirantes. Enquanto elas gritam, os homens, e algumas mulheres, gozam.

O termo *sati* vem do hindu e designa sacrifício. O vocábulo, segundo consta, foi batizado pelos britânicos que invadiram a Índia. Antes era denominado *sahagamana*, palavra que vem dos termos *saha* e *gamanan*. *Gamanan* significa ir, e *saha*, com, ou seja, "ir com". Mas há muitos outros significados. A maioria das mulheres deveria cuidar exaustivamente da saúde de seus maridos com toda a atenção, preocupação e cuidados excessivos, não por amor, mas sim, porque enviuvar significava morrer também. A prática do sati em aldeias isoladas de alguns lugares, na Índia, por pouco que essa regra, segundo historiadores, tenha se manifestado, é um absurdo! Isso declara nitidamente a importância do homem sobre a irrelevância da mulher e de como o feminino é um joguete de distração e de intensa brincadeira do masculino. Para a esposa ter que também morrer assim que o marido falece, fica claro que a existência dela só é permitida pela vida dele: sem marido, sem existência. Isto é, a vida dela está atrelada à dele.

O *chhaupadi*

Outra prática absurda, ainda usada no Nepal, é o *chhaupadi*, prática esta em que a mulher de qualquer idade deve dormir fora da casa, geralmente em velhas cabanas com apenas uma porta, ou seja, sem janelas, no período menstrual, devido à profanidade e à impureza do sangue. Ora, menstruação é um óvulo que não fecundado é eliminado. Se acreditássemos que o esperma é derivado de um bárbaro "profanismo" e uma das substâncias mais imundas que existe, como ficaria? Uma ofensa grande e, pior ainda, uma mentira deslavada, porque o espermatozoide ao encontro do óvulo é o milagre da vida. Os homens criam paradigmas que fazem nascer um sentimento de inferioridade nas mulheres. E sociedades inteiras os mantêm, inclusive mulheres. E depois os repetem. Repetem. Há uma infinidade de práticas inconcebíveis contra a sanidade, a fisicalidade e o psiquismo feminino, como o *breast ironing*, mas falarei dele em outro capítulo.

Eles podiam agredir ou assassinar as esposas amparando-se em uma legítima defesa da honra. É lindo o termo feminino "legítima", não é mesmo? E "honra", então? Um significado distante da semântica propriamente dita. Somente em 2021, século XXI, é que essa lei torna-se inconstitucional. Quantos séculos os maridos tiveram licença para matar? Que sociedade insana acha que uxoricídio não é crime? E se fosse o contrário? A mulher, amparada pela lei de "lavar a honra" toda vez que a sentisse manchada, poderia tornar seu companheiro um perfeito eunuco? Violentá-lo? Espancá-lo? Assassiná-lo?

E agora, José?

Em 10 de março de 2021, dois dias após o Dia Internacional das Mulheres (homenagem às trabalhadoras queimadas vivas), o Supremo Tribunal Federal (STF) tornou inconstitucional essa lei misógina. Levarão séculos para que essa mudança legal seja respeitada, visto que, culturalmente, o assassinato de mulheres por maridos ou ex-maridos ainda é usual. Levarão séculos para se fragmentar os modelos enraizados na estrutura machista.

As mulheres nascem e morrem sem ao menos saber o que é felicidade, quanto mais liberdade! O filme *A Sorridente Madame Beudet* trata dos conflitos femininos que se arrastam nos casamentos criados pelo sistema patriarcal, em que a mulher obedece e cuida, submete-se e conforma-se, consente e veste-se com tecido cintilante ou com manto casto. Madame Beudet vive angustiada, cheia de melancolia em sua vida artificial, submersa em medos e conflitos. O marido pode tudo, a esposa segue angustiada. O senhor Beudet pratica roleta russa diariamente, porém o que ninguém sabe é que não há munição. E assim vai exibindo-se, mostrando uma coragem inexistente, enganando, sacaneando, mentindo. A esposa não vê saída a não ser matar o marido e, um dia, carrega a arma. Ora, mas por que um filme tão denso nomeia a senhora Beudet de sorridente? Porque ela só sorria quando sonhava com uma vida totalmente liberta do sistema e do matrimônio. Liberta do claustro infernal.

O filme é de 1923, dirigido pela cineasta, roteirista e produtora francesa Germaine Dulac, pioneira do cinema francês de vanguarda. Germaine também foi jornalista, crítica de teatro e de cinema e escritora, e seus filmes são instrumentos sociopolíticos de crítica. Foi, ainda, documentarista e membro da *International Council of Women* (Conselho Internacional da Mulher). Uma mulher ímpar que se vestia de modo particular: paletós, chapéus, cabelos curtos e lenços coloridos no pescoço. Em fotos clássicas, ela aparece sustentando um cigarro em uma longa piteira e a famosa boina escura na cabeça.

Em seus filmes, Germaine evidencia a vida das mulheres sem sorrisos, confinadas em casamentos sem amor e, consequentemente, sem vida. No filme *La Belle Dame Sans Merci*, ela questiona o arquétipo de *femme fatale* e, assim, vai desconstruindo os mitos em torno do feminino.

O casamento foi indissolúvel por séculos e, em muitos países, ainda é. Era um contrato com o diabo, ou seja, eterno, uma assinatura com Mefistófeles. Somente no século XX, no Brasil, é sancionada a lei do divórcio, precisamente em 1977. Antes disso, os casamentos infelizes, e até violentos, necessitavam de um conformismo indelével. E mesmo com a lei que liberta a mulher de uma união insuportável, divorciada era vista como vagabunda pela sociedade. Havia (e há) uniões afetivas, relacionamentos verdadeiros, cujo amor e respeito erguiam (e erguem) o cerne do casal, mas eram (e são) exceções. Muitos filmes deixam expostas as questões da infelicidade feminina devido à falta extrema de liberdade em casamentos abusivos.

Algumas histórias da mitologia foram modificadas ou ocultadas, as injustiças cometidas contra o feminino desde o pós-matriarcado são infinitas, o mito da Medusa é um exemplo. Entretanto, nem tudo está perdido, o escultor Luciano Garbati ressignificou o mito feminino criando uma Medusa vingada com a cabeça de Perseu nas mãos. Quando há homens que percebem e apreendem as grandes injustiças na história do feminino, a luta da mulher renova-se com novas pontes e possibilidade de expansão. E isso não tem preço. Precisamos de homens com essa consciência, precisamos de homens ao lado das mulheres, amando-as para serem, também, amados. Admirando-as para serem admirados e, acima de tudo, respeitando para serem respeitados.

Em um revisionismo revolucionário, Garbati esculpiu *Medusa*, uma estátua com quase dois metros exposta no jardim do Tribunal de Justiça de Nova York. Trata-se, sem dúvida, de uma forma de revisar a enorme injustiça cometida contra Medusa e que permanece como modelo usado pela sociedade masculina até hoje. Quantas Medusas existiram e ainda existem no Brasil e no mundo? A estátua de Garbati pesa cerca de 500 quilos e dialoga diretamente com o importante *Movimento Me Too Brasil*: uma plataforma de denúncias de estupro, um espaço para o acolhimento e a defesa da mulher. Em 2006, Tarana Burke, ativista norte-americana, começou a usar *Me too* (Comigo também) como expressão de conscientização dos abusos contra a mulher. Hoje, é uma plataforma de denúncia e diálogo, no Brasil e no mundo.

A arte, além de trazer contemplação e fruição estética, revisa erros cometidos no decorrer da história. O crime de estupro que transforma a vítima em ré, demonizando-a, é frequentemente comum. Isso ocorre para esconder os atos criminosos de certos homens, assim, eles não entram em contato com a própria sordidez, permitindo-se, sem culpa ou remorsos, cometerem violências de todo tipo. Na realidade, essa inversão é a licença para continuar cometendo estupros impunemente. Isso é como o rabo do diabo que não tem começo nem fim.

O mito de Medusa é um dos mais injustificáveis da história mitológica e, como citado, usado indiscriminadamente até hoje. Medusa, uma mulher jovem e bela, foi estuprada por Poseidon, e sem ao menos pensar sobre o ato, todos a condenaram, inclusive Atena, que, possuída de raiva e inveja, lançou a maldição sobre Medusa, transformando-a em um monstro com serpentes na cabeça em lugar dos cabelos e de cujos olhos transformavam em pedra quem a visse. O estupro foi no Templo de Atena e nem por um momento Poseidon foi acusado. Desde sempre a mulher foi silenciada. O universo feminino tem sido massacrado, envenenado e alicerçado em inverdades que dificultam o entendimento acerca dele. Faz-se necessário que se tenha o máximo de conhecimento sobre o mundo das mulheres, não sob a ótica masculina, mas do ponto de vista delas mesmas com relação a elas. É preciso permitir que elas representem a si mesmas. E depois ouvi-las. Entendê-las. Conhecê-las. Amá-las. E que o som de suas vozes possa ecoar em aprendizado.

Está mais do que na hora de as mulheres usarem a própria vida como bem desejarem. E os exemplos estão nas esculturas, no teatro, nas animações, no cinema, na música, na dança e na literatura, como na obra *How to Make na American Quilt*, de 1993, da romancista norte-americana Whitney Otto, traduzida no Brasil por *Colcha de Retalhos*. A autora fala dos conflitos que alicerçam o universo feminino, de como não são orientadas durante a educação escolar e familiar e de como essas lacunas implicam no futuro de cada uma delas. O romance conta a história de mulheres que, além dos retalhos de tecido que selecionam para montar uma coberta nupcial, revisitam os retalhos da própria vida, revendo erros e acertos. À medida que costuram os retalhos, elas rememoram suas vidas desde a juventude até a velhice, momento em que se encontram. Recordam as dores, os amores, as escolhas, os arrependimentos, os conflitos, as limitações sociais, os erros, a falta de norte e de acesso aos estudos.

A obra fez tanto sucesso que foi adaptada para o cinema com o mesmo nome e estreou, nos EUA, em 1995, sob a direção da cineasta australiana Jocelyn Denise Moorhouse, com Winona Ryder, Ellen Burstyn, Anne Bancroft, Kate Nelligan, Maya Angelou, Jean Simmons, Kate Capshaw, Lois Smith e grande elenco. O romance estrutura-se em duas histórias paralelas que se entrelaçam. De um lado, há as mulheres na terceira idade que fazem a arte dos retalhos conhecida por *patchwork:* Constance, Sophiee, Em, Sally, Glady, Hy e Marianna; elas moram em Grasse, Califórnia. A arte temática das colchas pergunta: — Onde está o amor?

À medida que separam os retalhos por cor, imagem e tamanho questionam as próprias vidas, e os conflitos entre elas emergem, tornando o ambiente revolucionário. De outro lado, *Colcha de Retalhos* conta a história da jovem Finn, neta e sobrinha de duas mulheres do grupo de artesãs: a avó Hy Dood e a tia Glady Joe. Finn escreve a tese sobre a arte feminina como um ritual de passagem. Decide, portanto, viver um tempo com essas mulheres para escrever e, ao mesmo tempo, resolver os próprios conflitos. Sam, o namorado de Finn, pediu-a em casamento e, a partir do pedido, o medo tomou conta dela, porque acreditava que seria "impossível duas pessoas se unirem sem perder a individualidade". Isso significava que, além de passar o verão em Grasse para escrever sua tese, estava ali também para resolver os próprios conflitos.

A colcha será presente de casamento para Finn e Sam. Finn também vai revisitar sua infância na casa da avó, rememorando o quanto achava que os retalhos que caíam no chão sobre os pés da mesa eram mensagens escritas por gigantes no céu. O romance fala de mulheres, tanto que na casa só há mulheres que se analisam, perdoam aos outros e a si mesmas. E cada artesã vai, enquanto costura retalhos, contar a história de sua vida, e uma história ajuda (e revela) outra história, retalho por retalho. A ideia que o leitor e o espectador têm é a de que, ao término da colcha, a vida de todas elas estará passada a limpo.

A obra faz refletir sobre as escolhas e sobre como algumas escolhas destruíram e, ao mesmo tempo, construíram a vida de cada uma. Sophie, por exemplo, era uma jovem que treinava saltos em piscinas, rios e lagos, encantava todos e, principalmente, a si mesma, porque amava o que fazia. Era considerada uma das melhores meninas de salto, uma exímia nadadora e muito popular nos clubes. Um dia, saltando no rio, conhece um rapaz.

Eles passam a se encontrar nas cachoeiras, lugar onde magicamente ela nada e salta. Pouco tempo depois, engravida. Eles se casam e têm três filhos. Ela nunca mais saltou nem nadou. Um dia, o marido, cansado de ver em seu rosto a insatisfação e o amargor estampados e sentindo-se insatisfeito por vê-la tão resignada, dia após dia, pergunta:
— Por que nunca mais saltou, por que nunca mais nadou?

Naquele momento, ela percebe nitidamente que sua vida é horrível. Nunca se sentiu bem, porém, naquele instante, toda a sua vida debruçou-se sobre suas costas. Havia perdido parte (significativa) da vida que Deus lhe dera. Sophie demorou a responder e, após um longo silêncio, disse: "Acho que porque me tornei esposa".

No outro dia, ele partiu e nunca mais voltou. Ela percebeu que o marido jamais a proibiu de nadar, saltar ou de viver, percebeu que se vestiu de inferioridade e de conformismo e matou a jovem que era notável nadadora e que saltava no ar como um pássaro-peixe. O casamento destruiu seus sonhos e aniquilou sua vocação. De repente, tornou-se amargurada e apagou da sua vida o azul do mar, o frescor das piscinas, a leveza dos rios, a queda branca das cachoeiras. Secou! Sophie nunca recebeu orientação materna, nem paterna. A mãe vivia dizendo que ela não era bonita, preocupava-se tão somente em casá-la. Ainda hoje muitas mães preocupam-se em casar suas filhas. A mãe de Sophie não era diferente, jogava-a para cima dos rapazes: "Você é sem atrativos, não é bonita, se alguém se interessar por ti, agarre-o". Essa era a cultura que alicerçava as mulheres. Nada era ensinado. Não havia educação nem norte. E assim, as mulheres refletem sobre a vida, fazendo uma faxina no que sobrou, retirando, por fim, os fiapos de pano que devem ir para o lixo, separando os retalhos que devem permanecer daqueles que devem ser compreendidos e esquecidos. O romance de Whitney Otto penetra nos meandros do universo feminino dando, muitas vezes, estradas possíveis para as mulheres percorrerem.

Há muitas histórias em que o casamento destrói a mulher. Dirigido por Tim Burton, *Grandes Olhos*, de 2014, é um filme baseado na história real da pintora norte-americana Margaret Keane, casada com Walter Keane. Ela vivia uma união abusiva em todos os sentidos. Decidida a mudar tudo, vai embora.

Antes da separação, o marido assinava todas as telas da esposa sem o consentimento dela. Quando Margaret descobre, ele acaba por convencê-la a deixar como estava. Contrariada, e mesmo irritada com a situação, ela aceita, mas fica com o que popularmente se chama "a pulga atrás da orelha". Ela sabia como funcionava o patriarcado e o mercado de arte: "mulheres não faziam, no início do século XX, parte desse mundo". O mais interessante é que Walter se dizia pintor também. Mas era mesmo vendedor.

Não obstante, a vaidade dele caminhava a passos largos, via na esposa uma forma de alcançar fama. Com isso, ele a faz pintar exaustivamente para sentir-se produzindo, no auge da carreira e com uma vida confortável. Até que ela se cansa da situação e resolve colocar um ponto final. Entretanto, sabemos que nada é fácil para as mulheres. Ela foge levando alguns quadros e a filha.

Desse dia em diante, passa a comer o pão que o diabo amassou. Walter inicia um processo para obter a guarda da filha, afirmando que ela não é uma mulher adequada para criar a filha dele. As ofensas públicas que o marido desferiu contra ela no processo vão desde chamá-la de separada, psicopata, bêbada até ninfomaníaca e desequilibrada. Militante feminista, Margaret resolve também processar o marido e reaver seus quadros (e a autoria deles todos), que já alcançavam fama internacional. Então, entra com um processo histórico para provar que as telas eram dela. Conta-se que o próprio Burton tinha quadros dela e os apreciava imensamente, por isso decidiu fazer um filme sobre a luta da pintora, em uma época que o marido tinha que dar permissão por escrito para a esposa trabalhar. Nascida em 1927, Margaret foi uma pintora consagrada e admirada, principalmente pela forma ímpar de pintar animais e crianças com os olhos grandes. Morreu com 95 anos em 26 de junho de 2022.

Mulher e política

O filme *Revolução em Dagenham*, inspirado em fatos reais, passa-se na Inglaterra, de 1968, na fábrica da Ford, e conta a história das trabalhadoras que, indignadas com a diferença de salários em comparação aos dos operários homens, lutam por igualdade. A personagem principal, Rita, começa a luta com um discurso tímido, medroso, mas vai ganhando força e torna-se uma espécie de heroína, na luta de classes e de gêneros, enfrentando os patrões e o Estado. Não há outro caminho senão o da luta e o da resistência. Os filmes são dados representativos de consciência de uma realidade dolorida e injusta. No entanto, quem assiste a esse gênero de película? Quem consegue alcançar um espaço reflexivo sobre a própria vida com base na arte?

Retomando a célebre frase do dramaturgo romano Plauto, revisitada por Thomas Hobbes, "o homem é o lobo do homem", percebe-se que o ódio sempre esteve na moda, e o veneno de quem odeia e propaga ódio escorre por vezes, às escondidas, e outras, declaradas, da boca do homem-serpente. A toxidade desse veneno espalha-se e contamina parte da humanidade que, transformada em lagarto, em fera, em cobra, é capaz de cometer atrocidades inimagináveis. No romance *Os Inocêncios*[5], o senhor, proprietário do casarão, é um imenso lagarto. Ele representa alguns antônios e alguns albertos, seres que anulam a vida das esposas e envenenam a população. O artista Alexandre Gomes Vilas Boas ilustrou o "homem-lagarto", na obra, de modo a personificá-lo como modelo atual de poder para si e de controle sobre o outro. Outro que, uma vez mordido, propaga ódio e espalha medo. O homem é mesmo inimigo da própria espécie.

A escritora nigeriana Chimamanda Ngozi Adichie escreve, em *Meio Sol Amarelo*, sobre a desunião do povo nigeriano, e conta como as etnias digladiavam-se: "o homem lobo do homem". Com isso, as "histórias de mão única" fortalecem-se, e a Inglaterra dança, come e defeca sobre a Nigéria. Cada tribo acreditava em uma única história, e o *alter* é sempre o inimigo que deve morrer. Não há povo, mas grupos rivais aos magotes. Etnias que se odeiam tornam-se, por esse ódio, fracas, submetidas, entregues, derrotadas, miseráveis, subalternas. Hoje, março de 2022, cenário semelhante encontra-se no Brasil, infelizmente.

Chimamanda narra, em *Meio Sol Amarelo*, a guerra civil e descreve os horrores das etnias inimigas, haúças e igbos. Os igbos foram dizimados com crueldade demoníaca, mulheres grávidas ou não, crianças e idosos, famílias inteiras. Quantos morreram? Quantos desapareceram? Assim como a personagem Kainene evaporou-se no ar bélico da Nigéria, centenas de pessoas sumiram durante os conflitos. Não existe nação unida. Em *O Mandarim*, Beauvoir fala sobre divisões políticas por meio de muitos partidos. Para ela, diferentes partidos só servem para manipular, causando uma abrupta e definitiva dissociação entre

---

[5] Refere-se ao romance de Vânia Coelho, publicado em 2012.

as nações. Quanto mais dividido o povo, mais felizes os colonizadores, o governo, o sistema. A história do universo dos homens é feroz! O universo da maioria dos homens brancos é mais ainda. Por trás das guerras há países que comandam tudo, e ficam brincando com os vítreos fios das marionetes humanas.

E nessas estradas, a personagem Katherine Watson, professora recém-contratada para lecionar História da Arte, na escola feminina Wellesley College, em Massachusetts, Estados Unidos, vai passar por grandes dificuldades, porque se atreveu a mostrar a realidade às alunas que sonhavam com príncipes encantados, fogões espelhados, geladeiras cor-de-rosa, máquinas que lavavam e passavam roupas e até "beijavam na boca".

Sonhavam com um matrimônio de "aparência" em que pudessem mostrar aos vizinhos a felicidade alcançada. As meninas queriam mostrar o quanto eram felizes com seus príncipes e como se sentiam superiores, porque tinham "coisas". Mas a professora mostrou que a transparência é mais importante e verdadeira do que aparência, indo, com isso, de encontro aos desejos fúteis das meninas do colégio.

O filme *O Sorriso de Monalisa* passa-se em 1953, e quem faz o papel da senhora Watson é Julia Roberts. "*O Sorriso de Monalisa* é uma espécie de versão feminina do filme *Sociedade dos Poetas Mortos*, só que menos aplaudida pelo cinema clássico, e com um tom mais leve na narrativa", diz o site "As Valkírias" — feito por mulheres e para mulheres, em um artigo intitulado "O Sorriso de Monalisa: papéis tradicionais, arte e subversão".

Ninguém é contra eletrodomésticos, nem se comensura ignorá-los, muito menos menosprezar camisolas de sedas, longe disso, mas o que se deseja evidenciar é que isso não representa felicidade, necessariamente. Se representasse, Lady Diana teria sido imensamente feliz. E estaria viva! Mas poucas mulheres entendem que podem amar e serem amadas e, ainda, construírem uma vida mais afetiva, feliz. Entretanto, Katherine Watson é perseguida por colocar um espelho gigante na cara das alunas do Wellesley College. Ora, a vida não é rosa o tempo todo! No entanto, a maioria prefere ilusão à realidade. As personagens dos livros e dos filmes lutam por sociedades mais justas e, consequentemente, livres. Porém são desconhecidas, porque a maioria nega-se a aprender a essência do feminino: "Como a doce maçã que rubra, muito rubra, lá em cima, no alto do mais alto ramo, os colhedores esqueceram. Não, não esqueceram, não puderam atingi-la", diz a poeta Safo. As mulheres são néctares, elas são a esperança que alimenta os pássaros de asas douradas e que cintilam quando transitam o pólen e germinam vida. As mulheres são abelhas, pois, sem elas, perde-se a cadeia vital que rege a humanidade e o planeta. Sem as rainhas sagradas não haverá alimento, nem vida. E tudo morrerá.

A história omite o que não convém evidenciar. No início do século XIX, em Pernambuco, vários grupos resistiram ao domínio monárquico dos lusos, movimento que ficou conhecido como Revolução Pernambucana de 1817, e que se estendeu também para outros estados vizinhos. É óbvio que todos foram perseguidos com crueldade. Na Região de Crato, no Ceará, quem liderava esses republicanos era Bárbara de Alencar (1760-1832), conhecida por Bárbara de Crato. Acossada, foi a primeira mulher presa política da história, sofreu tortura e ficou encarcerada em várias prisões do Nordeste, como as de Fortaleza e Salvador.

Trata-se de uma heroína de dois grandes conflitos, mulher de fibra, de personalidade forte e resolutiva, íntegra, inteligente, determinada e proba. No cárcere, um lugar baixo, pequeno, sufocante, quente e, às vezes, frio, ela sofreu horrores. Considerada pelo escritor Roberto Gaspar "A guerreira do Brasil" por seus ideais de liberdade e emancipação. E mesmo depois de libertada, ainda liderou a Confederação do Equador, de 1824. Era uma mulher à frente de seu tempo, que seguia seus desejos, seu modo de pensar. A sertaneja, considerada inimiga do rei luso, organizava várias cidades do Nordeste para o sistema republicano, movimento de oposição à monarquia. Para Maria Eduarda Marques, diretora da Biblioteca Nacional, o movimento criado pelos padres carmelitas com Bárbara Alencar (e os filhos dela) "é o berço da democracia brasileira". O que existe, hoje, de democracia, nasceu do sonho de liberdade da Revolução Pernambucana. A mulher independente que produzia rapadura, cachaça e panelas, em seu engenho, "era rica proprietária de terras e de escravos, três de seus cinco filhos lutavam para que o Nordeste se tornasse uma República", diz a autora de *Bárbara de Alencar*, Ariadne Araújo.

Para quem acha que Bárbara era feia, mal-amada, nem teve seu coração habitado pelo som mágico da maternidade, engana-se: era linda, casou-se aos 22 anos e teve cinco filhos. O neto dela foi ninguém menos que José de Alencar, poeta e escritor de *O Guarani*. Nunca deu espaço para o marido mandar nela ou opinar, fazia tudo à revelia do companheiro. Casou-se às escondidas, porque o pai não a queria casada com alguém muito mais velho. A personalidade rebelde de Bárbara não obedeceria ao pai, fugiu para se casar e, ainda, convenceu o padre a realizar a cerimônia. Ela cuidava de tudo, dos bens, do engenho, do comércio e não dava ouvidos ao marido, que achava que isso tudo era tarefa de homens. Na época, uma mulher que realizava atividades pertencentes ao universo dos homens era vista como "mulher-macho". Bárbara administrava suas terras, presidia reuniões e tinha consciência de que era necessário livrar-se da colonização portuguesa. Ela viveu sem medo seguindo seus ideais, viveu como desejou, nunca foi nem se sentiu inferior. Bárbara morreu aos 72 anos, dona da própria alma, como Virgínia Woolf.

O imaginário medieval (social e religioso) sustentou e ainda sustenta muitas crenças que se tornaram modelos reais. Imaginou-se que a mulher era feita plástica e fisicamente para ocultar desejos. Realizar feitiços. Imaginou-se que a mulher era bruxa e por isso poderia lançar sortilégios sobre os homens. Imaginou-se que as mulheres tinham dentes na vagina. Imaginou-se que esses dentes eram instrumentos de castração. Passam, então, a temer a vagina oculta, órgão este que se acreditava secreto e misterioso, úmido e nojento, profano e inebriante. Inebriante como as cantilenas das sereias. A imaginação é uma estrada oposta à realidade ao mesmo tempo em que pode desenhá-la. Toda criança imagina coisas monstruosas e maravilhosas. Mas quando cresce, percebe que há um abismo entre a realidade e o imaginário (na maior parte das vezes). Porém, muitos adultos continuam imaginando terrores alicerçados em crenças, tabus, credos e superstições. O imaginário infantil pode, também, elevar-se a uma crença. No entanto, chega-se a um ponto em que se percebe a inconsistência do imaginário, isso deve ocorrer quando crescemos. Daí há possibilidades de nos tornarmos adultos críticos.

Rememorando a infância, como as senhoras de Whitney Otto, lembro-me de que estudei em um colégio de freiras quando tinha seis anos. A escola parecia, na época, um lugar embrutecido e cinza. As freiras pareciam seres do outro mundo e causavam muito medo. Havia uma que tinha o nariz em formato de vagem cozida pendendo por cima de um buço escuro que causava desespero nas crianças quando caminhava pelos corredores. Na escola católica, que ficava no alto de uma rua, havia, na parte de baixo, muitos doentes mentais. Se não estudássemos nem rezássemos com fervor, o castigo era o de ficar entre eles.

Pela lateral do pátio, se nos espichássemos, conseguíamos vê-los andando ao léu. O desespero tomava conta de nossos coraçõezinhos e as batidas disparavam-se em um misto de curiosidade e pavor. Fugi tantas vezes desse colégio católico que minha mãe, preocupada com minhas fugas, resolveu me transferir para uma escola estadual mista. Nunca houve violência, nem castigos físicos, a maioria das professoras era educada, doce e bastante simpática, mas a ideia dos doentes (que não é possível dizer se eram doentes, necessitados ou se realmente existiram) tornava nosso imaginário fértil de um jeito que nos era impossível continuar lá. Muitas alunas fugiam, e eu era uma delas. Hoje, sabe-se que a escola católica é uma referência no espaço educacional. E hoje, talvez, já saibamos separar o joio do trigo, a realidade do imaginário. Mas isso não anula de o imaginário se transformar em falsas verdades. Algo que tem acontecido atualmente e é bastante perigoso.

Leonora Carrington (1917-2011) também fugia do colégio católico inglês. Como tinha personalidade rebelde e não aceitava imposições, mesmo com pouca idade, fugia da escola. Matriculada em colégio de freiras, ela fugia para desespero do pai. Veio de uma família rica e caminhou na contramão das demais mulheres da época, isso no início do século XX, na Inglaterra. O pai não se aprazia do comportamento da filha, muito menos das escolhas, no entanto, a mãe a incentivava para as artes, conhecia a cria e sabia que a filha não era mulher que seguiria os paradigmas destinados ao feminino. Enquanto as jovens vislumbravam um príncipe encantado para lhes erguer um castelo e vesti-las com purpurina, Leonora, cujo nome designa "tocha", dedicou-se a ler, a estudar, somando e multiplicando conhecimento. Almejava viver intensamente, sabia que liberdade era sinônimo de independência financeira.

No surrealismo, entre pintores como Salvador Dalí, estão os nomes de Man Ray, Marc Chagall, Pablo Picasso, Renée Magritte e Max Ernest, mas não consta o nome da pintora Leonora Carrington, artista de grande sucesso no México e em vários países europeus. De personalidade forte, e um tanto ousada, viveu como desejou. Apaixo-

nou-se pelo judeu alemão Max Ernest. Uma paixão inebriante. Como Ernest era casado, e a sociedade alicerçava-se no sistema tradicional-
-conservador (leia-se hipócrita, também), ela não pensou duas vezes, contra tudo e contra todos, abandonou Londres e foi para a França viver o amor que lhe abrasava o peito. Tinha completado 20 anos, e Ernest, 46. Viveram um amor intenso por três anos, a arte e a intelec-tualidade os acompanhavam. Foi um tempo de grande produtividade para ambos. Conviviam com artistas como André Breton e Picasso, frequentavam cafés, restaurantes e exposições. Tinham vida social bem agitada.

Entretanto, como na vida "não há bem que sempre dure, nem mal que nunca se acabe", com a ascensão do nazismo, Ernest foi preso pela Gestapo. Quando conseguiu escapar, fugiu para os EUA, e Leonora nunca mais o veria. Sofreu muito por terem arrancado dela, sem aviso prévio, seu grande amor. Entre todos os malefícios da guerra, separar amores é um deles e, talvez, o menos pesado.

Ela viajou para o México com o coração partido devido à guerra ter-lhe subtraído Ernest, mas com energia suficiente para não desistir. Apaixonou-se pelas paisagens do México. Com o tempo, amou a língua, a cultura, as pessoas, o sorriso delas, tudo fora tão intenso para Leonora nesse novo mundo que se naturalizou mexicana: paixão à primeira vista. E com o sentimento que a arrebatou, ela viveu, produziu e morreu no México. Conheceu Emerico Weisz e casou-se com ele, aos 29 anos. Tudo em sua vida ocorreu de modo precoce. Teve dois filhos. A partir daí dedicou-se à família e à arte. Pintou inúmeros quadros, fez dezenas de esculturas e escreveu muitos livros, uma artista completa. Entre as pinturas, têm-se: *The Giantess*; *Crookhey Hall*; *Green Tea*; *Bird Bath*; *Autorretrato*; *Retrato de Max Ernest*, entre muitas outras. Suas obras impressas são: *La Maison de la Peur*; *The Seventh Horse and Other Tales*; *The Oval Door*; *The Hearing Trumpet*; *The Milk of Dreams,* entre outras. Na vida, seguiu seus desejos e os realizou. Morreu aos 94 anos em terras mexicanas, país que amou como se tivesse nascido nele. Viveu e produziu intensamente, mas ficou fora das páginas da história da arte.

O mundo é gigante e pequeno ao mesmo tempo. Gigante, por-que há muito para se conhecer. Há o norte e o sul, o leste e o oeste, há montanhas verdes, quentes e geladas, praias azuis e verdes, areias macias e ásperas, o agreste, o cerrado, a restinga, a caatinga. Há experiências que devem ser vividas, paisagens que devem ser contempladas, retratadas, esfumadas. Há culinárias que precisam preencher a visão, habitar o olfato e levar prazer à língua. Por outro lado, o mundo é pequeno, porque tudo pode acontecer em um tempo e espaço mínimos, por exemplo, os encontros mais improváveis, a explosão da felicidade que se havia perdido, as paisagens absurdamente adequadas para as tintas e os pincéis, o morno dos prados que pacificam a alma das pessoas. As esculturas e as telas que representam partes do mundo, a música, a dança e os livros que trazem o norte e o sul, o oeste e o leste.

Ah! Os livros!

Livrando-se das amarras

Os livros mudam pessoas, consequentemente, o processo de desatar os nós inicia-se. Quando isso acontece, uma luz é lançada e tudo pode ter outro sentido. A arte imita a vida e vice-versa. O teatro, por exemplo, tem o mesmo efeito libertador, não somente devido à catarse, mas também à conscientização da realidade e do funcionamento dos sistemas sociais e políticos. O cinema, a arte do som e do movimento, faz refletir e refletindo, faz pensar. E tudo começa no desejo de mudança. Como dizia Mário Quintana: "Os livros não mudam o mundo, quem muda o mundo são as pessoas. Os livros só mudam as pessoas". O poeta que construía versos humorados e cheios de coloquialismos foi um dos maiores do Brasil na época das vanguardas. É dele o "Poeminha do Contra", que a maioria conhece e faz uso das mais variadas formas e contextos: "Todos esses que aí estão atravancando meu caminho, eles passarão, eu passarinho!". Os livros são instrumentos de resistência e o caminho para a liberdade, pois só o conhecimento liberta. O livro é o mundo que se pode conhecer pelas palavras: "Penetra surdamente nas palavras", dizia Carlos Drummond de Andrade. "O livro é um mundo que fala, um surdo que responde, um cego que guia, um morto que vive", sentenciou Padre Antônio Vieira, autor de *Os Sermões*.

Da mesma forma que se doutrinam mulheres e homens pelas palavras dos cânones religiosos para a subalternidade e a submissão, pode-se ensinar a verdade que irá libertá-los. Um sermão, dependendo das palavras usadas, pode aprisionar tanto quanto emancipar. Deus não está entre os que rezam, não está nos templos, não habita os homens que se dizem cristãos. Se existir esse Deus magnânimo, onipotente e onipresente, Ele é o planeta inteiro, as galáxias, a natureza de mares e montanhas. Ele residiria nas flores, nos animais, nos aromas, nos prados, nos gostos, nos oceanos e rios, nas geleiras e no agreste. No mundo todo. E no coração do homem que não diferencia etnias, gêneros e classes. Na plataforma Tik Tok, há um vídeo em que Luana Galoni recita o poema "Teologando", que reflete onde está Deus e quem Ele é. Vale a pena registrá-lo, porque, de maneira simples e sofisticada, Luana poetiza a realidade sobre Deus:

Ontem eu vi Deus no ônibus
Ele entrou descalço, tava vendendo bala
Achei estranho Deus aparecer assim
Nem chinelo Ele tinha
Tava meio sujo
O cabelo, então, nem se fala
Agora vê. Logo Deus,
Que semana passada vi cantando num show,
Todo aprumado.
Que anteontem, tava dançando com saia rodada,
E mês passado tava lá na cadeira da universidade
Tava sentado.
Deus era preto, mês passado
E tava cursando Psicologia
Achei afrontoso
Típico de Deus
Que hoje mesmo apareceu no espelho
Quando eu chorava pela manhã
E o que eu acho mais gozado, veja bem,
É que Deus meio sem forma
Meio sem contorno cabe em mim
Cabe no outro. E ainda cabe
Num áudio de 3 minutos que uma amiga

De outro estado me mandou

Ele cabe numa sinfonia de orquestra

Numa sanfona bem afinada

E nos berros de minha mãe.

Eu vejo Deus em tudo

E se não vejo é porque não enxergo

Se não ouço é porque não tenho ouvidos

Se não o sinto é porque morri.

Mas acho até que consigo ver Deus depois de morto

Até depois de vivo

Até depois que Ele desceu do ônibus sem vender

Nenhuma bala e me deu um sorriso.

Queria entender essa coisa do espírito

De ser muitos, de ser um, dois e ninguém

De transcender o tempo, e de ser

Ao mesmo tempo, vendedor de bala, meu espelho,

E uma mulher de saia rodada

E de todos esses devaneios

Que escrevi enquanto Deus dirigia o ônibus

Pensa só que louco seria. Ah! Bicho, que revolução se daria

Se, por surto ou poesia, a gente, finalmente,

Entendesse que Deus mora em mim

E também mora no outro.

Os livros despertam do sono profundo, resgatam das sombras de Platão. E como diz Marguerite Duras, — "Caminhais em direção à solidão? — Eu, não. Eu tenho livros!". Ou, ainda, a frase do escritor argentino Jorge Luís Borges: "- Sempre imaginei que o paraíso fosse uma espécie de biblioteca". Não me canso de falar dos livros, nem de lê-los. "Em um país onde as mulheres não podem sair em público, sem um homem, nós meninas viajávamos para longe dentro das páginas de nossos livros", diz Malala Yousafzai. Os livros podem trazer autoconhecimento, pois, com base nos conflitos vividos pelos personagens, o leitor espelha-se. Diz um ditado popular que mentes, guarda-chuva e livros só têm finalidade evolutiva se abertos. Há o mundo inteiro dentro de um livro, abra-o. "Trouxeste a chave?" — pergunta Carlos Drummond de Andrade.

A catarinense Johanna Stein, na tentativa de preencher a falta de espaço e a atenção para a literatura escrita por mulher, monta uma livraria somente de produção feminina. Fica na Rua Amaral Gurgel, 338 — Vila Buarque, no coração de São Paulo. É a primeira livraria, no Brasil, somente de autoras: "Nós conquistamos mais espaço, mas ainda, existe um buraco na história e a gente precisa garantir que nenhuma mulher mais seja deixada para fora das prateleiras das livrarias", diz Stein. Criar uma livraria somente com obras femininas não vai trazer as mulheres que morreram, nem exterminar a misoginia, muito menos punir as antigas editoras que exigiam das escritoras pseudônimos masculinos, mas é um passo significativo na luta da mulher por espaços públicos e na inclusão de seus nomes na lista de autoras, poetas, cronistas, biógrafas, ensaístas, contistas e de toda a propriedade intelectual feminina.

Desde Hipátia, de Alexandria, nascida no ano 360 d. C., passando por Gabrielle Colette, Karen Blixen, Malinche e a escritora nigeriana Buchi Emecheta, a mulher foi oprimida e impedida de sair do modelo que escolheram para ela. Inerte. Inerme. Estereótipos sexistas, preconceitos e discriminações contra as mulheres ferem o princípio constitucional da isonomia assegurada pela lei e são, portanto, uma forma de violação dos direitos humanos das mulheres. Tais violações ocorrem tanto nas relações familiares e privadas quanto na esfera pública, nas relações de trabalho e, inclusive, na própria legislação, em especial no que tange aos crimes sexuais e aos ditos "crimes cometidos em defesa da honra masculina", como escrevem Martha Giudice Narvaz e Silvia Helena Koller no artigo "Famílias e Patriarcado: da prescrição normativa à subversão", de 2006.

Para a advogada Valéria Pandjiarjian, "a violência física, sexual e psicológica contra a mulher é manifestação das relações de poder — historicamente desiguais — estabelecidas entre homens e mulheres, tem, portanto, no componente cultural o seu grande sustentáculo e fator de perpetuação. O fenômeno da violência contra a mulher, em especial a que ocorre no âmbito doméstico e das relações intrafamiliares, acarreta sérias e graves consequências não só para o seu pleno e integral desenvolvimento pessoal, comprometendo o exercício da cidadania e dos direitos humanos, mas também para o desenvolvimento econômico e social do país. [...]. No Brasil, 70% dos crimes contra a mulher acontecem dentro de casa e o agressor é o próprio marido ou companheiro".

Porém, há muitos grupos, inclusive de homens, que, conscientes da realidade, lutam contra a violência feminina. A minoria não resignada lutou e muitas mulheres escreveram, isto é, gritaram pelas palavras grafadas. Independentemente da linguagem em que se estruturam livros e artes, todas essas obras trazem conhecimento que podem salvar vidas, no formato cinematográfico ou poético, musical ou teatral, pintados em telas ou esculpidos no mármore, resultados de pesquisas científicas, plantas arquitetônicas, projetos para a agropecuária ou criações da engenharia naval. A cultura ensina, faz refletir, liberta. O fato é que os livros ensinam e, ensinando, mudam pessoas. A escritora estadunidense, ativista e militante Betty Friedan salvou muitas donas de casa que tinham vidas insignificantes com a *Mística Feminina*, de 1963. A obra inspirou a revolta contra a massificação das mulheres norte-americanas, anos depois.

Quem leu e entendeu, agiu. Betty Friedan conceitua o que vem a ser a "mística feminina", o domínio de um segmento que funciona antes mesmo de existir. Planta-se o desejo na massa e, depois, cria-se o produto, produto este que pode ser uma mercadoria propriamente dita ou um bem, um modo de vida ou uma receita para a felicidade por meio das "coisas". Betty contextualiza o período que vai de 1920 a 1960, nos Estados Unidos. A obra é baseada em muita pesquisa e nos resultados de entrevistas realizadas com 200 mulheres. As cidades norte-americanas dessa época são chamadas pela autora de "grande sociedade", porque a indústria, ao lado da publicidade e do marketing, abraçava o todo que compõe as corporações, no que tange às religiões, às mídias, às empresas, à moda e à modernidade, e projetava-se, tecnicamente, sobre a mulher.

Revistas, canais televisivos e rádios falavam de como a dona de casa pode ser imensamente feliz. As mulheres são treinadas desde a infância para serem mães e esposas dedicadas. Muitas meninas começavam, com base no sonho do príncipe encantado (e não se pode esquecer que todo príncipe é, na realidade, um sapo), a namorar por volta dos 12 anos, e entre 17 e 18 anos já estavam casadas. Os fabricantes de lingerie produziam sutiãs com bojo para que as meninas, à época, pudessem mostrar-se (ilusoriamente) com fartos seios. A revista *Life* divulgava um hino em louvor ao "Movimento da Mulher de Regresso ao Lar". Mas por que regresso?

Antes de 1920, as mulheres lutavam por independência social, política e econômica, no entanto, a partir de meados do século XX, nos EUA, as mulheres foram engolidas pela "mística feminina", espontânea, inconsciente e ingenuamente. O fenômeno não se apresenta apenas às norte-americanas, estendendo-se por muitos outros países, inclusive o Brasil. A mulher era ensinada desde a infância a tornar-se caçadora de homens. Aprendia a conquistar os homens de modo a garantir um marido. As cozinhas, centro da vida feminina, tornavam-se cada vez mais coloridas e criativas, na decoração e nos arranjos, com cores mais vibrantes as roupas de cama, mesa e banho em linho passam a ter monogramas como as dos reis e rainhas; os eletrodomésticos apresentam-se cada vez mais modernos: "A mística feminina tornou-se, nos 15 anos que seguiram a Segunda Grande Guerra Mundial, a maior realização feminina, ou seja, a mais alta ambição da mulher. Ter uma casa bonita e cinco filhos — com um único trabalho de conquistar um marido", diz Betty Friedan.

Algumas palavras saem do dicionário feminino e, quando pronunciadas por outros grupos, "parecem estranhas e embaraçosas, como, por exemplo, emancipação, independência e carreira". Sociedade, indústria e publicidade, juntas, tinham calado qualquer "mulher-problema", estas não existiam mais nos Estados Unidos. Não obstante, em lugar delas, havia as consumistas. "A sociedade desvalorizava o trabalho fora de casa e valorizava a feminilidade e a maternidade", escreve Betty.

Outra escritora que desmistifica a ideia de que casamento, casa da moda e beleza feminina é o caminho da plenitude é Naomi Wolf, na obra *O Mito da Beleza*, de 1991. Feminista, jornalista e ativista estadunidense, ela desconstrói a ideia de "beleza" explicando, com detalhes e exemplos, paradigmas, leis e costumes de uma sociedade patriarcal industrial, cujo marketing colocava-se contra a liberdade da mulher, oprimindo-a com força avassaladora. São mais de 400 páginas produzidas, quando Wolf tinha apenas 26 anos. O livro é dividido em capítulos sobre trabalho, cultura, religião, sexo, fome e beleza. "Desde o século XIV, a cultura masculina silenciou as mulheres decompondo-as maravilhosamente. A lista de características criada pelos menestréis, primeiro paralisa a mulher amada no silêncio da beleza e depois a decompõe", diz Naomi.

A política do mito da beleza existe para impedir que as mulheres se sintam livres e partam para a luta em busca de sua identidade — bem distante da ideia de beleza ditada pela indústria. "Beleza é genérica, monótona e inerte, enquanto a cultura resolve dilemas de natureza moral, a beleza é imoral", diz Naomi. E todos policiam as mulheres. Quando não há alguém para policiá-las, elas mesmas se autopoliciam acompanhando a moda e cedendo às exigências patriarcais, sociais e religiosas. Não obstante, com o tempo, elas adoecem, algumas correm atrás para corrigir o que não cabe mais na forma com estéticas e inúmeras cirurgias invasivas, com risco de morte.

É necessário equilíbrio nas opções e nas escolhas. A sociedade tenta exaustivamente criar a mulher perfeita. O que ninguém fala é que toda mulher é diferentemente perfeita, sem seguir modelos preestabelecidos. Faz-se necessário ensinar que a beleza, algo particular, deve ser alcançada de diferentes formas satisfazendo à mulher e não à sociedade. A beleza deve ser aceita como tal. Há uma infinidade de livros que falam sobre o assunto, por exemplo, *The Stepford Wives*, de 1972, de Ira Levin, que conta a história de esposas substituídas por robôs para alcançarem a perfeição. Três anos depois, o romance foi adaptado para o cinema, dirigido por Bryan Forbes. Em 2004, estreou o remake *Mulheres Perfeitas*, dirigido por Richard Frank Oznowicz, conhecido por Oz, com Nicole Kidman e Matthew Broderick. Na trama, tudo parece caminhar na mais perfeita harmonia e configuração, as esposas são lindas e obedientes aos maridos. Na comunidade, não havia crimes, não havia lixo, não havia contrariedades, porque as mulheres eram robôs.

A "Polícia do Pensamento"

O problema está exatamente no difícil acesso à informação e ao conhecimento, como sempre, desde que o mundo é mundo. Quem tem muitas portas que se abrem para as bibliotecas pode ser visto como um ser nocivo ao bem-estar social, religioso, moral e econômico. Se pensarmos que as palavras *emancipação*, *liberdade*, *independência* e *carreira* podem trazer estranhamentos, nós podemos concluir que a afirmação resulta em um problema que, inconsciente da maioria da população, manipula, controla e vigia. Michel Foucault não deixa por menos quando escreve *Vigiar e Punir* (1975), falando do nascimento das prisões e das mudanças nas formas de punir. O autor caminha desde o suplício punitivo do século XVI, um verdadeiro horror, até a organização punitiva legitimada pelo sistema penal do século XVIII, na França. Há, ainda, *O Panóptico* (1791), do inglês Jeremy Bentham, que evidencia a vigilância ininterrupta dos presos, de modo que eles, uma vez vigiados, teriam bom comportamento ou tornar-se-iam bons. Ledo engano!

Mas será que somente os presos são vigiados? Os presos devem, sim, ser espionados dia e noite; se estão no presídio e tiveram um julgamento justo, não são pessoas boas nem confiáveis. Nesse sentido, a sociedade necessita "estar" livre dos maus elementos, dos infratores, dos larápios, dos estupradores e, principalmente, dos assassinos. Algumas sociedades se esquecem de vigiar os criminosos. No entanto, vigiam a população, o trabalhador, as mulheres. Seríamos todos vigiados? O programa televisivo que tem uma cara de reality show com o nome de Grande Irmão é um "grande" desafio ou uma debochada gargalhada? Nesse programa, todos são vigiados para ganhar milhões! Jogos vorazes? Outros jogos? Parece brincadeira, mas não é. O programa foi nomeado propositalmente? Em 1949, George Orwell publicou *1984*. A obra é um dos maiores clássicos da literatura inglesa. Nele, Orwell apresenta "O olho que tudo vê", usado, também, nos espaços religiosos, a partir do século XVII, para controlar. Representava literalmente o olho de Deus que observava as pessoas, o triângulo em que se insere o olho é o símbolo da Santíssima Trindade. Em escolas católicas, a imagem do olho era geralmente usada nas salas de aula, nos banheiros e nos corredores.

Na obra de Orwell, o enredo passa-se na Oceania e o líder do Estado é o "Big Brother". O sistema de governo, longe de qualquer democracia, é totalitarista, e o líder é a representação mais cruel de poder e de controle que já existiu no planeta: vigia dia e noite e não há um único lugar em que não tenha as chamadas "teletelas" com as funções de informar (para controlar) e vigiar. Tudo o que é divulgado nessas telas traduz-se em mentiras, a começar pelo nome do líder opressivo e torturador: "Grande Irmão". Orwell já preconizava as fake news em 1949? A história é atual? Mas por que eu falo de Orwell? Porque, de um lado, o personagem Winston Smith, funcionário público do Ministério da Verdade (que é, na realidade, o ministério da mentira), tem a função de apagar o passado, tudo aquilo que não estiver de acordo com a fala do "Grande Irmão" deve ser apagado. O trabalho diário dele é falsificar jornais e dados históricos e diminuir o vocabulário dos dicionários, eliminando palavras, principalmente as que sugerem emancipação, liberdade, independência. De outro, a ideia de vigiar e controlar dialoga com *Vigiar e Punir* de Foucault, com os realities shows e com a dicotomia indústria-marketing que, vigiando as donas de casa, transformam-nas em meras consumidoras. No reality show, entre os vigiados, há prêmios a quem vencer todos os jogos.

Quanto mais escasso o vocabulário de uma nação, mais chance de controle da massa. As mulheres que Betty Friedan apresenta em *Mística Feminina* tinham um vocabulário restrito ao lar: casa, filhos, marido, jantar, café da manhã, aparelho doméstico. E quando ouviam qualquer termo fora desse dicionário, assustavam-se. Logo, hostilizavam quem os falava, afastavam-se dos termos sem jamais os repetirem. Na obra *1984*, Orwell nos apresenta, ainda, a "Polícia do Pensamento" — que fiscaliza o que a população pensa e, consequentemente, o que faz. Não há um único sinal de liberdade, porque sobejam policiais do pensamento e grandes irmãos.

Há livros e filmes que aumentam nosso repertório. E isso é libertador. Há o teatro, o cinema, a música, as artes plásticas, as palestras. Estes são caminhos que se somam e multiplicam-se, resultando em infinitas estradas. *Silenciadas* (2021), por exemplo, filme do cineasta premiadíssimo Pablo Agüero, fala sobre as feiticeiras que foram queimadas em 1600, século XVII, mas está muito longe de ser um filme sobre bruxas. O cineasta conta a verdade que estava por trás dessa perseguição. O Estado, a igreja, o rei e o reino destituíam todos os bens da família, cuja mulher eles consideravam bruxa, e, assim, triplicavam suas fortunas. O diretor ganhou prêmios no Festival de Cannes, na França, e o Oscar Goya, na Espanha. Agüero mostra, como citado, a real condição das mulheres na época e de como os homens do Judiciário, da sociedade e da igreja não conseguiam conviver com mulheres felizes, livres e que jorravam alegria.

Crueldade generalizada. A fogueira é, na realidade, um instrumento para queimar a libido deles, a inveja deles, a falta de ousadia deles e a incompetência de não serem como elas: felizes. Então, os poderosos lançavam-nas à fogueira, de modo que poderiam, depois, continuar, sem ameaças, a vidinha desprezível e rasa que tinham. Agüero cita no filme a ideia de que as mulheres, chamadas feiticeiras, copulavam com o diabo. Uma ideia insana que perdurou por séculos e teve seu auge na "demência esplêndida", na época da Inquisição, com o *Malleus Maleficarum*, dos desvairados Heinrich Kraemer e James Sprenger.

Em *Silenciadas*, o juiz Rostegui vê na floresta umas moças brincando, dançando e esbanjando alegria. Elas apenas cirandavam. Mas o juiz acreditava que elas festejavam o *akelarre*, culto em que o demônio acasala com suas seguidoras. Perturbado por essa ideia, e com o diabo dormindo e acordando com ele, personifica-o em si na tentativa frenética e obcecada de fazê-las confessar. Como o diabo tem participado da história do homem, não? Fala-se tanto em demônios que, se imaginarmos quem fala, conseguimos nitidamente imaginar onde moram. Bruxa, gato e demônio: um trio criado pela mente perversa e deturpada de alguns homens da igreja (e dos Estados), principalmente os inquisidores. As mentes doentias da Idade Média estenderam-se por outros séculos e existem, aos magotes, nas sociedades atuais. Ah! Esse imaginário é capaz de "imaginar" cada sandice na vida adulta, que nem se pode "imaginar" o grau de demência: "alguém consegue "imaginar" uma mulher copulando com o diabo?".

A ideia que gira em torno do *akelarre* espalhou-se e criou força, por todos os cantos renasce a crença de que mulher é perigosa, porque copula com o diabo. O explorador espanhol Francisco de Orellana que, além de destruir o Império Inca, desejava a América do Sul inteira somente para ele, viajava para conquistar terras e matar seus habitantes originais, foi um dos primeiros a percorrer o Rio Amazonas nas proximidades de Nhamundá, a leste de Manaus e parte dos Andes. O rio é tão grande que tem a nascente na Cordilheira dos Andes e passa por vários países em seu percurso, até chegar a terras brasileiras: forma junto com seus afluentes a maior bacia hidrográfica do mundo. Nasce no Peru e deságua no litoral do Brasil, passando pela Colômbia, entre outros. É quase infinito.

Orellana, seus homens e o dominicano Frei Gaspar (que registrava os acontecimentos da expedição) tinham permissão para saquear e aniquilar tudo (e todos) o que encontrassem. Ao entrar em contato com as florestas, ficam sabendo das icamiabas, temido grupo de mulheres indígenas guerreiras. Constam em suas crônicas que eles foram atacados por mulheres nuas montadas a cavalos, manejando arcos e flechas: "altas, musculosas, de pele clara, cabelos longos e escuros". Frei Gaspar acreditava que elas copulavam com o diabo. Aliás, ele "demenciava". As icamiabas eram como as "mulheres amazonas", as guerreiras da antiga Grécia que andavam a cavalo, lutavam contra os inimigos e viviam sob o governo de uma rainha. O Rio Amazonas tem esse nome por causa das icamiabas, as amazonas do Brasil. Várias obras gregas citam as guerreiras, como *Ilíada*, de Homero.

A história é preenchida com exploradores que viram heróis e ganham estátuas e monumentos em seus louvores (são os bandeirantes), mas as mulheres guerreiras que se defendem e lutam contra invasores são desprezadas e, normalmente, vistas como feiticeiras ou apagadas da história. A literatura mostra os apagamentos de mulheres limitando sua educação e seu acesso ao conhecimento, eliminando palavras dos dicionários e ocultando a revolução feminina. Santa ou puta, eis a dicotomia que limita o feminino.

As obras *Silenciadas* e *1984*, de Agüero e Orwell, respectivamente, servem de exemplo da desconstrução das mentiras em torno das mulheres que, infinitas vezes, viraram verdades. No entanto, eles descortinam a história. A verdade é disfarçada pela conveniência dos homens poderosos, sejam eles ditadores ou inquisidores. Ambos sádicos. A sociedade e a mídia insistiam, segundo Betty Friedan, para que houvesse cursos preparatórios para o casamento, no antigo ginásio (*High School*), o equivalente, hoje, ao ensino médio. No ensino fundamental, o antigo grupo escolar, a criança cumpria quatro anos do básico, iniciando-o com 6, 7 anos, e concluindo por volta de 10, 11 anos. Imaginem meninas nessa faixa etária aprendendo sobre matrimônio? Isso é crime! Mas a indústria queria essa menina casada logo cedo, para consumir tudo o que ela fabricava. Era necessário somente implantar o desejo e a ideia de felicidade eterna no "lar doce lar". Não era uma opção feminina, era uma ideia germinada na mente das garotas, assim, elas caminhavam obedientes e, acima de tudo, consumidoras.

Era óbvio que sem a participação ativa da mulher na sociedade, como profissional em qualquer área, o consumo desenfreado estaria garantido: trocar tapetes, cortinas, lençóis e estofados todo ano, comprar lava-louças, lavadoras e secadoras de roupas e aspiradores de pó que sugam até energia negativa, adquirir casas maiores, com jardins magníficos, aqueles de tirar o fôlego e causar inveja, adquirir quadros e adornos, renovar sempre o guarda-roupa com vestimentas de 'marca' (leia-se a marca estipulada pela indústria e pelo marketing), ter o cabelo da moda e fazer parte integrante dos grupos que seguem os manuais de como tratar um marido e exibir o sucesso dele à família e às amigas. Para a brasileira Rose Marie Muraro, a matrona do feminismo nos EUA, 80% do consumo vinha das donas de casa. E as brasileiras, nessa mesma época, não ficavam atrás. O modelo continua, porque muitos grupos (de homens e de mulheres) acreditam que comprar uma geladeira nova é sinônimo de felicidade plena.

Há infinitas formas de manipular e de controlar a mulher e o consumo é uma delas. São produtos e mais produtos voltados ao feminino e "quanto mais sofisticados, mais inúteis", diz Betty. Após a divulgação do livro, muitas mulheres perceberam-se vítimas da manipulação, mas isso não ocorreu de um dia para o outro. As mulheres foram adoecendo, insatisfeitas, ansiosas. Sem vislumbres de si mesmas, elas vão percebendo que o "conto de fadas" que viviam estava distante da realidade. Betty chama esse fenômeno de "o problema sem nome", pois nem os psiquiatras sabiam de onde vinham a histeria, a melancolia, a depressão e a insatisfação das mulheres. Elas adoeciam sem causa. Nenhum médico alcançava um diagnóstico: "Jamais descobri que espécie de pessoa sou eu", disse uma das entrevistadas. Foi um período conturbado que, no fim de 20 anos, apontava para intensos conflitos, traumas e um número crescente de mulheres depressivas.

Algumas mulheres têm a vida que escolheram para si, que desejaram. Algumas mulheres ousaram conhecer outros mundos, outras culturas, outras línguas e linguagens, e cresceram ampliando seus desejos. No livro *As Guerrilheiras*, de 1969, a escritora Monique Wittig diz: "Houve um tempo em que não era uma escravizada, lembra-te disso? Caminhava sozinha e alegre e banhavas-te com o ventre nu. Dizem que perdeste toda e qualquer lembrança disso. Recorda-te. Dizes que não há palavras para descrevê-lo, dizes que isso não existe. Mas lembra-te. Fazes um esforço e recorda-te. Ou, se não conseguires, inventa".

O mundo é bastante amplo e cheio de coisas maravilhosas para serem vistas e experimentadas. A escolha da própria vida, seus aspectos e condições é um direito da mulher tanto quanto do homem. Um exemplo disso é a história da socialite americana Virginia Hall, que escolheu viver perigosamente durante a Segunda Guerra Mundial. Por quê? Porque era a espiã mais procurada pela Gestapo. Para a polícia secreta nazista, "a espiã era mais perigosa do que todos os espiões aliados". Nunca foi capturada, quando a guerra terminou foi condecorada com honrarias. Segundo o livro (que conta a história de Virginia Hall) *A Mulher Sem Importância: a história secreta da espiã mais perigosa da Segunda Guerra*

Mundial (2021), da jornalista britânica Sonia Purnell, as habilidades da espiã que trabalhou sem nunca ser encontrada deveria estar nos livros, nas mídias, pois "até hoje, a CIA usa as táticas de espionagem que Hall desenvolveu e praticou com sucesso", diz Purnell.

Há muitas mulheres que escolheram viver fora do paradigma esfumado com metal tóxico para o feminino, restringindo a vida de todas elas, trazendo grande sofrimento e, muitas vezes, a morte. A sociedade criou paradigmas que masculinizavam a mulher que trabalhava fora de casa, que atestavam que feministas eram feias e desequilibradas, que a maternidade era inerente à mulher. "A maioria dos homens não suporta a ideia de ver a mulher afastar-se da mística feminina", diz Betty. Algumas obras podem tocar a consciência feminina. Eis meu maior desejo!

E falando das mulheres livres, que resistem e que lutam pela vida do feminino no mundo, que têm consciência de que "lugar de mulher é onde ela quiser", inclusive na guerra, apresento uma das fotojornalistas mais conhecidas pelo profissionalismo e técnica particular: a alemã judia anarquista, antinazista e antibelicista Gerda Taro (1910-1937), que foi considerada, depois de morta, a heroína da esquerda política.

Gerda registrou, na Guerra Civil Espanhola, imagens de horror e medo, denunciou e divulgou o geral e o particular, suas fotos são verdadeiras obras de arte que desnudam o realismo bélico. Trabalhou em Paris com o fotógrafo David Seymour e Robert Capa. Este último é o homem que ela inventou. O homem que ela construiu. Teve com Capa um romance e viveram juntos até sua morte. A maioria achava que eram casados. Gerda, cujo nome correto é Gerta Pohorylle, conheceu o húngaro André Friedmann, um exilado político, em 1934, em Paris. Ela mudaria tudo, inclusive os nomes, e com isso criou o fotógrafo Capa, diz a biógrafa Jane Rogoyska, autora de *Gerda Taro: inventando Robert Capa* (2013): "Eles se reinventaram como fotógrafos. Mas somente ele se tornaria o mais importante fotojornalista de sua geração".

Gerda Taro tornou-se uma fotojornalista ímpar e as páginas que falam de Capa escondem que foi ela quem o auxiliou, nas perspectivas das imagens, no estilo, na escolha dos tons, na captação do cenário, no enquadramento, na seleção, inclusive na produção de uma revista, fazendo a fotografia, porque, além de ser uma fotógrafa admirável, fazia tudo com um forte sentimento de estar mostrando ao mundo a desgraça da guerra. No entanto, mostrou mais seu companheiro do que a si mesma.

Segundo consta, ele que lhe ensinou a arte, enquanto ela vendia as fotografias dele. Aos poucos, ele ficou conhecido como um dos maiores fotógrafos de guerra, sendo até hoje respeitado por sua trajetória profissional. Ela era muito mais brilhante do que Capa, porém, mesmo diante de tanta capacidade, caiu no esquecimento. Morreu aos 26 anos, na Guerra Civil Espanhola, tornando-se, segundo Jane Rogoyska, a primeira fotojornalista a morrer em combate. Como biógrafa de Gerda, Jane tenta divulgar quem foi essa mulher que criou a lenda Robert Capa: "apesar de a lenda ter sido construída em torno dela, ela, posteriormente, tornou-se uma mera nota de rodapé".

O húngaro nascido em Budapeste, André Friedmann (1913-1954), conhecido no mundo todo como Robert Capa, cobriu inúmeras guerras, como a Árabe-Israelense; a da Indochina; a Civil Espanhola; a Segunda Guerra Mundial, entre muitas outras. Não se eliminam aqui os méritos de Capa, ele foi célebre em tudo, o que se questiona é o que houve com Gerda Taro, que era tão brilhante quanto ele, que cobriu tantas guerras quanto ele, mas foi ocultada.

A jornalista e fotógrafa curitibana Isabella Lanave (1994) é uma fotojornalista premiada, não tem ninguém que a impeça de ser quem é nem de exercer a fotografia como uma de suas paixões. Conhecida por sua fotografia documental, ela venceu o 20º Prêmio "Sangue Novo no Jornalismo", na categoria Fotojornalismo. Algumas mulheres conseguem vencer, outras são sucumbidas.

Os animes e a representação feminina de força

Há uma infinidade de escritores, roteiristas e cineastas cujas produções falam das mulheres, da luta delas, da vida e do sofrimento que as circundam, mas também contam as alegrias, as vitórias, apresentando mulheres fortes, inteligentes, destemidas e vencedoras. Hayao Miyazaki (1944, Japão) não é uma mulher, muito menos silenciada, mas é um homem que traz em suas animações, em seus mangás, mulheres que buscam algo maior do que o padrão que a sociedade estabelece para o feminino.

As protagonistas dos animes de Miyazaki não são mulheres lindas, sensuais, perfeitas, mas sim, mulheres fortes, ousadas, inteligentes que buscam essência e independência: "Quero pedir desculpa a todas as mulheres que descrevi como bonitas antes de dizer inteligentes ou corajosas. Fico triste por ter falado como se algo tão simples, como aquilo que nasceu com você, fosse seu maior orgulho, quando seu espírito já despedaçou montanhas. De agora em diante, vou dizer coisas como 'você é forte' ou 'você é incrível', não porque eu não te ache bonita, mas porque você é muito mais do que isso", diz a poeta Rupi Kaur, pautando a beleza e a capacidade da mulher no mesmo degrau social, político, cultural e econômico do homem.

Miyazaki quebra paradigmas por meio de sua arte apresentando personagens femininas ousadas, poderosas, corretas e triunfantes. As obras mostram a mulher como ser pensante, reflexivo, equilibrado e em constante evolução. As animações são muitas, destacando-se *A viagem de Chihiro, O Castelo Animado, Princesa Mononoke* e *Nausicaä do Vale do Vento* que, além de quebrarem antigos modelos femininos exigidos pelo patriarcado, que cheiram a mofo, criticam o sistema, alertam para o colapso ambiental e econômico e refletem sobre a velhice, deixando claro que a faixa etária chamada terceira idade pode ser um (re) começo de vida e não um final.

Em *A Viagem de Chihiro*, Miyazaki apresenta o amadurecimento da menina Chihiro. Por meio de um ritual de passagem, ela se torna independente, enfrentando obstáculos e perigos, mas disposta a superar os problemas para, enfim, reaver sua família. Há no enredo uma inversão de papéis, os pais tornam-se dependentes e indefesos; a filha, independente, madura e protetora. É ela quem irá salvar os pais. Chihiro aprende a ser correta e a agir em prol do bem-estar de si e dos outros. A menina, que é subtraída dos pais por meio de um feitiço, tem que enfrentar a lendária Baba Yaga. Há muitas simbologias acerca do ritual que Chihiro atravessa para tornar-se independente e livre. Nas histórias do diretor japonês não há diferença de gênero, e a mulheres têm as mesmas oportunidades dos homens.

Em *O Castelo Animado*, Miyazaki desmistifica o conceito de velhice inútil, fraca e entregue ao próprio destino. O diretor muda da água para o vinho esse conceito, mostrando que, muitas vezes, a jovem tem menos energia e determinação do que uma senhora de 90 anos. O filme fala da velhice feminina e do tédio que habita a juventude. É o que ocorre com a personagem Sophie Hatter. Amaldiçoada pela bruxa que a transforma em uma idosa, vê-se diante de um problema que deve ser enfrentado — ela queira ou não. E nesse momento, a desanimada menina, agora uma idosa, vai lutar para anular o feitiço, mesmo tendo as pernas fracas e os olhos embaçados.

O filme *A Princesa Mononoke*, de 1979, de Miyazaki, conta a história de uma menina que é encarregada de ser capitã de um grupo de homens e de pilotar um navio pirata que voa. Ela vai enfrentar inúmeros obstáculos, inclusive o de manter sua autoridade de comandante feminina de uma imensa tripulação masculina. As personagens femininas dos animes, geralmente, apresentam mulheres que têm cargos considerados masculinos. Elas são as guardiãs da natureza, criticam a devastação ambiental e o machismo. É sempre a menina que luta em prol da paz e do equilíbrio, que respeita o circundante e o *alter*, estabelecendo, assim, uma sociedade harmônica, justa e saudável ecologicamente.

Os animes críticos de Miyazaki desconstroem a ideia de que mulher é inferior. Há muitos outros roteiristas, diretores e mangakás que merecem destaque com luzes de neon, um deles é Yoshifumi Kondō, diretor da obra-prima *Mimi wo Sumaseba*, de 1995, traduzida no Brasil para *Sussurros do Coração*, um primor artístico da animação que cria personagens femininos fortes e determinados. A tradução literal do nome do anime é "Se você ouvir". E até o nome (traduzido ou não) é de pura poesia.

No anime, Kondō apresenta-nos a doce Shizuku Tsukishima, uma estudante do primeiro ciclo de ensino que sonha em ser escritora e, para tanto, luta, de maneira incisiva, em busca de um sentido para sua vida. A personagem quebra os paradigmas impostos à mulher, ela não deseja ter roupas lindas, ela não sonha em ter um namorado ou um marido, mas sim, uma carreira. Shizuku é uma leitora compulsiva e sonha em viver a vida da forma mais ampla possível. Por meio das viagens proporcionadas pelas histórias dos livros, a menina voa por caminhos imaginários encabeçados por um gato chamado Baron, metáfora e cerne, ao mesmo tempo, da história similar que o dono do antiquário contava, e que, por curiosidade e impulso, correndo ao encontro de um sentido fantástico para sua vida, Shizuku descobre.

Ela vê o mundo de modo epifânico, bem ao molde clariceano, e esse maravilhamento vai levá-la a escrever seu primeiro livro sobre o personagem "O Gato Barão". Tudo nela é encantamento, desde um gato sentado no banco do trem observando a paisagem até a "esmeralda" em uma rocha que irradia luz. Shizuku sofre para lapidar sua vida e escolher sua carreira, impulso este que nasce na adolescência e vem mesclado à descoberta do amor e da responsabilidade. Essa transição da menina em alguém com possibilidades, com habilidades e competências é dolorida e exaustiva, porque para se tornar uma futura escritora precisa de perseverança e disciplina.

O garoto que faz par com ela, Seiji Amasawa, é também um elemento incentivador, representa o masculino como apoio do feminino na construção de uma carreira futura, e isso não é comum, o que faz do anime uma criação peculiar e libertadora do feminino e de algumas formas estruturais político-sociais. A evolução é abastecida pelos ritos de passagem que fazem parte da vida da menina que se transforma em mulher, e que vai, a partir de então, construir uma carreira. E da menina nasce a autora da história sobre o amor frustrado de Louise e o Gato, ou seja, do barão e da baronesa: a belíssima história de um amor interrompido pela guerra.

Nesse patamar, surge o anime *O Reino dos Gatos*, de 2020, dirigido por Hiroyuki Morita, cuja protagonista, Haru, uma estudante inebriada pelo mundo felino, acaba por ver-se presa na tarefa de salvar o príncipe dos gatos e casar-se com ele. O mesmo gato que leva Shizuku ao mundo das histórias leva Haru a uma experiência pessoal, cujo resultado só depende dela mesma. Há, ainda, mangás e filmes que narram a história do gato Baron.

O crítico Felipe Novoa, do site "Vidente Andante", considera *Sussurros do Coração* uma verdadeira obra-prima do anime. Para ele, "a narrativa mais intimista e pessoal que Kondō adota é a forma mais eficiente de criar uma aura de calma e domesticidade que quase nenhuma outra obra de arte, salvo as obras de Monet e Pissarro, é capaz de criar. E esse estilo narrativo contemplativo pode vir de tradições zen-budistas, ou do fato de a sociedade japonesa ser fundamentalmente diferente da ocidental, e suas ansiedades, mas seja como que for, essa diferença é responsável por um filme memorável". Os animes evidenciam mulheres que evoluem por si mesmas, pela própria força, coragem, ousadia, disciplina e vontade de buscar um significado maior do que o ditado pela sociedade patriarcal.

Há inúmeros animes que valem a pena conhecer para que o espectador possa usar, como exemplo, à moda de Christine de Pizan, a história das mulheres apresentadas pelos mangakás. Dirigido por quatro mulheres: Ageha Ohkawa (1967), Mokona (1968), Tsubaki Nekoi (1969) e Satsuki Igarashi (1969), o grupo CLAMP, criado no início dos anos 1980, estreou, em 1987, *Sakura Card Captors*, com grande sucesso. A história da estudante Sakura Kinomoto é tão intrigante que foi adaptada à linguagem do cinema com filmes e seriados, aos programas televisivos, aos videogames e aos livros, impressos e digitais. CLAMP é uma palavra usada pelas mangakás para designar cartunista, o nome romanizado é *Kuranpu*, e o nativo, クランプ. Quando se busca a tradução do termo CLAMP — (*Klamp*) do inglês para o japonês, obtém-se *kuranpu* e vice-versa. É um grupo formado exclusivamente de mulheres dos anos 1980.

O enredo de *Sakura Card Captors* apresenta-nos a história da menina Sakura, que vive em um lugar fictício de nome Tomoeda. Ela, que adora livros, acaba por ver-se enredada por cartas mágicas que saem do livro *Clow*, no momento em que ela o abre. No entanto, um vento maior e mais forte que Bóreas espalha as 52 cartas por toda a cidade e ela tem que encontrar uma a uma. Eis a tarefa da menina de apenas 10 anos: aventurar-se na busca pelas cartas e montar o quebra-cabeça. Nessas buscas cheias de tarefas a cumprir, Sakura, a capturadora de cartas, que não poupa força nem ousadia, viverá uma incrível experiência evolutiva, envolta em magias. *Sakura* é um anime denominado *mahō shōjo*, em que as personagens femininas são mágicas, isto é, possuem poderes extraordinários que podem representar metaforicamente a força que as meninas adolescentes têm. O desenho é um primor e as artistas precisam ser divulgadas para que o mundo possa conhecê-las.

Yona é um anime (seriado) dirigido por Kazuhiro Yoneda e ilustrado por Mizuko Kusanagi. São 24 episódios filmados entre 2014 e 2015 que apresentam ao espectador a história da princesa Akatsuki no Yona que, morando em um castelo pomposo, vai evoluir de menina indefesa para uma mulher corajosa, após descobrir que seu pai, assim como a história de Hamlet, foi assassinado por Soo-Won. As questões políticas que envolvem poder são evidenciadas por meio do golpe que o reino sofre. A princesa, preenchida de um forte sentimento de vingança, torna-se uma notável arqueira para libertar seu reino dos golpistas. Shakespeare, em *Como Gostais*, repete a questão do golpe político, tão em alta nas sociedades atuais, em que o tio exila o irmão, que é o rei e se vê obrigado a fugir. E Soo-Won mantém a filha do rei prisioneira. Mas ela também foge para a floresta, vestida de homem, com a prima. E a trama segue cheia de intrigas, traições, amores e dores, estilo literário do dramaturgo inglês, conhecido pelos clássicos *Romeu e Julieta*, *Macbeth*, *A Tempestade*, entre muitos outros.

A maioria dos animes, além da mensagem pedagógica, possui alto teor crítico, a exemplo de *Chobits* (2001-2002), do grupo CLAMP. A história traz à luz uma sociedade futurista em que as máquinas são substituídas por robôs "persecom", ou seja, robôs que têm sentimentos pelos seres vivos. Os seres humanos, além de não terem sentimentos, não são confiáveis. Triste mundo de zumbis. *Guerreiras Mágicas de Rayearth*, também do grupo CLAMP, conta a história de três meninas, Hikaru Shidou, Umi Ryuuzaki e Fuu Hououji, estudantes que, em uma excursão da escola à Torre de Tóquio, vivem uma experiência incrível. As meninas do grupo CLAMP, assim como as de Miyazaki, estudam e todas têm acesso à educação e ao conhecimento. Fuu, Hikaru e Umi são escolhidas para salvar o Reino de Cefiro da princesa Emeraude e, para tanto, elas se tornam guerreiras como Yona tornou-se arqueira. Essas mulheres lutadoras, personagem dos animes, seriam uma alusão às guerreiras que manejavam arcos e flechas do Rio Amazonas? De uma forma ou de outra, os diretores e artistas de mangás desconstroem o modelo de mulher ditado pelo patriarcado, seja este caracterizado pelos modelos ocidentais ou orientais desses mesmos sistemas.

Há muitos mangás impressos, inicialmente publicados na revista *Nakayoshi*, no Japão. Em 1997, a obra, com vários volumes de diferentes desenhistas, foi impressa pela editora Kodansha.

Responsabilidade ambiental nas mãos das mulheres

O maior e mais poderoso inimigo da natureza é o homem! O surgimento do homem aniquilou e aniquila tudo, ele consome os recursos naturais do planeta e, insanamente, destrói as sementes germinadoras da Mãe Gaia. O ser humano arruína tudo o que é bom, natural, pacífico, feminino e perfeito. Não há como frear os largos passos do capitalismo exterminador sobre a Terra. A Amazônia está sendo devastada. O caos ergue a poeira que sufoca: falta oxigênio, os dejetos misturam-se às sementes, que ora não germinam, ora germinam coisas estranhas e inaproveitáveis, e o veneno é o cenário de um negócio lucrativo. As moedas de ouro geralmente estão ligadas à morte.

O cenário assemelha-se ao poema "O Sentimento dum Ocidental". Embora o lirismo saudosista permeie os versos de Cesário Verde, o cenário mostra as irresponsabilidades da industrialização e o lado caos da modernidade.

Entretanto, nem tudo é apocalíptico, nem tudo é escatológico, há uma brecha de luz a piscar no horizonte, há quem lute para usar os recursos sem esgotá-los, sem aniquilá-los. A eterna luta do bem contra o mal, das virtudes contra os defeitos que avançam outros terrenos. Essa dualidade antagônica faz parte dos animes de Miyazaki. Há, nos quadrinhos e nos mangás, mulheres que, como pastores de ovelhas que têm o cargo maior e a tarefa gloriosa de proteção à Gaia Mãe, guiam e guardam a natureza.

Princesa Mononoke é um dos exemplos dessa luta feminina a favor do ecossistema. Mononoke, embora humana, fora criada pelos deuses-lobos. Para ela, os humanos eram perigosos, irracionais e nada confiáveis. Luta, ainda, contra Lady Eboshi, uma personagem que representa a moeda de ouro das sociedades, a extração excessiva de minérios, a evolução industrial e a fabricação de armas de fogo: seu foco é lucro. Duas mulheres em lados opostos: a humana que é loba, e a loba que é humana. A crítica avança sobre a relação do homem com o ambiente: a poluição, a exploração e a degradação da natureza. Mononoke é leal, justa, destemida, inteligente e, acima de tudo, guardiã do que sobrou da natureza.

Outro elemento feminino responsável por salvar o planeta do apocalipse total é a princesa Nausicaä, do anime *Nausicaä do Vale do Vento*. Miyazaki traz uma figura feminina forte e determinada que luta para salvar o planeta. A história inicia-se quando a maior parte do planeta foi destruída pelo fogo, o que remete à profecia bíblica do fim do mundo: "primeiro a água aniquilou a todos com um dilúvio, depois, virá o fogo". E mais da metade do planeta foi dizimado pelo chamado "Sete Dias de Fogo" (uma catástrofe — resultado da interferência do homem na natureza). As pessoas estão angustiadas e cheias de ódio e não pensam em salvar o que restou. Os humanos correm riscos de serem exterminados com o planeta. Com o fogo tudo virou pó e desse pó surgiu um fungo que exala gás venenoso. As pessoas não conseguem respirar, porque os gases atingem rapidamente os pulmões. Miyazaki teria, como Nostradamus, profetizado, em 1985, a pandemia de 2020?

A partir de 2020, um vírus impede o homem de respirar normalmente e milhares de pessoas morrem ao contraírem o Sars-CoV-2, causador da COVID-19. Os governantes não fazem nada e a população está à deriva. Com o coronavírus na atmosfera, as pessoas do mundo inteiro usam máscaras, e é assim que as personagens do anime se protegem, cobrindo narizes e bocas. Somente Nausicaä está resguardada, porque mora em uma região venturosa, "protegida de todos esses males, região abençoada com a brisa que sopra do mar e afasta os perigos", diz Marcelo Muller. Uma região que ainda não fora afetada pela ganância humana.

A maioria dos filmes de animes, geralmente originários de mangás, traz personagens femininas democráticas, antibelicistas, ecologistas, antimilitaristas, feministas, cheias de equidade e justiça, cujas tarefas são primordiais. Mononoke e Nausicaä são personagens femininas com a sublime e difícil tarefa de salvar o planeta das mãos do capitalismo desenfreado.

O LANCINANTE ENVELHECIMENTO FEMININO

Sobre o envelhecimento feminino, se fôssemos narrar aqui sua trajetória, daria outro livro de mais de 500 páginas, porque envelhecer para o homem é algo tranquilo, natural, inerente, sexy, mas para a mulher é decadente. A antropóloga Mirian Goldenberg fez uma pesquisa intitulada "Corpo, Envelhecimento e Felicidade", em que entrevista cinco mil homens e mulheres entre 50 e 90 anos, fazendo a seguinte pergunta: "Você deixaria de usar uma roupa porque envelheceu?". Segundo Goldenberg, 96% das mulheres responderam sim, enquanto 91% dos homens responderam não. "O pavor do envelhecimento tão peculiar às brasileiras (e outras nacionalidades) não permite diversos comportamentos depois de certa idade", diz a antropóloga. É muito complicado sair dessa teia de aranha que vê as mulheres mais velhas como descartáveis, é uma questão política para controle feminino do nascimento à morte.

Como diz a terapeuta e escritora chilena, residente no Brasil desde criança, Nina Zobarzo: "permita-se ser mal vista, mal falada, mal avaliada. Permita que se enganem a seu respeito, que deem risadas pelas suas costas. Permita-se que te julguem, que cochichem, que acreditem saber quem você é. Permita-se que olhem torto, que se afastem, que a excluam, que a rejeitem. Enfrente seu maior pesadelo, e veja que, sim, ele acaba em morte". Zobarzo fala das cobranças externas tanto das sociedades quanto das igrejas que se estendem aos familiares e amigos próximos e aconselha não levar em consideração a opinião dos outros. Parece fácil, mas não é. As cobranças externas adoecem.

Benedetta Barzini

A juventude é fácil; a velhice, dura. "Desaparecer não é fácil. É realmente muito difícil. Aparecer é fácil. A razão pela qual desejo tanto desaparecer é que estou farta de viver nesta sociedade, não gosto do valor do dinheiro e só não quero ver o lado hipócrita de todo este grupo étnico feito de homens brancos que destroem o mundo. Eu só quero não ver isso nunca mais. Então, eu só quero desaparecer. E é isso. Tem a ver com a morte, porque estou velha e, mais cedo ou mais tarde, vou morrer. Mas, também, tem a ver com outra forma de encarar a morte: sem funerais e tumbas, e gente chorando e toda essa merda. Diga adeus às pessoas que você ama e vá. Excelente. Meu problema é que ainda não tenho certeza para onde ir", diz Benedetta Barzini.

Depois de viver todo o glamour que a moda trouxe a ela; depois de ter o que desejou na juventude e na maturidade; depois de amar, ser abandonada, preterida, e amar novamente; depois de ser mãe de seus quatro filhos; ter uma brilhante carreira, sucesso, fama e dinheiro; depois de lecionar sobre as imposições da sociedade e os modismos, e palestrar sobre *As Imagens Problemáticas de Mulheres nas Artes Plásticas*; depois de militar acerca dos direitos femininos e tornar-se membro do Partido Comunista Italiano; depois de trabalhar como jornalista em diversas revistas, vem o nada. Como diz Vânia Coelho, em *Tormenta*[6]: "Depois de comportar-se exclusivamente dentro das normas das quais a nação, o estado, o governo, o mundo inteiro, inclusive os pais das criaturas, que também determinam e orientam; depois de ter achado que tudo parecia dentro dos conformes, e consoantes ao que se espera de uma pessoa, vem o nada. O grande e merdafícuro nada".

Para Benedetta, vem a velhice e com ela a consciência de que tudo é nada. A musa não quer mais ser chamada de musa, ela ignora o termo, quer se afastar do significado de musa, de modelo e das exigências de uma beleza padronizada, de pura aparência, cujo processo é avassalador. Para ela, o mesmo mercado que exige a busca incansável e inatingível da beleza feminina, da perfeição por questões políticas e mercadológicas, é aquele que a exclui quando se envelhece: "o mercado de trabalho refinou o mito da beleza como forma de legitimar a discriminação das mulheres no emprego".

---

[6] Refere-se à antologia de contos intitulada *Tormenta*, de Vânia Coelho, publicada em 2019.

A INCRÍVEL LENDA DA INFERIORIDADE – VOLUME II

Para ser aceita no mercado de trabalho, a mulher, em sua tripla jornada, passa a assumir o papel de dona de casa, de mãe, de profissional e, principalmente, amalgamada a todas as demais partes da jornada, a corrida pela perfeição estética (que ela assume por coação do sistema).

Ao homem nunca foi exigido absolutamente nada. Inclusive ao homem maduro dá-se o apelido de "lobo", aquele que está na idade do "cio", o "cara" charmoso e irresistível. Tanto que muitos, sentindo-se no auge da vida, preferem buscar mulheres bem mais jovens e que correspondam ao paradigma da perfeição, ou seja, de sua juvenilidade.

Muitas carreiras femininas são interrompidas pela aparência da mulher. Naomi Wolf cita muitos exemplos que repetem esse conceito de que mulher velha é o diabo. Comissárias de bordo podem perder o emprego se engordarem ou se envelhecerem. Na década de 1970, "um juiz, nos EUA, sentenciou uma mulher a perder um quilo e meio por semana ou ser presa", comenta Naomi.

No jornalismo televisivo, isso ocorre com frequência, geralmente as equipes escolhem um casal para apresentar o telejornal, trata-se de um homem mais velho e de uma jovem linda de rosto e de corpo, bem-vestida e muito maquiada. A imagem que se passa dele "é a de um homem poderoso, um indivíduo, quer essa individualidade se expresse em traços assimétricos, rugas, cabelos grisalhos, formas atarracadas, quer em tiques ou papadas; sua maturidade faz parte do seu poder", diz Naomi.

São tantas pressões sofridas que, quando a idade se avoluma, percebe-se que nada valeu a pena, porque o grau de exigência para com a mulher é desumano. A vida parece um imenso nada. Benedetta quer desaparecer. Mas a história diz que ela foi musa! Musa, sim, e muito mais. Foi iluminação, inspiração, centelha, impulso vital, lampejo, sopro e exemplo que inspirou sociedades inteiras da Europa e dos Estados Unidos. Foi ícone da moda e das passarelas.

Ainda, em 2005, desfilou para a coleção outono/inverno do designer da moda, o italiano Antonio Marras. Benedetta brilhou como sempre. Foi a musa internacional de grandes nomes em meados do século XX, uma mulher adorada, admirada e cultuada nos Estados Unidos e, principalmente, na Itália, lugar onde nasceu. Foi uma das primeiras mulheres da Europa a ocupar espaço de destaque na *Vogue* americana. Linda, incomum, inteligente, rebelde, ela conviveu com grandes nomes, como o fotógrafo nova-iorquino Richard Avedon; o produtor e professor da escola de teatro Actor's Studio, Lee Strasberg, docente de Jane Fonda; Dustin Hoffman; James Dean; Marilyn Monroe; Salvador Dalí e Andy Warhol.

Durante mais de dez anos viveu glamourosamente nos EUA. De volta à Itália, conheceu o cineasta Roberto Faenza e uma paixão forte nasce entre eles. Casaram-se em 1969. Mas ela foi abandonada quando seus filhos gêmeos nasceram e, como não tinha um relacionamento com os pais, criou os filhos sem ajuda: "Só eu sei como é criar filhos sozinha". Sobre o envelhecimento, ela diz: "No palco, trabalhei no enrugamento do meu corpo. Não é fácil mostrar o declínio, a energia que você não tem mais. Eu queria amassar minhas roupas também, mas não me deixaram fazer isso. Mas estraguei-as, deixei as meias caírem um pouco, amarro a blusa desabotoando os botões, para que não caia perfeitamente".

Beleza não combina com liberdade. Benedetta fala da solidão, do tudo que se aprende, mas que, na velhice, perde-se, evapora-se. "Mas, afinal, qual o sentido de tudo isso? Uma das coisas que você se pergunta quando envelhece é: — Para quem passo tudo o que aprendi? Gostaria de deixar registrado o como me senti quando li aquele livro. Não quero deixar o livro para vocês, é a jornada emocional que fiz, mesmo quando pensei nisso, enquanto limpava a cozinha, e depois voltei a lê-lo. Mas não deixei isso para ninguém, é melhor enfiar na cabeça", conclui Benedetta.

Mas quem é essa mulher singular? Benedetta Barzini (1943), feminista, jornalista, modelo e escritora, nascida em Monte Argentário, província de Grosseto, é uma das figuras mais marcantes do feminismo italiano ao mesmo tempo em que ditou, por longos anos, a moda em Milão. Ativista e professora de moda, foi um dos maiores ícones de 1960. Lutou pelos direitos das mulheres e, hoje, aos 75 anos, está tentando escapar dos muitos papéis que a vida lhe impôs. Busca por liberdade e silêncio. Nasceu na Villa La Cacciarello, conhecida também como Villa Feltrinelli. Veio de uma família tradicional, herdou o sobrenome da mãe. A vila pegou seu sobrenome emprestado devido à importância da família. Benedetta andava pelas ruas de Roma quando Consuelo O'Connell Crespi, diretora da revista *Vogue Italia*, conheceu-a. Impressionada com a beleza e personalidade dela, convidou-a a fazer fotos nos EUA. Iniciou a carreira como modelo aos 20 anos. Tornou-se top model de todas as marcas da época. Após cinco anos voltou para a Itália. Atuou fortemente no movimento feminista de 1970. Trabalhou como jornalista em várias revistas, lecionou Antropologia da Moda e outras disciplinas durante muito tempo nas universidades, sempre com a realidade pautada em seus métodos próprios de ensino.

A indústria da beleza tem vários objetivos. O primeiro é lucro; o segundo, prender a mulher no emaranhado artífice da beleza padrão. O mundo é controlado na palma das mãos masculinas e, outros, ainda, alicerçam-se na ideia da tradição, da propriedade e da família, tão em voga ainda hoje, porém frágil como um papel jornal, porque falsa. A exigência da beleza vem do cerne das sociedades patriarcais. Essa beleza é pura abstração, ela segue um modelo e a maioria que não se encaixa fica à margem. A mulher é sempre colocada frente a frente com algo completamente sem sentido. Na velhice, assim que se descobre essa triste singularidade inventada, não se consegue voltar no tempo para viver outra vida. Em 2019, estreia *O Desaparecimento de Minha Mãe*, dirigido por Beniamino Barrese, filho de Benedetta, um documentário sobre um dos maiores ícones feminino e feminista da moda internacional: "Devia ter amado mais, ter chorado mais, ter visto o sol nascer. Devia ter arriscado mais, e até errado mais, ter feito o que eu queria fazer", diz a música "Epitáfio", dos Titãs.

O olhar de inquisidor para com o feminino é largo e extenso, os séculos avançam e nada se modifica, vem com outra cor, uma roupagem diferente, mas sempre o mesmo olhar perverso. A moda sempre ditou as regras e o sistema aproveitava para criar proibições e leis contra a mulher, por exemplo, proibia a mulher de usar roupas confortáveis, como calças compridas. Na França, início do século XIX, uma mulher que ousasse vestir roupas masculinas era perseguida e presa. Para os franceses, e tantos outros homens de tantos outros lugares, uma mulher cometeria um crime caso usasse calças.

Segundo a historiadora francesa Christine Bard (1965), estudiosa sobre o gênero feminino e autora de *Uma História Política das Calças*, de 2010, as mulheres que resistiram, ousaram e se vestiram como desejaram, não sem represália, devem ocupar as páginas da história. Christine, pesquisadora do feminismo e do antifeminismo é, também, autora de *As Filhas de Marianne*: *história dos feminismos*, de 1995; *Mulheres na Sociedade Francesa do Século XX,* de 2001; *O que a Saia Levanta: identidades, transgressões e resistências*, de 2010; *Feminismo além das Ideias Preconcebidas,* de 2012; *Os Rebeldes: a Revolução Feminista,* de 2013, entre muitos outros. Em *Uma História Política das Calças,* Christine narra sobre a lei, na França, que, segundo ela, ainda não foi derrubada. Embora não seja mais crime mulher usar calças compridas, a lei (ainda) está vigente: "as calças não eram apenas o símbolo do poder masculino, mas da separação dos sexos, e uma mulher que vestia calças era acusada de travestir-se, portanto, considerada uma ameaça à ordem natural, social, moral e pública estabelecida".

O sistema patriarcal teme a mulher, só há uma razão forte para tanta proibição e castigos: o temor de perder o poder, de perder o controle. Marlene Dietrich foi presa em Paris por usar calças compridas masculinas. A atriz estava acostumada a usar calças, em 1933, em Hollywood, roupas que lhe marcavam o corpo deixando-a sensual. Mas quando as usou na França, causou grande celeuma. Quem nunca suspirou só de olhar uma fotografia de Dietrich? Mas em Paris ela foi presa. Há fotografias da atriz sendo levada à delegacia por dois policiais. Para Christine, "ao se apoderar das calças, uma vestimenta que favorece a ação, a liberdade de movimento, e que está carregada de valores políticos importantes — como liberdade e poder", a mulher marcou o início de sua luta por igualdade.

Em *Uma História Política das Calças,* Christine evidencia as mulheres que fizeram a diferença indo contra a lei que proíbe mulheres de usarem calças compridas, que criminaliza o feminino. Uma dessas mulheres consideradas insubordinadas foi George Sand, pseudônimo da escritora francesa Amandine Aurore Lucile Dupin, que, no século XIX, vestia-se com roupas consideradas masculinas, assim como Colette, Dietrich e tantas outras. Hoje, nenhuma mulher vestida com calças é mal falada ou vista como insubordinada. No entanto, precisou de muitas mulheres como Katherine Hepburn, Colette, Sand, Coco Chanel e Dietrich para mudarem os conceitos. Segundo Christine, somente em 1970 a mulher apoderou-se, sem castigos e recriminações, das calças, ou seja, das roupas masculinas. Hepburn usava calças desde 1930. O decreto de 1799, que proibia mulheres parisienses de usar calça comprida, foi derrubado 200 anos depois. Quando Christine falou do decreto em seu livro, este não havia ainda sido abolido.

Os livros informam! Mostram realidades e, muitas vezes, esfumam o colapso social. A obra de Orwell, *A Caminho de Wigan Pier,* denuncia diretamente o colapso social que alicerçou a elite de Londres.

Orwell mostra, com pesar, como os homens, alguns indianos, e as mulheres trabalhavam na mineração de carvão, como produziam, por meio da vida de lixo, o luxo dos londrinos: "a pobreza e o sofrimento atroz dos mineiros em Wigan são retratados com um grafismo brutal, desde as condições esquálidas de moradia ao medo das frequentes ondas de desemprego que assolavam a região, colocando em risco extremo a sobrevivência física dos trabalhadores e de suas famílias". As meninas que trabalhavam nas minas de carvão de Wigan, conhecidas como marrões, usavam calças compridas para facilitar o trabalho desumano e perigoso na era vitoriana.

Dizem que a rainha ficava chocada com o modo de as trabalhadoras se vestirem com calças masculinas, mas não se chocava com a brutalidade em que elas (e eles) viviam nas minas. E por meio do trabalho, as calças foram vestindo os corpos femininos, antes proibidas pelo sistema. As proibições existem para punir, vigiar, tirar a liberdade e controlar as mulheres. O jornalista Palmério Dória, em seu livro *Empoderadas: mulheres eternas corpo a corpo com a vida,* fala das roupas das mulheres em Londres: "As mulheres se livram da Rainha Vitória e (Ufa!) dos espartilhos, passam, então, a exibir silhuetas, formas e contornos nunca vistos".

Na Índia, cujos costumes são contra a população e, principalmente, contra a mulher, uma menina foi espancada até a morte por familiares, porque estava usando calça comprida, uma roupa completamente distinta do padrão feminino. Em 2021, em pleno século XXI, na cidade de Uttar Pradesh, ao norte da Índia, a adolescente Neha Paswan, de apenas 17 anos, foi assassinada pelos tios e pelo avô, que odiavam as calças jeans que a menina vestia. Como pode isso acontecer? O que pensam essas pessoas? Acham-se deusas e deuses com poderes para decidir quem vive e quem morre? A Índia, alicerçada em um total e conservador patriarcado primitivo e violento, é um país cheio de contradições. Os membros da família que deveriam assegurar a vida e proteger as meninas são os primeiros a matá-las. Morando com os inimigos, as meninas moram com os inimigos, ou seja, seus parentes de sangue. Mas muitas mulheres também são monstros, porque nesse crime havia a tia, que consentiu no espancamento. Depois de matarem Neha, penduraram o corpo dela em uma ponte.

A violência contra a mulher não cessa. Mais de 20 mulheres morrem todos os dias, na Índia, devido ao abuso de autoridade, às leis misóginas que são o cerne do patriarcado e às crenças fundamentalistas. As mulheres enfrentam de tudo, inclusive o risco de não sobreviver quando nascem, uma vez que a lei permite matar o bebê do sexo feminino: "quando eu nasci já havia sobrevivido à primeira batalha da minha vida: o feticídio de meninas. Mas nós enfrentamos tudo. Minha poesia é uma das rotas para isso", diz a feminista Rupi, autora de *Outros Jeitos de Usar a Boca*, de 2014; *O que o Sol faz com as Flores*, de 2017; *Meu corpo minha casa*, de 2020, entre outros livros poéticos que falam da agressividade do patriarcado na Índia. Todos os livros de poesia de Rupi bateram recordes de venda por longas semanas, nos EUA e no mundo: "Não sei por que me rasgo pelos outros mesmo sabendo que me costurar dói do mesmo jeito depois". Assim como a vida da jovem poeta indiana é de luta, a de todas nós, mulheres, deve também ser. Caso contrário, nós nunca seremos felizes, nunca seremos donas de nós mesmas. Devemos sonhar e realizar nossos sonhos, nascemos para sermos felizes, nascemos para usarmos nossas vidas como desejarmos: "Sou fera, sou bicho, sou anjo e sou mulher. Sou minha mãe e minha filha, minha irmã, minha menina. Mas sou minha, só minha e não de quem quiser", diz a letra *1° de Julho*, de Renato Russo.

ACADEMIA DE VÊNUS

Existem as mulheres fortes e as que ainda não descobriram a sua força.

(Anônimo)

Todos os segmentos, sejam eles sociais ou políticos, econômicos ou culturais, pertencem ao homem. Inclusive o cinema: "A indústria do cinema é sexista. É o clube dos rapazes. A história do cinema é sexista por omissão", diz a atriz Tilda Swinton, uma das narradoras do filme *Women Make Film*. A genialidade do escritor da Irlanda do Norte, Mark Cousins, vem do amor à arte. Ouvi-lo falar em seus vídeos sobre sua produção é uma aula do fazer cinematográfico e, consequentemente, da transparência de sua paixão pela arte. Seu livro *A História do Cinema*, de 2004, é uma verdadeira obra-prima, o leitor sente-se em *La Ciotat*, à espera do trem que revela a magia do movimento e da ilusão.

No Brasil, foi editado pela Martins Fontes e vale cada parágrafo, cada página, pois traz à lume um imenso arcabouço de conhecimento teórico-prático, trechos de vários filmes, técnicas e gêneros, diretores e diretoras da história do cinema, tais como: a cineasta iraniana Samira Makhmalbaf; a roteirista indiana Sharmila Tagore; o ator argentino Juan Diego Botto; o dinamarquês Lars Von Trier; o norte-americano, rei dos musicais, Stanley Donen; o russo Alexandr Nikolaevitch Sokurov; o diretor egípcio Youssef Chahine; o diretor de Hong Kong, Yuen Woo-Ping, entre muitos outros.

Cousins não nos apresenta diretores famosos, mas sim, aqueles que não aparecem muito, os meio desconhecidos, porém competentes, profissionais sérios, homens e mulheres, de vários países diferentes. Assim, caminha pela Rússia, Egito, Estados Unidos, Argentina, Índia, Irã e Dinamarca. É antes de um livro, uma pesquisa, um estudo disciplinado. Fichas e mais fichas são catalogadas, como Cousins mesmo mostra em seus vídeos sobre cinema.

Alguns anos depois, o próprio autor, que é também cineasta e crítico ferrenho da arte cinematográfica, adaptou a obra para o cinema com o nome *The Story of Film: an Odyssey*, em 2011. Ele serpenteia a história pautando desde os irmãos Lumière e Méliès, passando pelo cinema mudo, pela era do som e de ouro do cinema, pelo cinema americano e europeu até o filme como instrumento de reivindicações, pelo cinema mundial, independente e digital: "uma aula imperdível, um curso de pesquisa de estudos sobre o cinema, um compêndio revigorado de sabedoria", diz o jornalista norte-americano Anthony Oliver Scott.

O documentário britânico, que é, na realidade, uma série televisiva de 15 capítulos, de mais de uma hora cada, foi exibido, na íntegra, no Museu de Arte de Nova York nos festivais de Toronto e de Istambul. Mas por que eu citei Cousins? Porque ele dirigiu um dos maiores documentários de todos os tempos. Nele, o diretor ressuscita cineastas que foram ocultadas da história do cinema: *Women Make Film: A New Road Movie*, em 2021. Diferentemente de *A História do Cinema: uma Odisseia*, o documentário seriado (traduzido por *Mulheres Fazem Cinema*) é o clube da Luluzinha, "A academia de Vênus", como diz Tilda Swinton.

Uma série de tirar o fôlego, de fazer valer a pena qualquer luta feminista, de preencher os olhos do espectador de orgulho e energia. Abriram-se as criptas e as ocultadas apareceram. São 40 capítulos e mais de 14 horas de filmagem que vão apresentando 183 cineastas mulheres de lugares e de tempos distintos: "Por que essas cineastas maravilhosas e seus filmes incríveis estão fora da história do cinema?", pergunta Cousins a si mesmo e à equipe dele como condição primeira para produzir o documentário.

O documentário inicia-se com uma cena na estrada em movimento, em que Tilda Swinton, enquanto dirige, questiona a ocultação feminina na sétima arte: "Como as mulheres ficaram fora da oficialidade da história do cinema, quais filmes fizeram, como são, quais os instrumentos de direção usaram?". Simbolicamente, a estrada designa múltiplas possibilidades, pode representar infinitude, liberdade, continuidade, de modo que pode, ainda, significar que a produção feminina é ampla, extensa e nunca termina, assim como a do homem está em todos os cantos do mundo. A estrada do mundo é o único caminho para encontrá-las.

Encontradas, no documentário, elas são ressuscitadas por Cousins. As histórias delas são narradas por Jane Fonda, Sharmila Tagore, Adjoa Andoh, Kerry Fox, Debra Winger, Thandie Newton e Tilda Swinton. As cineastas renascidas com suas obras são: Alice Guy-Blaché, Dorothy Arzner, Leni Riefenstahl, Chantal Akerman, Claire Denis, Kathryn Bigelow, Jane Campion, Sofia Coppola, Agnès Varda (que consta no primeiro volume de *A Incrível Lenda da Inferioridade*), Adjoa Andoh, Ann Hui, Kinuyo Tanaka, Sally Potter, Lois Weber, Mania Akbari, Clio Barnard, Pirjo Honkasalo, Safi Faye, Wendy Toye, Binka Zhelyazkova, entre muitas outras. *Women Make Film* é uma série delicada e forte, renovadora no sentido de que conta novas histórias renascidas das cinzas.

Na voz de Tilda Swinton, o documentário tem início com imagens lindas de uma estrada interminável, ora cheia de verde e sol, ora com montanhas de gelo. E sob a tríade música, voz e imagem, Tilda dá um show de poesia: "Os filmes foram maioritariamente realizados por homens, os chamados clássicos do cinema, mas durante treze décadas e nos seis continentes em que se fazem cinema, também, milhares de mulheres realizaram filmes. Alguns dos melhores filmes".

Ao narrar, ela questiona onde estão as diretoras femininas, quais são os filmes por elas realizados e, principalmente, por que foram ocultadas: "Que filmes fizeram? Quais foram às técnicas que usaram? O que podemos aprender sobre cinema com elas? Olhemos de novo para o cinema, com os olhos dessas mulheres realizadoras do mundo. Embarquemos numa nova viagem, estrada afora pela História do Cinema: Vamos fazer 40 perguntas distribuídas em 40 capítulos, 40 montagens estrada afora, 40 histórias sobre cinema a sério", diz Tilda.

As Mulheres Fazem Cinema é um dos documentários mais incríveis dos últimos tempos sobre o cinema feminino. Um terno olhar sobre o passado em busca da memória da mulher cineasta, uma viagem que traz histórias que ficaram no anonimato. Cousins ressuscita as cineastas: "esse filme é uma espécie de Escola de Cinema, em que todas as professoras são mulheres".

A série de Cousins ressuscita Alice Guy Blaché, a primeira precursora do cinema francês que a história apagou. Nas reuniões fechadas dos grupos que assistiam aos primeiros filmes de Lumière, por exemplo, *La Sortie de L'usine Lumière à Lyon,* estava Alice. Ela cresceu lendo muitos livros, era uma exímia leitora. De sua paixão pelo conhecimento voltado às artes ao amor incondicional pelo cinema foi um pulo. Nasceu para produzir filmes, criou técnicas e formas diferenciadas de filmar, foi, portanto, pioneira em tudo que se refere ao cinema. Seu primeiro filme, *A Fada do Repolho*, de 1896, tem cortes, cenários e efeitos especiais, com base na lenda em que meninos nasciam de repolhos, e meninas, de rosas. Para compor as cenas tinha uma atriz, um bebê boneco, repolhos, rosas e um bebê real. Alice inicia a carreira de cineasta como precursora das técnicas modernas, como o close-up e a tomada de personagens com um fundo de dramaticidade. É, portanto, prógona do cinema. Mas ficou fora da história.

Foi um grande passo feminino: a mulher na direção dos primeiros filmes da história, no final do século XIX. Com o sucesso do primeiro filme, ela passou a trabalhar como chefe de produções cinematográficas da Gaumont. No mesmo ano, Georges Méliès lançou seu primeiro filme, depois de Alice ter lançado *A Fada do Repolho*. Em 1906, ela dirigiu *A Vida de Cristo*, um filme de mais de trinta minutos, cheio de efeitos especiais. Ainda em 1906, lançou *As Consequências do Feminismo*. O filme, em que Alice inverte os papéis das mulheres, é absolutamente revolucionário, porque mostra homens fazendo tarefas consideradas femininas pela sociedade e mulheres em um bar assediando os parceiros e divertindo-se. Trata-se de um filme crítico e de pura resistência feminina.

A inversão de papéis não é algo que a sociedade conservadora engula. Alice foi a mais feminista das cineastas ao produzir *As Consequências do Feminismo*. Hoje, a diretora e roteirista francesa Eléonore Pourriat, de apenas 42 anos, é conhecida pelos escândalos que causam seus filmes em que há a inversão de papéis das mais variadas formas, por exemplo, em *Majorité Opprimée*, de 2010, cujo protagonista sofre o mesmo tipo de violência à qual as mulheres são submetidas, humilhadas diariamente, mas que, quando invertido, causa espanto.

A comédia, entre aspas, *Je ne Suis pas un Homme Facile*, de 2018, é outra película que causa intensas polêmicas, cujo enredo, de maneira hilária, mostra um homem mulherengo, que tem um jeito vulgar de paquerar e se acha o maioral, mas acorda com uma condição vista como feminina, ou seja, submisso e transformado em objeto de prazer. E onde estão as mulheres? Ocupando altos cargos da sociedade e divertindo-se muito com os companheiros em casa à espera das esposas, que chegam quando bem entendem. Se pensarmos que estamos no século XXI, e Alice criou, em 1906, a esteira da inversão dos papéis, o quão inovadora, feminista e ativista ela foi? E se hoje, em plena França moderna, Pourriat causa espanto e indignação, imaginem no início do século XX?

Cousins restaura a importância da cineasta californiana Kathryn Bigelow, que dirigiu *A hora mais escura*, de 2013, filme que fala da obsessiva captura do Osama Bin Laden pelos Estados Unidos: um tema mundial que esteve em pauta durante muitos anos e irradiava no imaginário humano o que tem de mais terrível na figura de um homem. Uma das narradoras do documentário é a atriz Debra Winger, ativista que reivindicou um tratamento igualitário da parte de Hollywood às atrizes que não eram estrelas nem desejavam ser. A indignação foi tão intensa que ela resolveu desaparecer, assim como Benedetta Barzini, e ficou fora da mídia por longos anos: "eu me orgulho de não ser reconhecida na rua", diz Debra.

O documentário *Procurando Debra Winger*, de 2002, denuncia o péssimo tratamento que as atrizes com mais de 40 anos recebem: "essas mulheres eram, muitas vezes, obrigadas a se aposentar". Hollywood só quer atrizes que se sujeitem a se transformarem em estrelas magras e jovens, ininterruptamente, e que sejam múltiplas: dancem, cantem, interpretem, obedeçam e nunca tenham vida própria fora do estrelato: "a indústria cinematográfica hollywoodiana invisibiliza as atrizes que não lhe interessam mais". Antes de se tornar atriz e receber muitos prêmios, sofreu um acidente que a deixou cega e parcialmente paralisada. Mas recuperou-se e voltou a enxergar. Mesmo assim, sofreu muito preconceito. Vivendo todo tipo de intolerância, Debra resolveu parar antes de ser silenciada e encontrou a paz de que tanto necessitava: "Nada é comparável à libertação que senti [...]. Sem depender do julgamento dos outros. Minha própria vida era mais apaixonante do que qualquer história que pudesse viver nas telas", diz.

Procurando Debra Winger trata-se, portanto, de um documentário que, além de informar, denuncia o comportamento misógino de Hollywood, uma das maiores indústrias cinematográficas dos Estados Unidos, que trata a mulher como objeto e o homem também. Dirigido pela cineasta estadunidense Rosanna Arquette, o documentário apresenta uma séria discussão sobre a problemática do papel de objeto da mulher no cinema. A mulher sente muita culpa em ter que escolher entre a vida pessoal e o estrelato, mesmo porque, geralmente, o homem não precisa escolher entre um e outro e pode ter tudo o que desejar. O primeiro filme que Debra viu, *The Red Shoes*, fala exatamente "da incapacidade de escolher sua dedicação entre a arte e o amor, a carreira e a família". Revela os conflitos emocionais profundos da mulher que fica entre os próprios desejos, que sempre ficam em último lugar e, geralmente, desaparece como fumaça, devido ao trabalho e à vida afetiva com marido e filhos.

Para compor *Procurando Debra Winger*, Rosanna entrevistou várias mulheres, como Jane Fonda, Teri Garr, Melanie Griffith, Salma Hayek, Catherine O'Hara, Ally Sheedy, Sharon Stone, Whoopi Goldberg, Daryl Hannah, Diane Lane, Martha Plimpton, Chiara Mastroianni, Meg Ryan, JoBeth Williams e Gwyneth Paltrow. Entre todas essas mulheres, apenas um homem foi entrevistado, Roger Ebert, crítico e roteirista de cinema: "os executivos de estúdios realizam projetos baseados no gosto de meninos e jovens adolescentes, que tendem a favorecer comédias leves, combinadas com humor de banheiro e filmes de ação. Nenhum dos gêneros oferece papéis substanciais, especialmente para mulheres mais velhas", diz Ebert.

A chef da gastronomia integrativa Karen Couto, autora de *Você pode ser mais feliz comendo* (2016), fala da ditadura da juventude e cita a história de Debra Winger: "Você é a favor da ditadura? Não! Então, por que se render a ela? Por que permitir a 'autoescravização' para atender aos padrões de beleza e juventude exigidos pela sociedade?". Como é difícil nadar contra a maré! No entanto, difícil ou não, é necessário nos livrarmos de qualquer ditadura. Conhecer os meandros da manipulação social, religiosa, industrial e publicitária, e tomar consciência dos labirintos em que habitam, pode ser libertador e pode, ainda, levar-nos a sentir o que costumam chamar de plenitude.

Em 2019, Luiza Lusvarghi e Camila Vieira da Silva organizaram a obra *Mulheres Atrás das Câmeras: as cineastas brasileiras de 1930 a 2018*. São professoras doutoras, jornalistas e pesquisadoras que escrevem sobre elas e vão dando vida e brilho a mais de cem mulheres que fizeram e fazem cinema, tais como Sandra Werneck, Tizuka Yamasaki, Rejane Zilles, Carla Camurati, Petra Costa, Karina Ades, Teresa Aguiar, Clarisse Alvarenga, Deby Brennand, Priscila Brasil, Sandra Kogut, Joana

Mariani, Kátia Lund, Suzana Amaral, Susana Moraes, Paola Prestes, Maria Raduan, Alice Riff, Tatiana Sager, Carmen Santos, Renata Terra, Carmen Luz, Eliane Brum, Eliane Caffé, Lina Chamie, Salete Machado e Cecília Amado. Quem conhece essas mulheres? Quem já assistiu aos filmes delas?

Trata-se de um livro cheio de informação sobre os fazeres cinematográficos das mulheres e que traz à luz nomes como Gilda Abreu, por exemplo, uma das primeiras brasileiras a dirigir filmes. Esposa do famoso cantor Vicente Celestino, juntos fizeram história, mas só ele ficou registrado nas páginas oficiais. Nascida em Paris, veio para o Brasil com um pouco mais de 10 anos e morou no Rio de Janeiro. Dirigiu *O Ébrio, de* 1946, adaptado da música de mesmo nome do marido; *Pinguinho de Gente*, de 1947; *Coração Materno*, de 1951, entre outros filmes. Após a morte trágica do cantor Francisco Alves, em 1952, dois anos depois ela roteirizou a biografia do artista e lançou *Chico Viola Não Morreu*. Foi escritora, autora de *Minha Vida com Vicente Celestino*, cantora, dramaturga, radialista, roteirista e cineasta, trabalhou em musicais e fez inúmeros shows. Mas ficou, após sua morte, em 1979, no anonimato, ou seja, apesar do barulho, caiu no silêncio.

A obra *The Emergence of a New Cinema*, de 1988, de Barbara Koenig Quart, é outro arcabouço de grande informação para os estudos femininos e feministas. Quart mostra que as diretoras criam em suas produções uma linguagem genuína cheia de emotividade e empatia: "as mulheres estão criando uma linguagem e uma sensibilidade cinematográficas únicas e fortes e, até agora, inexploradas".

Há mulheres que fazem filmes em todos os continentes do mundo, inclusive na América do Sul e, principalmente, no Brasil. É preciso conhecê-las. Assistir à série *Women Make Film*, de Cousins, que fala sobre as mulheres e a importância delas no cinema, na sociedade e no mundo e ler sobre o feminismo, a luta das mulheres e as obras delas são atos revolucionários e imprescindíveis para todos que desejam conhecer a realidade ocultada.

Ler os livros que dão voz às mulheres silenciadas e poder gritar com elas é, no máximo, humano e, no mínimo, justo. Ser militante do feminismo não é ser contra os homens e a sociedade, mas sim, querer muito fazer parte da sociedade em parelha com o masculino, com respeito e civilidade. Ser ativista é nobre, porque se luta pela vida. E como respondeu a atriz Susan Sarandon quando perguntada se não tinha medo de perder contratos publicitários por ser militante feminista: "Isso é como me preocupar se minha calcinha está aparecendo fugindo de um prédio em chamas".

Seguem, individualmente, 33 histórias de mulheres reais, suas lutas, vitórias, seus fracassos, mas acima de tudo, suas resistências. Elas são a esperança de um mundo igualitário e pacífico. A primeira da lista é a brasileiríssima rainha Clementina de Jesus, e a última, a escritora inglesa Mary Wollstonecraft, uma das primeiras feministas do século XVIII. Entre a primeira e a última, há verdadeiras joias femininas que devem ser conhecidas, enaltecidas e cultuadas.

Encerro com a história pioneira da jornalista esportiva Silvia Vinhas e a sugestão de três livros de Chimamanda Ngozi Adichie. São elas mais duas joias raras que devem ser conhecidas no Brasil e no mundo todo.

CLEMENTINA DE JESUS

*A democracia está perdendo os seus adeptos. No nosso país,
tudo está enfraquecendo. O dinheiro é fraco. A democracia
é fraca e os políticos fraquíssimos. E tudo o que está fraco
morre um dia.*

(Carolina Maria de Jesus)

E mesmo resignada, conformada, habituada à simplicidade e às tarefas de casa, ao trabalho duro de doméstica e de lavadeira, uma luz, meio fraca, insistia em aparecer de quando em vez. Era uma luz que resistia até nos dias de tempestades. Símbolo da resistência e da divulgação cultural africana, com uma voz inconfundível, ímpar e única, ela começa sua carreira depois dos 60 anos. Falo de uma das maiores sambistas do Brasil, Clementina de Jesus, a Rainha Quelé.

Para quem acha que aos sessenta anos a vida está próxima do fim, o exemplo de Clementina mostra o contrário. Envolvida em preconceitos, a velhice pode ser vista como um final próximo, no entanto, "é um período repleto de possibilidades", diz Tassia Chiarelli. Para Clementina as possibilidades chegaram aos magotes. Apareceu de repente na mídia, e foi adorada e cultuada. Filha de escravizados, ela cresceu junto à Escola de Samba Portela. Clementina é memória, tradição e cultura, definições abertas manifestadas na oralidade: as cantigas de rio, de lavadeiras, os jongos, os curimbás, os vissungos. Ela é pura ancestralidade. Seu cerne é o próprio sincretismo religioso, dialoga com a cultura e as matizes africanas e brasileiras, com os cultos e os cânones, mescla e soma. Mas o traço principal que sustenta sua voz vem da África. Ela é magia e sacramento, mulher que sorri, porque esconde as tristezas debaixo do tapete da fé. Ela é singeleza e sofisticação. Enquanto trabalhava como doméstica, cantarolava o tempo todo. Nasceu assim, com um dom, com uma voz incrível e única. É claro que a patroa ironizava a voz e os cantares dela. E é claro que Clementina surpreendeu a todos.

Em Clementina habitavam os banzos genuínos e ancestrais. Suas músicas espelham as crenças em sua mais larga proporção com um repertório de canções africanas que se comunica com os tambores do candomblé. Morreu aos 86 anos de idade e, com mais de 20 de carreira, ganhou conhecimento e fama nacional e internacional, laureada nos festivais de Cannes, na França, e no Festival de Artes Negras, no Senegal. Uma sambista premiadíssima.

Há inúmeras ilustrações de Clementina, uma das mais significativas e a mais usada nas reportagens é a do designer gráfico paranaense Elifas Andreato. O lenço é todo o céu, toda a noite habitada de estrelas de vários tamanhos (e a lua) que impõe a imagem divina da sambista em cores fortes e quentes. Amarelo, vermelho e verde dialogam com flores cintilantes nos cabelos, nos ombros e no vestido: uma explosão de ancestralidade, de sabedoria. Os banzos e as alegrias unem-se para criar e recriar o apelido da Rainha Ginga (Nzinga) por sua força, grandeza e importância. Que mulher!

Mas que herança é essa chamada banzo? Originário de Angola, o termo *banzo* parece ter surgido de dois vocábulos da família bantu: o *mbanzu* e o *mbonzo*. *Mbanzu* designa lembrança, pensamento; *mbonzo*, saudade, mágoa. Para Nei Lopes, "banzo é uma nostalgia mortal que acometia negros africanos escravizados no Brasil". Para o poeta Davi Nunes, banzo é a "diáspora do desassossego e da morte — para explicar sofrimento, ou mesmo algum estado de padecimento psicológico, efeito da escravidão e do racismo". Clementina é neta de escravizados, carrega no peito a crueldade dos homens brancos, o abuso das sociedades escravagistas, mas também as crenças nos orixás, a esperança e a leveza.

Valença, a cidade onde nasceu, era implacável com os negros. Em 1873, 15 anos antes da Abolição da Escravatura, havia 27 mil escravizados na cidade. Isso 28 anos antes de Clementina nascer. A sambista mantém no coração, involuntariamente, as alegrias de uma época livre e as dores da escravidão. A nostalgia derrubada em suas músicas narra o antes e o pós-cativeiro. Ela é o ontem e o hoje, a liberdade e o banzo. É apoteose e apocalipse. Como diz Raul Seixas, na letra da música *Gita*, ela é "o início, o fim e o meio".

Clementina é referencial, é o hábitat da memória da cultura africana. É um templo delfos, um tesouro particular descoberto por Hermínio Bello de Carvalho. "Uma voz de séculos", diz Ancelmo Gois. Para o músico Turíbio Santos, a sambista tem voz ímpar e traz, no ressonar de sua voz, a memória de um passado pelo dom do fraseio. Além de cantar, interpreta e, com isso, deixa os ouvintes e espectadores "literalmente de boca aberta". Para a biógrafa Adriana Couto, Clementina "é o retrato da construção da formação do povo brasileiro".

Entre os muitos gêneros musicais vindos da África, Clementina também cantava partido-alto, um samba considerado urbano, a partir do século XX, no Rio de Janeiro. Mas sua origem é bastante antiga, parece ter se originado dos longínquos e misteriosos batuques angolanos. Partido-alto consiste em uma espécie de desafio improvisado com coral, solo e refrão, acompanhado de pandeiro, cavaquinho, surdo, violão, agogô e outros instrumentos de percussão. Entretanto, na voz e no gingado particular da Rainha do Samba, tudo se encerra em arte e brilho. Um exemplo está na música "Partido Clementina de Jesus", cantada com Clara Nunes.

No artigo "Escravidão e Nostalgia no Brasil", de Ana Maria Galdini Raimundo Oda, publicado na Revista Latino Americana de Psicopatologia Fundamental, banzo designa uma "mortal nostalgia dos escravizados africanos transportados ao Brasil". O banzo era uma angústia interminável, uma das "principais moléstias de que sofriam os escravizados, uma paixão da alma a que se entregavam e que só se extinguia com a morte. Um entranhado ressentimento causado por tudo o que os poderia melancolizar: a saudade dos seus e da sua pátria; o amor a alguém; a ingratidão e a aleivosia que outro lhe fizera; a cogitação profunda sobre a perda da liberdade e o pesar pelos maus tratos recebidos", diz Oliveira Mendes. Clementina é banzo, é vissungo, é quadrilha, é a voz que dialoga com os gêneros africanos. Clementina de Jesus é África e Brasil. Um continente e um país, respectivamente, um país do tamanho do continente.

A África é o terceiro maior continente do mundo. E o Brasil é o quinto maior país. Nesses milhões de quilômetros está Clementina.

A Rainha Quelé

Carioca, fluminense, Clementina nasceu em Valença, no estado do Rio de Janeiro, em fevereiro de 1901, no início do século XX, literalmente. Porém, um estado ainda carregado de preconceito e de muito racismo vindo da história escravagista do século anterior. O pai dela, Paulo Batista dos Santos, era capoeirista e violeiro, e Amélia de Jesus Santos, a mãe, parteira. Amélia também entoava cantigas à beira do rio, enquanto lavava roupas. Herdara da mãe a tradição e o amor pelas canções populares. Seus pais eram duas pessoas socialmente importantes da periferia de Valença.

Nasceu em meio às cantigas de rio, violas cantantes, danças de capoeira, gingados e jongos. Os jongueiros eram um signo que remetia à ancestralidade africana. Jongo é uma dança afro-brasileira praticada ao som dos chocalhos e tambores, também cantada. "Não é necessariamente uma religião, mas sim, uma prática dos antigos cativeiros dos negros sofridos, eles cantavam para eliminar a mágoa, mas dependendo da cadência e da repetição contínua, alguma entidade poderia, sim, manifestar-se", diz a rezadeira e Mãe de Santo Maria Joana Monteiro[7], do morro da Serrinha, em Madureira, RJ. Monteiro, conhecida por Vovó Maria, dançou e cantou o jongo até sua morte, em 1986. Os textos que falam de Clara Nunes evidenciam o amor que a cantora tinha por Vovó Maria. Nunes subia o morro para pedir bênção, orações e para saborear a comida da rezadeira mais conhecida e respeitada da Serrinha.

Foi exatamente nesse meio que Clementina cresceu. Até os 7 anos viveu a cultura africana em toda a sua dimensão. A mãe dela rezava o jeje-nagô em iorubá. No entanto, a mistura viria a partir dos 7 anos, quando entrou no Orfanato Santo Antônio, uma instituição católica. Quando cresceu não optou por uma religião, mesclou as duas. E assim viveu. Sua vida, nesse sentido, foi múltipla e híbrida e, múltipla e híbrida são, consequentemente, suas canções, espelhos que a refletem por inteiro.

---

[7] Nascida no Rio de Janeiro em 1902, um ano depois de Clementina de Jesus, Maria Joana Monteiro, conhecida como vovó rezadeira, Mãe de Santo, Matriarca do Jongo, participou de vários programas televisivos falando sobre a cultura africana, a religiosidade e, particularmente, os jongos. Há uma infinidade de vídeos sobre ela e a importância dela e da família, na tradição dos jongos.

Clementina é a africanidade pura personalizada em seu corpo e em sua voz, é a Mãe África que ressoa em suas canções. A primeira vez que Milton Nascimento a viu cantando no Teatro Opinião, disse: "Era a África na minha frente". A África é o berço da civilização humana: "Ah! Mamãe África, tu és a prosa, és lírica, és berço da humanidade, és túmulo da verdade, te perdes facilmente, te encontras num instante, és a escolhida, princípio da vida. O céu te desenhou, Deus te beijou, mesmo assim ainda sofres e guardas segredos em cofres", diz o poema "África Perdida", de Augusto Gustavo.

Em menos de 20 anos, Clementina produziu um arcabouço cultural em suas canções. Foram 13 LPs em álbuns solos e inúmeras participações em conjunto. Suas canções mais famosas são: *Laçador; Ponto de Macumba Xangô; Canto I, Canto II e Canto V; Bate Canela; Essa Nega Pede Mais; Moro na Roça; Abaluaiê; Deus vos Salve a Casa Santa; Não Valeria; Atraca, Atraca; Não Vadeia; Fui Pedir as Almas Santas; Clementina, Cadê Você; Pergunte ao João; Piedade; Ajoelha; Embala Eu; Cangoma Me Chamou,* entre muitas outras. As letras remetem às religiões africanas e às similaridades com a católica, como Abaluaiê, que representa São Lázaro.

Na mitologia iorubá, Abaluaiê, por desobedecer à mãe, é castigado com varíola. Quer ir à festa dos Orixás, mas tem vergonha de suas feridas. No entanto, com ajuda de Ogum e de Inhansã, ele vai à festa. Ogum cobre o corpo dele com palha e Inhansã cura as cicatrizes pustulentas. E quando o vento, soprado pela deusa, tira a palha de seu corpo, ele é Sol. Com isso, adquiriu poderes para entrar e sair do mundo dos mortos. Há muitas versões sobre os mitos que alicerçam a figura de Abaluaiê. Segue letra da música "Abaluaiê":

Perdão, Abaluaiê, perdão
Perdão a Orixalá, perdão
Perdão a meu Deus do céu, perdão
Abaluaiê, perdão
Ó rei do mundo
Perdão, Abaluaiê
Ele veio do mar
Abaluaiê

Ele é forte, ele veio,
Abaluaiê
Salvar...
A tô lu Abaluaiê
Cambône sala na muxila gôlô-ê
Cambône sala na muxila gôlô-ê
Bença, meu pai!

Em 1977, o sucesso da sambista era enorme. Aclamada e muito querida, ganhou do músico carioca Antônio Candeia Filho, conhecido apenas por Candeia, a canção "Partido Clementina de Jesus". A música, extremamente crítica, denuncia as mazelas resultantes do progresso que, além de causar poluição, mata a natureza impedindo os voos dos pássaros e, consequentemente, aumenta a miséria: "um litro de gasolina por cem gramas de feijão". Na época, o Brasil vivia tempos de chumbo com a Ditadura Militar, sob o governo de Ernesto Geisel.

Por meio do som que se movimenta dançante como as ondas do mar, acusa a miséria do povo, cuja sociedade eminente já mandou o homem à Lua, mas tanta ciência não serviu para colocar comida à mesa do trabalhador. O progresso inconsciente é um câncer que elimina a natureza e envenena o ar. Que evolução é essa que não dignifica o pobre? Segue a canção "Partido Clementina de Jesus":

Não vadeia, Clementina
Fui feita pra vadiar
Não vadeia, Clementina
Fui feita pra vadiar
Vou vadiar, vou vadiar, vou vadiar

Energia nuclear, o homem subiu à Lua
É o que se ouve falar
Mas a fome continua
É o progresso, tia Clementina

Trouxe tanta confusão
Um litro de gasolina
Por cem gramas de feijão

Não vadeia, Clementina
Fui feita pra vadiar
Não vadeia, Clementina
Fui feita pra vadiar

Cadê o cantar dos passarinhos
Ar puro não encontro mais, não
É o preço do progresso
Paga com poluição

O homem é civilizado
A sociedade é que faz sua imagem
Mas tem muito diplomado
Que é pior do que selvagem

Não vadeia, Clementina
Fui feita pra vadiar
Não vadeia, Clementina
Fui feita pra vadiar

Ela é o instrumento da tradição oral, traz consigo reminiscências do folclore e das religiões africanas. Foi a primeira mulher "partideira" da história da música popular brasileira, antes dela somente homens cantavam e dançavam partido-alto. Para Darcy Ribeiro, Clementina anuncia o quanto o povo brasileiro é mais africano do que europeu. "A cantora será sempre a voz dos milhões de negros desfeitos no fazimento do Brasil", diz Ribeiro. Ela é mestre da oralidade e do improviso, um "fenômeno telúrico exclusivamente brasileiro", diz o pianista carioca Francisco Mignone. Paulinho da Viola fala sobre esse fenômeno chamado Quelé: "As pessoas entravam em transe durante os shows dela".

Causou verdadeiro fascínio nos artistas, como Paulinho da Viola, Pixinguinha, Martinho da Vila, Beth Carvalho, Clara Nunes, João Bosco, Alceu Valença, Milton Nascimento, Gilberto Gil, entre muitos outros. Caetano Veloso fez "Marinheiro Só" especialmente para ela cantar. Cantava a África, a língua e a linguagem dos negros reis e dos negros escravizados: *durumindo, pregunta, trouchi, cangoma, cambone, ganzá, quiçamba, dumbá*. Embora alguns termos já tenham sido incorporados ao dicionário de português, não são usados cotidianamente, caindo em desuso e no esquecimento. Ela canta a dor e o riso, a fé e o sonho de liberdade: "Tava durumindo, Cangoma me chamou. Tava durumindo, Cangoma me chamou. Disse: levanta, povo, cativeiro já acabou. Disse: levanta, povo, cativeiro já acabou".

Quando ouvimos, na voz de Quelé, a frase "muriquinho piquinino", percebemos a ancestralidade e, principalmente, a tradição oral que permanece porque é memória. E sendo memória, perpetua-se nas canções e se materializa em sua voz. São várias linguagens mantendo uma oralidade de tempos longínquos. A linguagem oral é transmitida de geração a geração: de avó para neta, de mãe para filha, de tia para sobrinha, de professora para aluna, isso no caso da tradição feminina, por exemplo. Tradição oral está diretamente ligada à memória, à cultura, à sabedoria, ao berço, à ascendência e à grandeza espiritual. Memória e cultura é uma dicotomia indissociável.

A escritora Chimamanda registra a cultura nigeriana aprendida e experenciada pela oralidade, como os costumes, os credos, a gastronomia, a religião, as simbologias e as representações. Cada etnia rege culturas distintas. Os aspectos da sociedade nigeriana com as diferentes etnias, as línguas e as linguagens aparecem nas obras da escritora. Um verdadeiro tesouro oral habita em *Hibisco Roxo, Americanah, Meio Sol Amarelo* e *No Seu Pescoço*. Assim como nas obras de Flora Nwapa, em *Womem Are Different, Never Again* e *One is Enough*. No Brasil, quem representa essa diversidade cultural e religiosa, na música, é Clementina de Jesus, o ícone da oralidade africana pelo samba. Ela é o Brasil e o continente africano.

Da matriz africana têm-se muitos termos que o sistema capitalista e a modernidade poderiam ter extinguido não fosse a tradição oral, por exemplo, *Curiandamba, yao, Ererê, Curiacuca*, vocábulos estes que estão nas letras das músicas que ligam o Brasil à África. Esses termos fazem parte do álbum *O Canto dos Escravos,* gravado em 1982. São 14 cantos ancestrais dos benguelas (Angola) que viviam na Região de Diamantina, no Estado de Minas Gerais, lugar onde nasceram os pais de Clementina de Jesus. No "Canto I", a Rainha Quelé, com Tia Doca da Portela e Geraldo Filme, entoa: "Yao ê, Ererê ai ogum bê. Com licença do Curiandamba, com licença do Curiacuca, com licença do Sinhô Moço, com licença do dono de terra". A repetição dos versos faz parte do gênero cantado, ou seja, devem-se repetir as linhas versais de duas a seis vezes, formando um mantra, uma reza, uma narrativa encantatória, um canto xamânico, um sortilégio ou um pedido de socorro aos deuses africanos. *Navio Negreiro,* de Castro Alves, é um pedido de socorro ao Deus católico, um grito por misericórdia ao mundo dos escravizados: "Deus! Oh! Deus, há dois mil anos te mandei meu grito, que debalde se encontra no infinito".

Quantas línguas fala a África? Quantas linguagens traduzem essas línguas? A voz de Clementina é uma centena delas. No "Canto II", do Álbum *O Canto dos Escravos,* a comunicação com a ancestralidade é o cerne do que houve durante a escravidão. O termo *muriquinho* quer dizer menino pequeno que só é livre enquanto brinca. Trata-se da história de um menino pequenino que foge para o Quilombo de Dumbá. Parece que sobram outras crianças que não conseguem fugir e, por isso, choram: "Muriquinho, piquinino, muriquinho piquinino, parente de quiçamba na cacunda. Purugunta aonde vai, purugunta aonde vai. Ô parente, pro quilombo de Dumbá. Ê chora, chora gongo, ê devera, chora gongo chora. Ê chora, chora gongo, ê cambada, chora gongo chora. Muriquinho piquinino, muriquinho piquinino, parente de quiçamba na cacunda".

E cabem parênteses acerca do reacionário político Rui Barbosa, que deixou um texto difamando a música popular brasileira e os ritmos africanos. Barbosa odiava Chiquinha Gonzaga e desprezava Nair de Teffé. Ele, para demonstrar todo o preconceito que, como mosca, voava sobre sua cabeça, perpetuamente, e com um rim nutrido pelo ódio que o alimentava, com pulmões que respiravam racismo, quis apagar todos os registros hediondos da escravidão, dos horrores que muitos homens das sociedades brancas causaram aos negros.

Símbolo de cultura brasileiríssima, o compositor Aldir Blanc, letrista e cronista carioca, escreveu, em parceria com o músico e compositor Moacyr Luz, a letra da música "Rainha Negra"—interpretada por Maria Bethânia em homenagem a Clementina. A sambista é mãe, é céu, é mar e respiração, é dança que ginga, é o canto dos escravizados, a natureza e as onomatopeias das águas bentas das cachoeiras. Segue a poesia de Aldir e Moacyr:

A idade da sereia,

O baticum de pé no chão,

Chuá de cachoeira...

O mito, o rito ritmam a respiração,

Tantan e atabaque,

A gargalha do ganzá,

O canto do trabalho,

A dança, a ânsia sagrada de rememorar.

O escuro do negreiro,

O açoite pardo do feitor,

E um clarão enganador:

A liberdade sonhada ainda não chegou.

Saúdo os deuses negros,

Da serra-mar céu de Quelé,

Pro povo brasileiro,

Rainha negra da voz, mãe de todos nós.

Quatro jovens estudantes são os autores de *Quelé, a Voz da Cor: biografia de Clementina de Jesus*. O livro é resultado de muita pesquisa para o Trabalho de Conclusão de Curso. São eles: Raquel Munhoz, Luana Costa, Felipe Castro e Janaína Marquesini. A obra, segundo o historiador Luís Antônio Simas, traz a vida de Clementina e das culturas africanas como cerne da vida e da obra da sambista. Um estilo que hoje hiberna, mas que a biografia restaura e tenta acordar, dá um sacode, pois mostra que a semente ancestral nunca morreu, além de permanecer (mesmo dormindo) nas raízes culturais do Brasil, fazendo parte da história: "O canto de Clementina de Jesus sugere reflexões sobre o processo de desafricanização que o samba sofreu ao longo de sua história. Ao ser expropriado de seus criadores, a partir da década de 1930, pela indústria fonográfica e pelo Estado brasileiro, domesticado para virar música acessível ao gosto dos consumidores de discos e símbolo da identidade nacional, o samba perde a ligação explícita que tinha com os batuques centro-africanos. Clementina de Jesus foi o mais potente contraponto a esse processo", diz Simas.

Clementina foi grande. Clementina é grande. Mas, mesmo assim, é uma sambista esquecida, pois está fora dos círculos musicais. É pouco conhecida (e nada reconhecida) pela juventude atual, mesmo estando entre os nomes da cultura brasileira. Morreu pobre. No final da vida, a família tomou conta de sua carreira, tanto que não sobrou nada nem a ela nem a ninguém. Seu corpo não existe mais, o ossuário que guarda seus restos mortais está no Cemitério São João Batista, no Rio de Janeiro. Do ícone glamoroso do partido-alto restou apenas um número. Encerro com a música que Candeia fez para a deusa: "Vai, saudade, vai dizer àquela ingrata, vai dizer àquela ingrata, que a saudade quando é demais, mata".

Como fazer sobreviver, na memória da música popular, na voz de Clementina de Jesus, alguém que deixou claro que o brasileiro está muito mais próximo da África do que de Portugal?

RACHEL DE QUEIROZ

Enalteça a mulher especial que faz parte da sua vida.

(Antonia Brico)

Foi a primeira mulher a entrar para a Academia Brasileira de Letras (ABL), ocupando, em 1977, a cadeira de número cinco. Foi, também, a primeira mulher a receber o Prêmio Camões, entre muitos outros, como o galardão da Fundação Graça Aranha; o Machado de Assis; o Nacional de Literatura de Brasília; a medalha Rio Branco do Itamaraty e o título de Doutora Honoris Causa pela Universidade Federal do Rio de Janeiro.

Fernanda Montenegro e Gilberto Gil se inscreveram para concorrerem a uma cadeira na Academia Brasileira de Letras. Se pensarmos na história preconceituosa que se estabeleceu como estrutura da ABL, teremos uma mulher e um negro músico que hoje fazem parte dos imortais. É um avanço. Entretanto, a estrutura ainda silencia muitas inscrições, porque a de Conceição Evaristo não foi aceita. Mas antes não era assim, somente homens podiam concorrer. Montenegro ocupa a cadeira de número 17 e, Gil, a 20. A ABL, fundada por Machado de Assis, no Rio de Janeiro, em 1897, hoje presidida por Merval Pereira, foi um espaço estritamente masculino. Por quase oito décadas nenhuma mulher entrou no eminente círculo. Em 1930, a escritora piauiense Amélia Beviláqua concorreu a uma cadeira da academia.

No entanto, ela foi rejeitada e explicaram que, no Estatuto, quando se referiam a brasileiros que poderiam participar, referiam-se exclusivamente aos homens. A academia provava, na experiência, que pertencia ao masculino. Estava escancarado o preconceito e o horror ao feminino. As mulheres escreviam tão bem quanto os homens. A segunda mulher que tentou espaço na academia dos honrados homens que nunca morrem foi a romancista Dinah Silveira de Queiroz, autora da obra *A Muralha*, obra-prima que, por sua excelência, ganhou uma minissérie na Rede Globo de Televisão e, com o tempo, muitos prêmios. Mas ela também foi rejeitada. A misoginia estava acesa com lâmpadas fluorescentes. Os comentários a respeito da mudança do estatuto deixavam nítido o preconceito incabível, que sempre existiu nas sociedades, mas agora, mantinha-se fortemente entre os literatos e intelectuais.

A regra atestava a impossibilidade de as mulheres serem elegíveis. "Austregésilo de Athayde, presidente da ABL, o Clube do Bolinha, falava grosso com as mulheres e fino com a ditadura. Em 1972, decretou em O Estado de S. Paulo: 'Enquanto eu for vivo, mulher não entra na academia'. Mulher cria um ambiente perturbador. Elas são abespinhadas, suscetíveis", diz Palmério Dória sobre Athayde em *Empoderadas*. No entanto, Rachel passa por cima dessas regras machistas e se torna membro da academia, em 1977. Foi um grande acontecimento, uma revolução: "Rachel de Queiroz quebra o tabu e torna-se imortal", afirma Dória.

Depois de Rachel, vieram Dinah Silveira de Queiroz, Lygia Fagundes Telles, Nélida Piñon, Zélia Gattai, Ana Maria Machado, Cleonice Berardinelli e Rosiska Darcy. Em 1989, Nélida foi a primeira mulher eleita para a presidência da academia, após 100 anos nas mãos unicamente dos "Luizinhos:" "Desde o início sentia-me discriminada, precisava dar constantes provas de que ao escolher a literatura como ofício de vida, estava decidida a alcançar a excelência estética. Assim convivi com a desconfiança, com as definições imputadas às mulheres, com um conjunto de circunstâncias que me marginalizavam", diz Piñon. O início desse paradigma foi sacudido por Rachel de Queiroz.

Nasceu escritora, nasceu sentindo as dores e as alegrias do povo nordestino, uma mulher cuja sensibilidade traduzia-se em arte: "Doer, dói sempre, só não dói depois de morto, porque a vida toda é um doer". Ela sabia bem o significado da dor. Perdeu a filha com menos de dois anos para a meningite, uma dor que nunca conseguiu amenizar: "Eu a amei apaixonadamente e nunca me recuperei do golpe que foi perdê-la, assim tão novinha". Nasceu em 1910, em Fortaleza, capital do estado do Ceará, na terra quente do pôr do sol dourado: "esse pôr do sol do sertão é de arrebentar o coração", diz o poeta Jander Prado. Quando a escritora tinha apenas 7 anos, a família, que amava o Ceará, foi obrigada a mudar-se para o Rio de Janeiro, fugindo de um longo período de seca. As paisagens do Nordeste são únicas, mas sem água não há vida.

Não obstante, quando se ama um pedaço do Brasil, o retorno é infalível. Dois anos depois, todos regressaram à terra natal. Lá, estudou em colégio católico, o Imaculada Conceição e, com 15 anos, formou-se professora. Consciente do que beira à realidade e do que nasce e cresce no imaginário, escreveu um texto para um jornal do Ceará debochando do Concurso de Rainha das Estudantes. A partir desse texto passa a ser conhecida e, pela forma perfeita em que organiza suas letras, é convidada a colaborar no jornal, escrevendo na *Página Literária*. Também inicia a carreira docente, lecionando como substituta no mesmo colégio em que estudara. Hoje, é conhecida como "a dama sertaneja das letras".

Falo da premiadíssima Rachel de Queiroz: escritora, jornalista, tradutora, dramaturga e, principalmente, defensora do povo sofrido do Ceará, das mazelas, das dores do nordestino e da tragédia da seca. Com isso, passou a ser considerada inimiga do Estado, assim como o médico Thomas Stockmann, personagem da peça *Um Inimigo do Povo*, como anteriormente citado. Rachel lutava por uma vida mais digna dos sertanejos, pois estes sempre ficavam a ver navios durante o extenso período de estio, uma seca que provocava a morte de homens, aves e animais. Matava a terra. Morriam todos à mingua, tostados ao sol e expostos às doenças de todo tipo. A fotógrafa e militante política Tina Modotti (1896-1942), assim como muitas mulheres que, por pensarem de maneira libertária, viraram inimigas do Estado, inscreve-se nesse contexto. Italiana de nascimento e mexicana de coração, morreu aos 45 anos e foi esquecida por mais de duas décadas. Em 1996, financiada por Madonna, a Rainha do Pop, Modotti renasceu com a exposição de fotografias de toda a sua carreira, no Museu de Arte da Filadélfia, EUA. Nessa mesma toada, faço renascer Rachel de Queiroz nestas páginas: escritora, militante política e ativista das palavras.

Ela escreveu aos 19 anos *O Quinze*, um romance crítico-social e político que denuncia como o Nordeste e, também, o Norte eram um fim de mundo, lugares esquecidos pelo restante do Brasil, como se não existissem no mapa. Por enxergar a realidade em toda a sua dimensão, militava a favor dos miseráveis. Foi presa aos 27 anos, acusada de praticar o comunismo. Ficou reclusa por dois anos, no governo de Getúlio Vargas. Podemos dizer que ela foi a terceira presa política mulher da história da repressão ditatorial. A primeira teria sido Bárbara de Alencar, e a segunda, Pagu.

Nessa época, escreveu *Caminho de Pedras* contando como foi seu confinamento na prisão. "O debate na obra é político e vai inserir a mulher na militância [...] essa é a grande novidade da escrita de Rachel, inserir a mulher como célula política", diz Laile Ribeiro de Abreu. Nessa obra, temos dois nomes femininos de representatividade extraordinária: Noemi e Conceição. Noemi designa suavidade, amenidade, porém, o significado do nome não tem nada a ver com a personagem, que é uma explosão de realidade e militância da esquerda. Rachel escreveu sobre elas durante sua prisão.

Um homem pode amar simplesmente todas as candidatas do concurso de Miss Brasil, todas que desfilam moda, todas que se movimentam à frente dele, mesmo sendo casado, como Oswald de Andrade e Diego Rivera? Pode militar na esquerda e na direita dos partidos políticos, pode defender essa e aquela causa, uma ou todas as religiões, sem problemas ou consequências. Tudo o que fizer será para sua eminência e imortalidade. Mas a mulher vira traste, ser promíscuo e infame, vagabunda e ordinária. Pior ainda, recebe no peito a insígnia de inferior, de "ser" que deve ser rejeitado, cuspido, menosprezado. Assim como no clássico romance *A Letra Escarlate*, a mulher é castigada publicamente. Não foi dado a ela o direito de errar nem o de acertar.

Caminho de Pedras, de 1937, conta a história de Noemi, metáfora de mulher que atua no contexto histórico social e, principalmente, político. O cerne da obra está em Noemi ser mulher e atuar livremente dentro dos espaços masculinos, mas também fala da difícil vida do trabalhador, da miserabilidade de muitas regiões à deriva em Fortaleza, capital do Ceará. Noemi é uma mulher livre social, política e sexualmente. Não há espaço para o feminino, mas ela insiste em viver como nasceu — envolta a uma aura de pura liberdade e de intensa igualdade. No entanto, somente ela se sentia assim, vivendo perigosamente na contramão da sociedade brasileira. Uma mulher sem amarras.

Considerada escritora regionalista, da segunda metade do modernismo, assim como Graciliano Ramos, autor de *Vidas Secas* — que, nessa obra, também denuncia a vida desgraçada dos sertanejos fugindo da seca —, Rachel passa a ser reconhecida, não sem luta. Ela vai narrar a história da seca, da seca que desidrata e vai murchando pessoas, animais e plantações, da seca que encerra a vida, que enruga, desnutre e suga até a última gota de suor, de sangue, de saliva, de urina. E tudo é um fim conformado. Entretanto, Rachel não se conforma e denuncia. *O Quinze* foi seu primeiro romance, cujo tempo é demarcado no início do século XX, em 1915, e o espaço, Fortaleza.

O livro foi traduzido para o francês, em 1986, como *L 'Année de la Grande Sécheresse (A Grande Seca)*. Trata-se da história dos retirantes fugindo da seca. A autora relata as idiossincrasias de um povo religioso, que faz novena para chover e acredita nela. Um povo que tem esperança, porque a fé permanece, mesmo entre o fanatismo e o desespero. Quando não há mais o que fazer, o povo abandona o lugar, não sem antes lutar muito, não sem inúmeras tentativas de salvar os animais, a flora e a família, de resgatar o que para eles era sagrado: a terra. O nome *O Quinze* faz alusão ao ano em que a chuva se esqueceu do Nordeste e os políticos (que nunca se haviam lembrado e continuaram distantes dos problemas) estavam ausentes. Mas a fé permanecia: 1915, 15 anos após o obelisco do século moderno, uma época cheia de vanguardismo que não dialogava com a miséria do sertão. Avanço e atraso no Brasil dividido entre a política e a desumanização.

O que diferencia o romance de Rachel da obra *Vidas Secas*, de Ramos, cuja temática é a mesma, é o olhar feminino da autora e a forma como ela apresenta a mulher em seu livro. As mulheres de Queiroz são livres e destemidas, são mulheres guerreiras. A personagem Conceição é ícone de resistência, é a representação da força feminina nas lutas diárias do Nordeste. Ela é fé e ação e, por isso, demarca uma forte diferença diante de um estado conservador e totalmente patriarcal, cujo papel da mulher é inexistente: "Rachel de Queiroz, em sua obra *O Quinze*, irá retratar um regionalismo diferente e autêntico, dando enfoque ao papel da mulher como sujeito histórico atuante e resistente diante da seca nordestina. Esta personagem forte e vanguardista será figurada na imagem de Conceição", diz a historiadora Bianca Rezende Godói. O olhar da mulher transcorre, na situação social, política e econômica das fases boas ou ruins da história de modo totalmente distinto da ótica masculina. É óbvio que houve mulheres fortes, destemidas e que fizeram a diferença, mas poucas (ou quase ninguém) noticiam como Rachel faz de Conceição uma heroína.

Escreveu inúmeros romances, entre eles está o famoso *Memorial de Maria Moura*, que virou minissérie da Rede Globo com o mesmo nome, em 1994, com 19 capítulos, sob a direção de Denise Saraceni,

Mauro Mendonça Filho e Roberto Farias. A atriz Glória Pires representa a protagonista Maria Moura. A produção contou com grandes atores, como Marcos Palmeira, Jackson Antunes, Zezé Polessa, Chico Diaz, Ruth de Souza, Nelson Xavier, Rubens de Falco, Hélio Solto, Bia Seidl, Cleo Pires, Cristiane Oliveira e outros nomes.

Três anos depois da minissérie da Rede Globo, Leiliany Fernandes Leite começou as filmagens de *Maria Moura*, sob sua direção, produzido na cidade Caboclo, distrito de Afrânio, em Pernambuco. Contou, além de um cenário antigo apropriadíssimo ao século XIX, com a colaboração do governo do Estado nordestino e grande elenco, como Dira Paes, Chico Diaz, Ângela Leal, Mauricio Gonçalves, Jorge Dória, Oswaldo Loureiro. Para Fernandes, filmar no sertão foi tão difícil devido ao sol escaldante que só mesmo o amor à arte faz suportar e levar as gravações adiante. Ela comenta que nunca a frase do Euclides da Cunha em *Os Sertões* fez tanto sentido: "O sertanejo é antes de tudo um forte". Parece que o filme não foi finalizado, porém deixo o registro.

Rachel de Queiroz vai serpenteando o mundo feminino apresentando mulheres doces e guerreiras, fortes e ousadas, como Maria Moura que, com seu bando, assalta e manda matar. O número de mulheres que a romancista faz surgir em seus escritos traz o relevo e as reminiscências do feminino, feminino este que foi silenciado, mas que a autora resgata dando voz de comando a elas por meio das personagens, para a vida ou para a morte. Elas marcam as páginas da literatura com alegria e sangue.

As mulheres de Rachel de Queiroz

As personagens femininas de Rachel são ousadas, destemidas e guerreiras, às vezes doces, outras, amargas. Começando por Conceição, da obra *O Quinze*, caminhamos por Maria Moura, Noemi, Dora Doralina e Maria Augusta, mulheres que enfrentaram o sistema patriarcal e um Nordeste conservador e fizeram a diferença, são vanguardistas de luta e ação: "Minhas mulheres são danadas, não são? Talvez seja ressentimento do que não sou e gostaria de ser", diz Queiroz.

Em pleno início do século XX, mas nos cafundós do Nordeste, Conceição andava na contramão: era livre e independente, nunca pensou em casamento, muito menos em ter filhos. Isso era uma revolução para a época: uma das maiores revoluções femininas. Rachel apresenta ao leitor mulheres independentes, mulheres destemidas, que foram construídas distantes da lenda da inferioridade: "a escritora foi à frente de seu tempo ao narrar histórias de uma liberdade construída pelas mulheres", diz Laile.

Algumas mulheres são literalmente livres, quiçá fossem todas assim. No entanto, muitas vezes, elas tiveram que se disfarçar de homem para alcançarem espaços considerados masculinos ou para sobreviverem em época de guerra, para não serem violentadas ou, ainda, para evitarem abordagens maldosas. Segundo os críticos, Rachel inspirou-se na rainha Elisabeth I, da Inglaterra, que governou de 1533 a 1603, para construir a personagem Maria Moura, por sua força e determinação, sua liderança e inflexibilidade. Maria Moura é uma figura feminina forte que se transforma na "senhora absoluta de um bando de fora da lei", diz Xico Sá, colunista da *Folha de S. Paulo*. De menina acostumada à vida pacata e doméstica, por várias razões, todas pelas injustiças vividas na pele, transmuta-se em líder de bandoleiros que a seguiam cega e devotamente. E vai ocupar um cargo geralmente atribuído aos homens. Só nesse sentido, Rachel já é uma revolucionária quebrando os paradigmas de aço do século XIX, no Nordeste brasileiro. Ou, em última tentativa, virar líder de um poder paralelo. A literatura nos oferece muitos exemplos de mulheres que ocuparam cargos masculinos ou que se vestiam de homem para ter liberdade de ir e vir.

Houve um tempo em que as mulheres só saíam acompanhadas pelo pai, irmão, marido ou tutor. Por essa razão, muitas vezes, elas vestiam-se como homens, cortavam o cabelo e escondiam os seios para sobreviver, como a personagem Diadorim da obra *Grandes Sertões Veredas*, de Guimarães Rosa, provavelmente inspirada em Maria Quitéria de Jesus, que precisou se disfarçar para se alistar no Batalhão dos Periquitos. Depois da batalha, foi considerada a primeira soldado mulher da história. Joana D'Arc também adotou essa estratégia para impor respeito às tropas que comandava contra a Inglaterra e por serem as roupas masculinas mais seguras, confortáveis e não impedirem movimentos. Ou, ainda, Agnodice, que sonhava estudar Medicina, na sociedade da Grécia Antiga, lugar onde as mulheres eram proibidas de obter conhecimento e formação, no entanto, disfarçada de homem, ela foi estudar no Egito. Ainda na área de Medicina, têm-se muitos outros nomes, por exemplo, Margaret Ann Bulkley, a irlandesa que passou a vida como homem. Formou-se como homem, trabalhou como homem e foi nomeada inspetor médico da Colômbia Britânica. Só foi descoberta quando morreu. Uma história de arrepiar os pelos de gentes e de fantasmas.

Os espaços eram masculinos, em torneios e competições, no mundo dos magistrados, nos cargos políticos, nos setores bélicos e no universo da Engenharia. Nessas condições, a judia americana Rena Kanokogi disfarçou-se de homem para competir no torneio de judô; Mary Read, a pirata da Inglaterra do século XVII, que lutou nos mares, passou-se por homem; a afegã Shabana Basij-Rasikh, proibida pelo Talibã, em 1990, de estudar porque era menina, vestiu-se de homem por cinco anos para obter conhecimento; a americana Frances Louisa Clayton, conhecida por Frances Clalin, assim como a brasileira Quitéria, alistou-se no regimento de Missouri e, para tanto, vestiu-se de homem e adotou o nome de Jack Williams; a cearense Jovita Feitosa fez o mesmo para se inscrever como voluntária na guerra contra o Paraguai; a norte-carolinense Sarah Malinda vestiu-se de homem para ir ao campo de batalha na Guerra Civil Norte-Americana, com o marido; a americana Dorothy Lucille, para entrar no universo da música, passou a usar roupas masculinas e mudou o nome para Billy Tipton, tornando-se um dos mais famosos jazzistas da época. A personagem shakespeariana Rosalinda veste-se de homem para escapar dos horrores da floresta. Como homem, e convivendo com homens, vai ensinar ao personagem Orlando como tratar damas. Disfarçar-se de homem é a maior comprovação de que todos os espaços são dos homens.

Muitas mulheres usaram pseudônimos masculinos como único caminho para divulgarem suas produções, como as irmãs Brontë. Charlotte, Emily e Anne publicaram seus romances com nomes masculinos, enquanto a escritora francesa Aurore Lucile Dupin, além de escrever como George Sand, apresentava-se com roupas masculinas. Essas são algumas das frestas que o feminino usou para existir. Muitas mulheres fizeram isso, há dezenas de nomes, só não constam na história oficial.

Rachel deu sua cara à tapa sem pseudônimo algum, apanhou, mas venceu. As personagens mulheres dela não têm disfarces, surgem livres. Hoje, membro da ABL, deve ser eternamente lembrada como a escritora regionalista que escreveu verdades difíceis de serem engolidas em um mundo conservador, e em um Brasil atrasadíssimo no que tange à civilização e ao pensamento moderno. Parece que ainda vivemos enterrados na Idade Média.

ANTONIA BRICO

Com os anos, piorei, falta-me a leveza de pular os muros da casa e ir solta pelo mundo.

(Nélida Piñon)

Há 12 anos, a nova-iorquina Marin Alsop, de 66 anos, foi a primeira mulher a assumir a regência da Osesp. Em 2011, literalmente. Ela é também diretora musical da Orquestra Sinfônica de Baltimore, Maryland, EUA. Os músicos da Osesp ficaram cheios de dúvida quando Alsop assumiu o comando, mas ela seduziu todos em pouco tempo com sua firmeza, competência e autoridade. Parece simples, mas não é. A regência tem sido um espaço literalmente masculino e quando as mulheres resolvem ocupá-lo, é guerra.

O primeiro volume de *A Incrível Lenda da Inferioridade*, de 2021, fala sobre a triste sina de Maria Anna Mozart, cravista virtuosa, pianista, compositora que se apresentava em Berlim e em Viena, mas que, por ser mulher, tinha que obrigatoriamente casar-se e sua carreira morreria com o matrimônio. Sua vida ficou insuportável, tediosa e pesada. Dessa decisão criminosa fazem parte o pai, a mãe de Maria Anna e a infinita sociedade patriarcal. A norma a ser seguida era a da mulher subalterna ao pai e ao marido.

E quanto mais se pesquisa, mais se descobre o quanto as mulheres foram silenciadas, escondidas, deixadas do lado de fora das páginas da história. É o caso da maestrina norte-americana, nascida em Rotterdam, Holanda, e radicada nos Estados Unidos, Antonia Louisa Brico. Morreu aos 87 anos, sem reconhecimento, ficando fora da mídia e da história da música. Como sabemos dela hoje? Eu a conheci por meio do filme *The Conductor*, traduzido no Brasil por *Antonia: uma Sinfonia*, de 2019, produção da cineasta holandesa e também escritora, Maria Peters. A atriz holandesa Christanne de Bruijn e o ator britânico

Benjamin Wainwright são as personagens principais. E muitos vivas ao cinema de qualidade que em suas cenas desnudam segredos cobertos de tecidos grossos e muita poeira, que faz quebrar o silêncio, que revela as histórias cobertas com múltiplos véus, histórias escondidas com muros vigiados por um Cérbero, o demônio do poço, um monstro que habitava o subterrâneo dos mortos.

Antonia chegou ainda criança aos EUA, por volta de dois anos. Estudou piano nos EUA e música na Europa, precisamente em Berlim. E foi a primeira mulher a conduzir a filarmônica berlinense, não antes de enfrentar muitos obstáculos, não sem a oposição de centenas de pessoas apontando-lhe severos e intimidadores dedos. Conduziu muitas orquestras nos Estados Unidos e na Europa, por longo período foi assunto principal das maiores mídias, e todos puderam observar o quanto Antonia era a melhor e a mais competente maestrina que a história da música havia visto e ouvido até então. O documentário *Antonia: a portrait of the woman*, de 1974, de Judy Collins, mostra o quanto ficou famosa a maestrina e o quanto foi assunto das mídias em toda Europa e América do Norte. Mostra, também, os burburinhos incessantes das bocas sociais falando sobre a ousadia que deveria ser combatida em uma mulher que desejava ser maestrina.

Depois de muita resistência e luta, morando na Capital do Colorado, em 1941, lugar onde iria assumir definitiva e titularmente o posto de maestrina da Denver Symphony Orchestra, é novamente barrada por ser mulher. Entretanto, passaria a vida toda como regente convidada. Quando não conseguia reger concertos, lecionava música. Collins, a cineasta que dirigiu o primeiro documentário sobre a maestrina, foi aluna dela, na juventude. Hoje, aos 83 anos, ainda toca piano, milita em prol da mulher e da música e canta *folk music*. Filmou o documentário em homenagem à maestrina.

Mesmo com tanta fama e virtuosismo, mesmo mostrando excelência na arte de reger, nunca teve cargo fixo. Com o tempo, ficou no total anonimato. Teve seus dias de glória, mas a permanência de um nome feminino no mundo fechado dos homens nunca foi possível, mesmo no século XXI, porque ainda há restrições envoltas em um machismo estrutural. No filme, Peters mostra o quanto ela teve uma vida cheia de angústias, desde ser "sequestrada". A verdadeira mãe de Antonia, Agnes Brico, havia colocado a filha para adoção, mas uma adoção provisória. Mãe solo, escarrada pela sociedade, jogada na rua pelos pais, abandonada pelo namorado (que cometera, ao abandoná-la, crime de responsabilidade, uma espécie de aborto paterno), expulsa do convento em que a irmã vivia, Agnes era sinônimo de rejeição absoluta (ela e a filha). Nas ruas, viveu a vulnerabilidade em toda a sua extensão, passou frio, medo e fome e, no ápice do desespero, deu a filha para adoção. Mas era um acordo temporário, não queria perder a menina de vista e prometera reaver Antonia assim que sua situação melhorasse. Mesmo quando conseguiu reverter um pouco a situação precária em que vivia, não encontrou mais a filha. Infelizmente, ela não morava mais na Holanda nem em outro país europeu. O casal que adotara Antonia e aceitara os termos de Agnes atravessaria às escondidas o oceano levando a menina para longe dali. E com o tempo, também, mudariam o nome da criança.

Não obstante, Agnes só tomou essa atitude dolorida de dar a filha para adoção (mesmo que temporária) porque estavam passando fome e frio, morando nas ruas, à deriva. O combinado é que ajudaria na criação assim que conseguisse um lugar fora das ruas para morar e que arranjasse um emprego. O que ela não imaginava é que o casal atravessaria o oceano para o outro lado do mundo, com a criança, saindo de Holanda sentido Estados Unidos. O que era um tempo transformou-se na vida toda. Agnes morreria procurando pela filha.

A mãe adotiva era uma mulher amarga, sinônimo de crueldade, meio medonha e com uma fisionomia que se estruturava em desleixos e falta de higiene. Uma figura aterrorizante. Avara, atirava seu amargor na filha, exigindo dela o salário que recebia, e cobrava os gastos que tivera com a menina desde pequena. Antonia trabalhava como datilógrafa durante o dia e, à noite, como guia de assentos em um teatro que exibia concertos. Mas trabalhar não era seu problema, nem dar quase todo salário à mãe, porque a música sustentava sua alma. A maior paixão de Antonia eram os concertos. Quando ouvia música clássica seu corpo se alterava e sua alma viajava prazerosamente, enquanto sua mente imaginava seus braços regendo a orquestra:

> A música de Beethoven preenche cada fibra do meu corpo. Este é o primeiro dos quatro movimentos que compõem a sinfonia. O *Allegro com Brio*, o que quer dizer que deve ser tocado com vivacidade e energia. É lógico, um verdadeiro herói sempre tem energia. Eu ergo o palitinho e imagino de tudo, mas principalmente

> que sou a regente dessa orquestra. Que uma centena de homens segue os movimentos da minha mão. Todos inspirados por mim a tocar *A Heroica* como eu acho que deve soar. O palitinho se mexe pra cima e pra baixo em compassos de três por quatro. É inacreditável quanto isso me faz feliz. Sinto-me viva ao quadrado. Essa explosão de intensa felicidade é simplesmente viciante. Aponto para os primeiros violinos imaginários: mais forte. Segundos violinos: contenham-se. Cada naipe de instrumentos recebe uma indicação. Envolvo-me tanto que me esqueço de mim mesma.[8]

Antonia foi a primeira mulher do início do século XX a desafiar a sociedade patriarcal e os costumes que excluíam as mulheres de tudo. Mulher de fibra, determinada e de uma beleza singular, foi, ainda, a primeira mulher a montar e a reger uma orquestra só de mulheres. No trabalho, ela era assediada e, em seguida, despedida, porque não aceitava as investidas. No entanto, mesmo sendo a melhor em tudo, quando procurava emprego, era rejeitada. A mãe era contra tudo o que a filha representava e desejava e quando viu que a filha não desistiria de seus sonhos, colocou-a na rua, não antes de roubar todas as suas economias. Algumas mulheres são serpentes. A mãe colocava comida de três dias passados na marmita da filha, um alimento podre que lhe causava náuseas. Segundo sua história, a mãe comia a comida de um dia, ou seja, amanhecida, a de dois dias ia para a marmita do pai, que era lixeiro, e a podre era destinada a Antonia.

Enquanto estudava e sonhava com a regência dos concertos pelo mundo, Antonia conheceu Frank Thomsen, um homem rico que poderia ter realizado o sonho dela, mesmo porque ele era uma espécie de *Concert Manager* e promovia concertos para maestros e solistas. Mas sua intenção era a de contê-la e, depois, casar-se com ela. A mãe de Thomsen, o homem que amava Antonia, era, também, uma cobra. Antonia viveu o conflito amargo entre a carreira e o amor. Como comentado infinitas vezes, não é permitido à mulher ter os dois. E, sem saída, escolheu a carreira. Com uma sogra avinagrada e preconceituosa não daria certo mesmo e, em pouco tempo, se optasse pelo matrimônio, o marido estaria contra ela. Perderia carreira e amor. Ela se viu, então, em um "beco sem saída".

---

[8] Trecho de *Antônia, uma Sinfonia*, p. 12.

Antonia é, antes de descobrir sua verdadeira identidade e família, Willy Wolters. Embora fosse paupérrima e morasse em um prédio de cortiço, estudava piano em casa e, adulta, pagava por suas aulas de piano ao professor e maestro (de caráter completamente duvidoso) da banda sinfônica local, o senhor Mark Goldsmith. Na capa do livro de Peters, lê-se: "um romance de ambição, amor e coragem, baseado na vida da primeira mulher a conduzir as maiores orquestras do mundo". Como é difícil para os homens que seguem o patriarcado a risco admitirem que o que foi criado por eles como lei ou norma é apenas uma lenda. Eles, os homens que sempre compuseram o patriarcado, criaram o paradigma de inferior ao feminino e terminaram por crer que era mesmo real. Era uma norma vinda de algum deus nada epifânico, invenção do sistema político.

Enquanto trabalhava na Casa de Concertos, Antonia ficou sabendo que o maestro holandês Willem Mengelberg viria para dirigir a "Quarta Sinfonia" do checo-austríaco Gustav Mahler e, no mesmo instante, seu corpo estremeceu só com a possibilidade de assistir a ele. Ela perdeu o controle, um estado de euforia a invadiu e seus pensamentos perderam-se nas notas e no ritmo que ouviu em seu coração: "Tenho que assistir, eu tenho que assistir. Estou tão animada a ponto de explodir", disse em voz alta para si mesma. No entanto, ela perdeu o concerto devido ao tempo que o trabalho diurno exigia dela.

Tudo em Antonia é música. As batidas de seu coração só se irrigam pelos concertos, o restante é sobrevivência. Quando ela e Thomsen se deram conta de que estavam apaixonados, viveram esse amor intensamente. Assim que descobriu que foi adotada, foi para a Holanda atrás de suas origens, mas foi também, e inclusive, para tentar convencer o maestro Mengelberg a lhe dar aulas de regência. Havia, à custa dela mesma, estudado bastante no conservatório e vinha praticando insistentemente. Mengelberg a enviou para Berlim com uma carta de recomendação ao maestro Karl Muck. A carta estava escrita em alemão. No início, o maestro Muck rasgou a carta de recomendação de Mengelberg e negou-se a ensinar regência a Antonia. Mas ela não desistiu. Sua insistência o comoveu. As aulas começaram. Foi um longo período de estudos e prática. A amizade estreitou-se entre eles. A carta recomendada foi colada e guardada por Antonia. Por esse tempo, ela e Thomsen não se falavam mais.

Nasceu para ser a melhor maestrina de toda a Europa. Passou a dominar o alemão e descobriu o que Mengelberg havia escrito na carta de recomendação: "Tudo vindo da Holanda é bom, menos Antonia". E para ficar pior, descobriu que Thomsen estava metido nisso. Inscreveu-se para a Academia Real de Música de Berlim. Mesmo Thomsen procurando por ela, não desistiu da carreira. Desistiu, como citado, do amor. Mesmo assim, ela chorou por dias. Semanas. Meses.

Quando tudo parecia insuportável, quando o frio entrava em seu corpo tornando tudo imóvel e a fome cortava as paredes de seu estômago em fatias finas, passou a receber uma quantia mensal de dinheiro de uma pessoa misteriosa. Comprou um casaco, carvão e um piano. Regeu, de forma exímia, as maiores casas de concertos da Europa e dos Estados Unidos. Mas nunca teve um lugar definitivo e efetivo com seu nome.

Ressuscitando a maestrina

"A amplamente respeitada revista *Gramophone* publicou, em 2008, uma lista das vinte melhores orquestras do mundo. Nenhuma delas jamais teve uma mulher como regente titular. Em 2017, a *Gramophone* publicou novamente uma lista, desta vez com mais nomes, ou seja, os cinquenta melhores regentes de todos os tempos. Nenhuma mulher fazia parte da lista", diz Peters. Nessas listas nunca houve um nome feminino, menos ainda o de Antonia. Mesmo com sua extraordinária competência, foi mantida em silêncio simplesmente por ser mulher.

Maria Peters falava de seu espanto quando conheceu a história da maestrina e resolveu fazer o filme sobre ela, pois alguém tinha que falar sobre essas mulheres escondidas, alguém precisava gritar ao mundo sobre elas: "Eu fiquei espantada quando conheci sua história. [...]. Assisti ao documentário de Collins sobre sua vida e me perguntei por que ninguém antes havia feito um filme sobre ela, em especial na Holanda, uma vez que ela nasceu aqui. Resolvi, então, que faria isso e, desde o início, contei com todo o apoio de sua família", diz a cineasta.

Somente uma cineasta poderia ter a sensibilidade de produzir uma película e mostrá-la ao mundo com tanta devoção, denunciando o sistema patriarcal, que emudece o feminino até dissolvê-lo, que elimina as mulheres que não se encaixam nas normas ditadas pelas organizações masculinas, responsáveis pelas selvas sociais. Peters, que é, ainda, escritora, não apenas fez o filme, mas também, deixou a vida e os desafios de Antonia Brico registrados no livro *De Dirigent*. A obra narra, como no cinema, os obstáculos pelos quais a mulher tem que passar quando persegue um sonho fora do padrão. Ambientando em três lugares, Nova York, Amsterdã e Berlim, no início do século XX, mostra os caminhos permeados de pregos que a personagem real é obrigada a trilhar para realizar o desejo incontido de comandar uma orquestra. Ela quer ser maestrina! No Brasil, a obra *Antonia, uma Sinfonia* foi lançada pela Editora Planeta, em 2021, com tradução da jornalista paranaense, radicada na Holanda, Mariângela Guimarães.

Os livros podem revelar o que está escondido, podem ensinar e desnudarem a verdade. Os livros motivam o leitor à reflexão do que realmente ocorre no mundo feminino. O Movimento Feminista das Sufragistas, por exemplo, deu-nos, gratuitamente, o direito ao voto, o direito aos filhos que geramos e "parimos". Outros movimentos nos deram o direito ao trabalho e, se hoje usamos calças compridas, devemos isso às mulheres que se impuseram e não deram ouvidos às discriminações. Os movimentos feministas são a essência da possibilidade de existência do feminino. O resto é morte.

A obra *Class Action*, inspirada em fatos reais, da jornalista norte-americana Clara Bingham e da advogada Laura Leedy Gansler, narra o caso que mudou a Lei de Assédio Sexual, no ano de 2001. O processo polêmico que abalou as estruturas de muita gente passa-se em 1970, e traz a mudança histórica que criou a Lei 10.224, há 20 anos, nos EUA. A partir disso, parte do mundo começou a se preocupar, entre aspas, com o assédio que corria solto e que as mulheres não tinham como denunciar. E as lutas não foram em vão. Devido à resistência de Antonia Brico e outras mulheres da música, como Chiquinha Gonzaga, a nova-iorquina Marin Alsop assumiu cargos de maestrina no Brasil e no mundo.

O filme *Terra Fria*, de 2006, da diretora neozelandesa Nikola Jean Caro, conhecida por Niki Caro, baseado no livro *Class Action*, é um dos marcos da luta feminina nos EUA e no mundo. No filme, a cineasta premiadíssima conta a história real de Josey Aimes, mãe de dois filhos que, espancada constantemente por seu companheiro, fugiu para Minnesota. Em Minnesota, ela vai trabalhar em uma mineradora de ferro para sustentar seus dois filhos.

No entanto, sofre muito com os homens que não admitem uma mulher ao lado deles, sem contar que padecia com ataques sexuais, como passadas de mãos e palavras ofensivas e chulas, ininterruptamente dirigidas a ela. Eles riam dela, faziam piadas e achavam que podiam usar e abusar como se Aimes fosse um objeto deles. Exausta da maldade do sexo masculino, desde o covarde companheiro que batia nela, resolveu ir ao tribunal, iniciando uma das primeiras ações judiciais contra os empregados da mineradora. Aimes foi a primeira mulher dos Estados Unidos a mover ação por assédio sexual e misoginia, ela é considerada o obelisco da luta feminina contra o que é quase improvável de se atestar: "a trama é uma perfeita demonstração do discurso machista e preconceituoso, do silenciamento, do interdiscurso pelo qual as pessoas são submetidas, interpeladas, sujeitadas, sem terem noção", diz Júlio César Coelho.

Silêncio das Inocentes é um documentário de Ique Gazzola que narra a violência diária que a mulher sofre no meio doméstico. As mulheres são sacos de pancadas dos maridos, pais, irmãos e namorados. Em um país conservador, cheio de senhores e capitães do mato, a mulher é agredida e não tem como denunciar. São necessários muitos filmes, muitos livros, muitas denúncias e muitas discussões no incentivo de se criar políticas públicas para tentar frear a violência. Como diz o músico e diretor Gazzola, "as leis não bastam". *A Voz das Mulheres,* de 2010, também de Gazzola, traz o depoimento de muitas mulheres vítimas de agressão. Humilhadas, chamadas de vagabundas, de ignorantes, de merdas, entre outros nomes de baixo calão, elas, envergonhadas, narram cabisbaixas e temerosas os espancamentos que sofreram. "Perto da sua casa tem uma mulher sendo assassinada neste momento, e você não sabe", diz a delegada Maria dos Anjos Camardella.

No filme de Gazzola, a presença de Maria da Penha era imprescindível. Depois de muita luta, surgiu a lei de 2006, que criminaliza a violência contra a mulher. Em 1983, Maria da Penha foi alvejada pelo marido enquanto dormia. Essa tentativa de homicídio ilustra o quanto, no Brasil, a mulher é objeto de ódio e o quanto, no Brasil, essa violência não é punida: "Depois que meu vizinho foi preso por agressão à mulher, meu marido nunca mais me bateu", diz uma das mulheres. A Lei 340/2006 é o maior símbolo de resistência contra a misoginia, uma das maiores conquistas femininas, pena que sob o preço absurdo de tornar Maria da Penha paraplégica. A Lei Maria da Penha "criou mecanismos para coibir e prevenir a violência doméstica contra a mulher", disse, à época, a deputada Luiza Erundina.

A literatura, a prosa e a poesia, a arte dos mangás e HQs, as charges, os cartuns, o teatro, o cinema, a escultura, a pintura, a dança, a música e os livros são manifestações que ensinam e fazem evoluir, quebram falsos conceitos, desnudam os segredos, fazem cair as cortinas que escondem as verdades, não à toa a maioria dos governos é contra a cultura e, logicamente, opositores ferrenhos do conhecimento. Por que publicar sobre Antonia Brico, Marin Alsop, Fanny Mendelssohn, Anna Maria Mozart? Porque elas são resistência!

Fanny Mendelssohn, exímia em tudo o que fazia com relação à música, por exemplo, era a irmã, cinco anos mais velha, de Felix Mendelssohn. Ela foi deliberadamente retirada dos espaços musicais, como Maria Anna Mozart. Ocultada. Silenciada. Obrigada a se casar e aquietada aos poucos por ser mulher. Foi calada. Submeteu-se. Não pôde mais lutar contra o mundo inteiro. Conformou-se. Transformou em pedra rústica as veias de seu coração e seguiu seu pobre e raso destino. O irmão consolava a mãe, que sofria pela filha por meio de cartas que tencionavam apaziguar a agonia materna. "Pelo que sei de Fanny, ela não tem inclinação nem talento para a composição. Para uma mulher, ela já sabe sobre música o suficiente. Ela administra sua casa e sua família e não se preocupa com o meio musical, e, com certeza, ela não coloca essas preocupações à frente de suas questões domésticas. Publicar suas obras só perturbaria suas questões e eu não posso dizer que aprovaria isso", escreve o compositor à mãe, que também era pianista e desejava publicar as composições da filha.

Quem ama não decide a vida do amado, não age como um deus punidor que restringe a vida e os sonhos femininos. Quando Antonia viajou para ter aulas com um especialista em maestria e concorrer a uma vaga, o próprio namorado, Thomsen, pediu ao avaliador que não a aceitasse e que a fizesse voltar aos Estados Unidos o mais breve possível. Isso é amor? Assim que descobriu a interferência negativa do amado em sua vida, uma interferência naquilo que era vital para a felicidade dela, percebeu que sua vida seria um horror se escolhesse o falso amor permitido às sociedades femininas. Proibida de ter amor e carreira, optou, então, pela carreira, mas foi impedida ferrenhamente de exercer a maestria como titular simplesmente por ser mulher.

Em 1930, em Berlim, estreou como maestrina pela primeira vez: "Enquanto toda a Alemanha está fazendo faxina e as donas de casa e governantas usam batedores para tentar livrar seus tapetes persas de todas as agulhinhas de pinheiro, eu subo no pódio. Posso respirar aliviada de novo, os ensaios são retomados", diz Antonia para si mesma. Assim que a sociedade berlinense descobriu que uma mulher iria comandar a Filarmônica de Berlim, os jornais escreveram em letras garrafais: "Uma mulher não tem condição de reger a Filarmônica de Berlim. Mulheres são inaptas como regentes". Após o concerto, as manchetes foram outras: "Garota ianque surpreende críticos de Berlim ao reger Orquestra Famosa", "Miss Brico triunfa como maestrina em Berlim".

Antonia Brico mostrou a que veio ao mundo. Pena que, por ser mulher, não pôde continuar. A desigualdade de gêneros é desumana. Fica o exemplo a ser seguido. Afinal, a palavra revolução combina com mulher!

Por que publicar sobre Antonia Brico, Marin Alsop, Fanny Mendelssohn, Anna Maria Mozart? Porque elas são resistência!

DJANIRA DA MOTTA E SILVA

O amor pode ser leve como uma dança ou pesado como a morte.

(Ana Miranda)

Como citado insistentemente, as mulheres ficaram de fora da história. Elas foram silenciadas. No entanto, sempre há brechas. Assim se comunica a obra *Memória Feminina: Mulheres na História — História de Mulheres*, de 2016, organizada por Maria Elisabete Arruda de Assis e Taís Valente dos Santos. Trata-se não somente de homenagear, como diz a apresentação de Assis, mas principalmente, de registrar nomes femininos para que sejam conhecidos pelo público.

E nessa luta para existir, as primeiras feministas brasileiras do final do século XIX são verdadeiras desconhecidas e, por certo, a importância do livro é a de fazer renascer os nomes de poetas, pintoras, sociólogas, historiadoras, arquitetas, escultoras, militantes, artistas plásticas, cientistas, médicas, psiquiatras e escritoras. A obra é, portanto, um instrumento de reconhecimento feminino, uma vez que traz a lume pequenos fragmentos da vida e da atuação de muitas mulheres, como Francisca Senhorinha da Motta Diniz, que marcou espaço na militância pelos direitos civis e pela igualdade de gêneros; Nise da Silveira, médica psiquiatra que mudou as formas de tratar o doente mental ao humanizá-lo; Nair de Teffé, a primeira-dama que não seguia protocolos; Bertha Lutz, bióloga, sufragista, cientista e militante feminina brasileira; Clarice Lispector, uma das escritoras mais geniais da literatura moderna, considerada hermética devido à produção que fala do homem em todas as dimensões; Leila Diniz, a atriz que ousou aparecer de biquíni na raia de Ipanema quando estava grávida e, por isso, foi mal falada pela sociedade e barrada por Janete Clair; Maria Júlia do Nascimento, conhecida por Dona Santa, a rainha do Maracatu de Pernambuco; Georgina de Albuquerque, a pintora impressionista nascida em Taubaté; Maria Madalena Correia do Nascimento, conhecida como Lia de Itamaracá, dançarina e cantora considerada uma das mais célebres do Brasil; e Maria da Penha, personalidade imprescindível quando se ressuscita a história de mulheres, porque a violência doméstica que ela sofreu resultou na Lei Maria da Penha: "essas mulheres que têm um comportamento similar seguem seus desejos de vencer barreiras e de construir seus canais de expressão", diz Maria Elisabete.

Entre estas mulheres está a pintora Djanira da Motta e Silva, uma das mais geniais artistas do modernismo brasileiro, assim como Tarsila do Amaral e Anita Malfatti. É considerada a pintora da terra devido a sua brasilidade popular representada nas telas, nas gravuras e nas artes em geral. Admiradora da obra do pintor Pieter Bruegel, do século XVI, cujas telas, consideradas renascentistas, retratavam montanhas, espaços rurais e o cotidiano dos camponeses, Djanira segue a mesma estrada bucólica, deixando de lado as características renascentistas, mas com a diferença de que vai além, porque fotografa detalhes da brasilidade interiorana.

Sua tela *Empinando Pipa*, de 1950, apresenta ao espectador uma pipa enorme e colorida, que faz par com as cores das roupas das crianças e dos adultos que estão arrumando a pipa para fazê-la voar. O que chama a atenção, em um primeiro momento, fora o tamanho da pipa em primeiro plano, são as cabeças das pessoas viradas para cima, contrastando com a posição do corpo. Ao fundo, vê-se o cenário de uma cidade, com prédios em preto, branco e cinza. A pipa ultrapassa, na tela, o tamanho dos prédios por estar em primeiro plano. É como se a pipa saísse da tela e voasse alto, dimensionando as imagens.

As obras de Djanira seguem o gênero chamado primitivo, mas são muito mais do que gêneros e estilos, alcançando particularidades em sua forma ímpar de criar, que está muito além dos gêneros, porque são únicas. Entre suas telas estão: *Parque de Diversões*; *Os Orixás*; *Peixes*; *Paisagem de Avaré*; *Mina de Ferro*; *Vendedora de Flores*; *Costureira*; *Casa de Farinha*; *O Violoncelista*; *O Galo*; *Colheita de Café*; *Ciranda*; *Cafezal*; *Futebol: Fla-Flu*; *A Festa do Divino em Parati*; *Serradores*; *Anjo no Acor-*

deão e *Painel de Santa Bárbara*. A tela *Nossa Senhora de Sant'Anna* está no Museu Nacional de Belas Artes, no Rio de Janeiro. — Quem é que sabe que houve uma brasileira interiorana que pintou a diversidade brasileira, o dia a dia do mundo rural e do operário e tem uma obra exposta permanentemente no Museu do Vaticano?

O contemplador fica absorto ao olhar as obras da artista. Particularmente, permaneço presa à tela *Sant'Ana de Pé*, no Museu da Santa Fé. O tom amarelo ilumina a figura, e a luz que dela emana traduz-se em um sagrado que transcende. Meu olhar fixa-se na santa e meus lábios cessam de falar, minha mente não mais raciocina e, por muito tempo, o que sobra é contemplação: o encantamento de algo extremamente divino que torna o observador quedo e pequeno diante da grandiosidade da arte e de suas possíveis interações simbólicas. Observador e obra tornam-se um só objeto ou um só ser. Djanira é essa artista que, ao pintar, cria obras-primas. Nasceu no interior de São Paulo, na cidade de Avaré, em 1914, e marcou sua arte no Brasil e no mundo.

Ela pintou o mural *Candomblé* na casa de Jorge Amado, em Salvador. O escritor ficou tão maravilhado que dizia que a pintora carregava o Brasil nas telas. Para ele, Djanira é uma das maiores artistas do século XX: "uma grande pintora da terra, ela é mais do que isso, é a própria terra, o chão onde crescem as plantações, o terreiro da macumba, as máquinas de ficção, o homem resistindo à miséria. Cada uma das suas telas é um pouco do Brasil". A tela *Sant'Ana de Pé* está no Vaticano. A artista é pouco conhecida, no entanto, teve dezenas de exposições de suas obras, individual e coletivamente, nas paredes das casas de arte dos quatro cantos do planeta.

Descendente de imigrantes austríacos e indígenas, Djanira teve infância pobre, e muito cedo foi trabalhar nos cafezais. Ainda jovem, casou-se com o maquinista Bartolomeu Gomes Pereira, da Marinha Mercante. Aos 23 anos ficou viúva. Adoeceu. Como miséria não vem sozinha, tem que ter acompanhamento, tuberculosa, ela foi internada no sanatório de São José dos Campos. Lá, no hospital, viu o Cristo no Calvário e resolveu retratá-lo no papel. Assim, nasceu seu primeiro desenho.

Com o tempo, mudou-se para o Bairro de Santa Teresa, no Rio de Janeiro, e tentando sobreviver montou uma pensão. Foi o maior passo de sua vida, porque um de seus hóspedes era o pintor romeno, naturalizado brasileiro, Emeric Marcier, que lhe deu aulas de pintura. Motivada por um dos maiores pintores de arte sacra e paisagens, que retratou os diferentes tons de verde das montanhas de Minas Gerais, principalmente de Barbacena, autor do belíssimo *Autorretrato*, de 1990, Djanira passou a estudar à noite no Liceu de Artes e Ofícios, do Rio de Janeiro. E sua sorte não parou em Marcier. Nos EUA, ficou na casa da embaixatriz Maria Martins, escultora brasileira. A intelectualidade passou a fazer parte da vida da artista, cotidianamente.

Sua arte voltou-se aos pescadores, aos colhedores de café, oleiros, vaqueiros, batedores de arroz, às festas populares, à vida cotidiana e ao trabalho no campo, à rotina dos tecelões e dos vaqueiros. Com o tempo, sua obra passou a dialogar com a arte sacra, incluindo cenas de muitas festas religiosas. Uma arte predominantemente da cultura popular. Djanira usa cores quentes e traços simples, no estilo chamado primitivo, que faz de seus quadros e seus murais obras-primas. Alguns quadros seguem em preto e branco, como *Trabalhador de Cal*, de 1974.

Suas telas compõem os acervos da Pinacoteca de São Paulo; do Museu de Arte Moderna, no Rio de Janeiro; do Museu Nacional de Belas Artes e da Coleção Gilberto Chateaubriand. Suas exposições visitaram o mundo. No Brasil, expôs em São Paulo, Rio de Janeiro, Goiânia, Belo Horizonte e Minas Gerais. Fora do Brasil, em Lisboa, Munique, Viena e Edimburgo, nas cidades de Nova York, Washington e Boston, nos Estados Unidos, e, ainda, no Chile, Uruguai, na Suíça, Argentina, Inglaterra, Escócia, Espanha, Holanda, Hungria, entre muitos outros lugares.

Uma artista mulher! Uma pintora cuja coleção imensa é praticamente desconhecida. Muitos escritores falam dela, mas não há divulgação. Alguns exemplos são Ferreira Gullar, Rubem Navarra e Mário Barata. Para Gullar, a experiência que Djanira teve, na infância e na adolescência, no espaço rural, com os trabalhadores do campo, os catadores de café, é tema central de sua obra: "procuraria manter ao longo da vida, o vínculo com o passado, viveu cercada de pássaros, plantas, bichos e, sempre que as condições de saúde permitiam, viajava pelo interior do país, para renovar o contato com as fontes inspiradoras de sua arte e mesmo de sua vida".

A obra *Mina de Ferro*, de 1976, esteve exposta na Espanha, no Museu Nacional Centro de Arte Reina Sofia, em Madri, participando com 230 telas no evento da Exposição *Mario Pedrosa: de la naturaleza afectiva y la forma,* que ocorreu em outubro de 2017. Para Pedrosa, os críticos de arte do Brasil, como Alfredo Volpi, José Pancetti e Ismael Nery são vanguardistas, e nessa vanguarda, Pedrosa inclui Djanira. A tela *Santa Bárbara* é um imenso painel feito com azulejos para a capela do túnel de Santa Bárbara, em Laranjeiras, no Rio de Janeiro. Djanira trabalhou com azulejaria, tapeçaria, gravura em metal e xilogravura. Foi, também, poeta. Suas obras são críticas sociais que salientam o mundo dos excluídos, dos chamados "invisíveis". *Vendedora de Flores* é uma tela que extrapola a natureza imagética: "Djanira é uma artista que não improvisa, ela não se deixa arrebatar e, embora possua uma aparência ingênua e instintiva, seus trabalhos são consequência de cuidadosa elaboração para chegar à solução final", conclui Pedrosa.

O crítico Paulo Varela, formado em cinema, fala da importância artística de Djanira para o modernismo brasileiro: "Em sua obra coexistem religiosidade e a diversidade de cenas e paisagens brasileiras. Sua trajetória permite compreender a condensação de elementos apresentados em seus desenhos, pinturas e gravuras". Ela demarca a história em suas telas como se fossem autos, vai tecendo, vai registrando, com seus pincéis, a cultura popular brasileira.

Em 1952, casou-se com José Shaw da Motta e Silva e passou a usar os sobrenomes do marido, com os quais é "conhecida". Sua arte primitiva e, até certo ponto, ingênua (sem perspectiva matemática) é cravada de aspectos modernos. Para Paulo Mendes Campos, a obra de Djanira dialoga com a ingenuidade brasileira, mas com muita técnica e disciplina, e muitas de suas obras lembram a arte de Henri Matisse. Em 2019, Djanira participou do ciclo "Histórias das Mulheres, Histórias Feministas", no Museu de Arte de São Paulo. Os trabalhos realizados nos anos 1950-1970 "são testemunhas de um Brasil em acelerada transformação", diz a crítica de arte Isabella Rjeille. Mendes Campos, em uma de suas antologias poéticas, deixa um poema para a pintora, intitulado "Cantiga para Djanira":

O vento é o aprendiz das horas lentas,
Traz suas invisíveis ferramentas,

Suas lixas, seus pentes-finos,

Cinzela seus castelos pequeninos,

Onde não cabem gigantes contrafeitos,

E, sem emendar jamais os seus defeitos,

Já rosna descontente e guaia

De aflição e dispara à outra praia,

Onde talvez possa assentar

Seu monumento de areia — e descansar.

Orixás, de 1960, é uma tela com três personagens femininas: Iansã, de vermelho; Oxum, de amarelo; e Nanã, de azul. São três mães. Para Ana Miranda: "em vermelho, Iansã é a guerreira dos relâmpagos e das ventanias, oferece otimismo e grandes paixões. De amarelo, Oxum, minha mãe, entidade das águas doces, cheia de doçura, representa a beleza, a fartura e a maternidade. Em azul, Nanã, a mais antiga das deusas do candomblé, é sabedoria. Três mães. Três mulheres protetoras. São, no sincretismo, representações de Santa Bárbara, Nossa Senhora Aparecida e Sant'Ana". A tela traduz-se nas crenças brasileiras acerca da Umbanda e do Candomblé, nas raízes da fé cheia de dança pagã, nas súplicas e nas oferendas. São as mães protetoras de que o povo tanto necessita, é a esperança dos religiosos, quer por Nossa Senhora Aparecida, por Santa Bárbara ou Sant'Ana. A cultura popular grita alto, no pincel e nas tintas de Djanira, evidenciando compreensão híbrida e sincretismo religioso.

Suas obras têm fortes vertentes político-sociais. Militante por um mundo mais justo, ela foi presa na época da ditadura militar, em 1964, devido ao engajamento crítico-cultural. A pintura, a música, a dança fazem parte da arte que fala mais do que mil palavras. Um exemplo dessa militância pode ser visto na arte dos dançarinos de teatro Dzi Croquettes, artistas que enfrentaram a polícia dançando e cantando, sem intimidações. Eram homens travestidos que criticavam o sistema ditador do governo. Censurados, passaram a se apresentar na França. O sucesso foi tão estrondoso que a cantora Liza Minelli e o cineasta Claude Lelouch apoiaram os dançarinos. A arte pode ser uma ferramenta poderosa contra as ditaduras dos sistemas governamentais. Djanira criticava o sistema político pela arte pictórica e pela poesia, por isso foi presa. Os governos ditadores destroem a arte e silenciam os artistas.

Depois que saiu da prisão, nunca mais foi a mesma. Quem passa pela mão dos torturadores não se refaz, morre em vida. Ela e o marido isolaram-se no sítio de Paraty por bem mais de dez anos. Pintava santos e anjos vestidos de ouro e luar. Pintou eternamente *Cristo na Gólgota*. Muito religiosa e devota de Santa Teresa D'Ávila, virou carmelita descalça e passou a ser chamada Teresa do Amor Divino. Quando vejo os santos e anjos pintados em purpurinas douradas, cintilando-se aos olhos do observador, as analogias com *O beijo*, de Gustav Klimt, são inevitáveis.

Em 1976, retornou e expôs no Museu Nacional de Belas Artes cerca de 200 telas. Foi sua última exposição, porque, três anos depois, Djanira morreu, com apenas 64 anos, de infarto. Estava vivendo como carmelita em um convento, dedicando-se à religiosidade. Para ela, devemos ajudar a quem necessita, seguindo sempre a cristandade, ou seja, fazendo o bem: "A luta contra a miséria deve ser moral de todos os seres humanos, liberta-nos das condições materiais e mais facilmente nos leva à eternidade".

Suas obras estão pelo mundo. Djanira é mais conhecida fora do Brasil do que dentro. A tela *Orixás* estava há anos no Salão do Palácio do Planalto. Infelizmente, foi retirado em 2020. "A retirada de sua pintura do Planalto, assim como as das imagens sacras, é um gesto de violência e agressão à liberdade religiosa, um ato violento contra o patrimônio brasileiro, e contra a arte do nosso país", conclui Ana Miranda. De uma forma ou de outra, o apagamento continua. Djanira tem sobre suas obras e sobre seu nome pesadas cerrações. E assim passam os dias desprovidos de conhecimento, sem a fruição estética, a maior parte das pessoas. No entanto, nas linhas deste capítulo, há o registro de Djanira da Motta e Silva e de suas obras. Mas nem tudo são trevas, hoje, com Lula na presidência, o quadro *Orixás* está no Museu Nacional da República e será recolocado no Planalto após a exposição. Uma luz paira firme na atmosfera do Brasil.

E são inúmeras as mulheres artistas que foram esquecidas, por exemplo, Lygia Pape, Georgina Albuquerque, Abigail de Andrade e Julieta França, cujas obras são belíssimas e intensamente representativas das sociedades brasileiras em períodos e espaços distintos. Existe uma névoa que acoberta a lembrança de outras artistas anteriores a Tarsila do Amaral e Anita Malfatti, como se antes das modernistas simplesmente não tivessem existido artistas do então denominado sexo frágil. Mas fica o registro de Djanira e de outros nomes de mulheres. Vale muito conhecer as telas *Canto do Rio* e *Sessão do Conselho de Estado*, ambas de Georgina; *Interior de Ateliê*, de Abigail; e a escultura *Mocidade em Flor*, de Julieta, entre as dezenas de obras produzidas por essas mulheres esquecidas.

Em sua tese de doutorado, Ana Paula Cavalcanti pesquisa as artistas mulheres que antecederam a Semana de Arte Moderna, de 1922. A pesquisadora encontrou mais de 200 nomes de pintoras e escultoras esquecidas, apagadas, silenciadas, vítimas da sociedade patriarcal. Ana Paula fala da maior escultora brasileira do século XIX, Nicolina Vaz de Assis, e de outros nomes. Saber que existiram centenas de artistas mulheres é um grande alento. Deixo, portanto, registradas obras e artistas para o leitor mais ávido. Há mulheres geniais, faz-se necessário mesmo conhecê-las e divulgá-las em razão do espaço assustadoramente maior que os homens sempre ocuparam em todos os meios de comunicação. Termino com a frase da jornalista ativista, engajada nas causas feministas, Gloria Steinem: "A verdade te libertará. Mas primeiro ela vai te enfurecer".

NAIR DE TEFFÉ

*Fala-se muito na crueldade e na bruteza do homem
medievo. Mas o homem moderno será melhor?*

Rachel de Queiroz

Há mulheres que tiveram a sorte de nascer em berço esplêndido. De ter como pai alguém que acompanhou o crescimento e a evolução de suas filhas sem coagi-las, sem intimidá-las. Sem lhes cortar as asas. Filha do fluminense de Petrópolis, almirante da Marinha, Antônio Luiz Von Hoonholtz, o Barão de Teffé, Nair teve acesso à melhor educação que havia na Europa. Mais tarde, seria a segunda esposa do futuro presidente do Brasil, o marechal Hermes da Fonseca. O título de marechal, derrubado em 1967, levantou-se em 1980, com a Lei Federal 6.880. No entanto, a lei determina quem o pode usar: "em casos raríssimos, ou seja, alguém que se tornou um herói, efetivamente, salvando seu exército, a população e nações em tempos bélicos". O que não é o caso de ninguém dos séculos anteriores, nem dos vindouros, em terras nacionais.

Na época do presidente Hermes da Fonseca e do almirante Antônio Luiz, os títulos eram comumente utilizados para o deleite abstrato desses homens cheios de medalhas no peito. O casarão, na Estrada da Saudade, 673, em Petrópolis, Rio de Janeiro, tem um milhão de histórias para contar sobre os bailes, os saraus com música popular, as reuniões culturais, os encontros políticos e as idiossincrasias da elite carioca que frequentava as festas que ocorriam nele. Hoje, está em ruínas, completamente abandonado. Não há memória no país, nem das mulheres, nem do passado arquitetônico, não há uma política pública de restauração ou de tombamento que funcione de modo abrangente.

A pergunta que se estabelece é: quem morou nessa casa? A caricaturista Nair de Teffé von Hoonholtz (1886-1981). A mulher mais ousada, mais transgressora e mais destemida do início do século XX, no Rio de Janeiro. Viveu como desejou: intensamente. Poeta, musicista, pintora, pianista, desenhista, violinista, atriz de teatro, cantora e primeira-dama brasileira, foi uma mulher belíssima, sensual, inteligente e corajosa. Foi amada e invejada e, também, temida. Bastante comum em sociedades retrógradas, porque muitos falaram mal dela. Insultavam-na. Mas ela nunca deu espaços às fofocas, nem percebia as críticas. Passava por todos sem se afetar. Simplesmente vivia sem se importar com terceiros.

Apaixonada pelo teatro e pela arte em geral, atuou em várias peças, no Rio de Janeiro, com grande sucesso — como em tudo o que fazia. Nair encantava o Brasil e o mundo. A primeira peça que representou foi *Miss Love*, de Coelho Neto. Depois de atuar em outras peças, criou a própria trupe de nome Rian. Lutou em prol da arte e da mulher, defendendo o feminismo. Pregava o uso da minissaia, isto é, da roupa que as mulheres quisessem usar, e era totalmente a favor do divórcio. Uma mulher audaz que nunca se sentiu inferior, que nunca se sentiu coibida de viver suas paixões. Foi amiga de Chiquinha Gonzaga, musicista que lutava para existir com sua música ímpar, em um lugar onde a elite ouvia óperas e concertos, mesmo sem entender o que ouvia.

Chiquinha e Nair são mulheres que não se miraram nos exemplos das "Mulheres de Atenas": "Mirem-se no exemplo daquelas mulheres de Atenas, geram pros seus maridos os novos filhos de Atenas. Elas não têm gosto ou vontade, nem defeito, nem qualidade, têm medo apenas. Não têm sonhos, só tem presságios. O seu homem, mares, naufrágios, lindas sirenas, morenas. Mirem-se no exemplo daquelas mulheres de Atenas. Temem por seus maridos, heróis e amantes de Atenas". Nair nunca foi exemplo das mulheres de Atenas, nunca se resignou ou conformou-se, atirava-se à vida com sede voraz. Ela foi a mulher que se casou com o presidente da República do Brasil, Hermes da Fonseca. Quem foi ele?

O marechal Hermes da Fonseca, um eterno apaixonado por Nair, do Partido Republicano Conservador, como quase todo político, tinha outras intenções por trás do discurso que pregava. Sua política salvacionista, de salvação tinha apenas o nome, porque planejava mesmo era manter o máximo de poder político em torno da República. Não nos esqueçamos de que o governo dele alicerçava-se no conservadorismo. Seu slogan, usado por muitos candidatos sem mudar uma vírgula, porque sempre deu muito certo, era o de acabar com a corrupção. Lego engano! Essa frase é tão poderosa que, hoje, em pleno século XXI, é usada com neon e letras garrafais, com a voz empostada — e acredite, caro leitor, funciona. O presidente eleito, apoiado por Minas Gerais, desrespeitara a Constituição e planejava intervir militarmente substituindo os governos civis existentes por militares. Além de inúmeras revoltas, o salvacionismo acabou com a economia. Por que uma mulher como Nair foi casar-se com alguém tão distante de sua liberdade? Segundo cartas que enviara às amigas quando casada, dizia que estava intensamente feliz ao lado do marechal.

Nair esteve à frente de seu tempo, transgressora desde pequena, estudou nos melhores colégios da Europa. Em 1905, voltou ao Brasil trazendo a Belle Époque ao país, principalmente em sua arte. Desenhava para várias revistas, suas caricaturas e charges eram ímpares. Foi considerada a primeira caricaturista mulher da história, só que fora dela, porque assinava com o pseudônimo Rian, anagrama de Nair. Totalmente fora dos padrões da época, no comportamento e na profissão, no modo de vestir-se e de falar, nos gostos e nas amizades, causou polêmicas nas rodas do poder.

Casou-se em 1913 e, a cada sarau que organizava, provocava espanto medonho na sociedade política e civil, porque trazia músicas populares às festas e Chiquinha Gonzaga era uma das mais tocadas pela primeira-dama. O que se via em cena eram rostos assombrados, cujos olhos perplexos não se fechavam de assombro. O Palácio do Catete tremia com os saraus de Nair de Teffé, não porque houvesse algo que se pudesse desaprovar, mas sim, devido à falsidade comportamental da sociedade carioca.

Na época, falava-se da falta de decoro que reinava na casa do presidente da República. Um dos nomes mais famosos da política que se manifestou contra os saraus (e contra Nair e todas as mulheres pensantes) foi o de Rui Barbosa. O que irritava Barbosa era a liberdade da primeira-dama. Ele acusava de obscena a letra da música que colocava marquesas no mesmo patamar que as mulheres do povo: "Não há ricas baronesas, nem marquesas que não queiram requebrar".

A historiadora Ivanete Paschoalotto da Silva, em seu artigo "Nair de Teffé: uma narrativa biográfica para as mulheres dos séculos XIX e XX", de 2011, fala sobre a representatividade de Nair dentro dos padrões considerados adequados ao feminino, principalmente no final do século XIX, quando a mulher era um "zero representativo" econômica, social, política e culturalmente. A questão que Paschoalotto levanta é: "Até que ponto Nair traz em seu percurso os ingredientes dos padrões sociais e culturais do universo em que viveu, e em que medida, suas atitudes e comportamentos conflitavam com o que era estipulado como designativo do feminino e da feminilidade?". Ela se casou com o marechal Hermes da Fonseca, portanto, era a primeira-dama, mas nada convencional. Culta, inteligente, caricaturista, escritora, poeta e com a Belle Époque parisiense da vanguarda europeia em sua alma. Tudo isso e mais um pouco, porque amava música popular, que não era considerada adequada à elite brasileira, muito menos à mulher. Foi transgressora em tudo.

O final do século XIX retratava a mulher com o demérito do patriarcado, confinada ao lar e sob as ordens do pai ou do esposo, ou seja, um retrato em que se deixa afirmada a tal inferioridade feminina, a incapacidade de a mulher viver fora dessa gaiola que a limita. Porém, Nair não fazia parte desse modelo. Mesmo tendo nascido em serras cariocas, com apenas 15 anos foi estudar na França e viveu em Paris no início do século XX. Para Paschoalotto, esperava-se da mulher "ser mais educada do que instruída", mas Nair, que caminhou pela Itália, França e Bélgica, era muito mais instruída, mais culta, mais corajosa e mais extrovertida do que educada: era caricaturista. Era um tempo difícil, mas não para Nair, que voltou ao Brasil aos 19 anos e passou a trabalhar em muitas mídias com sua arte despojada e altamente crítica.

O livro *História das Mulheres no Brasil*, de 2007, da historiadora brasileira Mary Del Priore, fala sobre como o espaço doméstico ficou reservado à mulher embaixo de ordens masculinas que deveriam ser cumpridas. Mesmo em seu romance *Beije-me Onde o Sol não Alcança*, de 2005, há críticas sobre a opressão que a mulher sofre e o quanto a religiosidade, em lugar de libertar, oprime. Na obra, Del Priore conta a história de amor entre três pessoas: Maurice Haritoff, um conde russo; Nicota Breves, a baronesa do café; e Regina Angelorum, uma ex-escravizada. Eles são personagens reais do Brasil Imperial do Segundo Reinado. Contando a história do triângulo amoroso, a historiadora revela a hipocrisia e os sistemas de poder que mandam e desmandam, e faz ferrenha crítica contra a opressão que a mulher sofreu (e sofre) e o quanto a religiosidade pode ser um instrumento de poder, controle e coisificação.

Mas há mulheres que não esbarram nesses modelos que fedem a mofo e esfumam terror. A feminista brasileira, e também historiadora, Margareth Rago fala das restrições profissionais no universo feminino: "O discurso liberalizante das feministas considerava, sobretudo, as dificuldades que as mulheres de mais alta condição social enfrentavam para ingressarem no mundo do trabalho, controlado pelos homens".

A história de Nair deve ser divulgada em todas as mídias, porque ela desconhecia a lenda da inferioridade, mesmo diante do cenário misógino e de proibições de toda ordem. Ela não era nem de perto nem de longe o modelo feminino da época, por isso é considerada obelisco do feminismo e das mudanças possíveis para uma mulher. Para Rago, Nair Teffé foi uma mulher de grande coragem: "[...] em seu percurso, aspectos diferentes dos padrões sociais e culturais preconizados aos segmentos femininos, visto que ela ousou em se tornar caricaturista. Sua atitude deve ser considerada de vanguarda, capaz de romper barreiras da intolerância e abrir novos espaços para a participação das mulheres na esfera pública".

Em "Trabalho Feminino e Sexualidade", Rago narra os espinhos que as mulheres tiveram que aguentar cravados em seus membros para que não desistissem de percorrer espaços considerados essencialmente masculinos, como o Direito, entre outras dezenas de profissões e lugares de honra (apenas masculinos). Ela enumera os diversos casos em que a mulher fora rejeitada veementemente e contextualiza-os: "Uma advogada foi rejeitada na Ordem dos Advogados; Júlia Lopes de Almeida (que ajudou a fundar a academia, mas ficou fora dela) foi a primeira escritora brasileira a ser candidata recusada na Academia Brasileira de Letras, em prol de seu desconhecido marido (Filinto de Almeida). Tendo o primeiro desafio de se formarem como médicas, engenheiras, advogadas, entre outras profissões liberais, as mulheres tinham muitos obstáculos a superar para se firmarem profissionalmente. O trabalho e o espaço público eram sinônimos de homem. O machismo que perdurava no início do século XX não permitia ao sexo feminino liberar seu lado profissional, mediante a ocupação de postos no espaço público.

Os movimentos feministas existentes após a primeira onda da luta das mulheres com as sufragistas, presentes naqueles tempos, vão repercutir e expressar os inúmeros descontentamentos que vinham se manifestando ao longo da república por parte das mulheres. A nova sociedade, estabelecida num ambiente urbano e industrializado exigia uma nova atuação das mulheres, que agora transitava no espaço público, no mundo social e na política, embora toda essa busca pela emancipação não lhe tirava a missão de guardiã do lar e da família. "Uma série de discursos e representações de médicos, juristas, educadores, literários, políticos e jornalistas prescreviam que as mulheres precisavam tomar o cuidado para que sua vida pública não a afastasse do convívio familiar e de suas funções e papéis de esposa e mãe. Nas concepções vigentes, quem fugisse desses ditames sociais, culturais e políticos, eram vistos com comportamentos desviantes"[9].

De personalidade meio debochada, alicerçando seu discurso inteligente na ironia, ao escolher o pseudônimo Rian, Nair faz alusão ao verbo rir, principalmente no imperativo afirmativo do verbo: ri-te. E *rien* remete ao termo francês que designa nada. Há muitas hipóteses sobre o anagrama Rian/Nair. O riso sempre proibido, porque libertador, trouxe muitos problemas para o francês Jean-Baptiste Poquelin, o Molière, no século XVII, cuja sociedade prezava a austeridade e a casmurrice. Para o pensador russo Mikhail Bakhtin, "o riso era um instrumento de combate ao autoritarismo, à intolerância e à falsa moral das sociedades". O riso provoca uma espontaneidade que faz o sujeito refletir sobre as sensações que apreende e, com isso, começa a perceber-se como sujeito em si. Todo caricaturista, chargista, cartunista tem um veio cômico, um traço crítico pelo humor e zombaria. E Nair não fica atrás dessas características: fez uma caricatura bem nariguda de uma freira no colégio em que estudava, na França, ainda pequena, e causou grandes escândalos. Inclusive foi castigada.

Em 1910, Nair trabalhava na coluna "Galeria das Elegâncias", da revista *Fon-Fon*, e desenhava as senhoras da sociedade brasileira. Nas festas e encontros da elite política e social, as senhoras escondiam-se com medo de serem retratadas em forma de caricatura e divulgadas nas mídias cariocas. Nair era, portanto, o terror das damas e o desespero de Rui Barbosa. Fez grande sucesso com seus desenhos e passou a ser conhecida ao mesmo tempo em que temida, no Rio de Janeiro e na Europa. E quando alcançou o auge como caricaturista, foi convidada a trabalhar efetivamente em uma revista francesa. Porém, foi desaconselhada pelo pai, que justificou com dizeres de preocupação paterna sobre a filha residir tão longe do Brasil, sem a proteção e o amor do pai. Então, Nair desistiu de ir à França para trabalhar.

---

[9] Trecho de *História das Mulheres no Brasil*, 2007. p. 223-240.

Escreveu sobre sua vida na obra *A Verdade sobre a Revolução de 22*, de 1974. Foi considerada por muitos como louca devido ao comportamento irreverente, ao gosto, ao modo de vestir-se e de agir. Para Luiz Carlos Ramos, Nair é uma Leila Diniz mais atrevida e nascida meio século antes. Muitas mulheres percorreram estradas cheias de estacas pontiagudas, estacas em brasa, mas mesmo com os pés sangrando, com o corpo ardendo, não se sentiram intimidadas. Por quê? Porque sonhavam com os pés sempre perfeitos caminhando sobre nuvens de algodão. Muitas outras mulheres não se intimidaram e viveram suas vidas como escolheram. É o caso de quatro brasileiras, nascidas no Rio de Janeiro, quatro cariocas: Leila, Nair, Francisca e Ana, que fizeram a diferença, não se importando com os olhares negativos da sociedade. Leila Diniz (1945-1972), atriz que escandalizava a ala política conservadora da esquerda e da direita; Nair de Teffé (1886-1981), a caricaturista que desenhava Rui Barbosa; Chiquinha Gonzaga (1847-1935), a musicista que inaugurava a música popular, no Brasil, gênero rejeitado pela elite; e a maravilhosa feminista e poeta carioca Ana Amélia de Mendonça (1896-1971), representante da mulher no Brasil e no mundo.

Na época, uma mulher solteira aos 25 anos era chacota social, mas Nair de Teffé nunca pensou sobre isso. Casou-se aos 27. Para ela, a felicidade não estava ligada às crenças e aos tabus, muito menos à faixa etária. Ela veio ao mundo para quebrar esses paradigmas. Luiz Carlos Ramos, em seu texto "Nair de Teffé: moderninha para a época", fala de Nair tocando violão no Palácio do Catete: "Ela era de uma ousadia sem limites, em uma remota noite de outubro de 1914, durante uma recepção oferecida ao corpo diplomático, no formalismo do Palácio do Catete, onde imperava a música erudita, Nair, que estava na casa dos 28, fez soar os acordes plebeus da música *Corta-Jaca* de Chiquinha Gonzaga".

Bertha Lutz, Leolinda de Figueiredo Daltro, Chiquinha Gonzaga, Nair de Teffé e outras mulheres que não aceitaram a condição restrita ao feminino fizeram a diferença e, por causa delas, muitas mudanças ocorreram: "na transição do século XIX para o século XX, com o advento da República no Brasil, fortaleceu-se o desejo feminino por direitos políticos e pela participação na vida pública. Isso gera uma mudança gradativa na mentalidade feminina, mobilizando mulheres vinculadas à elite, com educação superior, a reivindicar o direito pleno à educação, ao trabalho, à igualdade civil e ao sufrágio, lutando para alcançar seu espaço no meio social e mostrando que a mulher sabe pensar e agir", diz a historiadora Paschoalotto.

Esse período efervescente durou pouco, porque, em seguida, a ideia de dona de casa recatada e casta voltou, principalmente no período dos anos de 50 a 70 do século XX, como afirma a obra *Mística Feminina*. Talvez a situação financeira privilegiada de Nair tenha ajudado, por ser advinda de família nobre, mas há uma infinidade de mulheres ricas que eram mais educadas que instruídas, logo, riqueza não é uma condição absoluta para a liberdade. Nair, além de linda, refinada, sensual, era uma exímia pianista e uma ótima cantora. As pessoas iam aos saraus e às festas da nobreza carioca somente para vê-la e ouvi-la.

No artigo "Mulheres nos Quadrinhos: Nair de Teffé", de Rafaella Rodinistzky, datado de 2015, a autora fala da ousadia da caricaturista, uma mulher que, quando pedida em casamento, não precisou escolher entre o amor e a profissão, o casamento ou a liberdade. O noivo aceitou seu jeito irreverente e desafiador demais para o ano de 1913. Viúvo e 31 anos mais velho, o casamento não dividiu nada na vida de Nair, não cerceou suas atividades, muito menos sua forma livre de viver, embora tenha diminuído os desenhos caricatos devido à política que empurrava seu marido contra a parede e escada abaixo, porque a sociedade não aceitava uma mulher com gostos, desejos e comportamentos próprios. Ainda mais uma que desenhava ironicamente os rostos das pessoas da alta sociedade por meio da caricatura crítica e altamente debochada, exagerada, ampliada. Os escândalos e as polêmicas que explodiam nas mídias causavam conceitos pejorativos em torno de Nair, mas ela nunca desistiu, porque nem lia nem ouvia muito sobre os que falavam ou escreviam sobre ela.

Era tanta gente falando mal e ofendendo a caricaturista que os filhos do marechal se recusaram a ir à festa de segunda boda do pai. "Bela, pioneira e do bar", diz Rodinistzky sobre Nair, em alusão à expressão "Bela, recatada e do lar", que se refere à Marcela Temer, em reportagem da revista *Veja*, de 2016. Nair transgrediu tudo o que podia com toda a naturalidade do mundo. O pai, mesmo tentando seguir as normas para o feminino, por amor excessivo, incentivou a filha em todos os sentidos quando percebeu a vocação da menina pelo desenho. Nair vivia tudo o que desejava, pois a ideia de proibição nunca lhe passou pela cabeça.

Foi a primeira mulher a usar calças compridas no Brasil: "[...] montava a cavalo com as pernas abertas, o que era inconcebível para uma dama que deveria posicionar as duas pernas de um lado só da montaria; tocava violão, instrumento sinônimo de boemia e cujo porte nas ruas poderia render voz de prisão por vadiagem [...]", diz Rodinistzky.

Assim que se casou, os jornais não perdoavam a ousadia da caricaturista e publicavam artigos que diziam "A primeira-dama é moderninha" em um tom de ironia. Em 1913, o *Jornal do Século*, com foto de um lado e texto do outro, dizia: "Os brasileiros terão pouco menos de um ano para se acostumar com uma primeira-dama fora dos padrões, no Palácio do Catete. O presidente de 58 anos casou-se com Nair de Teffé, de 27. A nova primeira-dama é figura fácil nos círculos intelectuais e boêmios cariocas. Em seu rol de amigos estão os músicos Chiquinha Gonzaga e Catuto da Paixão Cearense. Há quem diga que a própria Nair, nas horas vagas, gosta de tocar violão, instrumento considerado um exemplo de mau gosto (quanto mais às mulheres), aceito somente fora da elite brasileira, como se não bastassem os gostos populares, Nair é uma das poucas moças que trabalham".

A ironia do artigo e os termos ambíguos deixam notadamente à mostra a misoginia que existia (e ainda existe) nas sociedades mas-culinas. "A primeira-dama é figura fácil" é uma frase extremamente pejorativa que leva o leitor a pensar em mulher vulgar, sem nenhuma compostura. E o trecho "Como se não bastassem" mostra a intolerân-cia da parte dos homens para com as mulheres. É um texto ofensivo à primeira-dama. A sorte de Nair é que o desrespeito e o ultraje das mídias da época não chegavam perto dela, ela passava despercebida por todos os comentários ou debochava de todos.

Quatro anos antes de seu casamento, teve a primeira exposição de seus desenhos caricatos. Em 1909, o pai, além de permitir o evento, incentivou a filha para as artes. No entanto, Nair não poderia ganhar dinheiro com sua arte, era proibido, porque seria "criminoso" para uma mulher do início do século XX. Não obstante, como tudo o que é crível passa a existir, quando ficou viúva e órfã teve a seu dispor a fortuna que herdara. Agora, ninguém seguraria Nair de Teffé, que construiu o primeiro cinema carioca: o Cine Rian, na Avenida Atlântica, em Copacabana. Com o tempo, enfrentou dificuldades financeiras. Mesmo assim, não deixou de realizar seus sonhos, voltados para a arte. Morreu aos 95 anos, após viver do jeito que desejou.

Foi uma mulher belíssima, basta pesquisar seus retratos nos livros e na internet. Uma mulher de grande atrevimento, abalando inclusive Julio Roca, presidente da Argentina. A história conta que Roca ganhou um prêmio em dinheiro no Brasil e deu a Nair. O pai dela sentiu-se ofendido, mas ela aceitou o presente e doou às casas de caridade. Com isso, ela abalou as estruturas do Brasil e do mundo. Embora seu nome não conste nos livros de literatura, participou da Semana de Arte Moderna. Fazia dois anos que voltara da Europa. A importância dela é vital para o universo feminino.

Encerro com as palavras de Antonio Rodrigues, autor de *Nair de Teffé: Vidas Cruzadas*, de 2002: "Há mulheres que, como as falenas, são as borboletas, e toda a vida volitam doce e silenciosamente no lar. Há outras, que nascem com todas as cores do arco-íris nas asas, e que foram criadas para voar no resplendor solar".

ANNA AMÉLIA

Tenho várias cicatrizes, mas estou viva. Abram a janela.
Desabotoem minha blusa. Eu quero respirar.

(Pagu)

A feminista carioca Anna Amélia de Queiroz Carneiro de Mendonça foi a mulher que mais acumulou cargos importantes, por exemplo, o de vice-presidente da Federação Brasileira pelo Progresso Feminino. Conhecida como Anna Amélia de Queiroz, seu nome de solteira, nasceu em 1896, foi poeta, tradutora, cronista e ativista. Trabalhou em diversos jornais como redatora, atuando sempre como militante dos direitos das mulheres. Conhecida no mundo todo no início do século XX, falava fluentemente o inglês, o francês e o alemão. Traduziu muitas obras para o português, incluindo William Shakespeare, capacidade que deixou à filha Bárbara Heliodora, especialista brasileira em Shakespeare como a mãe. Era matéria de muitos jornais nacionais e estrangeiros no início do século XX. No entanto, com o tempo, Anna Amélia tornou-se completamente anônima.

Casou-se com Marcos Carneiro de Mendonça, o primeiro goleiro da Seleção Brasileira de Futebol. Dele, Anna Amélia herdou os sobrenomes. Além de jogador, Marcos era escritor e historiador. Quando se conheceram, a paixão foi tão avassaladora que ela fez vários poemas em homenagem ao amado: "Foi sob o céu azul, ao louro sol de maio, que eu te encontrei, formoso como Apolo, e o amor nasceu num luminoso raio, como brota a semente à umidade do solo". Desse amor nasceram três filhos: Juko, Marcia e Bárbara Heliodora. Esta última, a caçula, foi uma das maiores críticas teatrais do Brasil. O amor entre o jogador e a poeta nasceu tão intenso que, quando Anna Amélia morreu, foi enterrada com a foto do marido vestido de goleiro. Marcos durante anos vestiu-se de preto, porque seu luto era interminável, dada a importância da amada. A saudade era uma dor constante em sua vida. Ela morreu aos 71 anos. Marcos viveu até os 95. A família que resultou desse sentimento somava três filhos e três netos.

Anna Amélia fundou a Casa dos Estudantes do Brasil, em 1929. Ela é uma das mais importantes feministas brasileiras, apoiou e participou ativamente dos movimentos feministas, no sentido de promover debates sobre o direito da mulher nas Américas e no mundo. Inaugurou, também, a Casa do Estudante, na Cidade Universitária de Paris, 30 anos depois de fundada a casa brasileira. Segundo a Fundação Getúlio Vargas, a poeta deixou mais de cinco mil documentos textuais e imagéticos. Esse imenso acervo foi dividido em:

- vida privada;

- participação e colaboração em associações; órgãos e institutos;

- literatura;

- militância feminina;

- militância estudantil;

- documentos póstumos;

- recortes de jornais.

O Centro de Pesquisa e Documentação de História Contemporânea do Brasil (CPDOC), da Fundação Getúlio Vargas, disponibiliza documentos de Anna Amélia, e de mais outras mulheres, que desapareceram com o tempo: primeiro o nome, depois o rosto e, por fim, a história de cada uma delas. São arquivos inéditos de Almerinda Farias Gama; Delminda Benvinda Gudolle Aranha; Hermínia de Souza e Silva Collor; a embaixatriz Hilda von Sperling Machado; Luiza de Freitas Valle Aranha; Niomar Moniz Sodré Bittencourt e Yvonne Maggie. Almerinda Farias Gama foi advogada e sindicalista, uma das primeiras mulheres negras atuantes na política.

Foram digitalizados documentos de aproximadamente 200 homens, e apenas 25 mulheres, entre elas, como citado, Anna Amélia: "Olhando essas mulheres como protagonistas nós tivemos a chance de reformular suas biografias, que sempre foram atreladas aos homens públicos, não é um problema de documentação, mas da história contemporânea brasileira que sempre limitou a participação das mulheres, mesmo elas sendo atuantes politicamente", diz Daniele Amado, coordenadora do CPDOC.

Como colaboradora, Anna Amélia escreveu nos jornais cariocas *Diário da Noite*, *O Globo*, *A Noite* e *O Jornal*. Contribuiu em muitas revistas também, como *O Cruzeiro*. Por dois anos foi diretora do Suplemento Feminino do *Diário de Notícias*. Seu lirismo vem de uma poesia que fala do amor como cura, como salvação. E brincando com as rimas, listadas a seguir, a poeta transborda definições acerca do amor no soneto "Mal de Amor":

- doa/boa/agrilhoa/perdoa;
- densa/vença/recompensa/indiferença;
- amado/curado/despedaçado;
- amargura/ventura/cura.

Mal de Amor

Toda pena de amor, por mais que doa,
No próprio amor encontra recompensa.
As lágrimas que causa a indiferença,
Seca-as depressa uma palavra boa.

A mão que fere — o ferro que agrilhoa,
Obstáculos não são que amor não vença.
Amor transforma em luz a treva densa
Por um sorriso amor tudo perdoa.

Ai de quem muito amar não sendo amado,
E depois de sofrer tanta amargura,
Pela mão que o feriu não foi curado.
Noutra parte há de em vão buscar ventura.

Fica-lhe o coração despedaçado,
Que o mal de amor só nesse amor tem cura.

No poema "Canção Banal", o eu lírico pergunta às árvores antigas e às aves amigas o que cantam e se em seus cantares as palavras de amor (palavras banais) são sempre iguais. Mostra como as palavras que falam de amor não representam (nem são) o próprio amor; são palavras apenas. São quatro quartetos estruturados em dois refrãos que se repetem:

Canção Banal

Um grande amor se condensa
Em doces frases banais.
Ai de quem diz o que pensa!
Palavras são sempre iguais...

Dizei-me, árvores antigas
Que no vento soluçais,
As vossas tristes cantigas
Dizem coisas sempre iguais?

Fala-se de amor ardente
Em leves frases banais
Ai de quem diz o que pensa!
Palavras são sempre iguais...

Dizei-me, ó aves amigas,
Que pelos ramos cantais,
Nas vossas doces cantigas
Dizeis coisas sempre iguais?

E a gente vive tristonha,
Repetindo os mesmos ais...
Ai de quem diz o que sonha;
Palavras são sempre iguais...

Anna Amélia, ao contrário da mulher de verdade de Ataulfo Alves, não achava bonito não ter o que comer, muito menos não ter vaidade. Vaidosa e militante das causas femininas, ela era integrante ativa da Associação das Damas da Cruz Verde, hoje hospital Pro Matre, considerado uma das melhores maternidades do Brasil. O grupo Damas da Cruz Verde era, de fato, uma associação filantrópica fundada por mulheres, por volta de 1908, no Rio de Janeiro. Mais tarde, a mesma associação seria responsável pela criação da maternidade Pro Matre e suas filiais.

A letra de Alves conta a história de um homem que está com uma moça que só pensa em luxo e riqueza, tudo o que vê, ela quer. O eu lírico sente saudade de uma "tal Amélia" que o compreendia até quando estava contrariado, ou seja, um sonho de mulher para o masculino. Será? Entretanto, não é com Amélia que o eu lírico está, e sim com a mulher exigente, que não tem consciência nem piedade. Se Amélia fosse (mesmo) a mulher considerada "de verdade", por que o eu lírico não optou por estar com ela? A letra de música traz claramente a ideia de que a mulher de verdade é muda, conformada e sem vaidade.

Anna Amélia nem de longe fazia qualquer um dos tipos, era autêntica, espontânea e apaixonada pela vida. Profissionalmente dinâmica, sua agenda era preenchida de atividades culturais, sociais e políticas. A favor do voto feminino e da participação feminina na política, foi a primeira mulher membro do Tribunal Eleitoral Brasileiro, tanto que participou de uma mesa apuradora de votos em 1934. Sua participação internacional deu-se em Israel, França, Chile, Bolívia, Turquia e na cidade de Washington, nos EUA. Um ano depois de ter participado da contagem de votos da Assembleia Constituinte, representou o país no XII Congresso Internacional de Mulheres em Istambul. E começaram, então, os convites para ela ressignificar a figura feminina internacionalmente. Palestrou, ao lado de Bertha Lutz, sobre a importância da mulher na sociedade e na política.

Seus livros cheios de poesia são muitos, *Quatro Pedaços do Planeta no Tempo do Zeppelin,* de 1976, é um deles. É um diário de bordo poético que registra duas viagens: a que ela fez em Istambul, quando foi nomeada por Getúlio Vargas como delegada do Brasil, no evento sobre direitos das mulheres, e as vivências pela Ásia, África e Europa, com a filha Marcia e o marido Marcos. É um livro que, além de guardar memórias textuais, poéticas e imagéticas da escritora, registra a história desses lugares, em meados do século XX. Maravilhada com tudo o que viu e conheceu em terras estrangeiras e nacionais, deixou registrado em seu diário de bordo, ou melhor, diário de viagem na militância feminina, que os cenários eram fixos, o contemplador é que se movimentava. Segue poesia retirada da antologia *Quatro Pedaços do Planeta em Tempo do Zeppelin*:

A cada momento a comparação nos vinha aos lábios
Parece um filme, um filme maravilhoso,
Esta viagem vertiginosa e linda
Mas em cinemas abertas, porque nós é que passávamos
Como que ao volver de uma manivela atordoada
E os filmes lá ficavam
Os lindos filmes que se estendem
Por mares, terras
Pelo Oriente, pelo Ocidente
Olhados com copistas ou ansiedade
Do alto do Zeppelin
Da janela de um vagão expresso
De dentro de um aeroplano de carreira
Ou de dentro de um automóvel enfatizado.

O livro *Alma*, de 1922, é uma antologia poética sobre futebol. É a primeira mulher a poetizar sobre o esporte, o futebol brasileiro que tanto amava. Ensinava futebol aos funcionários da empresa do pai. Adorava tanto o esporte futebolista que, aos 12 anos, pediu ao pai uma bola e um par de botinas de solado grosso de presente de aniversário. Não foi uma mulher comum, sua importância social, cultural e política é incomensurável. Passou pelos Estados Unidos, na União Pan-Americana, em Washington, como representante brasileira da Comissão Internacional de Mulheres. Foi convidada pelo governo de Israel para representar a mulher brasileira no Congresso Internacional Feminino pela Paz e Desenvolvimento, em 1967. A trajetória ativista em prol dos direitos da mulher de Anna Amélia é invejável. Nunca o feminino teve tanta ênfase e nunca foi tão bem representado por uma mulher inteligente, linda e brasileiríssima como Anna Amélia, bem como Bertha Lutz e Leolinda Daltro.

No Brasil, militou incansavelmente. Seus discursos eram sempre acerca dos direitos femininos e da educação. Esses temas vinham em primeiro lugar na vida da poeta. Militava sobre a educação ligada à cultura, ao conhecimento, às línguas e à igualdade entre os gêneros. Tanto que fez parte do Instituto Brasileiro de Educação, Ciência e Cultura, criado, em 1946, por meio de indicações da Organização das Nações Unidas para Educação, a Ciência e a Cultura (Unesco), do Instituto Geográfico de Minas Gerais e do Instituto Histórico de Ouro Preto. Anna Amélia era a metáfora de conhecimento e de participação intensa na vida intelectual, e isso não interferiu em sua vida de esposa e mãe, característica que ela considerava sagrada.

Como poeta, escritora e tradutora de muitas obras para o português, pois falava mais de três línguas, Anna Amélia era a porta para outros entendimentos, porque incentivava o estudo das línguas (inglês, espanhol e francês) e das linguagens (cinema, teatro, literatura, pintura, escultura e os esportes como arte nacional). Participou da Associação dos Artistas Brasileiros e da Sociedade Americana de Escritores e Artistas de Havana, em Cuba, e participou, igualmente, da Sociedade Brasileira de Cultura Inglesa. Amava o que fazia, amava sua família e amava os povos, como afirma em seu poema retirado da antologia *Quatro Pedaços do Planeta no tempo de Zeppelin*:

Eu amo todas as pátrias
E estendo a todos os povos
O meu desejo de compreensão
Eu falo todas as línguas
Eu canto a todas as raças.
Com a linguagem do meu amor

E amo todas as criaturas
E estendo por todo o mundo

O meu sonho de poeta
E a minha sede espiritual
O meu anseio é como o oceano
Que abraça todos os continentes
Acaricia todas as praias
E a hora profunda do silêncio
Estreita a Terra toda
Entre os seus braços
Num círculo de amor universal.

Esse poema fala de um amor profundo estendido a todo mundo, todas as culturas, etnias, todos os povos e suas tradições, todos os cantos do Ocidente e do Oriente, da Ásia e da África, igualando a todos como seres amados e respeitados: "num círculo de amor universal". Versos democráticos e inclusivos que semeiam o amor verdadeiro. Porém, não é divulgado. Talvez, se publicado mil vezes, e lido mais mil, viraria um clamor universal, uma oração ecumênica.

Participou, ainda, ativamente nos Institutos Brasil-EUA, Brasil-Chile e Brasil-Bolívia. Como Gandhi pregou o amor e amou todos igualmente, isso significa que ela praticava o que pregava, acreditava no amor como único aspecto que poderia trazer paz e harmonia entre os povos. Em cada congresso de que participava, militava acerca dos direitos das mulheres e da luta pela igualdade e pelo direito à educação e ao amor a todas as gentes: "Anna Amélia apreciava com o mesmo amor uma obra de arte ou uma simples criação artesanal, e sua poesia era a maneira de transmitir esse amor pela vida, pelas coisas simples, pelas pessoas que a cercavam [...] não parou na contemplação. Teve sempre uma vida ativa e voltada para os outros", diz Augusto Rodrigues.

Morou na Rua Cosme Velho, 857, no Rio de Janeiro, no casarão estilo neoclássico, construído em 1843, conhecido como Solar dos Abacaxis devido aos adornos da fruta tropical espalhados nas varandas. Há muitas fotos na internet da mansão carioca, basta pesquisar para ver sua beleza. A voz de Anna Amélia só parou em 1971, quando morreu. Até então, falou sobre a inexistência da inferioridade, falou de como a ideia de "menorizar" a condição feminina era pura invenção do mundo masculino e da igreja para manipular e obter vantagens. Seus poemas não continuaram a gritar por ela, porque são desconhecidos. Mas deixo evidente o ressuscitar de Anna Amélia por meio das palavras que registro. Ela fez história e assinou milhões de vezes seu nome, dentro e fora do Brasil, acumulou cargos que eram exclusivamente masculinos e recebeu lauréis em vida. Hoje, cantamos para ela — rememorando seus versos em *Crianças*:

Brincam juntas pelas ruas
Uma loura, outra morena
Rosinhas, lindas as duas
Maltrapilhas, quase nuas
São lindas, mas causam pena

Que belas cores as suas
Uma loura, outra morena
Uma rosa e uma açucena
Que vicejam pelas ruas.

LOU ANDRÉAS-SALOMÉ

As mulheres têm duas escolhas:
ou elas são feministas ou masoquistas.

(Gloria Steinem)

Aos 70 e poucos anos, **Louis** começou a escrever suas memórias na obra póstuma *Minha Vida*. Apesar de sua escrita ser muito mais voltada às pesquisas, **ele** conta, também, sua trajetória na psicanálise e na filosofia, serpenteia pelas universidades que frequentou, revive a juventude nas coletividades alemãs de São Petersburgo, suas viagens com amigos e amores. Sua vida inteira passando em uma tela mental era registrada nas páginas de um livro. Ah! As lembranças! **Ele** foi, sem dúvida, um homem destemido, inteligente, encantador. O texto intitulado "Sobre a Transitoriedade", de 1906, retirado das *Obras Completas de Freud,* fala do poeta taciturno com quem Freud fazia passeios; refere-se, portanto, ao amigo Louis. Será mesmo?

Muito jovem, ainda, tinha todos os sonhos possíveis e inimagináveis. Iria conquistar o mundo, conhecer países incríveis, estudaria em lugares diferentes, aprenderia o que fosse possível, e teria, assim, abertas as portas do conhecimento. Havia **nele** uma fome de anos, uma sede de Eva. Queria ser escritor, poeta, filósofo, psicanalista, mágico. Seus sonhos esfumavam futuros múltiplos. Ah! Desejava intensamente o universo aos seus pés! "Abra-te, Sésamo", diziam as personagens de *As Mil e Uma Noites*, de Antoine Gallard, para penetrar nas cavernas que escondiam tesouros. Ora, às maravilhas do mundo aos pés de quem conhece as palavras encantatórias capazes de abrir a tão hermética semente de gergelim. Para Louis, **ele** descobriria todas as formas de abrir todas as portas. Planejando como viver, refletiu acerca do tempo de sua vida inteira e pensou que, talvez, não fosse o suficiente para **ele** viver tudo o que planejara. Determinou, então, que jamais se casaria e que jamais teria filhos: "Casamento? Não, não para mim! Talvez um casamento de meio-expediente, isso poderia servir-me, mas nada que me prenda", dizia ele.

Encantava-se com a beleza e o carisma das mulheres, queria amá-las, intensamente, mas não se envolvia, porque, longe de **ele** entristecer ou magoar alguma dama, sabia que não teria como se dedicar a um relacionamento, pois seus interesses eram outros, embora gostasse de sentir suas mãos entre os cabelos das mulheres e o morno da pele do pescoço delas. Admirava e respeitava o feminino em sua extensão e altura. E **ele**, de certa forma, realizou seus desejos, pois viveu a vida que escolheu: livre das regras contra si: "[...] para mim a palavra 'dever' é pesada e opressiva. Reduzi meus deveres a apenas um — perpetuar minha liberdade. O casamento e seu séquito de possessão e ciúme escravizam o espírito. Eles jamais me dominarão. Espero que chegue o tempo em que nem o homem nem a mulher sejam tiranizados pelas fraquezas mútuas".

Relacionou-se com muitas mulheres, mas totalmente desvinculado dos compromissos exigidos pela sociedade, como o matrimônio e a responsabilidade paterna. Mas, mesmo assim, amou e se relacionou com muitas mulheres, e houve época em que desejou morar e conviver com todas elas, como amigas, amantes e pesquisadoras, acima de tudo. Estudar era a condição de vida para **ele**.

Louis nasceu em 1861, século XIX, em São Petersburgo, Rússia, mas cresceu nas comunidades alemãs. Morou em muitos países. Foi psicanalista, poeta, romancista e ensaísta. Não falava bem o russo, uma vez que pouco viveu na Rússia Imperial, mas lia as obras em língua vernácula. Vindo de uma família tradicional, e por não seguir as regras, travava conflitos com a mãe que o queria casado e cheio de filhos. Afinal, ser avó dependia diretamente **dele**. As brigas eram muitas, e tanto a mãe como a família toda desaprovavam a forma livre que **ele** escolhera para existir. Que ousado esse homem que decide por si só como viver a vida que é sua e de mais ninguém.

Passou a vida ao lado de grandes intelectuais, artistas e poetas da época, viveu como escolheu. Para estudar, não se importava em dividir aposentos, conquanto tivesse um lugar para ler, dormir, fazer refeições, tomar banho e manter conversas de interesse social e intelectual. Nunca se opôs a dividir espaços com colegas mulheres, não era o tipo de homem que só pensava em sexo, sabia separar uma coisa da outra. Era um homem muito à frente de seu tempo. Tanto que morou com várias mulheres e manteve com elas apenas amizade, pois seus interesses eram outros. Isso não anulava sua vida sexual, que era intensa, nem seus estudos sobre sexualidade e erotismo.

Entre seus amigos estavam Nietzsche, Paul Rée, Freud, Viktor Tausk, Carl Andreas e Rainer Maria Rilke. Conviveu, também, com muitas mulheres. Viajou para a Itália com duas amigas. Lá, conheceu muitos lugares, línguas e culturas diferentes. Foi criticado e agredido com palavras de baixo calão, mas isso não fazia nem cócegas em seus ouvidos. Suas obras são um arcabouço literário, filosófico e psicanalítico do pensamento ocidental, embora desconhecido do grande público. Escreveu *Carta Aberta a Freud*; *Reflexões sobre o Problema do Amor e do Erotismo; Minha Vida; Eros, Nietzsche em suas Obras*; a famosa *Correspondência entre Rainer e Lou* e muitos outros livros e ensaios. Escreveu muitos ensaios sobre Nietzsche, Rainer e Freud, porém, poucas foram traduzidas para o português.

Mesmo sendo contra o matrimônio, casou-se, em 1887, com uma "professora" que se dizia irremediavelmente apaixonada por **ele** e jurava matar-se caso **ele** não aceitasse seu pedido. E para fazê-lo dizer sim, somente mesmo debaixo de sérias ameaças. Temeroso de um possível suicídio, **Louis** casou-se com ela. No entanto, o casamento nunca fora consumado. E assim que passou, contra a própria vontade, seu sobrenome à esposa, viajou para continuar suas pesquisas e seu trabalho. Nunca se separou dela, mas pouco ou quase nada conviveram. No final da vida, quando ela adoeceu, **Louis** cuidou dela com afeto e amizade.

Gostou da história desse homem incrível, cujo ideal de liberdade é a estrada de sua vida? Acha certo alguém escolher como viver? É a favor do livre arbítrio? Esses homens fazem história e imortalizam-se nela, é laurel sobre laurel. Não obstante, há que se reler o texto de outra forma. Logo, a proposta é a seguinte: releia o texto, e toda a vez que ler **ele** troque por **ela**, e substitua o nome **Louis** por Louise, ou melhor, Lou. Sim, **Lou Andreas-Salomé**, uma das maiores intelectuais do mundo ocidental — a primeira psicanalista mulher do mundo moderno. É sobre ela que falo.

— Mas quem é ela? — Pergunta o leitor mais ávido.

— Lou Andreas-Salomé, a primeira psicanalista da história — responde o narrador.

— Muito prazer, leitor.

Em 2016, estreou o filme *Lou*, que conta a vida da pensadora mais incrível do século XX, dirigido pela jovem cineasta alemã Cordula Kablitz-Post. Antes de *Lou*, dirigiu o documentário sobre a cantora alemã Nina Hagen. Cordula conta que leu aos 17 anos a biografia *My Sister, my Spouse: A biography of Lou Andreas-Salomé*, escrita em 1962 pelo norte-americano Heinz Frederick Peters, e apaixonou-se pela intelectual que tinha um gigante ideal de liberdade encrustado na alma: "[...] para mim, o mais importante sobre ela era esse ideal de liberdade. É o que há de mais essencial sobre ela. Tudo o que escreveu, de um jeito ou de outro, era sobre liberdade. A ausência de Deus, a presença feminina, a relação com os homens, tudo tinha a ver com a ideia de ser livre. Foi um espírito muito livre [...]. Ela nunca foi uma pessoa atenta às regras. Ela fazia o que queria. Essa vontade de ser livre foi o que mais me interessou. E era sobre essa liberdade que eu queria contar [...]", diz Cordula.

O modo de vida particular e incomum de ser e de viver fez de Lou uma mulher incrível para a época. Despojada, inteligente, escreveu muitas obras teórico-científicas, despertou paixões avassaladoras em muitos homens. Nunca quis ter filhos. Viveu por cinco anos com o poeta Rilke, 14 anos mais novo. Relacionou-se com vários homens, penetrou profundamente na alma humana, principalmente na feminina, de modo a estudar e a produzir obras sobre os resultados de suas pesquisas e de suas reflexões.

A sociedade critica a mulher que difere do modelo padronizado pelo patriarcado e a igreja, a mulher que deseja viver livremente, que decide não se casar, que escolhe passar longe das delícias e das tristezas da maternidade. Geralmente, as críticas são pesadas, como se à mulher fosse proibido ser livre. Se hoje uma mulher que decide não ter filhos é vista com estranheza, imagine no século XIX!

O artigo "Como se não ter filhos fosse uma tragédia", de André Bernardo, editor da BBC News Brasil, de julho de 2022, fala acerca do livro *Aquela que não É Mãe* (com "é" maiúsculo mesmo), da roteirista Jaqueline Vargas, que o escreveu na tentativa de desconstruir a ideia de que não ter filhos torna a mulher incompleta. As mulheres que optam por não serem mães sofrem forte pressão da sociedade e, principalmente, da parte feminina. No livro, a autora traz poemas que afirmam sua escolha: "No paraíso não existem mães, no paraíso não existem filhos".

Para Jaqueline, a sociedade associa a maternidade a algo sagrado, único e imaculado e, portanto, aquela que não deseja ter filhos pode ser considerada o não sagrado: "Quando uma mulher abre mão de ser essa criatura sagrada para ser só uma mulher, como se isso fosse pouco, causa assombro. Afinal, sempre foi incumbida de várias funções, como cuidar da casa, dos filhos, dos idosos e por aí vai. A mulher como cuidadora de si mesma é algo relativamente novo. Para muitas pessoas, a mulher que não quer ter filhos é uma mulher estranha. E, diante do assombro, muitas pessoas podem ser hostis", finaliza.

Se pensarmos que do século XIX — época em que viveu Lou — para o século XXI — época em que vive a roteirista Jaqueline — não houve mudança alguma, perceberemos que a luta feminina pelo direito a escolha não finda. Lou era ofendida por muitas pessoas da sociedade, inclusive e, principalmente, por mulheres. E Jaqueline muitas vezes recebe palavras hostis por sua escolha. Desse exemplo que ultrapassa mais de um século, Lou foi ousada e destemida, transgressora e completamente livre.

Lou, a maior inspiração de Nietzsche

Ausente das páginas da história, dos registros das mulheres pioneiras que fizeram ciência, Lou foi a discípula mais rigorosa de Freud. Escrevia artigos sobre psicanálise para as revistas de Medicina e, com o tempo, passou a clinicar. Viveu para si e para suas pesquisas, cujo espírito livre como o de um pássaro rendeu-lhe frutos, ou seja, seu pensamento foi documentado em livros filosóficos, toda a sua experiência contava para seus estudos: "Estar sozinha, viver interiormente para si, era para mim uma necessidade tão imperativa quanto o contato e o calor humano. Ambas as necessidades muito fortes e apaixonadas, mas separadas e sujeitas à mudança e à alternância, e é justamente isso o que parece infidelidade e inconstância", dizia Lou.

Filha de Gustav von Salomé e de Louise Wilm, Louise Gustavovna Salomé (1861-1937) nasceu na Rússia Imperial, cresceu entre muitos homens, pois era a caçula de muitos irmãos. Herdou o nome da mãe e o nome e sobrenome do pai. Como a educação não alcançava o feminino, porque não havia permissão para isso, aprendeu muitas coisas com o pastor holandês Hendrik Gillot, responsável por sua educação. Com apenas 19 anos entrou para a universidade e estudou Teologia e História da Arte. Tornou-se uma das maiores intelectuais da época. Os homens enlouqueciam de amor por ela, por seu espírito livre e inteligentemente audacioso.

Nietzsche e Rée apaixonaram-se por Lou, entre muitos outros, como Rilke, Tausk e Andreas. Todos a pediam, exaustivamente, em casamento, mas ela nunca aceitou. Viveu um triângulo intelectual e amoroso com o filósofo e o médico. Dizem que *Assim Falava Zaratustra* foi inspirada em Lou. O poeta Rilke dedicou muitos poemas à filósofa. E Lou publicou as correspondências entre eles. Ela mexia com os homens, intimidavam-nos no cerne de suas inteligências, atirava-se à vida com a voracidade de um Adamastor: "Ouse, ouse... ouse tudo! Não tenha necessidade de nada! Não tente adequar sua vida a modelos, nem queira você mesmo ser um modelo para ninguém. Acredite a vida lhe dará poucos presentes. Se você quer uma vida, aprenda a roubá-la!", dizia Lou.

Uma das pensadoras que mais fugiu das convenções, não seguia regra alguma, a não ser a si mesma. Escreveu sobre o *Narcisismo Positivo* que, segundo ela, era necessário "incorporar as correntes do duelo do amor próprio e da própria entrega". Para Lou, o amor era a única forma de transcender a consciência, e o erotismo, a parte da unidade primordial das mulheres: "O espírito é o sexo, o sexo é o espírito".

Foi a primeira mulher a ser aceita no Círculo de Viena, e viveu no meio de mentes brilhantes do final do século XIX e início do XX, na Europa. Ocupou, sem pedir licença, lugares demarcados apenas para os homens e tornou-se o ícone do ideal de liberdade feminina. Escreveu *Uma Luta por Deus* com o pseudônimo de Henry Lou, e *Cartas de Amor,* em que narra a história de amor entre ela e o jovem poeta Rilke, que vivia bêbado de amor por ela. Foram amigos até a morte. Para Lou, a vida é que nos vive: "a vida humana — na verdade, toda a vida — é poesia. Nós vivemos inconscientemente, dia a dia, fragmento a fragmento, mas na sua totalidade inviolável, ela nos vive".

Na Europa, Lou habitou lugares e pessoas e conheceu, de perto, Malwida von Meysenbug, amiga de Nietzsche, muito conhecida pela militância feminista. Malwida e Nietzsche viajaram juntos à Itália. Um milhão de amigos, todos intelectuais e/ou ativistas, seus relacionamentos somavam experiência, compreensão e domínio. E ela se dizia feliz: "Dentro da felicidade eu estou em casa".

Com apenas 17 anos, aprendera Teologia com o pastor Gillot. A amizade entre eles era puramente educacional, consta em suas referências biográficas que liam Kant juntos. Com o tempo, Gillot apaixonou-se perdidamente por Lou. Mas afinal, quem não era louco de amor por ela? Uma mulher única! Como era casado e tinha filhos da idade dela, planejara, às escondidas, o divórcio. No entanto, Lou negou o pedido de bodas. E foi embora. Assim como Nietzsche, Gillot era bem mais velho que Lou. Durante muito tempo, viveu a tríade Lou-Nietzsche-Rée, até que abandonou o filósofo e viajou com Rée. Mas também não ficaria com Rée.

O filósofo Dorian Astor escreveu a biografia *Lou Andreas-Salomé*. Sonia Missagia Mattos, também, escreveu a biografia *Lou Andreas--Salomé: Paixão e Política*. Cada um ao seu modo e vertente, buscando diferentes partes da vida da filósofa. O poeta Stéphane Michaud escreveu *Lou Andreas-Salomé: a Aliada da Vida*, publicado em 2000. Não há, como citado, muitas obras e biografias traduzidas. Astor fala sobre a psicanalista de espírito livre e de sua amizade filosófica com Nietzsche, brincando, segundo ele, com o fogo do amor: "Aos vinte anos, envolve-se com Nietzsche. Aos trinta, companheira do poeta Maria Rilke, guia-o no caminho da criação, mas foge de sua paixão. Aos quarenta, é acolhida por Freud como sua discípula. Mulher entre homens, ela sonha com um mundo de irmãos, de casamento sem sexualidade, de maternidade sem procriação, de inconscientes sem instintos destrutivos".

A cineasta e roteirista italiana Liliana Cavani, profissional seríssima, conhecida pela direção de *The Night Porter*, filma *Além do Bem e do Mal*, em 1977. O filme se passa em Roma, no ano de 1899, e evidencia a intensa relação entre Nietzsche, Rée e Lou. Liliana preocupou-se em mostrar os episódios primordiais que salientam o filósofo nascido na antiga Prússia e sua filosofia crítica, e quando, sem Lou, Nietzsche viajou para Veneza.

Lou envolveu-se com muitos homens e despertou neles sentimentos altamente primitivos. Foi uma mulher rebelde, desafiadora, inteligente, uma pensadora que marcou a vida dos homens mais importantes da época, mas ficou fora da história. Silenciaram-na. A maioria de suas obras nem tem tradução para o português. Mas o pouco que resta nas livrarias deve ser vasculhado para que se tenha consciência da existência dessa mulher ousada que trilhou o caminho da sabedoria.

Seu nome nem era Sophia, mas sim, Lou Andreas-Salomé, a musa inspiradora dos filósofos, médicos, pensadores e poetas, principalmente Nietzsche e Rilke. "Viva" para Lou que tinha a consciência de sua liberdade e dizia que devíamos guardar coisas que só pertencem a nós, mulheres: "Nem tudo precisa ser revelado, todo mundo deve cultivar um jardim secreto".

MARCÉLIA CARTAXO

Quem não se movimenta, não sente as correntes que o prendem.

(Rosa Luxemburgo)

Artista não nasce, surge como anjos. E foi assim que uma luz forte se apresentou na forma de uma menina, na cidade de Cajazeiras, no dia 27 de outubro de 1963, na Paraíba. Uma escorpiana para ninguém colocar defeito e, como signo da água, ela é puro magnetismo. Logo, estrutura-se voluntariamente em emoções fortes e intensas. E como toda brasileira, ela cresceu cheia de sonhos, porque viver permite sonhar e sonhar é o cerne humano.

Ela sonhou e realizou seus sonhos, com "altos e baixos", como ela mesma diz, mas realizou um a um e ainda realiza. E realizará sempre, porque atriz raiz, formada no teatro, há poucas. Atriz que chegou com a alma já estruturada, que sonha e empreende, conta-se nos dedos das mãos. "Ser empreendedor é executar sonhos, mesmo que haja riscos; é enfrentar problemas, mesmo não tendo forças; é caminhar por lugares desconhecidos, mesmo sem bússola; é tomar atitudes que ninguém tomou; é ter consciência de que quem vence sem obstáculos triunfa sem glória; é não esperar uma herança, mas construir uma história", diz Augusto Cury.

E ela construiu! Construiu alicerçada na sociedade brasileira e no conhecimento eminente da cultura nordestina. Desde pequena, o teatro era a arte que a fascinava, sua infância não foi comum, pois havia brilho, sonho e dedicação. Filha de uma costureira e de um agricultor, comumente não se poderia vislumbrar um futuro resplandecente, ainda mais morando na Paraíba, um lugar paradisíaco, mas abandonado desde sempre pela política e pelos políticos — e a atriz, até então, nunca havia saído de lá pelo menos até seus 19 anos.

De quem falamos? Da atriz premiadíssima Marcélia Cartaxo. O determinismo de Taine é uma teoria furada, porque, contra todos os princípios deterministas, ela brilha como uma das maiores atrizes de cinema que se iniciaram no teatro. Em *Madame Satã* fez a prostituta Laurita, personagem que vivia com o ex-presidiário negro, homossexual e transformista João Francisco dos Santos, um malandro da década de 1930, do reduto da Lapa Carioca. Dirigido pelo brasileiro Karim Aïnouz, é baseado (remake) no filme *Madame Satan,* de 1932, do cineasta norte-americano Cecil B. DeMille.

Em 1985, o jornalista carioca Rogério Durst publicou *Madame Satã: com o diabo no corpo,* obra que conta a história do personagem transformista que abalou o bairro da Lapa, no Rio de Janeiro, e ficou conhecido como o malandro carioca: "camisa de seda, chapéu panamá, calça almofadinha. No bolso, uma navalha. Assobiando um samba pelas ruas estreitas da Lapa boêmia, eis que surge o malandro mais famoso do Rio de Janeiro", diz a sinopse do livro de Durst. As histórias sobre o lendário, maldito e indolente Madame Satã, como costumam referir-se à personagem transformista, foram adaptadas a distintas linguagens. Em 2002, é Lázaro Ramos e Marcélia Cartaxo que representam a história de uma das personagens reais mais polêmicas da literatura e do cinema: o malandro e a prostituta, respectivamente.

Cartaxo estreou como Hermila no filme *O Céu de Suely*, também de Karim Aïnouz, em que a protagonista se movimenta do interior do Ceará para a grande São Paulo, e da grande São Paulo para o interior do Ceará, por isso o filme é considerado *road movie*. Hermila viaja em busca da felicidade, de paz e de pertencimento. A personagem feminina mostra o drama das jovens que vivem nas cidadezinhas distantes e desconhecidas do Nordeste e as dificuldades de se sonhar. A maioria das meninas vai embora do lugar (que parece impossível de se viver) em busca de melhores condições de vida, mas retorna à casa materna com um filho nos braços. Os conflitos que se apresentam obriga a personagem a uma profunda reconstrução dos relacionamentos com a família e com os moradores do entorno. E reconstruindo os laços externos, vê-se obrigada a olhar para si mesma e a descobrir onde está o próprio céu.

Marcélia fez muitos filmes, tais como *Policarpo Quaresma*; *Quanto Vale ou é por Peso*; *A Pedra do Reino*; *Big Jato*; *Ela que Mora no Andar de Cima*; *Tempo de Ira*; *Doce de Coco*; *Ambiente Familiar*; *Dente por Dente* e *A história da Eternidade*. Não brilha, necessariamente, em filmes comerciais, brilha em filmes *cult*. Participou, ainda, de vários seriados, entre muitas outras películas e produções. Em 2020, estreou *Pacarrete,* de Allan Deberton. Nenhuma outra atriz representaria tão bem quanto Marcélia a vida real da bailarina nascida em Russas, pequena cidade do Ceará, distante umas duas horas de Fortaleza.

Os governos contra a arte e, portanto, contra o conhecimento, são sempre aqueles que, além de confiscarem a conta-poupança dos brasileiros, ainda acabam com instituições de fomento, como a Embrafilme. Foram anos de silêncio, de vazio, sem significado algum, porque a arte preenche a alma e liberta o corpo, e sem a arte os brasileiros vão se esvaziando, vão se aprisionando.

Com relação ao confisco, famílias inteiras ficaram sem acesso às economias e viram seus recursos minguarem com a inflação. Os tempos são difíceis quando o governo age como ladrão e desconsidera poupador e trabalhador. Mesmo assim, a população esquece o passado, apaga dados históricos e, sem memória, sem massa cinzenta, esvaziada de significados, ergue como rei eminente todos os ditadores, todos os Collor's que surgirem e, aqueles que futuramente ressurgirão; e a miséria estabelece-se na população, e a morte permeia e aniquila a maioria. São os zumbis que elegem e reelegem esses governantes. Na época do Fernando Collor, muitas pessoas cometeram suicídio, porque tiveram suas vidas financeiras devastadas. Com os longos anos de Ditadura Militar, além do abismo econômico, a população esvaziou-se de tudo que enobrece, que faz conhecer a verdade e traz fruição. Foi um período de pobreza intelectual sem precedentes. A maioria dos governos desconsidera a arte, porque ela é libertadora.

Era o segundo sistema político que não se importava com o povo. Na Ditadura Militar, a inflação galopava e massacrava o trabalhador, Delfim Netto, o então Ministro da Fazenda, não pôde conter a inflação que a ditadura causava e, por muitas vezes, propôs reduzir os juros da poupança. Os poupadores viram suas economias escorrerem pelo ralo devido à altíssima inflação, que desvalorizava cada centavo poupado pelos brasileiros. Sem dinheiro, sem arte e sem conhecimento algum, o povo esvaziado de tudo é um povo que não traria problemas para o sistema, porque fácil de manipular e de convencer. E foi exatamente nessa época que, sem a Embrafilme, Marcélia (e tantos outros artistas) ficou sem trabalho, pois com o fim da estatal, motor da produção e da distribuição da arte cinematográfica nacional, tudo se estancou: "Ficou difícil fazer longas. A produção caiu quase a zero. E agora estamos vivendo o ciclo de novo", diz a atriz.

A estrela clariceana

Quem não chorou com o fim de Macabéa? Quem não ficou paralisado tentando entender aquele corpo conformado e sem alma da personagem de Clarice Lispector? Quem não chorou com as últimas linhas do romance *A Hora da Estrela*? Impossível passar por Clarice sem alterar-se, desnudar-se, cair-se, recompor-se e (re)nascer para si. Marcélia fez Macabéa, a atriz criou Macabéa. Antes dela, a personagem existia na imaginação do leitor, ela foi desenhada e esculpida pela atriz. Clarice criou Macabéa, e Marcélia deu corpo e idiossincrasias. Um filme premiado no Festival de Berlim com o Urso de Prata. Suzana Amaral (1932-2020) foi a cineasta que dirigiu essa obra-prima, de modo muito particular.

Suzana enviou para Cajazeiras, cidade distante da Capital João Pessoa, na Paraíba, a passagem de ônibus a Marcélia, tendo como destino a capital de São Paulo. Na cidade paulistana, ela ficou na casa da cineasta. Como é difícil fazer cinema sério no Brasil. As duas trabalharam muito. Ser atriz é mergulhar no papel, é dar vida a um ser inanimado. É o inverso do cisne que morre, referindo-se ao Ballet de 1905: *A Morte do Cisne,* adaptado do poema homônimo de Lord Tennyson, o balé mostra, de forma poética, o fim da existência, o final de um ciclo. Mas, no caso da criação de Macabéa por Cartaxo é o início de uma vida, tão poética quanto o balé. É um cisne que nasce dentro de um poema. É o vir do nada e criar-se pela intérprete, surgir viva, aparecer animada, porque, nesse trabalho, o cisne inexistente surge, nasce, aparece. Marcélia deu à personagem Macabéia as idiossincrasias necessárias, somente grandes atores dirigidos por grandes cineastas fazem com que uma história possa criar vida própria e emergir-se, deslindar-se, manifestar-se por si mesma. E não nos esqueçamos de que a personagem surgiu da mente genial de Clarice: tudo uno, dicotômico e triádico ao mesmo tempo.

Quando Suzana morreu, o mundo do cinema ficou órfão, pois a perda é sempre irreparável no mundo das artes, seja cinematográfica ou não. Marcélia, assim que ficou sabendo da morte da cineasta aos 88 anos, fez uma homenagem a ela, agradecendo todo o profissionalismo em *A Hora da Estrela,* produção que trouxe a ela o conhecimento do público e o reconhecimento de seu trabalho. Não se pode deixar de perceber que a tríade cria a obra-prima da genealidade: Clarice Lispector — Suzana Amaral — Marcélia Cartaxo.

O livro *Big Jato*, de 2012, do jornalista Xico Sá, autor de *Divina Comédia da Fama: paraíso e inferno de quem sonha ser uma celebridade*, de 2004, virou peça de teatro e foi, também, adaptado para o cinema. No filme, Marcélia interpreta Maria, uma guerreira como todas as "Marias" do Brasil, as "Marias" vitoriosas pelo tanto que caminham, pelo peso da fé. Casada com um limpador de fossas, que dirige o caminhão Big Jato, e vivendo com o mínimo de salário, Maria faz milagres. Dirigido pelo cineasta pernambucano Cláudio Assis, diretor do conhecidíssimo *Amarelo Manga*, o filme estreou, em 2016, com Matheus Nachtergaele, Jards Macalé, Rafael Nicácio e Marcélia Cartaxo.

Big Jato conta a história de Maria e de seu filho, um menino nordestino que, na idade de transição para a vida adulta, tem duas referências masculinas como modelo: o pai trabalhador e o tio que não quer nada com a vida e diz que o "trabalho danifica o homem", é, também, o radialista do povoado que conta sobre os casos amorosos que viveu. A família tem mais filhos, no entanto, a ênfase fica por conta dos conflitos de Francisco.

Para Ricardo Daehn, do *Correio Braziliense*, "a Maria, da *Big Jato*, é uma mulher extremamente brasileira, trabalhadora, de baixa renda, guerreira, vive com o marido e o filho com uma renda baixa". A Maria de Fé, a Maria Mágica, porque ter renda baixíssima e sustentar a família é ser mágica: "Maria, Maria é o som, é a cor, é o suor, é a dose mais forte e lenta, de uma gente que ri quando deve chorar, e não vive, apenas aguenta", diz a música de Milton Nascimento e Fernando Brant.

Os modelos masculinos, os quais Francisco usa como espelhos, são complicados: o pai que trabalha de sol a sol é machista; o irmão, um faz nada que se diz anarquista, é um locutor que conta vantagens, porque se acha o máximo. Como fica a mãe nessa árvore familiar sem eira nem beira? Ela é mandona, firme na palavra e no gesto: "[...] Fiz na tela uma mulher madura e autoritária, mesmo, na vida real não tendo filhos, sou a filha mais nova de cinco irmãos e, desde o *A hora da Estrela*, tenho assumido esse papel de cuidar deles [...]. É tudo comigo", diz Marcélia.

Durante a entrevista ao *Correio Braziliense*, Marcélia fala da dificuldade de se fazer cinema quando o governo desconsidera o conhecimento e suas formas de aplicação: "A política do nosso país não tem respeito com nada". A maioria do sistema governamental desde sempre é contra as manifestações da arte, seja literária, cinematográfica, dramatúrgica ou das artes plásticas, como escultura, desenho, pintura, cartum, charge, HQ, mesmo porque a arte ensina, faz refletir, faz pensar, por isso tem sido proibida há séculos à população. O desrespeito à liberdade e, portanto, à democracia tem-se multiplicado, incessantemente.

Marcélia comenta a falta de respeito com que os brasileiros se referem à mulher e, principalmente, à ex-presidente do Brasil: "[...] Com relação à presidente Dilma Rousseff, eu acho um desrespeito muito grande o que os brasileiros estão fazendo com ela, porque é mulher e a maioria dos políticos são homens machistas. E tudo que tem acontecido está realmente atrapalhando nossa política, não está colaborando com o país, não é a favor do povo trabalhador. E isso para mim é inaceitável, é uma espécie de golpe. A política do nosso país não tem o menor respeito com nada, nem com a mulher, nem com a presidente, nem com os trabalhadores e nem com povo [...]".

Cláudio Assis, em agosto de 2021, estreou, no Brasil, *Piedade*, com Matheus Nachtergaele, Mariana Ruggiero, Fernanda Montenegro, Francisco de Assis Moraes e grande elenco. Um filme, premiado no Festival de Brasília, que mostra como os recursos naturais do Brasil e do mundo não combinam com o capitalismo, nem com a ganância do lucro infinito. Marcélia não está nele. No entanto, a esteira da cultura e os caminhos do cineasta fazem parte da vida dela. A história passa-se em Piedade, uma comunidade pesqueira, no litoral de Pernambuco, cujos moradores sobrevivem da pesca e dos recursos naturais, lugar esquecido do mundo até que uma grande empresa chega com intenção de explorar e destruir, começando por expulsar os moradores naturais de Piedade.

Enquanto os filmes de Glauber Rocha e de outros cineastas fantásticos viram cinzas, na Cinemateca, os diretores e atores resistem. Mesmo no caos, no meio do apocalipse, pode existir uma fresta de esperança, uma luz imensamente forte. Em meio a esses grandes nomes está Marcélia abrilhantando as cenas, com outras luzes do teatro e do cinema brasileiros.

SOPHIA DE MELLO ANDRESEN

Todas as manhãs ela deixa os sonhos na cama,
acorda e põe sua roupa de viver.

(Clarice Lispector)

Mar, metade da minha alma é feita de maresia
Pois é pela mesma inquietação e nostalgia
Que há no vasto clamor da maré cheia,
Que nunca nenhum bem me satisfez.
E é porque as tuas ondas desfeitas pela areia
Mais fortes se levantam outra vez,
Que após cada queda caminho para a vida,
Por uma nova ilusão entontecida

E se vou dizendo aos astros o meu mal
É porque também tu revoltado e teatral
Fazes soar a tua dor pelas alturas
E se antes de tudo odeio e fujo,
O que é impuro, profano e sujo,
É porque as tuas ondas são puras.

No poema *Mar*, a poeta personifica a natureza dando a ela
características humanas, distribuindo, assim, os sentimentos nas mesmas prateleiras de "coisas". Ela compara a inquietação que mora em
seu peito ao estardalhaço do mar; a tormenta que habita sua alma ao

inflamar das ondas que avançam rapidamente como se fossem instalar a desordem apocalítica, no entanto, apenas quebram-se na areia, lenta e timidamente, caminhando do estrondo ao silêncio, do movimento brusco ao lento. Do caos à calmaria. E, assim, vai alinhavando-se entre fios que penetram no tecido análogo aos paradoxos, às antonímias e às antíteses. Da escalada à queda. Do pântano ao deserto. Do abismo à superfície. Dos trovões à mudez. Assim são as ondas do mar, assim são os sentires do observador.

Nessa contradição é que se assenta a alma do eu lírico: "metade de minha alma é feita de maresia". E da mesma forma que o mar retorna para dentro de si — para novamente rebentar-se no nada, a poeta identifica-se com esse movimento: "Que após cada queda — caminho para a vida por uma nova ilusão entontecida". As ondas morrem na areia, aquietam-se, quedam-se. E, em seguida, ainda meio desmaiadas, retornam ao fundo do mar para, então, alçarem o furor impetuoso e, em um movimento ininterrupto, altivarem-se, agigantarem-se. E depois, esmorecerem-se. Morrem para renascerem. E é nesse círculo das águas que o eu lírico, mesmo em desânimo, levanta-se e continua a viver, mesmo que embebido por devaneios. O mar é um dos temas mais poetizados nas antologias de uma das maiores poetas do início do século XX, em Portugal.

De quem eu falo? Sophia de Mello Breyner Andresen (1919-2004). A maioria das filmagens que a escritora tem de quando passeava com os cinco filhos são do mar e das grutas do Algarve, das crianças em um barco com ela, contemplando a paisagem marítima, uma das suas paixões. Perante a natureza, Sophia de Mello experimenta o maravilhamento, e é esse entusiasmo que deixa transparecer em seus versos.

Por meio de duas estrofes irregulares, uma oitava e uma sextilha, o sujeito-poético está em similaridade com a natureza, com os astros, o mar, o vento, a areia, a maresia. E assim como as ondas lidam com a força que se apresenta, inevitavelmente, a autora, reclamando de seus "ais" aos astros, termina por lidar com as próprias angústias: "E se vou dizendo aos astros o meu mal e fazes soar a tua dor pelas alturas". As dores do eu lírico são as mesmas do mar, expressas na altura das ondas, que, parecendo raivosas, elevam-se destruidoras. O mar e a poeta são um só corpo, a paisagem, o cenário, o cheiro de maresia, o barulho das ondas, tudo é percebido com magnitude, tudo se amplia e apreende-se. A necessidade desse mar, substantivo masculino singular, é vital para o eu lírico. O mar é sua vida inteira, seu outro dia de quimeras. Sophia de Mello ama tanto a natureza, em especial o mar, que dá a ela um significado múltiplo e infinito e que representa a vida toda. Trata-se, pois, de uma relação íntima, angustiante e vital com a natureza marítima: "Quando morrer, eu voltarei para buscar os instantes que não vivi junto ao mar".

Para Silvia Souto Cunha, a poesia de Sophia de Mello sempre parece ter acabado de nascer: "Quando lemos um dos poemas escritos por Sophia, é como se o mar, a natureza, a luz, e o mundo inteiro tivessem sido lavados e polidos: as palavras são cristalinas, o texto é feito na medida certa, as ideias parecem acabadinhas de nascer".

Em 2018, o poeta carioca Eucanaã Ferraz, autor de inúmeros livros de poesia, como *Sentimental, Rua do Mundo, Desassombro, Bicho de Sete Cabeças*, entre muitos outros, ganhador do Prêmio Portugal Telecom e do Alphonsus de Guimaraens, selecionou a poesia de Sophia de Mello, que ele chama de poemas lapidares, na obra *Coral e outros Poemas*. A apresentação é também de Ferraz. Os poemas de Sophia de Mello representam um "segredo íntimo", um momento de paz particular que ela ofertava a si mesma para renovar a luta contra o salazarismo. Sua poesia é paz, mas também resistência, sua voz levantou-se poderosa como as ondas quando se candidatou a deputada, pelo Partido Socialista, em 1975: "seja para denunciar o mundo sombrio, seja para tratar de praias radiantes, Sophia com sintaxe direta cria imagens surpreendentes", diz Ferraz.

As relações da poeta com o mar e a natureza em si apresentam-se de modo sinestésico e epifânico ao mesmo tempo. Essa relação particular transcende qualquer adoração ao mar, porque inebria como a cantilenas das sereias a entorpecer Ulisses. Esse estado, uma espécie de mônada, é indivisível e reside na alma do fazer poético da autora.

Para alguns críticos, Sophia de Mello remete, muitas vezes, em seus versos, à ancestralidade da Gaia-Terra, ao matriarcado que, mesmo longínquo, vive entre muitas mulheres que acreditam na capacidade de discernir por si mesmas. O culto à natureza, ao mar e aos mistérios que as profundezas das águas segredam remete aos cultos pagãos de sociedades femininas distantes. Para Massaud Moisés, Sophia é "uma das maiores vozes mais representativas do lirismo do pós-guerra".

Maria Bethânia gravou vários discos em que declama-canta-encanta versos de Carlos Drummond de Andrade e Sophia de Mello, assim como versos (e letras de música) de Vinícius de Moraes, Arnaldo Antunes, Villa-Lobos, Tom Jobim, Paulo Niklos e Dorival Caymmi. Da poeta lusa, Bethânia declama "Mar sonoro", "Terror de te amar" e "Pirata".

Mar sonoro

Mar sonoro, mar sem fundo, mar sem fim.
A tua beleza aumenta quando estamos sós.
E tão fundo intimamente a tua voz
Segue o mais secreto bailar do meu sonho.
Que momentos há em que eu suponho
Seres um milagre criado só para mim.

Terror de te amar

Terror de te amar num sítio tão frágil como o mundo
Mal de te amar neste lugar de imperfeição
Onde tudo nos quebra e emudece
Onde tudo nos mente e nos separa.

Que nenhuma estrela queime o teu perfil
Que nenhum deus se lembre do teu nome
Que nem o vento passe onde tu passas.

Para ti eu criarei um dia puro
Livre como o vento e repetido
Como o florir das ondas ordenadas.

Pirata

Sou o único homem a bordo do meu barco
Os outros são monstros que não falam
Tigres e ursos que amarrei aos remos
E o meu desprezo reina sobre o mar

Gosto de uivar no vento com os mastros
E de me abrir na brisa com as velas
E há momentos que são quase esquecimento
Numa doçura imensa de regresso

A minha pátria é onde o vento passa
A minha amada é onde os roseirais dão flor
O meu desejo é o rastro que ficou das aves
E nunca acordo deste sonho e nunca durmo.

A natureza é fonte inesgotável dos poemas de Sophia de Mello, ela acaba por musicalizar os poemas como os poetas simbolistas. O conjunto de letras que forma a palavra MAR é o mesmo que estrutura AMAR. Logo, mar está dentro de amar: "Amar o mar", dia Sophia. Muitos termos são similares sonora e graficamente como "amar", "amaro", "mar". As letras que formam os termos são quase as mesmas: "Ah! O mar, o mar", repetia a poeta. E se pensarmos nos significados das palavras, na etimologia delas, por exemplo, muitos detalhes surgem aos olhos. O vocábulo *amaro*, originário do latim *amarus*, designa amargo, porque o amar ora é doce, ora, fel. O termo *mar* está, também, contido em *amaro* e vice-versa. O mar, para Sophia é: "[...] por mais belo que seja [...] tem um monstro suspenso". A apreensão e a contemplação dos fenômenos marítimos são questões poéticas entre a natureza e a poeta, a contemplação é um estado de êxtase somente dela mesma, "algo" semelhante a um milagre ou a uma epifania clariceana: "Mar sonoro, mar sem fundo, mar sem fim [...]. Segue o mais secreto bailar do meu sonho, que momentos há em que eu suponho — seres um milagre criado só para mim". Observe que sonho está contido em suponho. Sophia brinca com os sons das palavras, como Cecília Meireles em seu poema *A Bolha*, da antologia *Ou Isto ou Aquilo*: "Olha a bolha d'água no galho! Olha o orvalho! Olha a bolha de vinho na rolha! Olha a bolha na mão que trabalha! Olha a bolha de sabão na ponta da palha: brilha, espelha e espalha. Olha a bolha que molha a mão do menino: A bolha da chuva da calha". Sophia cria melopéias como Eugenio de Castro em seu poema *Um Sonho:* "[...] fogem fluidas fluindo à fina flor dos fenos [...]".

Em "Terror de te Amar", o eu lírico feminino mostra como o mundo (contrário à natureza) é sujo, violento, "um sítio frágil e imperfeito", longe da perfeição dos deuses e da arte. O pequeno poema fala em amar alguém ou a beleza em si em um mundo sem simetria, sem proporção e luz, ou seja, sem a perfeição do absoluto, amar alguém ou algo sem alcançar o deslumbramento eidético. Para Luís Adriano Carlos, doutor em Literatura Portuguesa Moderna e Contemporânea, o poemeto assimila-se a outros, como "Cidade" e "Cidade Suja", em que "a violência contra a forma, o kaos e a amorfia, tal como se representa sinteticamente em 'Cidade' e 'Cidade Suja' [...] exprimindo-se como negatividade e multiplicidade [...] um sentimento agônico da desordem".

O site "Delirium Nerd" tem uma coluna especial às mulheres: "Leia Mulheres". Nela, publicam-se apenas produções femininas. O projeto, que dá voz às mulheres que foram emudecidas pelo sistema, busca dar visibilidade a quem foi tirada das páginas da história oficial, das grades curriculares e do dia a dia, em que se comenta sobre ciência, arte, literatura, arquitetura, economia e política feminina. O mundo é dos homens e a eles devemos servir? Ledo engano! Laís Fernandes diz que seu objetivo é provar o contrário, ela alimenta a coluna "Leia Mulheres" para que os leitores possam ter consciência de que existe muita literatura produzida por mulheres, aliás, a mulher, desde que o mundo é mundo, tem participação nele tanto quanto os homens, em todos os setores e áreas.

Em se tratando de Sophia de Mello, Laís divulgou, em 2016, o livro *Coral e Outros Poemas*. Para ela, "falar de Sophia de Mello Breyner Andresen é evocar o mar em suas tantas formas e metáforas [...], a autora ramifica o próprio ser e versos que transmitem à leitora a natureza ancestral que nela vivia [...], Sophia convida a embarcar em uma viagem pelo seu interior, sem barco ou remo. Tem apenas palavras e figuras de linguagem que purificam e ricocheteiam os rochedos das significações".

Falando de literatura escrita por mulheres, e para esclarecer a importância do Delirium Nerd, Laís sugere a leitura de vários livros, por exemplo: *Esse Cabelo* (2015), da escritora angolana Djaimilia Pereira de Almeida, que serpenteia pelo racismo, feminismo e pelas questões voltadas à identidade; *A Mãe de Todas as Perguntas: reflexões sobre os novos femininos* (2017), da feminista e ativista estadunidense Rebecca Solnit; *A Quinta Estação* (2015), da norte-americana premiadíssima Nora K. Jemisin; *Rosa Vermelha* (2018), da cartunista Kate Evans, que biografa, em quadrinhos, a vida de uma das mais incríveis intelectuais do pensamento socialista: Rosa Luxemburgo; *Cinquenta Brasileiras para se Conhecer antes de Crescer* (2017), da jornalista brasileira Débora Thomé, uma obra que reúne a biografia de mulheres fortes; *As garotas* (2016), da californiana Emma Cline, que conta a história de Evie, uma menina de apenas 14 anos que sofre com problemas de identidade e de aceitação de si mesma. Perdida, conhece e passa a cultuar uma garota pertencente a uma seita. Embora a obra seja ficcional, baseia-se na história real de Charles Manson: é, portanto, um alerta aos pais e responsáveis por adolescentes desajustados que, em um piscar de olhos, envolvem-se em ideologias que cheiram à morte.

A primeira obra de Sophia de Mello, de 1944, chama-se *Livro de Poesia I*. A segunda, *Dia do Mar*, veio três anos depois e mostra sua paixão pela natureza. Dividido em seis capítulos, a poeta fala do mar, da praia, da infância e rememora sua apreensão de maneira profunda do que fora (e continua sendo) percebido: o cheiro e o barulho do mar, das ondas, ora gritando, ora cantando em um espaço de harmonia e perfeição: "a poeta divide-se entre a sensação de viver intensamente o milagre do mundo [...] e a consciência da impossibilidade duma vivência plena dessa maravilha, realmente apenas reservada aos deuses", diz Gastão Cruz. A partir dessas obras, ela produziu um arquipélago, um arcabouço literário conhecido na Europa e nas Américas.

Em *O Livro de Poesia I*, há o poema interrogativo "Quem és tu?". Nele, a autora fala de um alguém representado pelo pronome "tu". Segue o poema:

Quem és tu?

Quem és tu que assim vens pela noite adiante,
Poisando o luar branco dos caminhos,
Sob o rumor das folhas inspiradas?

A perfeição nasce do eco dos teus passos,
E a tua presença acorda a plenitude
A que as coisas tinham sido destinadas.

A história da noite é o gesto dos teus braços,
O ardor do vento a tua juventude,
E o teu andar é a beleza das estradas.

Os três tercetos falam de espaços (caminho, estrada, passagem) e de um alguém (ou coisa humanizada) que vem pela noite e traduz-se em perfeição e harmonia, isso porque o "tu" é capaz de trazer plenitude apenas por existir, por ser. Esse "tu" pode ser a lua que norteia os caminhos: "Quem és tu que vens pela noite adiante poisando o luar branco dos caminhos, sob o rumor das folhas inspiradas?".

No artigo "O espaço na poesia de Sophia de Mello Breyner Andresen", Alexandre Bonafim Felizardo fala da geografia na poesia da escritora. Para ele, a poeta engrandece os espaços, evidenciando, de modo particular, seus múltiplos significados: "os espaços sofrem, na poesia de Sophia de Mello, uma espécie de exaltação, de concentração, tornando-se centros da vida [...] nesses lugares de predileção, nesses ambientes de existência concentrada, o drama humano irá se desenrolar, ganhando conotações simbólicas e metafóricas".

Esse alguém que vem com a noite e pousa o luar iluminando-o segue por espaços insondáveis, incompreensíveis, porque o "tu" é envolto em brumas: "Nos espaços, [...] alguém indeterminado, além da voz lírica, foge por caminhos tortuosos, por diretrizes sem rumo certo. Delinear essa presença torna-se quase impossível, visto ser uma segunda pessoa de realidade inescrutável. Poderia ser o amado, ou até mesmo um ser fantástico, fantasmal, há, portanto, nesse *tu*, certo ar de mistério, que lhe acaba conferindo um aspecto sacro de ser intangível", diz Alexandre Bonafim.

Como em toda a poesia de Sophia de Mello, em "Quem és tu" a poeta fala de perfeição, plenitude, juventude e beleza e envolve a natureza como a noite, o vento, o eco, as folhas e o luar. A presença do "tu" pincela a plenitude que, antes dele, hibernava e que, agora, acordada, consegue-se ouvi-lo passando "no rumor das folhas". Do eco dos passos nasce a perfeição, como a harmonia das obras de arte grega, e do andar, a beleza das estradas. Esse "tu" é uma espécie de deus cujos espaços tornam-se divinos: "o forasteiro exalta o esplendor, a plenitude que existe, nesse sentido [...] a poeta empreenderá a busca da dimensão infinita dos seres e dos objetos no tempo e no espaço", conclui Bonafim.

No livro *Dia do Mar,* os poemas falam da natureza: o mar, a praia, o vento, a brisa, mas também falam de deuses e de grandes nomes da história, como Alexandre da Macedônia, Dionysos, Eurydice, Kassandra e Endymion. Este último foi o primeiro (pastor ou astrônomo) a observar os movimentos da lua por quem era apaixonado. Selene, a deusa da lua, também se apaixonou por ele. A história dessa paixão é registrada na literatura, na poesia de Sophia de Mello, na pintura e na escultura. Há muitos quadros que representam os dois, por exemplo, as telas dos pintores Nicolas Poussin (1594-1665) e Ubaldo Gandolf (1728-1781). *Selene and Edymion,* de 1630, pintada por Poussin, encontra-se, hoje, no Instituto de Arte de Detroit, em Michigan, EUA, e *Selene and Edymion,* de 1770, de autoria de Gandolf, encontra-se no Museu de Arte de Los Angeles, EUA.

Os poemas que compõem *Dia do Mar* são: "Espera", "Mar sonoro", "Eurydice", "Promessa", "Os deuses", "Endymion", "Navio naufragado", "Reconheci-te", "Noite", "Gesto", "Montanha", "Kassandra", "As imagens transbordam" e "As rosas". Eurydice é a ninfa de Orfeu, ele a amava tanto que, quando ela morreu, desceu ao inferno para resgatá-la. O pintor francês Eugène Delacroix representa a morte dela, que, picada por uma naja, morre deixando Orfeu desesperado na tela *Primavera: Eurídice colhendo flores é mordida por uma cobra,* de 1856. Segue o sexteto "Espera", cujas rimas inteiro/nevoeiro, areia/cheia, insulto/vulto são ricas, pois as palavras que rimam pertencem a classes gramaticais distintas.

Dei-te a solidão do dia inteiro.
Na praia deserta, brincando com a areia,
No silêncio que apenas quebrava a maré cheia
A gritar o seu eterno insulto,
Longamente esperei que o teu vulto
Rompesse o nevoeiro.

Seguem outros poemas da obra *Dia do Mar*

Eurydice

A noite é o seu manto que ela arrasta
Sobre a triste poeira do meu ser
Quando escuto cantar do seu morrer
Em que o meu coração todo se gasta.

Voam no firmamento os seus cabelos
Nas suas mãos a voz do mar ecoa
Usa as estrelas como uma coroa
E atravessa sorrindo os pesadelos.

Veio com ar de alguém que não existe
Falava-me de tudo quanto morre
E devagar no ar quebrou-se triste
De ser aparição água que escorre.

Endymion

Por ti lutavam deuses desumanos.
E eu vi-te numa praia abandonado
À luz, e pelos ventos destroçado,

E os teus membros rolaram nos oceanos.

Navio Naufragado
Vinha dum mundo
Sonoro, nítido e denso.
E agora o mar o guarda no seu fundo
Silencioso e suspenso.

É um esqueleto branco o capitão,
Branco como as areias,
Tem duas conchas na mão
Tem algas em vez de veias

E uma medusa em vez de coração.
E em seu redor as grutas de mil cores
Tomam formas incertas quase ausentes
E a cor das águas toma a cor das flores

E os animais são mudos, transparentes.
E os corpos espalhados nas areias
Tremem à passagem das sereias,

As sereias leves de cabelos roxos
Que têm olhos vagos e ausentes
E verdes como os olhos dos videntes.

Dionysos

Entre as árvores escuras e caladas
O céu vermelho arde,
E nascido da secreta cor da tarde

Dionysos passa na poeira das estradas.
A abundância dos frutos de Setembro
Habita a sua face e cada membro
Tem essa perfeição vermelha e plena,
Essa glória ardente e serena
Que distinguia os deuses dos mortais.

Montanha

Vi países de pedras e de rios
Onde nuvens escuras como aranhas
Roem o perfil roxo das montanhas
Entre poentes cor-de-rosa e frios
Transbordante passei entre as imagens
Excessivas das terras e dos céus
Mergulhando no corpo desse deus
Que se oferece, como um beijo, nas paisagens.

Sophia lírica, sim, mas também, crítica e politizada

Ser poeta, geralmente, significa ter a alma livre de amarras sociais ou religiosas. Ser poeta é compreensão, plenitude, angústia e melancolia. É alegria e êxtase. É intuir, é saber apreender o espaço e congelar o tempo. É sentir por sensações do existir o apreender estético do circundante. É sentir o cheiro ao imaginar os dedos deslizando na pele, o calor no perfume dos cabelos de quem se ama, é perceber o arrepio antes de ele se manifestar. É ver o paladar e degustar o som. É transcender nas palavras, no ritmo, na cadência, na métrica sonora estruturada em átonas e tônicas. Ser poeta é imanência! Ser poeta é elevar-se dionisíaca e sacramente, transitando entre o profano e o sagrado. É Apolo e Dionísio convivendo: "Ser poeta é ser mais alto, é ser maior do que os homens. Morder como quem beija! É ser mendigo e dar como quem seja Rei do Reino de Aquém e de Além Dor! É ter de mil desejos o esplendor e não saber sequer que se deseja! É ter cá dentro um astro que flameja e ter garras e asas de condor! É ter fome, é ter sede de Infinito! Por elmo, as manhãs de oiro e de cetim..., é condensar o mundo num só grito! E é amar-te, assim, perdidamente... É seres alma, e sangue, e vida em mim. E dizê-lo cantando a toda gente", diz Florbela Espanca.

Para o poeta Marcial Salaverry (1938), ser poeta é saber sonhar sem deixar de viver, é saber amar sem ser amado e ser amado sem amar: "é saber conversar com Deus, saber ouvi-lo, e entendê-lo, saber conhecer a alma, tanto a sua, como a dos outros [...], saber atingir os corações sem magoá-los, saber despertar sonhos, [...] saber tranquilizar quem sofre e fazer sonhar quem ama". E Sophia sabia atingir tudo isso e todos, transcendia e habitava a casa dos deuses, dada a qualidade de ser. E sendo poeta, contista, ensaísta, autora de contos infantis, tradutora de inúmeras obras, inclusive *O Purgatório*, do escritor florentino Dante Alighieri, ultrapassou a linha do horizonte no que tange às percepções.

Traduziu obras do português para outras línguas, de modo a apresentar as obras lusas a países estrangeiros, por exemplo, do francês para o português de Portugal. Era algo que fazia por gosto, não era profissão, era amor à literatura. Tanto dava a conhecer aos outros a literatura de seu país como apresentava à população portuguesa os clássicos de outros lugares. Traduziu, ainda, *Medéia*, de Eurípedes, poesias de Pierre Emmanuel, Edouard Maunick e *A Anunciação a Maria*, de Paul Claudel. Do português para o francês transcreveu, como diria Haroldo de Campos, o incrível e enigmático Fernando Pessoa, Mário de Sá Carneiro, o lírico e epopeico Camões e Cesário Verde. O site "Open Edition Books das Universitaires de la Méèditerranée" fala sobre a arte de traduzir e o transitar de Sophia de Mello entre o português de Portugal e outras línguas europeias: "a poetisa traduziu poesias alheias, mas que pertencem à poética portuguesa [...] criando uma rede de relações entre as traduções francesas e a própria poética".

Poeta, sim, politizada também, porque era consciente das sociedades e de seus sistemas. Sophia militou em prol da liberdade, lutou contra a ditadura militar de António de Oliveira Salazar e Marcello Caetano, que tiranizou a sociedade portuguesa. O regime, que durou uma eternidade, proibia os portugueses de respirarem livremente. Um dos maiores políticos contra o sistema salazarista foi Francisco José Carneiro de Sousa Tavares (1920-1993), que defendia a liberdade de cada indivíduo acima de tudo. Social-democrata e antibelicista, ele lutou corajosamente contra Salazar e Caetano. Para Guilherme d'Oliveira Martins, Tavares foi "o componente fundamental da democracia que continuamos a construir no dia a dia — a independência do espírito, fora qualquer unanimismo, a sua atitude foi sempre autónoma, livre e própria. Desde cedo, acompanhei seu percurso cívico e político, cultural e humano".

Tavares, advogado, jornalista e autor de *Combate Desigual*, de 1960, foi, também, ministro em Portugal, um homem ousado e destemido. A coragem era seu guia e seu cerne: "porque os outros vão à sombra dos abrigos e tu vais de mãos dadas com os perigos", escrevia sua esposa, Sophia de Mello, temendo o pior para seu marido. Por longos 40 anos, eles estiveram juntos e militaram cada um a seu modo.

A poeta Sophia de Mello, antibelicista, democrata, lutou contra o regime ditatorial de Salazar e Caetano, tanto que foi candidata da oposição nas eleições de 1968 e, sete anos depois, candidata à Assembleia Constituinte pelo Partido Socialista. Foi, ainda, deputada na Assembleia da República e fundou um órgão de auxílio aos presos políticos. Lecionou no curso de Letras em universidades e trabalhou como jornalista. Embora fosse a favor da monarquia, militava pela democracia, é dela a poesia que fala das injustiças e dos horrores, cujo refrão diz que estava tudo esfumado diante dos olhos da população portuguesa, era só pensar a respeito, porque não havia como não "ver" e não havia como não "ouvir" a verdade que gritava no cotidiano da ditadura salazarista. O refrão da "Cantata da Paz" ficou conhecido em Portugal: "Vemos, ouvimos e lemos: não podemos ignorar":

Vemos, ouvimos e lemos
Não podemos ignorar
Vemos, ouvimos e lemos
Não podemos ignorar

Vemos, ouvimos e lemos
Relatórios da fome
O caminho da injustiça
A linguagem do terror

A bomba de Hiroshima
Vergonha de nós todos
Reduziu a cinzas
A carne das crianças

D'África e Vietname
Sobe a lamentação
Dos povos destruídos
Dos povos destroçados.

O teor de realidade e da conscientização do cenário como se apresentava naquela época, em Portugal e no mundo, está registrado em forma de ritmo, cadência e rima. São quatro quadras, uma delas é o refrão, as estrofes denunciam o caos, a morte, a aniquilação de uma nação inteira e evidenciam o terrível episódio da bomba de Hiroshima, das mortes da guerra dos EUA contra o Vietnã, uma guerra sem propósito e causa. Os versos evidenciam, primordialmente, a falta de liberdade e a violência da ditadura de Salazar.

O caos!

Mas nem tudo é dor e febre. Com a Revolução dos Cravos, de 25 de abril, em 1974, Salazar cai e o sonho de liberdade começa a ser esfumado no país. As forças democráticas ganham espaço e a luz que surgiu no final do túnel resplandece toda a passagem e irradia de dentro para fora mostrando que a esperança nasce da força revolucionária. Sophia esteve à frente dos movimentos revolucionários.

Sophia de Mello nasceu no Porto, na esplêndida cidade costeira, cujo cheiro de mar é ícone, ali habita e serpenteia o Rio Douro, antigo Portus Cale que, com o tempo, passou a Condado Portucalense, termo pelo qual se originou o nome do país luso, um lugar paradisíaco conhecido pelas incríveis pontes arquitetônicas que unem o antigo e o moderno. Cidade também conhecida pelo aroma e pelo gosto ímpar do vinho do Porto, um abafado incomum e apreciado no mundo todo. Só pelo lugar em que nasceu, a noroeste de Portugal, Sophia de Mello já é encanto. Quem apreende os fenômenos pode alcançar a percepção do todo que é o Porto, porque é poesia. Há de ter sensibilidade para ler o Porto.

Sua relação com o mar deve ter surgido exatamente no cenário marítimo que seus olhos flagraram desde criança. A cidade do Porto tem praias lindíssimas. Se observarmos o grau de poeticidade que a raia dos Francelos mostra ao espectador, por exemplo; a nudez tranquila das águas da praia da Estela; o quanto de ícone traduz-se em pura qualidade as piscinas dos Mares de Leça Palmeira; a impetuosidade da beleza rústica da raia do Aterro, a intensidade de luz da raia Azul; a veemência da praia do Castelo de Queijo, cujo nome é uma deliciosa fantasia; e o quão misteriosa e solitária é a praia do Senhor da Pedra, entenderemos porque tudo o que se relaciona ao mar é poético aos olhos do contemplador.

Há, além das praias, a magia do Rio Douro: "Nasci no Porto! [...] Ali o cais, a Ribeira, os rostos, as vozes, os gritos, os gestos. Uma beleza funda, grave, rude e rouca [...]. Histórias de naufrágios, de barcos perdidos, de navios encalhados. Por isso, nas noites de temporal se rezava pelos pescadores. Ouvia-se ao longe o tumulto do mar onde navegavam os pequenos barcos da Aguda tentando chegar à praia. Quando a trovoada estava próxima, a luz apagava-se. Então, se acendiam velas e se rezava a Magnífica [...]. Porque nasci no Porto sei o nome das flores e das árvores e não escapo a certo bairrismo", diz Sophia em seus versos.

Os poetas cantam o Douro como Delfos responde a tudo, porque possui todas as respostas do mundo. Mas é necessário sapiência para elaborar a pergunta. E é preciso sapiência e sensibilidade para poetizar. O poeta e ensaísta Nuno Manuel Júdice diz que Shakespeare poderia ter vivido em seus versos no Porto, à beira do Douro. O poema de Júdice, *As noites do Porto*, fala sobre a possibilidade lírica de o poeta inglês ter nascido em terras lusas, à beira do Douro: "Shakespeare podia ter vivido aqui. Podia ter dançado na noite de São João, quando o rio transborda para as ruas nas correntes humanas que as inundam. Podia ter escrito nos invernos de ausência o que a noite ensina sobre a privação. Podia ter ensinado, à beira do cais, que o tempo lascivo corre como água, levando o que não há de voltar e trazendo o que nunca terá nome nem corpo. As almas que empalidecem quando o sol poente se reflete nos vidros, cantam bruscamente o verão. Mas o que ele cantou podia tê-lo cantado aqui. Todos os lugares são, afinal, lugar nenhum para quem não habita senão a própria voz".

Ah! O Rio Douro. Ah! O mar! Somente quem transcende à imagem dos olhos podem cantá-los. A Região do Douro é considerada

Patrimônio Mundial da Humanidade desde 2001 pela Unesco. Na paisagem montanhosa, vê-se o verde mais alto, o céu, os rios, vê-se a potência e o impacto das águas. Para Miguel Torga, autor de *Bichos* e criador da personagem Madalena, o rio é um poema geológico: "Montes que não deixam de crescer, videiras que ninguém pode contar, rio que não para de correr, pedaço de viril beleza".

No poema de Sophia, o mar indica travessia, possibilidade de conhecimento do outro lado, é venerado pelos portugueses. Para Fernando Pessoa, o mar é ao mesmo tempo o bem e o mal: "Ó mar salgado, quanto do teu sal são lágrimas de Portugal! Por te cruzarmos, quantas mães choraram, quantos filhos rezaram, quantas noivas ficaram sem casar, para que tu fosses nosso, ó mar". O poeta dos heterônimos questiona incisivamente o próprio mar, o mesmo mar adorado e poetizado. Questiona-o por ser tão gigante por sua própria natureza: um mar sem fim. No entanto, apesar da beleza, esse mar que alenta o coração dos observadores e dos contempladores, quando se traduz em conquista e em progresso, é também destruição e morte.

Os poetas colorem em palavras as imensas paisagens que residem na íris de quem contempla a natureza. Ah! O mar! Lisboa tem mar e tem o Tejo, um rio cantado por poetas de todo lugar, inclusive por Sophia de Mello. Ela escreveu mais de 30 livros de poesia, contos infantis, traduções e ensaios. Seu forte, assim como o de Florbela, era a poesia. Teve muitas paixões, mas como amava o mar e admirava a Grécia, não havia outras tão intensamente esfumadas em forma de poesia: "A terra, o sol, o vento e o mar são a minha biografia e são meu rosto", diz Sophia. O mar e o rio são cantados por poetas portugueses, o Tejo, o Douro, o mar.

Sophia foi uma mulher quieta, meio calada, introspectiva e adornada de certa angústia: "Minha mãe nunca teve uma vida despida de angústias. Nunca! E essa é uma das coisas que lhe admiro, porque, apesar disso, nos intervalos, ela agarrava todos os instantes de felicidade com força juvenil e incrível. Não desperdiçava um minuto em que pudesse ser feliz, uma hora da vida dela [...], ela merecia ter tido uma vida mais despreocupada e feliz, com menos problemas que a angustiassem", diz o filho dela, Miguel Tavares.

Sophia veio de uma família considerada nobre, seu bisavô foi o conde Henrique Alegre de Burnay e seu avô o conde de Mafra.

Estudou Filosofia e, na universidade, participava dos movimentos estudantis. Nesse ambiente, publicou *Cadernos de Poesia*, em 1940. E iniciou a carreira poética a partir dessa data. Conheceu e apaixonou-se pelo jornalista Francisco Souza Tavares. Eles se casaram e foram morar em Lisboa. O marido, como citado, era militante político, lutava por liberdade, encarava duramente as bases da ditadura e se erguia contra elas. Foi um homem ousado e de muita coragem, colocando fim no Estado Novo e na ditadura de Salazar, em 25 de abril de 1974, dia em que, desde então, comemora-se a Revolução dos Cravos, como citado anteriormente. Ele e Sophia tinham ideais libertários. Os avós e bisavós aristocráticos da poeta devem ter-se revirado no túmulo. O casal militava e ambos atuaram politicamente para que houvesse liberdade e democracia e, consequentemente, pudessem elevar o país que o regime ditatorial afundara política e economicamente.

Entretanto, por mais que eu escreva sobre a poeta, não alcançarei seus múltiplos significados, muito menos sua grandeza real e sim-bólica. Quanto mais pesquiso sobre ela, mais me apaixono. Sophia é uma lenda da arte de escrever e poetizar! Sua produção poética busca liberdade e justiça, tenta chegar próximo de um humanismo cristão que, desesperadamente, quer encontrar. Segundo Maria Andresen, filha de Sophia de Mello, "a poeta sempre se colocava diante de um confronto entre a imanência e a transcendência". A transcendência, para Sophia, era uma espécie de maravilhamento das coisas, não uma ideia de espiritualidade, mas sim, a apreensão das coisas concretas, tais como elas são ou se apresentam. E diante delas sentir-se feliz.

Sophia e os contos de fada

Sophia de Mello lia em voz alta seus versos para seus cinco filhos: Miguel, Xavier, Isabel, Maria e Sofia. E assim como via e sentia o maravilhamento da natureza, principalmente do mar, descrevia o que lia. Para ler aos filhos histórias de crianças, Sophia embrenhou-se pela literatura infantil e escreveu: *A Menina do Mar*; *O Rapaz de Bronze*; *A Fada Oriana*; *A Floresta*; *O Cavaleiro da Dinamarca*; *A Árvore*; *O Tesouro*; *Os Ciganos* e outros. *A Menina do Mar* foi seu primeiro conto infantil, a paisagem que sustenta a parte descritiva do conto é o mar e tudo o que se relaciona ao cenário marítimo. E nesse conto a escritora retoma o tema mar. Imagine, caro leitor, uma praia sem fim, a areia morna, as rochas gritando com o bater exaustivo das ondas, os rochedos, as grutas misteriosas, o som que vem delas. Nessa praia, nesse mar, habitam ouriços, búzios, conchas, algas e anêmonas e, ao longe, "uma casa branca, entre as dunas, de olhos abertos para o mar". Na casa mora um menino que se entristece por desconhecer o que está no fundo do mar. Amava tanto o mar que desejava ser um peixe para desvendá-lo.

Um dia, andando pela praia, ouve vozes e avista uma menina de cabelos azuis e olhos roxos a brincar com peixes, polvos e caranguejos: eles riam. Desse encontro nasce uma amizade. O menino saberia, agora, sobre os monstros que moravam no mar. "Tu nunca foste ao fundo do mar e não sabes como lá tudo é bonito. Há florestas de algas, jardins de anêmonas, prados de conchas", diz a menina. E, por sua vez, o menino leva coisas da terra à dançarina da raia, que se sente um pouco angustiada e diz: "As coisas da terra são esquisitas. São diferentes do mar. No mar, há monstros e perigos, mas as coisas bonitas são alegres. Na terra, há tristeza dentro das coisas". Ao que ele responde: "[...] Isso é por causa da saudade [...]". E assim, terra (elemento feminino) e mar (elemento masculino) encontram-se e tornam-se amigos. O menino descrevia o elemento feminino; a menina, o masculino. A terra é cíclica, nasce e morre. O mar é contínuo.

Em 1984, o maestro Fernando Lopes-Graça compôs uma obra musical, um conto em quatro atos, baseada em *A Menina do Mar*. Uma composição belíssima! Dessa forma, as vozes narram a historinha sobre a bailarina da raia. Não à toa, recebeu inúmeros prêmios, inclusive o Camões. Aliás, ela foi a primeira mulher a receber o Prêmio Camões.

Em *O Cavaleiro da Dinamarca*, de 1965, a escritora conta a história de um cavaleiro que há muito estava fora de casa, pois havia peregrinado na Palestina e tentava voltar à casa, como Ulisses que, em regresso ao lar, a ilha de Ítaca, lutava contra monstros, feitiçarias de Circe e o canto inebriante das sereias. O conto é muito lindo, um enredo de tirar o fôlego, tantas histórias dentro da história que parece que todas as personagens são contadoras como Sherazade. É uma narrativa mais para adultos do que para crianças, muito texto e pouquíssimas ilustrações. E se cada ano tem 365 noites, dois anos teriam 730, isto é, quase *As Mil e Uma Noites. O Cavaleiro da Dinamarca* levou dois anos para retornar ao lar.

O conto tem 56 páginas que narram e descrevem paisagens e pessoas. Começa falando da Dinamarca: "A Dinamarca fica no Norte da Europa. Ali os Invernos são longos e rigorosos com noites muito compridas e dias curtos, pálidos e gelados. A neve cobre a terra e os telhados, os rios gelam, os pássaros emigram para os países do Sul à procura de sol, as árvores perdem as suas folhas. Só os pinheiros continuam verdes no meio das florestas geladas e despidas. Só eles, com os seus ramos cobertos por finas agulhas duras e brilhantes, parecem vivos no meio do grande silêncio imóvel e branco".

O narrador registra que "há muitos e muitos anos, dezenas e centenas de anos", ao Norte da Dinamarca, perto do mar, havia uma casa na floresta espessa e gelada que tinha um pinheiro que iluminava todo o caminho que levava à estrada: "[...] nessa floresta morava com sua família um cavaleiro. Viviam numa casa construída numa clareira rodeada de bétulas. E em frente da porta da casa havia um grande pinheiro que era a árvore mais alta da floresta [...]".

A prosa tem uma narração bastante poética ao descrever lugares. O tempo é demarcado pelas estações do ano: primavera, verão, outono, inverno. O espaço é múltiplo, porque o cavaleiro passa por muitas terras, cujo maravilhamento prende-o pelo êxtase que sentia ao conhecer lugares inimagináveis: "Na Primavera, as bétulas cobriam-se de jovens folhas, leves e macias que estremeciam à menor aragem. Então, a neve desaparecia e o degelo soltava as águas do rio que corria ali perto e cuja corrente recomeçava a cantar noite e dia entre ervas, musgos e pedras. Depois a floresta enchia-se de cogumelos e morangos selvagens. Então, os pássaros voltavam do Sul, o chão cobria-se de flores e os esquilos saltavam de árvore em árvore. O ar povoava-se de vozes e de abelhas e a brisa sussurrava nas ramagens".

O narrador descreve o cenário da floresta em todas as estações, como as manhãs eram verdes e douradas no verão. Mas todos amavam o Natal, era, sem dúvida, a festa mais sagrada e mais amada por todos os habitantes da floresta. E ocorria durante o inverno. Mas o frio não impedia nem o gosto pela festa nem os preparativos que começavam dias antes, todos se uniam para que a festa de Natal fosse impecável: família, parentes, amigos, empregados. E todos se punham à mesa para degustar as carnes regadas a cerveja com mel. Após beberem vinho e se fartarem das carnes assadas, vinha a melhor parte. E no aconchego da casa do cavaleiro, que estava morna e enfeitada, todos se punham a contar histórias: de ursos e lobos; gnomos e anões; a romântica vida de Tristão e Isolda; de Alf, o rei da Dinamarca; dos reis magos; dos anjos e dos pastores. A noite rendia, mesmo porque, no inverno, elas eram longas.

Na noite de Natal, o cavaleiro revela à família e aos amigos que ficaria um tempo fora em visita à Terra Santa, e que pretendia passar o Natal seguinte na gruta onde Cristo nascera. Após isso, regressaria ao lar para confraternizar com a família outros natais. E assim que nasce a primavera, ele parte. As aventuras que o cavaleiro da Dinamarca, de Sophia de Mello, experiencia até seu retorno fazem alusão ao clássico grego *Odisseia*, de Homero. Quer saber o fim da história? Procure um canto confortável, uma poltrona macia ao lado de um abajur de chão, com certa luz, nem forte nem miúda, mas na medida certa, e mãos à obra, página a página. E os olhos cobiçosos vão descobrir se o cavaleiro misterioso volta ou não para casa.

Em *A Fada Oriana*, de 1958, a escritora fala de ética, do caráter, de valores e da formação humana. O termo feminino *oriana* veio do latim *aurum* e designa fortuna, o nascer do sol, o amanhecer, o primeiro raio dourado do dia. No conto, Oriana é a guardiã da floresta e de todos os seres que habitam entre as montanhas, nas árvores espessas e gigantes, nos rios, nas cachoeiras. Ela guarda os animais, as aves e a fauna, mantendo-os seguros e felizes. A responsabilidade da fada é a de manter a vida evitando que os seres da floresta corram riscos de morte, caminhando para a extinção.

Não é uma tarefa fácil — mesmo Oriana sendo a fada boa. No entanto, há fadas más: "as fadas más fazem secar as fontes, apagam a fogueira dos pastores, rasgam a roupa que está ao sol a secar, desencantam os jardins, arreliam as crianças, atormentam os animais e roubam o dinheiro dos pobres". No entanto, Oriana era uma fada boa e feliz, era feliz intensamente e vivia a "regar as flores com orvalho, a acender o lume dos velhos, a segurar pelo bibe braços as crianças que vão cair ao rio". As fadas boas, para Sophia de Mello, "encantam os jardins, dançam no ar, inventam sonhos e, à noite, põem moedas de oiro dentro dos sapatos dos pobres". Assim era Oriana.

O conto fala de comprometimento, de promessas e de valores, de ser guardiã e lutar pelo bem-estar da floresta. Mas como Narciso acha feio o que não é espelho, ela é ameaçada pela vaidade, mas não pela vaidade comum, a que todos os seres possuem, é a vaidade que assola corpo e espírito e que toma conta de tudo, cegando o que existe ao lado, atrás e na frente. Assim, Oriana é posta à prova por um peixinho meio cretino, meio maldoso que aparece à margem quando lhe convém.

Oriana tem formação humanística e é regida pelos códigos de ética acerca das florestas, da biodiversidade, ou seja, a fada representa o ser em construção que caminha para uma vida correta, com base em valores do meio ambiente e do ser humano. "Os conceitos de ética e moral são conceitos que nos deparamos desde cedo na vida, ainda que não tenhamos noção disso. Desde o dia do nosso nascimento que nos encontramos inseridos numa sociedade onde coexistem normas e valores, os quais devemos ser capazes de cumprir e de seguir tornando-os, desta forma, parte do meio no qual estamos inseridos", diz Maria Clara Mota Lopes, da Universidade do Algarve, em seu texto "O papel da literatura na formação integral do indivíduo: A Fada Oriana e o raciocínio ético".

Mas Oriana, quando se vê aparentemente nas águas sem enfeites e depois com enfeites, apaixona-se por si mesma: ela e a imagem tornam-se um só corpo indissociável, impenetrável e, inebriada pela vaidade, vive no casulo de si, cuja aparência despe-se da essência. E dentro de si mesma, esquece-se, por tempo indeterminado, dos seres da floresta, seres estes que eram da inteira responsabilidade da fada. Por causa disso será castigada perdendo suas asas. Vai, então, perceber o quão difícil era percorrer a pé tantos quilômetros que fazia voando. A fada, mesmo sem asas, corre atrás para consertar seus erros narcísicos insuflados pelo peixe, tornando a floresta viva novamente. E assim, leva pão, manteiga e açúcar à velhinha que sozinha carregava lenha nas costas, deixa pedrinhas que transforma em moedas à família do lenhador, ajuda o moleiro, faz crescer cabelo na careca do homem muito rico e retorna para abrilhantar o cenário da casa do poeta, no alto da montanha. Eis o conto infantil de Sophia de Mello sobre a fada cujo nome designa ouro.

Há muitos outros contos, inúmeros ensaios, traduções e, principalmente, poemas. Desvendar a produção literária dela é uma deliciosa obrigação que se traduz na fruição do texto de Roland Barthes, no belo estético de Immanuel Kant e na catarse como a mais alta fonte de purificação.

CHIQUINHA GONZAGA

Eu acredito que o privilégio de uma vida é ser quem você é. Realmente ser quem você é. E eu passei muito tempo pedindo desculpas por isso.

(Viola Davis)

Quantas vezes sonhamos com liberdade e acordamos em uma realidade hostil? Não nos falta energia nem ação, falta-nos caminhos. Foram todos cerrados. Não, não nos falta atitude, cavamos com as mãos as estradas, quebramos as paredes e as correntes e, ensanguentadas, seguimos. E quando alcançamos a rua, que nem sempre existe para uma mulher, tentamos, com uma força vinda das entranhas, fugir de um sistema que nos odeia. E se não houver estradas, construiremos uma. O problema "deles" é que continuamos a sonhar e, a cada sonho, percebemos que nossas mãos, calejadas de luta, ainda arrebentam construções e abrem buracos. É pelas brechas que fugimos. As brechas que construímos. Para onde vamos?

Não sabemos exatamente para onde vamos, mas temos a certeza do lugar onde não queremos ficar. Não sabemos, ainda, com quem dividiremos o suor e a alegria de vivermos livremente, fora de uma gaiola que nos limita como se fôssemos um pedaço de alguma coisa. Não! Ainda não sabemos com quem ficaremos nem em quem confiaremos, mas sabemos de quem manteremos distância efetiva. Distância como aquela que se conhece como o "nunca mais", em alusão ao poema "Never More", de Poe.

Quantas mulheres sofreram por não se encaixarem no modelo do sistema patriarcal? Centenas. Milhares. Chiquinha Gonzaga é uma delas. Ser mulher é um estado de melancolia permanente, só a luta elimina a dor. A angústia da escolha parece ser feminina. Como o escolher para a mulher é uma tarefa difícil: amor ou carreira? Antonia Brico foi obrigada a escolher a carreira, pois o casamento, na época, destruía as mulheres geniais. Todos os caminhos para o homem, e apenas um para a mulher. Em alguns países, a mulher não tem estrada alguma.

Entretanto, Chiquinha foi uma adolescente que sorvia a vida, era totalmente impulsiva, a melancolia passou longe dela, não seguia as regras destinadas a uma moça, filha de um almirante, à época dos reis, príncipes e regentes, cujo país era reinado por D. Pedro II. Ela estava à frente da elite, que seguia preceitos europeus e agia de maneira repressora. Seu amor pela música começou muito cedo, era impulsivo, determinado, criativo, propulsor. Ao ouvir gêneros diferentes de música, pensou em unir a cultura popular à erudita. Chiquinha cresceu ouvindo os clássicos italianos: Verdi, Paganini, Puccini, mas também ouvia as canções dos negros, no Rio de Janeiro, e apaixonou-se pelo ritmo. Resolveu, então, mesclar música europeia com africana, reinventando outro estilo musical, aliás, brasileiríssimo. Para ela, assim como Nietzsche: "sem a música, a vida seria um erro". Além do que não há fronteira para a música, nem patamares de inferior ou superior, música de pura qualidade encontra-se no mundo clássico e no popular.

A polca é semente da cultura popular. Originária da Boêmia, região da República Tcheca, no início do século XIX, caracterizava-se por ritmo alegre e dançante, dança em pares, com compasso 2/4. Propício ao ritmo festivo, o gênero invadiu toda a Europa e a América do Sul. Mas devido à condição popular e ao entusiasmo com que era dançado, desagradou a elite brasileira quando aqui chegou. A elite não sabia bem por que condenava a música e a dança e, sem refletir, apenas repetia o que a maioria pregava, que a dança era chula. No entanto, quem tinha consciência, quem refletia sobre, não encontrava argumentos para desaprová-la.

A psicóloga Claudia Rodrigues, nascida em Portugal, autora de *Cidade Noctívaga*, ressalta, na tese de doutoramento, que os elementos da festa têm origens populares e carnavalescas, da boemia, focando sua origem como mito da vida moderna e noturna, contemplando os elementos da saída das noites. "[...] Este tríptico uno entre festa, boemia e vida noturna, associado à música, à dança e ao espaço público — situa-se, à partida, e originalmente, nas esferas do prazer, do desejo e da libertação, da transgressão e suspensão das normas e das convenções sociais". Quem experimentou a liberdade dos movimentos e da alegria que os passos e o ritmo proporcionavam entendia por que era uma dança proibida. Chiquinha adorava polca e não se continha diante do som, nem diante do som do lundu, este último era um gênero musical de origem africana com um batuque irresistível.

Chiquinha teve contato com a música ainda muito pequena. Como o pai queria transformá-la em uma dama da corte, colocou diante dela tudo o que havia de melhor. Estudar piano garantia o status social, no século XIX, no Brasil. O maestro Lobo foi encarregado de ensinar a menina. "Os alemães achavam que o Rio de Janeiro era a cidade dos pianos, o som das canções e das músicas ecoava pela cidade", diz Maria Adelaide do Amaral. O pai de Chiquinha não tinha ideia de que aquelas inofensivas aulas de música e de piano iam fazer de Chiquinha a maior musicista da época para desgosto e decepção de José Basileu.

Organizada por Lauro César Muniz e Daniel Filho, dirigida por Jaime Monjardim, em 1999, a Rede Globo de Televisão exibiu a minissérie *Chiquinha Gonzaga*, com Marcelo Novaes, Gabriela Duarte, Maurício Gonçalves, Daniela Escobar, Sérgio Lorozo, Chica Xavier, Clarisse Abujamra, Fábio Junqueira, Fernando Muniz, Odilon Wagner, Adriana Lessa, Carlos Alberto Riccelli, Zezé Mota, Danielle Winits, Ângela Leal, Antônio Petrin, Caio Blat, Norton Nascimento, Milton Gonçalves e grande elenco.

A minissérie conta sobre a vida e as composições de uma das maiores influências da música popular brasileira e, também, de sua luta para existir em pleno século XIX. Pioneira em tudo, essa mulher, de nome Francisca Edwiges Neves Gonzaga, rompeu padrões com as próprias mãos. Musicista em um momento no qual a música popular brasileira estava em construção, a polca, por exemplo, foi por ela reinventada. Abrasileirou muitos gêneros musicais. Inovou. Inaugurou.

Chiquinha era feminista e lutou pela mulher da época e pelos próprios direitos, tanto que, cansada de os empresários ganharem muito dinheiro em suas apresentações e sobrar apenas os aplausos a ela, ajudou a fundar a primeira Sociedade Brasileira de Autores Teatrais (SBAT), um código civil brasileiro inspirado por ela, resultado de sua luta. Seu pensamento estava anos-luz à frente da elite retrógada do império. Chiquinha, sinônimo de resistência, lutava por liberdade, contra a escravidão, contra o reinado e contra o machismo. Ela militava falando, cantando, compondo, tocando e panfletando.

Pioneira em tudo, Chiquinha rompeu com os padrões sociais e lutou a favor de uma república em lugar da nobreza. Ela, assim que pôde, alforriou um escravo. Era 100% abolicionista. Lutava por liberdade e, militando, denunciava o atraso social de sua época. Viveu como desejou, amou e foi amada, passou por cima de tudo, renegou os modelos femininos ditados pelo sistema, "venceu e se consagrou merecedora", diz o músico Jairo Severino.

As séries, os filmes e os documentários trazem conhecimento, assim como a maioria dos livros. Estes contam histórias das mais distantes e das mais próximas da natureza humana e suas relações do homem consigo mesmo, com o outro e com as sociedades. A biógrafa de Chiquinha Gonzaga, a socióloga e escritora Edinha Diniz, publicou *Chiquinha Gonzaga: uma história de vida*, em 1984. Trata-se de um ensaio biográfico que traz o renascimento da maestrina carioca, o recolocar oficial de um nome feminino tão importante nas páginas da história da música brasileira, na mídia editorial, nas livrarias, nas mentes das mulheres e da população.

Escrever sobre Chiquinha não é tarefa fácil. À medida que Edinha vai pesquisando, percebe que tanto a vida da compositora como suas composições desdobravam-se em outras linguagens: pianista exímia, compositora, maestrina. Ela era híbrida e, unindo ritmos e cadências africanos e europeus, faz surgir a música brasileiríssima: o choro, a polca. Esse novo compasso, condenado por muitos, e proibidíssimo pela elite, odiado a ponto de a família Gonzaga queimar as partituras que estavam à venda, seria um grande sucesso. Mesmo com todo o ódio depositado sobre ela, suas composições tornar-se-iam uma explosão nacional e internacional: o marco da música popular brasileira. Após Chiquinha, nada mais seria como antes, ela é o obelisco da música do século XX e dos carnavais vindouros: "Ô abre alas que eu quero passar, eu sou da lira, não posso negar". Os desdobramentos da produção de Chiquinha alargam-se em "múltiplas linguagens, [...] dezenas de reedições de livros, gravações musicais, montagens de peça teatral, minisséries televisivas, produções audiovisuais, enredos de escola de samba, publicações paradidáticas, trabalhos acadêmicos e verbetes enciclopédicos", diz a biógrafa. Chiquinha foi uma mulher genial, ímpar, uma profissional como poucas.

Quando iniciou pesquisa sobre Chiquinha, a biógrafa Edinha comentou que ficou assustada com o quanto o brasileiro, e ela própria, desconhecem a maestrina. As referências que tinha dela, por volta dos anos 1970, era a da marchinha "Ô Abre Alas" e nada mais. "Era só o que eu sabia antes de começar a pesquisa, no ano de 1977. Soa estranho que não soubéssemos quase nada dessa que foi uma das figuras mais importantes da luta pela liberdade no país. E isso cento e trinta anos depois de ter nascido! Mas considero que o esquecimento foi um dos preços que Chiquinha Gonzaga pagou por sua audácia", diz Edinha.

Lutou, sim, uma luta que parecia interminável: "Nunca se esqueça de que basta uma crise política, econômica ou religiosa para que os direitos das mulheres sejam questionados. Esses direitos não são permanentes. Você terá que se manter vigilante durante toda a vida", diz Beauvoir. Chiquinha viveu o preconceito da elite arraigado à cultura popular, à música afrodescendente e aos gêneros musicais que estavam distantes do erudito, "cheios de requebros". A sociedade vivia de aparência e repetia as normas sem questioná-las, eram cordeirinhos dos colonizadores: "sociedade ligada ao governo regencial de D. Pedro II". Chiquinha lutava pelo fim da escravidão e pela liberdade irrestrita da mulher. Para a feminista Rose Marie Muraro, o universo dos homens não engole a ascensão da mulher ocupando espaços considerados masculinos pela sociedade patriarcal: "Nos últimos oito mil anos a mulher foi reduzida a sua dimensão procriadora. O inconsciente coletivo não aceitava que a mulher se destacasse no mundo masculino. E Chiquinha, plena, invade esse espaço com muita pertinência".

Faz-se necessário que a população do Brasil (e do mundo) conheça a maestrina, compositora e pianista Francisca Edwiges, conhecida por Chiquinha Gonzaga, nascida em 1847, no Rio de Janeiro, a 17 de outubro, uma libriana para ninguém colocar defeito. Lutou como Antonia Brico, com a diferença de que venceu, conseguiu ser laureada em vida. Embora Antonia tenha conseguido reger alguns concertos, nunca teve um espaço somente dela. Suas apresentações eram sazonais e foram rareando até cessarem. Podemos dizer que a luta de Antonia e de Chiquinha foram pesadas e dolorosas de maneira similar. Chiquinha Gonzaga casou-se duas vezes. Embora só tenha uma certidão de casamento assinada pelo padrinho, o marquês de Caxias, relacionou-se maritalmente com João Batista. Mas, por amor à carreira, desistiu desses compromissos que sufocavam e matavam as mulheres geniais do final do século XIX e começo do XX.

Sua vida foi de luta desde que nasceu. Foi rejeitada por ser filha do primeiro-tenente José Basileu Alves Gonzaga, um homem rico, branco, vindo da Família de Caxias, ilustres "gentes" que frequentavam a corte de D. Pedro II, e de Rosa Maria Neves de Lima, filha de escravizados. A relação do tenente com uma mulher filha de escravizados escandalizou a sociedade inteira do Rio de Janeiro. Quando soube que Rosa estava grávida, rejeitou o bebê, primeiro porque era fruto de uma união desaprovada pela sociedade que estava ainda aos pés da monarquia e, segundo, por ser menina. Quantos espinhos ferem o coração de uma menina ao nascer?

Rupi Kaur, a instapoeta com milhares de seguidores, adoradores de suas poesias, narra sobre esses espinhos. No livro *Outros Jeitos de Usar a Boca,* fala de como a menina indiana nasce lutando contra a rejeição e a morte. Suas poesias denunciam a crueldade medonha sobre as meninas desde o parto: o feminicídio indiano. Nos últimos três anos, só no Brasil, as obras da poeta venderam mais de 500 mil cópias.

As mulheres gritam e quem não quiser ouvir que tape os ouvidos. Chiquinha gritou por meio de suas composições e de suas lutas. A sociedade não a perdoou, mas ela não precisou do perdão de ninguém, no máximo, precisava ouvir o perdão de seu pai, que a renegou quando decidiu se divorciar. Como diz um homem que viveu os horrores do holocausto, as experiências hediondas que o nazismo fazia com os judeus: "Se houver um Deus, Ele terá que implorar o meu perdão". Que sociedade diabólica! Determinada, a maestrina derrotou, como Davi fez com Golias, seus demônios externos.

José Basileu, o pai de Chiquinha, enfrentou a sociedade quando a filha nasceu, mas não teve a mesma coragem de entendê-la quando cresceu. Enfrentou a família e se casou com Rosa, assumiu a filha e se dispôs a dar a ela a melhor educação. Mas não teve forças para assumir a filha inteligente, irreverente, ousada, destemida e exímia pianista.

Um homem branco e rico casar-se com a filha de uma escravizada foi um dos maiores escândalos do Rio de Janeiro. Rosa nunca seria aceita na sociedade de ontem, nem nos contos de fada. Mesmo assim, José Basileu casou-se e constituiu família com ela. A família Gonzaga jamais se conformou com essa união. O primeiro impulso de José Basileu foi esconder a filha, dando-a para adoção. Exigiu que a menina (que ele chamava menino) fosse colocada na roda para ser educada anonimamente pelas freiras. No entanto, um anjo meio torto sussurrou no ouvido do tenente, que se arrependeu e, além de registrar a menina como filha legítima, casou-se com a mãe dela. Jurou fazer da filha uma dama da corte. Mesmo assim, "nasceu bastarda, de mãe solteira e mulata em uma sociedade escravagista e colonizada", diz Edinha. Ao ser registrada como filha legítima de um homem rico, passou a fazer parte da sociedade.

Chiquinha teve acesso à melhor educação da época. Estudou música com o maestro Lobo, como citado, e com apenas 11 anos escreveu a "Canção dos Pastores": "Oh! Pastores das campinas, os instrumentos deixai, vinde ver o Deus menino, vinde ver o nosso Pai". Inteligente, ousada, apaixonada por música popular, ela cresceu irreverente, destemida, pronta para viver a vida em toda a sua dimensão. Quebrou todos os paradigmas que chegaram até ela.

Tudo parecia caminhar favoravelmente ao encontro de seus desejos musicais e à sede que tinha de viver, até que os deveres que a sociedade impõe à mulher caem sobre os ombros de Chiquinha. As 16 anos, contra sua vontade, casou-se com o oficial da Marinha mercante Jacinto Ribeiro do Amaral. Mesmo casada, estudava e praticava piano, para a insatisfação do marido. Os filhos foram chegando: João Gualberto do Amaral, Maria do Patrocínio e Hilário do Amaral. O casamento nunca foi bom, mesmo assim, resistiu por cinco anos. O ciúme e as proibições de Jacinto sufocavam-na. O marido via o piano como um rival, algo que fazia com que a esposa lhe escorregasse das mãos constantemente, perdendo o controle sobre ela.

O Brasil, a Argentina e o Uruguai, a Tríplice Aliança, declararam guerra ao Paraguai (1864-1870). O oficial, marido de Chiquinha, partiu em um navio mercante que levava armas e soldados para a guerra, levando a bordo, também, a esposa. Com medo de viajar por longo período e perdê-la, levou-a junto dele. Depois de alguns dias no navio, exausta de tanta proibição, conseguiu um violão e começou a tocar. Eis que Jacinto dá o ultimato: "Ou o violão ou eu!". E, como era de se esperar, ela escolhe o violão, ou seja, a música, a vida, a liberdade.

Divorciou-se.

Tão pouco tempo de casada e três filhos. Ela foi morar em São Cristóvão e levou apenas o filho mais velho, João Gualberto. Parece que Maria do Patrocínio ficaria com Rosa, a avó materna, e Hilário, com uma tia. A sociedade não aceitou mais essa ousadia, achavam que Chiquinha não tinha limites. "Era uma mulher plena, totalmente livre", diz a feminista Rose Marie. Com a tomada de decisão pelo término do casamento, ela foi considerada morta pela família.

Chiquinha sofreu humilhações e rechaços. A sociedade estava contra ela, a família a desprezava, seu nome era proibido de ser pronunciado. Os dedos que apontavam para seu nariz eram muitos. No mundo patriarcal, as mulheres também se mostraram contra a maestrina. Até hoje, algumas mulheres são contra o próprio gênero e, pior ainda, odeiam mulheres livres e felizes. Com o tempo, o pai adoeceu gravemente e a compositora foi proibida de frequentar a casa dos pais e dos irmãos. Pediu ao irmão, Juca, que intercedesse por ela e dissesse ao pai que desejava visitá-lo. Juca avisou o pai que Chiquinha estava na esquina da casa e desejava vê-lo. Em seu leito de morte, moribundo, mas casmurro, respondeu: "Chiquinha, minha filha, há muito é morta". Um sofrimento incomensurável! "O inconsciente coletivo não aceitaria jamais uma mulher que ousou viver do seu trabalho e ocupar espaços masculinos", diz Rose Marie.

Passou a viver com o engenheiro João Batista de Carvalho, um *bon vivant* que não se prendia a ninguém nem a nada. João Batista era um sedutor incorrigível, já havia entrado na vida de Chiquinha antes mesmo de ela se casar. Um engenheiro que vivia com mulheres aos magotes. Engravidou pela quarta vez. Nasceu Alice. As traições eram muitas e quando Chiquinha viu o marido com outra mulher, separou-se dele. Sem pai e sem marido, foi adotada pela boemia carioca. Alice ficou com João Batista. Estava, ainda, proibida de ver a filha Maria do Patrocínio, que ficara com Jacinto.

Separada, foi morar em um lugar simples com o filho João Gualberto. Depois de dois casamentos desfeitos, Chiquinha viveu para a música no meio da boemia carioca. O flautista Joaquim Antônio da Silva Callado recebeu a compositora de braços abertos, a amizade entre eles era tão intensa que o musicista fez uma polca dedicada a ela intitulada "Querida por Todos", datada de 1869. Callado é o precursor do choro no Brasil. Com a ajuda dele, Chiquinha trabalhava dando aulas de piano e tocando em bailes. A compositora formou a tríade de qualidade com os inestimáveis artistas da música brasileira do século XIX: Ernesto Nazareth e Anacleto de Medeiros. Para Edinha, Chiquinha "transforma o piano, um mero ornamento, em um meio de trabalho e instrumento de libertação".

Nessa época, livre de dois relacionamentos, amou intensamente e sua vida particular não interessava a ninguém. Manteve-se sem holofotes nessa parte reservada: os amores faziam parte da vida privada. Compôs muitas polcas, valsas, quadrilhas, operetas e tangos. Ícone da mescla dos ritmos europeu e africano, esse novo gênero musical, principalmente o choro, viraria um clássico: "A polca torna-se um choro, o choro é uma polca tocada *à la brasileira*", diz Jairo Severino.

Conhecida no Rio de Janeiro e no Brasil por suas canções únicas que, na época, faziam um grande sucesso, resolveu viajar pela Europa. Tornou-se maestrina, a primeira mulher maestrina da história da música brasileira, desconsiderada pela minoria, mas amada com grande consideração pela maioria. Nunca mais a música seria a mesma após Chiquinha.

Aos 52 anos, conheceu o adolescente João Batista Fernandes Lages, de apenas 16 anos. Eles se apaixonaram. João viveria por ela e ao lado dela por toda a vida. Mesmo com a diferença de 36 anos entre eles, permaneceram juntos até a morte da compositora, aos 87 anos. Amou, amou e amou. Amou a música, amou amores.

Francisca Edwiges deixou mais de duas mil composições, 300 músicas editadas, 800 operetas e 73 peças de teatro musicalizadas. Entre suas composições estão: *Em Guarda; Corta-Jaca; Faceira; Cubanita; Ô Abre Alas; Atraente; Lua Branca; A Corte na Roça; Plangente; Bionne; Canção dos Pastores; Machuca; Sultana; Os Namorados da Lua; O Namoro;* Gaúcho; *Passos no Choro; Cordão Carnavalesco; A Filha; A Baiana dos Pasteis; Forrobodó; Suspiro; Maxixe de Zeferina,* entre outras. *Atraente* fez um grande sucesso, tornando a compositora famosa. *Ô Abre Alas* era interpretada pela cantora Maria do Amparo. *Forrobodó* teve 1500 apresentações, um sucesso estrondoso.

O sucesso de Chiquinha foi inevitável, a importância dessa mulher é histórica, mesmo sendo rejeitada e agredida verbalmente por homens e por mulheres, considerada morta pela família, proibida de ver os filhos, ela alcançou sucesso e reconhecimento. Peitou a sociedade carioca com altivez e voracidade ao mesmo tempo em que emanava graça e humor. Teve peças rejeitadas, porque o empresário de Arthur Moreira exigiu um pseudônimo masculino em suas obras, mas Chiquinha não aceitou. Considerada "marginal" devido à liberdade, à coragem e à pertinência com que levava a vida, sustentava-se com seu trabalho de compositora, professora de piano, francês e português, ou seja, não precisava de pai ou marido, mantinha-se por sua profissão e formação.

O documentário, dirigido por Guilherme Fontes, *A Vida e a Obra de Chiquinha Gonzaga*, traz depoimentos de gente famosa falando da maestrina, são elas: a feminista Rose Marie Muraro, a atriz Eva Wilma, o musicista Ary Vasconcelos, a escritora Maria Adelaide do Amaral, a atriz Carolina Ferraz, a biógrafa Edinha Diniz, o musicista Jairo Severiano, a pianista Clara Sverner, o músico Paulo Moura, a advogada Silvia Gandelman, o advogado Roberto Halbout e o ator e compositor Mario Lago. O documentário narra a história de Chiquinha e de sua luta para superar a sociedade do fim do século XIX, uma sociedade que não tolerava uma mulher que não seguisse os modelos femininos da época de D. Pedro II. Entretanto, ela passou por cima de todos, como um trator que derruba obstáculos da lavoura. E viveu como desejou.

BUCHI EMECHETA

O que é o obsceno? Obsceno? Ninguém sabe até hoje o que é o obsceno. Obsceno para mim é a miséria, a fome, a crueldade. A nossa época é obscena.

(Hilda Hilst)

Quando li *Cidadã de Segunda Classe* descobri que a lenda da inferioridade está mais incrustada na alma feminina que qualquer outra coisa no universo da mulher. Fiquei paralisada. Depressiva. Mas ao mesmo tempo, eufórica. Dizia para mim: "Meu Deus, cada linha desse livro conta uma parte da história desde que o mundo é mundo e a mulher é selecionada fora dele". Eu estava maravilhada, atingida de modo tão grave, que vivi com Adah e Francis, enquanto durou a leitura, que foi breve, mas me causou um incômodo sem tamanho.

Eu engoli a história e passei mal. Embriagada, senti-me mexida e remexida por semanas, foram dias e dias de revolta: um constrangimento mesclado a uma tênue alegria. Revolta porque a mulher continua sendo um objeto da sociedade masculina; alegria porque uma mulher havia gritado em forma de literatura ao mundo, principalmente o africano.

Um tênue orgulho remexia-se dentro de mim: eu me sentia feliz, mas também imensamente triste. Uma tristeza de anos, de séculos. Ora a revolta ampliava-se causando ânsia de vômito e tremores pelo corpo, ora eu tentava me animar, porque a obra denunciava as profundezas dos conflitos femininos causados pelos homens. Pelo bem e pelo mal, o livro tocou-me abissalmente por longo tempo. Senti medo!

Um medo histórico, daquele que você pensa que ficou no nazismo de Hitler, no holocausto que matava idosos, adultos e crianças envenenando-os com gás, sufocando-os até a morte; no sangue derramado dos homossexuais, devido à intolerância vinda dos gabinetes de ódio; no fascismo de Mussolini, veiculado pela ultradireita conservadora, una, assassina e hipócrita, que reduz homens e mulheres a farrapos humanos; nas correntes enlaçadas ao homem negro escravizado pelo sistema, açoitado nos troncos; nas guerras, cuja insanidade inerente ao bélico faz o soldado, inimigo de ninguém, atirar para todos os lados, inclusive contra si mesmo, entorpecido, demente; no fogo que dilacera e faz arder carnes femininas! Esse medo não ficou no passado! Suas raízes estão vivas, elas não foram destruídas, lamentavelmente, e quando se percebe a realidade, o pânico se instala e se avoluma na extensão e na largura. Espalhar medo é uma forma de controle, um medo que torna inerte e inerme a população. Adah tinha medo de desqualificar o marido, de afrontar suas crenças africanas, de magoá-lo, mesmo morando em Londres. Adah tinha medo de ser livre, porque o medo é paradigmático e apresenta-se imortal à natureza humana, principalmente, à mulher.

Nem explicando capítulo por capítulo eu teria o alcance da dimensão do que a escritora nigeriana Florence Onyebuchi Emecheta abraçou nessa obra. Escreveu muitos livros que tentam libertar as mulheres das normas sociais, do lugar-comum, das tradições que as rebaixam, limitam-nas e escravizam-nas. Laureada e aplaudida, ganhou muitos prêmios e foi, ainda, a segunda africana a editar um livro em inglês, a primeira foi Flora Nwapa. Buchi Emecheta foi uma mulher tão incrível que, mesmo tendo as crenças contra o feminino incrustadas em sua alma, como as chagas de Cristo, desvencilhou-se da maioria delas. Suas obras são, segundo os críticos, autobiográficas e mesmo quando narra sobre a Guerra de Biafra é a ótica feminina quem fala, é a voz da autora que grita. Escreveu: *In the Ditch*; *Destination Biafra*; *The New Tribe*; *Second-class Citizen (Cidadã de Segunda Classe)*; *The Slave Girl (A Escrava)*; *A Kind of Marriage*; *The Joys of Motherhood (As Alegrias da Maternidade)*; *The Bride Price (O Preço da Noiva)*; *Fundo do Poço* e dezenas de outras obras. Todas denunciam a injustiça e a crueldade do ser humano.

Buchi Emecheta trabalhou muito, estudou mais ainda, criou os filhos com suor e auxílio assistencial. Estudando Sociologia, na Inglaterra, não sem viver as tormentas das tempestades, não sem urrar com o vento acre a atravessar-lhe o corpo. Com o tempo, conseguiu o cargo de colunista na importante revista semanal de Londres, a *New Statesman*. Em 1972, reuniu os artigos da revista que falavam de suas experiências como imigrante e das dificuldades que passou com os filhos morando em uma favela, em Londres e, surge, então, a antologia *In the Ditch* (*Na Vala*). Dois anos depois formou-se em Sociologia.

Cidadã de Segunda Classe conta o destino das mulheres estrangeiras que sonham viver na Inglaterra, principalmente as meninas nigerianas. A obra retrata os conflitos mais profundos e abissais do humano feminino, é tão intrínseca que as palavras se perdem no significado e não representam o que o livro expressa com tanto sentimento e realismo. O romance fala de Adah, personagem que toca de maneira profunda o leitor e a leitora.

À medida que se lê, vive-se o dia a dia da menina que tenta a "duras penas" seguir o sonho como se fosse Presença, com letra maiúscula mesmo. Assim constrói seu sonho, como uma Presença viva e contínua em sua vida. O aspecto onírico transmuta-se na concretude desse sentir a presença, como uma aparição constante, desde tenra idade.

A história de Buchi Emecheta e Adah encontra-se e mescla-se o tempo todo, as mesmas crenças e as mesmas culpas sustentam personagem e autora. A ideia de culpa e de pecado é um instrumento de controle que funciona, porque amordaça bocas e paralisa braços. Na medida em que falo da autora, falo também da personagem. Buchi Emecheta teve uma vida difícil beirando à miséria e à fome, mas nunca desistiu. E, de certa forma, venceu, esteve no fundo do poço, mas conseguiu emergir, não antes de engolir muita água e se afogar infinitas vezes.

A Dama e o Vagabundo

Não me refiro de maneira figurativa ao filme madrigalíssimo que narra o romance entre Lady, uma cocker spaniel e seu amor, Tramp, um cão forte e destemido, sem raça definida, ou seja, um vira-latas. De vagabundo Tramp não tem nada: é corajoso, independente e ama Lady, protegendo-a ininterruptamente. Um cão cujo adjetivo explicativo fala duplamente por si mesmo — é fiel!

Quando uso o nome do clássico da Disney como subtítulo para falar da obra *Cidadã de Segunda Classe* e, principalmente, de Adah e Francis, não há metáfora: Adah é uma dama e Francis, um tremendo vagabundo, um homem sem caráter, sem honra: um ignóbil, um verme! Em se tratando da obra, o título é norteador e autoexplicativo,

Cidadã de Segunda Classe estrutura-se em treze capítulos: Infância; Fuga para o elitismo; Uma acolhida fria; Os cuidadores; Uma lição onerosa; Desculpem, as pessoas de cor não serão aceitas; O gueto; Reconhecimento de um papel; Aprendendo as regras; Aplicando as regras; Controle populacional; O colapso e O fascínio da vala. Todos descrevem de modo intenso as dificuldades de ser mulher estrangeira e casada com um facínora.

O cerne da narrativa remete à ideia de como a mulher nascida na Nigéria, mas vivendo em Londres, é uma pessoa de segunda categoria, e de como a mulher, na Nigéria, não tem classe que a represente social, cultural, religiosa e economicamente. E nessa ordem, Buchi Emecheta vai narrando a vida de Adah, a menina que não era esperada: "uma menina havia chegado quando todos previam um menino. Assim, já que era um desapontamento tão grande para os pais, para a família imediata, para a tribo, ninguém pensou em registrar seu nascimento. Uma coisa insignificante".

Adah nasceu em Lagos, mas foi morar em Ibuza. Os pais não gostavam de Lagos, embora fosse uma cidade maior e mais moderna, eles achavam inadequada para criar uma menina, mas a razão era, na verdade, outra: "Lagos era um lugar ruim, ruim para criar os filhos, porque ali as crianças começavam a falar com o sotaque iorubá-ngbati. Ruim, porque era uma cidade com leis, uma cidade onde a lei determinava tudo. Em Ibuza, segundo eles, a lei era aplicada com as próprias mãos. [...] Lagos era ruim, porque esse tipo de comportamento não era permitido".

Portanto, sua infância foi em Ibuza. Embora não existisse nada muito bom na vida de Adah, deliciava-se com as histórias que suas tias contavam. Tinha já oito anos e não frequentava a escola, morria de tristeza e de inveja quando levava seu irmão mais novo para estudar. E mesmo que os pais não decidissem colocá-la para aprender a ler e a escrever, ela iria às escondidas, iria de qualquer jeito. Algo muito forte a atraía para o aprendizado, não era uma força controlável. E foi exatamente assim que, fugindo inúmeras vezes para ir à escola, os pais resolveram matricular a menina em uma Escola Missionária, tornando o mundo de Adah semelhante a um cometa com rastro para o futuro. Ela aprendeu o inglês e algumas línguas nativas. O conhecimento abria portas. Começava a vislumbrar a materialização de seu sonho.

Os anos passaram-se rapidamente e a felicidade dela era estudar. Para continuar os estudos, precisaria ter uma casa em Lagos, uma casa somente dela, que não tivesse barulho, brigas e conflitos, um lugar de paz, em que não precisasse ser escrava doméstica o tempo todo. Entretanto, alugar uma casa em Lagos seria impossível, só se fosse casada. O que fazer quando não se consegue imaginar outro destino se não aquele que os homens da Nigéria desenharam para as mulheres?

E a frase "antes só do que mal acompanhada" era incabível naquele mundo sem Deus. Mesmo sabendo que qualquer condição era melhor do que se sentar ao pé de um sofá vendo os ratos balouçando nas cortinas: "o casamento é considerado um prêmio para a mulher, na Nigéria, em todas as classes sociais, alta, média e baixa", diz Chimamanda. Cortinas. Ratos. Sofás. A maioria se põe à fila do matadouro. E não foi diferente com Emecheta. Nem com Adah.

E quando Adah se casou e foi morar em Lagos, com um ótimo emprego em uma Biblioteca, muitas coisas ocorreram, todas diretamente contra ela, afinal, ela sustentava a Presença, ou seja, o sonho de morar em Londres. Em Lagos, sua vida seguia normalmente para uma mulher nigeriana casada, que sustentava a casa e obedecia aos sogros como se eles fossem deuses. Ela pagava os estudos do marido e dos filhos. Um dia resolveu que já era hora de realizar o sonho que caminhava ao lado dela desde os oito anos de idade. Hora de para ir para a Inglaterra.

No entanto, há mais pedras nas trilhas femininas do que se pode imaginar. Seguindo à risca os desmandos dos sogros que só se encantavam com a nora devido ao sustento que ela proporcionava a eles e seguindo o marido, que seguia à risca os pais, sem ter absolutamente nenhuma opinião particular, ficou decidido que Francis iria para o Reino Unido estudar, desde que Adah enviasse mensalmente dinheiro suficiente para ele viver. Ela e seus dois filhos ficariam na Nigéria para garantir o envio mensal de dinheiro para Francis. Era ele a realizar o sonho dela, um sonho que não lhe pertencia: "dar asas às cobras é arriscar-se a ter os olhos furados". Como quebrar o dourado onírico que nasce no peito e entregar seu sonho, tão presente desde tenra idade, a outro, e ainda sustentá-lo? Ratos. Sofás. Cortinas.

Com o tempo, com a força que a natureza deu à mulher que sangra, faz criaturas e as alimenta, ela convence os sogros de que está na hora de se encontrar com o marido no Reino Unido. Deixou todas as joias e pertences dela a eles, garantiu a escola das cunhadas, prometeu enviar dinheiro para os sogros comprarem um carro. Cumpriu com as obrigações exigidas pela família do marido. E somente depois de se comprometer até o último fio de cabelo com todos eles conseguiu o consentimento da sogra e do sogro para viajar. Que merda de vida! É ultrajante tudo o que deve fazer para realizar seu sonho.

Feliz, começa a organizar-se para viajar com Titi e Vicky, seus filhos. Seu sonho parecia estar mais próximo e isso a deixava delirante. Foram de navio e desembarcaram em Liverpool. Assim que chegou, sentiu o lugar e o marido frios. Acinzentados. Francis não valia um figo podre, uma flor malcheirosa de cemitério. Cheio de amantes, não abandonava a esposa porque, como o próprio narrador diz, "ela era a galinha dos ovos de ouro da vida dele".

Em Londres, sentiria na carne já arranhada pela vida que seu marido era um verme. Por mais que ela tenha lutado contra as tradições nigerianas, que não tinham nenhuma validade, na Europa, ele as usava para atormentá-la, humilhá-la, controlá-la. Teve mais três filhos e sabia que o marido gastava com muitas amantes o dinheiro dela. Sofreu. Foram tantas ameaças, tantas agressões que Adah não se dava conta. Assim que chegou ao quartinho horrível que Francis havia reservado para a família, mal pôde acreditar o quanto era pequeno e sujo. Depois de conseguir respirar e, aos trancos e barrancos, instalar os filhos, ao anoitecer, o marido deitou-se sobre ela: "o processo foi um ataque, selvagem como o de qualquer animal". Foi tão insano, tão sem reciprocidade que não houve tempo nem para pensar. E no fim do ato ofegante, Francis falou: "Amanhã você vai ao médico, quero que ele dê uma olhada em sua frigidez, não vou admitir".

Com os anos, trabalhando, criando os filhos e sustentando o marido, escreveu uma obra. Estava feliz por produzir literatura, mas a maldade e a inveja não se escondem; antes, multiplicam-se e disseminam-se, ampliando ódio e rancor, espalhando peçonha: "Em nome do amor se atrai graça e desgraça", diz Paulina Chiziane, autora de *O Alegre Canto da Perdiz*, ganhadora do Prêmio Camões, de 2021. O marido, com seu apetite cego, seu desprezo por todos e tudo o que não era espelho e demonstrando naturalmente sua ojeriza pela mãe de seus filhos, coloca fogo na produção literária de Adah. São tantas coisas que ela passa, coisas que vão implodindo suas veias e artérias, vão minando as esperanças e fazendo adoecer. O que fica de crédito é que

Adah consegue se livrar do estrupício, o melhor sinônimo de parasita que a Nigéria já teve, nas páginas da literatura. Sim, ela consegue se livrar do verme. O livro de Buchi Emecheta termina quando, feliz por estar divorciada, a personagem volta para casa ao encontro dos cinco filhos. Mas essa tal felicidade duraria pouco.

Em *O Alegre Canto da Perdiz*, a moçambicana Chiziane mistura verdades e utopias, quimeras e a realidade dos conflitos entre colonos brancos e os escravizados pretos, fala dos costumes do povo da Zambézia e de como a miséria transforma o mel em amargor. Na história da menina Delfina, a mãe trocara a virgindade da filha por açúcar e um naco de carne. Adulta, Delfina repete o paradigma e oferece a virgindade da filha ao feiticeiro Zimba para pagar uma dívida antiga. A história registra essa crueldade, essa transformação dos filhos em mercadoria. O escritor Luiz da Gama foi vendido aos dez anos de idade pelo pai como escravizado, ele precisava do dinheiro para pagar dívidas de jogos e vendeu o próprio filho, que era livre (de mãe negra livre e pai branco). Gama tornar-se-ia um dos maiores abolicionistas da história, libertando centenas de escravos.

Delfina acreditava na inferioridade dos negros, principalmente a da mulher negra, seu comportamento e sua forma de educar com discriminação os filhos pretos e os não tão pretos demarcam o destino da prole, afundando todos no sentimento de pequenez que zoomorfizava, a cada segundo, uma nação, dividida em raças superiores e inferiores. Ofendia Maria das Dores por ser a filha preta e elogiava Maria Jacinta por não ser tão preta, porque filha de um branco.

Chiziane, ao narrar, explicita a condição da mulher, alicerçando toda a trajetória por meio do feminino na história e, para tanto, apresenta ao leitor, à leitora, uma infinidade de variantes alicerçadas na era matriarcal. As lendas explicam como os homens traíram as mulheres e as dominaram, tornando-as cativas. É por meio dessas escritoras incríveis que o leitor se vê diante da realidade da África. Existe a crença de que toda mulher que ouve as cantigas ancestrais de um tempo feminino consegue almejar liberdade. Buchi Emecheta com certeza ouvia as cantigas enquanto sonhava em viver na Inglaterra.

A vida debruçada nas janelas de seus livros

Enquanto falo sobre a história da personagem Adah, confundo-a com Emecheta. É inevitável não as confundir, isso porque a autora conta sua vida e suas mazelas na Nigéria e na Inglaterra da metade do século XX, distribuídas pelos vários títulos que abarcam sua produção literária.

Florence Onyebuchi Emecheta, conhecida como Buchi Emecheta (1944-2017), nasceu na cidade iorubá dos Lagos, Nigéria, mas foi morar em Ibuza, cidade natal de seus pais. Muitas escritoras escrevem sobre as dificuldades de se alcançar a liberdade vivendo no continente africano, a exemplo da Nigéria: Abi Daré, Chimamanda Ngozi Adichie, Flora Nwapa, Sefi Atta são algumas delas. Flora Nwapa é anterior à Buchi Emecheta. As obras narram a vida da mulher, na Nigéria, em todos os sentidos: a condição, o papel social, o casamento, a maternidade, as crenças, as tradições, a cultura oriunda das várias etnias que coabitam o país, a religião dos brancos que demonizam os rituais do povo nigeriano, a negatividade da colonização inglesa que dividiu iorubás, igbos e haúças.

A vida de Buchi Emecheta está esfumada nas cenas dos capítulos de suas obras. Em *Cidadã de Segunda Classe*, a autora é Adah, e Adah, a autora, nos pormenores e na generalidade. Buchi Emecheta passou a infância em Ibuza, adorava as histórias que demarcavam a cultura de seus ancestrais. Ouvir suas tias trazia-lhe momentos de intenso prazer, sua mente voava, ela sonhava e via o mundo como um lugar muito grande, imenso, e sabia que ela caberia em algum cantinho da Europa. O sonho de estudar, morar e trabalhar na Inglaterra sustentou-a durante toda a sua vida, até mesmo quando, morando no subúrbio de Londres, suas pernas fraquejaram; o encantamento onírico a manteve em pé, não sem padecimento, mas erguida.

Quando criança, morando em Ibuza, desejava entrar para a escola. O irmão dela frequentava o fundamental, mas ela, por ser mulher, não. A Nigéria nunca enxergou a mulher como ser pensante, muito menos humano. Fugiu várias vezes de casa e, como não tinha roupas, só trapos, pegava as dos adultos, nada era obstáculo para Buchi Emecheta. Vestia-se com roupas gigantescas (ela era magríssima devido à subnutrição e à miséria em que vivia), arrastando-as ou não pelo chão; amarradas com cordas ou tiras, ia à escola, não se importava com as risadas das meninas. Vestia-se e ia para a escola, escondida de todos:

era o momento de viver seu sonho. Fugiu tantas vezes que os pais, principalmente o pai, matriculou a filha na Escola Missionária para Meninas. Estava vivendo uma pequena parte de seu sonho: aprendera duas línguas nativas e o inglês. A crueldade de sua vida parecia menor. Quando estava na escola, era menos fatigante, havia menos transtornos e até as surras ela suportava mais. Após ficar órfã, fingia que as bengaladas não doíam.

A vida de Buchi Emecheta foi um peso do início ao fim. Suportou o quanto pôde. Infelizmente, passou a ter distúrbios psíquicos e faleceu aos 73 anos, esgotada de lutar sozinha para existir como mulher. Igual e ao mesmo tempo diferente das irmãs Elianor, Marianne e Margareth, em *Razão e Sensibilidade*, que saíram da casa em que nasceram e cresceram. Obedecendo à tradição inglesa, foram tentar a vida em um lugar modesto. Recomeçando do nada, Buchi engole a tradição da órfã, na Nigéria, servindo de empregada ao tio materno e à família dele. A tradição é cumprida. E ela vai morar, como se fosse lixo ou bicho, na casa do tio, trabalhando como faxineira, cozinheira, lavadeira, com apenas 11 anos, ou seja, escrava. Comeu o pão que o diabo amassou, mas nada a desviava dos estudos. Ser mulher na Nigéria era complicado, mas ser criança e órfã de pai e mãe era a morte. Passava os dias lavando, limpando, estudando e apanhando.

Talvez tentando livrar-se dessa condição, na infância, envolve-se com um rapaz. E para seu desgosto, conheceu o estudante "ogro", um zero à esquerda, um nada colossal, Sylvester Onwordi, e eles passaram a namorar. E para piorar o que já é ruim, Buchi Emecheta casou-se com ele aos 16 anos. Ela tentava livrar-se das amarras que lhe impuseram por nascer mulher. E os filhos foram nascendo, um em seguida do outro.

No ano de 1960, no Brasil, mulheres sem nenhuma informação ou que eram extremamente religiosas tinham muitos filhos. A pílula anticoncepcional surgiu nos EUA naquele ano, mas chegou ao Brasil dois anos depois. Mesmo assim, a maioria das mulheres não fazia uso de contraceptivos. Buchi Emecheta teve cinco filhos com Sylvester, alguns nasceram na Inglaterra: "Perdigão perdeu a pena. Não há mal que não lhe venha. Perdigão que o pensamento subiu a um alto lugar -perde a pena do voar, ganha a pena do tormento. Não tem no ar nem no vento asas com que se sustenha, não há mal que não lhe venha", escreve Camões.

Até que conseguiu livrar-se do marido, anos e anos de sua vida foram consumidos. Embora jovem, muito jovem, pois se divorciou aos 22 anos, a culpa, os paradigmas nigerianos, as tradições contra o feminino estavam enraizadas nela com anzóis pontiagudos a ferir-lhe a carne, ininterruptamente. A assombrar-lhe o corpo. Retirá-los poderia ser fatal. Não se sabe o que poderia ser pior. E os ratos continuavam a bailoçarem as cortinas da existência feminina. Mas ela tentou. Tentou bravamente. No entanto, quebrar a lenda da inferioridade era difícil, porque estava cravejada em seu cérebro. Passou a vida a escrever literatura, de modo a vomitar a vida de merda que tinha nas páginas de seus cadernos. De uma forma ou de outra, viveu pelos filhos e pelos livros que produziu. Mas não se isentou da insanidade.

Durante o processo de divórcio, Sylvester negou a paternidade dos cinco filhos e Buchi Emecheta não pôde fazer nada. Pena que não havia como comprovar a paternidade por meio de testes, do contrário, ele estaria em maus lençóis. Os exames de DNA surgiram por volta de 1990, no Brasil. Em 1985, 14 anos antes, na Inglaterra, o geneticista Alex Jeffreys criava o processo de identificação feito por meio da análise da molécula presente no núcleo das células dos seres vivos que traz informações genéticas. O ácido desoxirribonucleico (DNA), que transmite as características hereditárias de cada ser vivo, poderia comprovar a paternidade. O DNA é aceito juridicamente em qualquer tribunal, desde que descoberto, ou seja, 20 anos depois que a personagem Adah foi abandonada com cinco filhos por ter exigido o divórcio. Em 1966, Buchi Emecheta tinha 22 anos e não pôde provar que os filhos eram todos do marido. Na época, bastava o homem, sem caráter algum, dizer que não reconhecia a prole. Um crime de responsabilidade. Enquanto narra sobre Adah, fala de si mesma.

Mesmo assim, havia coisas boas que ocorreram na vida dela, por exemplo, a bolsa de estudos que lhe proporcionou, depois de formada, um excelente emprego e ótimos salários. Estudiosa e disciplinada, mereceu a bolsa de uma escola de elite. Uma oportunidade para poucos. Talvez, Buchi Emecheta pensasse ser uma pessoa não merecedora de coisas boas. Formada, parecia que o mundo era mesmo imenso, bem largo e que ela caberia com certa folga nele. Mas para sair da escravidão da casa do tio, começou a namorar. Escolheu a estrada errada pensando que era a correta. Usou toda a força que guardara em suas veias e músculos para eliminar a culpa de querer existir por ela mesma, de vomitar as crenças que, morando na Inglaterra, perdiam força e significado. Conhecia os conceitos e as inverdades das tradições. Mas, após vomitá-las, engolia-as novamente. Era uma massa azeda, malcheirosa, putrefata.

Ao escrever obras cuja ficção está mesclada à autobiografia, ela, de um modo ou de outro, informa e pede socorro para a sociedade, para o mundo, o mesmo mundo que achava que era imenso e que ela caberia em um cantinho. Não poupou sacrifícios sobre suas costas, suas omoplatas eram arqueadas de tanto peso. Foi uma mulher e uma escritora preocupada com o futuro da mulher nigeriana, inclusive e, principalmente, o das filhas. Incentivava a educação infantil. Mostrou isso lutando muito, com as armas que tinha. Deixou marcado em suas obras que a luta da mulher se inicia pelo direito à educação e à igualdade.

Assim como a jovem escritora Abi Daré preocupa-se, hoje, com a educação das meninas nigerianas, deixando essa questão evidente na obra *The Girl with the Louding Voice* (*A Garota com Voz Alta*), Buchi Emecheta gritou (antes dela) como pôde. Caminhando na mesma esteira da arte literária, Abi Daré conta a história de Adunni, uma menina que luta para estudar, mesmo diante da crueldade das leis contra o feminino. E para tanto percebe que necessita ter voz alta: "a capacidade de falar de si mesma e decidir seu próprio futuro", diz Abi Daré. Mas o pai de Adunni a vende para um homem que deseja ter filhos, atitude bem comum em países de terceiro mundo. Mesmo assim, e em face às tragédias de sua vida, e de todas as meninas da Nigéria, país cheio de instrumentos existentes para silenciá-las, ela não desiste. É vendida e ainda ouve do próprio pai que não é "nada", que é inferior. Adunni ficaria muda, mas apenas por um tempo, porque não conseguiram emudecê-la para sempre.

É tanta agressividade contra as filhas, as esposas, as netas que se encontra nas obras dessas mulheres fortes e que não sucumbem exemplos a serem seguidos. Ao ler *Hibisco Roxo*, de Chimamanda, compreende-se o grau de insanidade que a mãe de Kambili, e até mesmo Jaja, alcançaram, vivendo ao lado de um marido cristão que era a personificação do diabo. Ele destruía cotidianamente a família devido ao fanatismo religioso do catolicismo do homem branco em plena Nigéria. Sem saída, ela planeja a morte do marido. Infelizmente, o filho Jaja assume o delito e vai para a cadeia em lugar da mãe, uma mulher atormentada, vítima do machismo e da intolerância.

As mulheres lutam como podem contra a misoginia, contra o feminicídio e a violência sexual. Na África do Sul, as leis não atingem os homens, antes favorecem, e eles estupram como se fosse inerente, como se oferecessem flores ou bombons, como se dessem a mão para auxiliar a dama que desce do trem. A jornalista Futhi Ntshingila, nascida em Pretória, África do Sul, escreveu *Sem Gentileza*, em 2016, em que conta a história de várias mulheres que lutam para viver em meio à AIDS, em Durban, na década de 1990, mesclada à agressividade contra o feminino e à gravidez indesejada em tenra idade, fruto de estupro.

Essas personagens denunciam o abuso dos pastores que estupram jovens menores com a lábia de salvar do pecado; dos homens que não usam preservativos, contaminam-se e espalham HIV para centenas de mulheres, inclusive as esposas; das mães que abandonam os filhos porque não têm como criá-los; das mães que, abandonadas, suicidam-se.

A obra de Futhi é o cenário de uma África (um continente inteiro) que lutava por liberdade, pois de 1990 a 1994 ocorreram as negociações históricas para destituir o apartheid, um sistema desumano contra os negros. *Sem Gentileza* conta a história de Zola, Mvelo e Nonceba e registra, ainda, em meio ao caos, as doenças, a miséria e a morte, ao mesmo tempo em que denuncia a violência contra a mulher.

Chiziane também escreve sobre as vozes femininas que foram silenciadas em *O Alegre Canto da Perdiz*, por meio da personagem Delfina que, assim como a personagem Adah, está presa à condição da mulher, principalmente das moçambicanas. A obra de Chiziane é de pura poesia, cada linha questiona tempo e espaço e conta sobre a "louca", Maria das Dores, uma mulher que surge nua, no Rio Licungo, e traz à memória um passado distante, longe, muito longe, um passado em que o feminino vivia sob o matriarcado.

Com a aparição da "louca", a autora fala sobre a condição do homem negro e da mulher negra, de como eles foram deportados; de como os mulatos tinham mais oportunidades; de como o negro acreditava em sua inferioridade devido à cor de sua pele; e de como as nuances da cor mudavam o destino das mulheres e dos homens. A ideia de colorismo traduz-se em uma palavra cheia de preconceito. O colorismo é conceito insano, um ato discriminatório baseado na cor da pele, como se cor pudesse significar algo. "É muito comum em países que sofreram a colonização europeia, e em países pós-escravocratas.

De forma simplificada, o termo quer dizer que quanto mais pigmentada uma pessoa, mais exclusão sofrerá", diz Aline Djokic, no Portal Geledés — Instituto da Mulher Negra: "uma organização da sociedade civil que se posiciona em defesa da mulher negra e do homem negro".

A estadunidense Alice Walker, ganhadora do Pulitzer com *A Cor Púrpura*, introduz o termo colorismo em seus ensaios de 1982. O romance e os ensaios desconstroem o termo e a ideia insana de que "a branca é para casar, a mulata para fornicar e a preta para trabalhar". Muitas escritoras africanas denunciam o colorismo em suas obras, mostrando que o sistema sempre se beneficia com os conceitos pré-estabelecidos para as esposas, às amantes e às empregadas, um *kit* completo sem gastar um centavo.

Chiziane denuncia o sistema que vê os corpos das filhas como mercadoria. O corpo da mulher é objeto, um objeto que pode render certo dinheiro ou alguma permuta: as mães vendem a virgindade das filhas em troca de vinho, um naco de bacalhau e um punhado de azeitonas. Enquanto as filhas fechavam os olhos e abriam as pernas, as mães banqueteavam-se.

A prática de venda da virgindade da filha parecia normal naquela ocasião. Delfina tornou-se fria, uma espécie de mercado que vende quaisquer pessoas como coisas. Ela amou muitos homens e não amou nenhum. Os paradigmas repetem-se e repetem-se sem cessar. Delfina, a personagem central, vendeu a própria filha ao amante feiticeiro como a mãe dela tinha feito com ela. A escritora conta como a personagem seguiu as mesmas misérias, como se transformou em algo mal e defeituoso e como marcou, com tempestades e trovoadas, o destino da filha Maria das Dores: "Há uma mulher na solidão das águas do rio. Parece que escuta o silêncio dos peixes. Uma mulher jovem. Bela e reluzente como uma escultura maconde. De olhos pregados no céu, parece até que aguarda algum mistério. [...] Uma mulher negra, tão negra como as esculturas de pau preto. Negra pura, tatuada no ventre, nas coxas, nos ombros. Nua, assim, completa. Ancas. Cintura. Umbigo. Ventre. Mamilos. Ombros [...]".

Quanto sofreu Moçambique para ver-se livre dos colonos? Quanta desgraça engoliu? Quantos morreram? Quantas marés revoltaram-se e bateram contra as rochas, destruindo a natureza para depois a refazer? Quanto de cinza e de morte sentiu para se colorir? Oh!

Mãe África de todos nós! Chorai e ri! Oh! Todas as Marias, sagradas e profanas, apareçam e soltem suas vozes em um coro de lástima e acusação! Denunciem. Incriminem. Notifiquem!

Homens escravizam homens. Homens brancos escravizam homens negros. Homens negros escravizam homens negros de outras etnias. As mulheres registraram sobre a desarmonia e a tensão entre os povos que desconhecem a paz. Elas soltam a voz e gritam verdades. Buchi Emecheta revela a mais profunda condição feminina, os conflitos, os medos, os impedimentos. Com sua literatura, mostrou ao mundo a colocação da mulher, a relação delas com a família e a sociedade: "a quinta colocada depois do excremento, na Nigéria". As mulheres que leram essas obras devem, por bem ou mal, terem trilhado outras estradas, devem ter optado por outras vidas em outros solos: "quem viveu pregado a um só chão não sabe sonhar outros lugares", diz Mia Couto.

Em *No Fundo do Poço*, Buchi Emecheta continua a história de Adah, após o divórcio e a negação da paternidade dos cinco filhos que teve com o "bosta" do marido. A história de Adah em *Cidadã de Segunda Classe* termina repentinamente, como se fosse um seriado anunciando a próxima temporada. Mas o pior estava por vir. O romance *No Fundo do Foço* conta as dificuldades doloridas e traumáticas que Adah viveu, tentando criar uma prole imensa, trabalhar e estudar no subúrbio de Londres. Sozinha. Mesmo vivendo no fundo do poço, Buchi Emecheta formou-se em Sociologia, fez mestrado e doutorado, publicou livros infantis e escreveu peças de teatro, além de seus romances. O mundo não é para os fracos. Ela sabe que ser mulher é mais difícil que (ser) qualquer outro ser do planeta. Buchi e Adah são espelhos de si mesmas.

Buchi Emecheta deixou-nos um arcabouço gigante que registra, ao mesmo tempo, em diferentes obras, a história, a cultura, a religião, as superstições e crendices, o modo de vida dos nigerianos por meio da guerra, da colonização, das línguas e das etnias, do conceito diaspórico, das tradições e, principalmente, do lugar da mulher nigeriana, que é não ter lugar algum.

PATRÍCIA REHDER GALVÃO

Não sei rezar, nunca gostei de repetir fórmulas.
Às vezes, ao tentar dormir, digo coisas a Deus.

(Sophia de M. B. Andresen)

Dizem que Pagu foi a primeira mulher presa por motivos políticos, mas a primeira, pelo menos que se tem parcos registros, foi Bárbara de Alencar, no início do século XIX, precisamente em 1817. Bárbara foi presa em condições desumanas, acorrentada com poucas roupas, comia intestino de boi malcozido, sem nenhuma higiene, jogavam essa lavagem em um cocho de madeira como se ela fosse um bicho. Qual foi o crime de Bárbara? Ser mulher pensante e sonhar com a independência do Brasil. Mas Pagu não ficou atrás e mostrou a mesma ousadia de Bárbara.

Informada e consciente dos desmandos do colonizador, da falta de liberdade e do controle acirrado em tudo e em todos, Bárbara ousou peitar as ordens da Corte Portuguesa, buscando libertar o povo das amarras lusas. Foi uma das maiores revolucionárias da época. As imagens que se tem da sertaneja da Revolução de Pernambuco são imaginárias, porque não há uma única fidedigna, por isso, quando exumaram o corpo dela, no interior do Ceará, foi com o objetivo de reconstituir-lhe graficamente o rosto. Diferentemente de Pagu, que tem inúmeras fotografias que deixam evidentes que ela foi uma mulher belíssima, inteligente, ousada, de uma personalidade intrigante e muito além de seu tempo. As imagens são fotos histórico-literárias e, acima de tudo, histórico-feministas. Pagu ultrapassou em muito Bárbara de Alencar, porque, além de lutar pelos direitos das mulheres, lutou pela causa operária e, consequentemente, por uma sociedade mais justa.

Ela pode ter sido a segunda mulher presa política, pois não há registros precisos dos atos das mulheres no decorrer dos séculos. Podemos considerá-la a primeira presa política pós-independência. Pagu foi encarcerada em 1933, um século e pouco depois de Bárbara, porém, seu ativismo em prol das mulheres, da justiça, da igualdade e, principalmente, sua luta pelas diferenças marcantes entre classes sociais faz dela a "Miss Brasil da Vanguarda", a "Lenda Pagu", aquela que denuncia a desigualdade do sistema capitalista. Para uns ela foi heroína, para outros, um verdadeiro escândalo: "fumava na rua, vestia-se de forma extravagante, usava blusas transparentes sem sutiã, saias curtas, e falava palavrões". Afirmava o lugar da mulher nas passarelas sociais, políticas, culturais e econômicas, principalmente políticas. Era livre, por isso incomodava os hipócritas.

Para Heloísa Pontes, Patrícia Galvão — conhecida por Pagu —, assim como tantos outros nomes, sempre foi vista como uma mulher polêmica, irreverente, extravagante, emancipada: uma lenda! Foi malquerida, esconjurada e renegada ao mesmo tempo em que estimada, admirada. Embora tenha morrido aos 52 anos, e não aos 36, como Florbela Espanca, viveu 100 anos em 52.

Pagu também tentou o suicídio, sem êxito, mas morreu de câncer. Antes da doença, atirou-se à vida e alicerçou-a nas ideologias que pregava, ao lado da fraternidade, da justiça e da igualdade. Sua importância multifacetada não consta nas páginas da história, mesmo com um pequeno trecho que a cita, na música "Pagu", de Rita Lee: "Sou rainha do meu tanque, sou Pagu indignada no palanque, porque nem toda feiticeira é corcunda, nem toda brasileira é bunda, meu peito não é de silicone, sou mais macho que muito homem". Em 1988, com direção de Norma Bengell, foi lançado *Eternamente Pagu*, filme que mostra como a jovem encantava os poetas, os escritores e os artistas, e como escandalizava os grupos conservadores. Um pouco antes, em 1982, o cineasta Ivo Branco lançou o curta *Eh, Pagu, Eh*! O filho dela, Rudá de Andrade, também lançou, cinco anos antes de morrer, o curta *Pagu: Livre na Imaginação e no Tempo*, em 2004.

Os policiais irritavam-se constantemente com ela, diziam que, além de ter uma reputação escandalosa, era uma militante perigosa. Mas uma coisa que não demonstrava era medo, tanto que Pagu discursou em cima dos palanques, sem nenhum constrangimento, em

1931, fazendo uma homenagem aos italianos Vanzetti e Sacco, presos e condenados à morte em Massachusetts, em 1920: "Em 23 de agosto de 1931, as manifestantes Patrícia Galvão e Guiomar Gonçalves são presas durante um protesto contra a morte dos anarquistas executados na cadeira elétrica, no ano de 1927. O protesto ocorreu em Santos, a partir da convocação da Federação Sindical de Santos. [...] Entre os estivadores do protesto estava o ensacador de café Herculano de Sousa, preto e militante [...]. Não recuou e foi assassinado pela polícia. O estivador tombou e morreu nos braços de Pagu. Elas foram presas. Pagu ficou um mês incomunicável".

Pagu odiava injustiças e, no julgamento dos italianos, sobejara iniquidade tendenciosa: jogos de conveniências. Ah! Sociedade desprezível! A militante lutava por igualdade, por isso, descreveu como ninguém o cotidiano dos operários, principalmente das mulheres: a vida, os conflitos, o trabalho, as horas extras, o salário miserável, a condição humilhante, a moradia longe do trabalho, o dia a dia nos bondes lotados, a gravidez na juventude pobre, as ruas, as lojas e as fábricas do Brás.

Divulgou, por meio de um diálogo simples entre proletariados e proletariados, patrões e proletários, entre as famílias deles, entre as madames e as costureiras: a vida dos trabalhadores nas fábricas e a dos industriais. Diálogos que sempre revelavam os sonhos dos pais pobres em formar os filhos, no caminho probo. Sonhos de poder estudar um filho, formar professora, na Escola Normal, uma filha. O desinteresse dos patrões pelas dores dos empregados resulta em conflito devido ao excesso de sofrimento dos desvalidos. Ninguém deseja ser industrial, necessariamente, ter todo o dinheiro do patrão. Não! Almeja-se apenas ter uma vida digna sem ser explorado. Almeja-se uma vida sem humilhações, porque pobres ou ricos são todos seres humanos.

É nesse contexto que surge o romance antiburguês da década de 30, início do século XX, que retrata, de maneira única, os estágios da industrialização na cidade de São Paulo, o retrato do Brás, dos trabalhadores caminhando pelas estações de trem e aglomerando-se nas paradas dos bondes: "Ela estampa a linguagem das ruas, exalta as formas da condição feminina [...] são quadros vivos de dissolução e morte [...] a verdade ressaltada das páginas tristes", diz o jornalista e crítico João Batista Ribeiro, no *Jornal do Brasil*, à época. É uma pena e, acima de tudo, um grande erro a obra de Pagu não fazer parte da lista de leitura obrigatória nas escolas brasileiras. No entanto, talvez nem existam mais leituras obrigatórias nas escolas.

Do que estamos falando? Do romance *Parque Industrial*, o maior de Patrícia Galvão, publicado em 1933, com o pseudônimo de Mara Lobo: "um panfleto admirável de observações e de probabilidades, uma série de quadros pitorescos desenhados de realismo", conclui Ribeiro. Assumidamente anarquista e feminista, a jornalista foi uma mulher independente, com vida e comportamento alicerçados na liberdade, da qual se apropriava com naturalidade. Lutava pelos menos favorecidos e almejava um mundo com sociedades igualitárias como as mulheres do matriarcado. Sempre rebelde e contra qualquer tipo de arbitrariedade, começou a escrever na Escola Normal. Era uma mulher que resistia aos padrões impostos para os jovens da época. *Parque Industrial* é um romance que se fixa na vida proletária da grande cidade, usando a perspectiva marxista para fustigar os aspectos dolorosos dos desenvolvimentos industriais.

Ao narrar sobre as trabalhadoras, vai trazendo luz à vida das tecelãs, das costureiras da Rua Barão de Itapetininga, que viviam com os dedos furados pelo uso de agulhas sem dedal, das funcionárias dos ateliês, das meninas operárias com roupas puídas e rasgões nas meias-finas, do barulho das máquinas de costura que recomeçava em um desconcerto após o lanche dos operários, do dia a dia da escola paulistana, das reuniões dos operários, dos hospitais de parir, das militâncias e manifestações, da repressão dos policiais: um retrato vivo e atual. Pagu apresenta-nos Corina; Rosinha; Otávia; Pepe; Julinha; Matilde; Eleonora; Violeta; Alfredo, o burguês traidor; Georgina; Conchita; Luís, Florino, o bêbado; dona Catita e Yayá, a criada surda, entre muitas outras personagens. Fala das famílias dessas meninas e de como sonham com uma vida mais digna. Conta-nos como Pepe, por causa de alguns centavos de réis, entrega Rosinha Lituana para o patrão, indicando onde e quando ela e outras operárias mimeografavam panfletos que denunciavam a exploração que os trabalhadores sofriam. Isso lhe custou problemas na consciência e a certeza de que nenhum trocado valeria a pena em quaisquer que fossem as circunstâncias.

Pagu, além de militante e escritora, era poeta, quadrinista, chargista, tradutora e jornalista. Lutava pela inclusão da mulher em todos os setores da sociedade, principalmente o cultural. Quem pensa que ela era somente mais uma militante, engana-se. Traduziu Mallarmé, Joyce, Octávio Paz e a peça *Cantora Careca* do dramaturgo do absurdo, o francês de origem romena Eugène Ionesco. Escreveu dezenas de artigos, correspondências, ensaios sobre televisão e teatro, contos policiais e romances. A paixão pela dramaturgia a faz colaborar com a fundação do Teatro Municipal de Santos. Em 1958, dirigiu a peça *Fando e Lis,* do dramaturgo Fernando Arrabal.

Começou a escrever em São Paulo aos 15 anos, com o pseudônimo de Patsy, colaborando no jornal de bairro *O Braz.* Nessa época, também estudava no Conservatório Dramático Musical. Irreverente, de personalidade forte e decidida, tudo na vida dela foi precoce. Aos 18 anos participou do Movimento Antropofágico, sendo a "musa da antropofagia". Aos 20 anos, casou-se com Oswald de Andrade e no mesmo ano nasceu seu filho, Rudá. Aos 22 anos escreveu *Parque Industrial*, em seguida, deixou o filho com o marido e viajou para EUA, China e Japão como correspondente de jornais do Rio de Janeiro e São Paulo. Morreu aos 52. Tudo curto e rápido, mas extremamente intenso. Usou muitos pseudônimos, mas seja qual for o nome, é genial. Pagu, como é sabido, foi o apelido dado a ela pelo poeta e escritor Raul Bopp, uma sugestão que virou lenda, transformou-se em um dos maiores mitos femininos do início do século XX.

O romance *Parque Industrial*, considerado fragmentário, presentifica o ambiente das indústrias de São Paulo, com um realismo ímpar e cheio de graça. Pagu usa uma linguagem coloquial, cotidiana, da época. É um tratado memorialista, cultural, documental: o registro do ano de 1930. O cenário é o desenvolvimento acelerado das indústrias paulistanas por meio da exploração do operário. A obra tem 16 capítulos, cujos títulos são escritos com letras minúsculas, meio artesanais. São eles: teares; trabalhadoras de agulhas; num setor de luta de classe; ópio de cor; onde se gasta a mais valia; mulher da vida; casas de parir; burguês oscila; paredes isolantes; habitação coletiva; Brás do mundo; em que se fala de Rosa Luxemburgo; o comício no Largo da Concórdia e reserva industrial: "cadeiras na rua, caixotes — italianas gordas. Os colos de aventais azuis de pintas e babados com amendoins. Confete [...] serpentina. Os sexos estão ardendo. No Colombo, as damas brancas, pretas, mulatas e fugidas de casa não pagam entrada.

Mocinhas urram com medo do bicho [...]. A burguesia procura no Brás carne fresca e nova".

Ela fala do carnaval dos bairros, cita os pierrôs, os arlequins e os dominós — evidencia as fantasias estranhas, esfuma "chinesinhas barulhentas tomando guaraná e tossindo, afogando-se". Vai construindo as cenas que emolduram o quadro multirracial e transcultural: espanhóis, italianos, portugueses e chineses, este último na pele da personagem Ming. Relata como, de repente, em meio às festas, há brigas, facadas e mortes: "[...] o carnaval continua — abafa e engana a revolta dos explorados". Descreve a luminosidade da Rua Bresser de modo tão intenso que o leitor começa a desenhá-la na mente. O Brás saudosista, de um lado, e triste, de outro. A forma como estrutura as frases, umas seguidas às outras, sem muita coerência e, muitas vezes, sem coesão, é bastante ímpar. São frases avulsas, soltas e independentes: "Os bandos tocam latas. Uma portuguesinha come tremoços". Sua escrita é a luz de uma câmera fotográfica que congela tempo e espaço e, assim, eterniza um pretérito presentificando-o a cada leitura.

A personagem Rosinha Lituana, uma imigrante fugida da pobreza e da repressão da Lituânia, é alusão a Rosa Luxemburgo, e Otávia, a personificação da própria autora. Cita com vivacidade impressionista os botequins da Avenida Celso Garcia, denuncia a problemática da gravidez na adolescência pobre, na figura de Corina, a mulata que passa a ser malvista perante a comunidade e o Brás inteiro. A história é sempre a mesma, a operária Corina ilude-se com o burguesinho Arnaldo, ele, assim como os demais, também busca carne nova para satisfação sexual. Corina nada mais é do que uma bandeira do gozo masculino. A patroa, assim que descobre a barriga, demite Corina, todos falam mal dela: quando está chegando a casa, as crianças gritam: "Puta!". De moça de família a vagabunda, é expulsa de casa e só lhe resta o bordel. Vivendo em ambientes decadentes, envolve-se com gente perigosa. É presa. Termina seus dias na cadeia.

No capítulo "Mulher da vida", ela conta quem frequenta a rua das mulheres alegres: "homens rotos, de tamancos, descalços, pretos, sujos, adolescentes" e como o cáften explora o meretrício. Com frases avulsas, enquadra a atmosfera dos bairros, esfumando desde a verdureira até as costureiras da Rua Silvia Teles e o diálogo entre elas que grava as conversas tristes e alegres, os segredos, os conflitos e desnuda a atmosfera do circundante. Ao fotografar o cenário, denuncia o capitalismo nascente de São Paulo que "estica as canelas feudais e peludas". Das injustiças, a de que o homem apenas diz que o filho não é dele e está tudo dito e falado, é a maior delas. Arnaldo tira o corpo fora, e Corina é a vagabunda de barriga. A justiça é a dos homens, dos burgueses brancos. Explica com palavras densas a exploração dos operários, das horas extras sem ganhos, da semana cheia sem descanso.

Poucos livros são tão ricamente documentais e literários como *Parque Industrial*. De tão bem desenhado, parece que nada do que é injustiça fica fora dele. É a memória do espaço e tempo descrita com genialidade. A autora cita em frases curtas o direito ao voto conseguido pela luta das sufragistas: "A mulher já pode votar; a mulher pode ter uma profissão. Mas e as analfabetas? Elas não votam! — Por uma noite, ninguém precisa saber ler". Percebe-se nitidamente a desimportância da mulher, e o quanto o feminino tem conotação sexualizada, a única função da mulher é ter uma vagina e ser muda. O romance traça memórias fotográficas de lugares e pessoas, de situações e circunstâncias; fala dos cortiços, das mulheres, das famílias, dos imigrantes italianos, da situação dos operários, dos bichos que se misturavam com as pessoas; registra o cotidiano de 1930, no bairro operário do Brás:

- Sobre os cortiços: "tanques comuns cheios de roupas e espuma. No capim, calças de homens e camisolas rasgadas. Criancinhas ranhudas. [...] Gente pobre não devia ter filhos [...]. O preto da pamonha se rodeia da pequenada. Matilde tem um gato no colo". Uma verdadeira tela acinzentada a óleo e tridimensional.

- Sobre as horas extras: "[...] Olhos tingidos de roxo devido ao trabalho noturno. [...] Uma menina pálida não consegue terminar a encomenda do dia seguinte. — Preguiçosas, façam serão! — Não posso, madame, não posso ficar de noite, minha mãe é doente, toma remédio. — Você fica — sua mãe não vai morrer se esperar".

- Sobre o movimento das ruas: "Largo da Sé é gritaria, jornais burgueses gritam pela boca rasgada dos garotos maltratados. O bonde se abarrota de empregadinhos, telefonistas, caixeirinhos, costureiras [...]".

- Sobre os operários: "inconscientes, vendidos, conscientes".

- Sobre as reuniões dos trabalhadores em lugares escondidos: "Um operário da construção civil grita: — nós construímos palácios e moramos pior que cachorros". Outro se inflama: "Quando estamos desempregados somos chamados de vagabundo". E a seguir, um operário diz: "O nosso suor se transforma diariamente no champanhe que eles jogam fora".

O capítulo sobre a instrução pública, em que descreve as cenas diárias da Escola Normal do Brás, segundo a autora, reduto pedagógico da pequena burguesia, é descrito de maneira tão realista que o leitor se sente um estudante, é levado imediatamente ao passado e rememora seu cotidiano na escola, seja no grupo escolar, no ginasial ou no científico: "Os pais querem que as filhas sejam professoras mesmo que isto custe comer feijão, banana e broa todo dia. O prédio amarelo e sujo. O jardim e as formigas. O porteiro bonito. O secretário anão e poeta. Os professores envelhecendo, secando. O sorveteiro — o amendoim torrado. As meninas entram e saem bem ou malvestidas. Línguas maliciosas escorregam nos sorvetes compridos. [...] O sino pesado. As mãos custam a despregar dos corredores: — Entrem, entrem [...]".

A obra emociona, comove e o leitor desenha o cenário educacional. Um romance ímpar que, além de informar, retrata, filma, grava e, assim, registra, com cenas curtas, o surgimento e a evolução das indústrias, no ano de 1930, em São Paulo, particularmente no Brás. São como fotolitos que emolduram a época: o operário, personagem principal, o antagonista e o industrial. Para o professor da Universidade de Yale, Kenneth David Jackson, especialista em literaturas em língua portuguesa, especialmente Machado de Assis e Fernando Pessoa, a obra de Pagu é um importante documento social literário — com perspectiva feminina do mundo modernista de São Paulo. Segundo Jackson, ela satiriza e critica a sociedade burguesa com uma solução política e não humanista, fala dos estágios iniciais e irresponsáveis da industrialização: "Sua fala é a de alguém que estava por dentro da hipocrisia".

Patrícia Redher Galvão (1910-1962) nasceu em São João da Boa Vista, interior de São Paulo, no seio de uma família rica e tradicional. Era carinhosamente chamada Zazá. Menina de personalidade desafiadora, rebelde e transgressora não seguia os padrões estabelecidos pela família, muito menos pela sociedade. Odiava a desigualdade entre as classes sociais. Tereza Freire, na obra *Dos Escombros de Pagu: um recorte biográfico de Patrícia Galvão*, de 2012, mostra "a tal" insubordinação paguniana e também mostra a irreverência daquela que se tornou um mito, revelando, por meio de epistolografias e das obras, como foi perseguida e torturada por sonhar com igualdade. Devido aos problemas financeiros, a família foi obrigada a mudar-se e vai morar no Brás, perto da fábrica ítalo-brasileira.

Tornou-se, muito jovem ainda, o maior símbolo cultural feminino, representação sem igual do movimento feminista. Considerada a vilã do governo Getúlio Vargas, passou a ser cruelmente perseguida e foi presa mais de 20 vezes. Nenhuma das prisões a fez esmorecer. O esmorecimento veio anos depois, com o autoritarismo do próprio Partido Comunista. Quando percebeu que o partido fazia dela "gato e sapato", deixou-o para nunca mais filiar-se a outro qualquer, mesmo assim, seguiu até o fim da vida, recalcitrante.

Atuava como jornalista no *Diário de S. Paulo*, uma figura predominantemente inovadora do Movimento Antropofágico, tanto que publica seus desenhos na *Revista Antropofágica*. Ela devorava e deglutia a cultura em si, evidenciando a arte brasileira. A obra *Croquis de Pagu e outros Momentos Felizes que Foram Devorados,* de Lucia Teixeira Furlani, traz os desenhos dos *Cadernos de Pagu*, de 1929, arte completamente desconhecida da mídia. A arte é encontrada na obra de Lucia e no *Álbum de Pagu: Nascimento, Vida, Paixão e Morte*. Ela foi uma mulher única, um mito, a lenda feminina mais irreverente da história do Modernismo. Ela se incomodava com a desigualdade e sonhava com um mundo mais justo. Isso é crime? Sentia a dor do outro, sofria pelos explorados e desassistidos. Quando se filiou ao Partido Comunista, foi viver, segundo sugestão do próprio partido, a vida do pobre: trabalhou como doméstica, tecelã, operária em uma fábrica metalúrgica, lanterninha de cinema e costureira. No entanto, após um acidente de trabalho, resolveu lutar pela causa dos operários via literatura.

Irreverente, de personalidade forte e decidida, tudo na vida dela foi precoce. Aos 15 anos escreveu na mídia do bairro, o jornal *O Braz*. Aos 18 anos, trabalhou no *Diário de S. Paulo* e passou a participar do Movimento Antropofágico Modernista. Aos 19 anos, casou-se com Oswald de Andrade e no mesmo ano nasce seu filho, Rudá. Aos 21 anos, escreveu *Parque Industrial* e filiou-se ao Partido Comunista.

Fundou o jornal *Homem do Povo*, no qual tinha uma coluna interna intitulada *Mulher do Povo*. Porém, meses depois, o jornal foi fechado pela polícia. Após esse episódio, deixou o filho com o marido e viajou para EUA, China e Japão como correspondente das mídias de São Paulo e Rio de Janeiro. Morreu aos 52. Tudo curto e rápido, mas extremamente intenso.

Seja qual for o pseudônimo que inventava, na época, foi em todos eles genial. Pagu, como é sabido, foi o apelido dado a ela por Raul Bopp, uma sugestão que virou lenda, transformou-se em mito. Ao conhecer os modernistas, passou a caminhar com eles, principalmente com o casal Tarsila e Oswald. Envolveu-se e fez parte do círculo de intelectuais e artistas. Tarsila introduziu a jovem à sociedade e todos se apaixonaram por ela. Era, segundo registros, a boneca que Tarsila vestia e exibia. Pagu frequentava a casa do casal de maneira tão íntima que, um ano depois, Oswald se separou da esposa e se casou com ela. Tarsila deprimiu-se.

A sociedade passou a odiar Pagu. Entretanto, é necessário pensar que Oswald de Andrade (1890-1954) teve muitas mulheres. Nunca foi, por excesso de esposas, amantes e namoradas, desqualificado, odiado, pelo contrário, há artigos que falam de "Oswald e suas mulheres", elevando-o na cadeia dos seres viventes. Por que somente Pagu foi desmoralizada? Esta é a realidade feminina. Não se isenta aqui a traição de Pagu com Tarsila, que a protegia, mas não se deve por nem um momento deixar de citar o quão "mulherengo" foi o autor do *Manifesto Antropofágico*. Com exceção dos muitos casos simultâneos e extraconjugais, de 1915 a 1944, contam-se, anacronicamente, a jornalista Maria de Lourdes Olzani; a dançarina espanhola Carmen Lydia; a francesa Denise Bouflers, que Oswald apelidou carinhosamente de Kamiá, mãe de seu primeiro filho; a pintora modernista Tarsila do Amaral; Patrícia Galvão, mãe de seu segundo filho; a pianista Pilar Ferrer; Julieta Bárbara Guerrini, mãe de Adelaide Guerrini de Andrade e, por último, Maria Antonieta D'Alkmin, mãe de Antonieta Marília de Andrade e Paulo Marcos de Andrade.

Pagu não participou da Semana de Arte Moderna Brasileira, em 1922, tinha, na época, apenas 12 anos. Mas, com o tempo, tornou-se a musa do movimento antropofágico. Separada de Oswald de Andrade, tornou-se aos poucos desiludida. Cansada e sem saúde devido às perseguições, às prisões e às torturas sofridas, não via saída. Deprimiu-se. Mas nem tudo é pesar e fama, comiseração e deleite, Eros a encontra novamente.

Conheceu o jornalista Geraldo Ferraz. Eles se apaixonaram e se casaram. Na sequência, nasceu o segundo filho de Pagu — Geraldo Ferraz Gonçalves. Descobriu um câncer e foi a Paris para tratar-se, mas em vão, porque a doença avançara silenciosamente. Tentou suicídio. Escreveu os poemas "Nothing" e "Canal". Para Augusto de Campos, Pagu deve ser amada. Para Sarah Pinto de Holanda, em sua dissertação *Um caminho à liberdade: o legado de Pagu*: "um estandarte é erguido cada vez que a palavra Pagu é evocada. Quase uma sigla-manifesto, esse nome é signo de luta, irreverência, paixão e independência: bandeira da causa feminina, do proletariado, da arte. Tema de canção, personagem de filme e telenovela, título de revista, substancialmente, o símbolo Pagu apresenta-se como um adereço à identidade múltipla de Patrícia Galvão. Ultrapassando a fábula modernista que a circula, ela foi romancista, contista, poeta, jornalista, diretora e crítica de teatro. Foi Mara Lobo, King Shelter, Gim, Cobra, Solange Sohl, Ariel, Pat, Leonnie... E foi, também, musa da antropofagia, mulher de Oswald de Andrade, presa política da Ditadura Vargas, uma das introdutoras da semente de soja no Brasil, militante, amiga dos surrealistas franceses e outras tantas características e feitos que lhe resultaram no epíteto de mito". Augusto de Campos tem razão, Pagu tem que ser amada!

A poética de Pagu

Há uma infinidade de poesias da Patrícia Galvão, apresento apenas três: *Natureza Morta*, *Nothing* e *Canal*. Esses poemas tratam da desilusão da vida, do enfrentamento de que a vida é "nada", um niilismo desenfreado e decrépito.

Natureza Morta

Os livros são dorsos de estantes distantes quebradas.
Estou dependurada na parede feita um quadro.

Ninguém me segurou pelos cabelos.
Puseram um prego em meu coração para que eu não me mova
Espetaram, hein? A ave na parede
Mas conservaram os meus olhos
É verdade que eles estão parados
Como os meus dedos, na mesma frase.
Espicharam-se em coágulos azuis.
Que monótono o mar!

Os meus pés não dão mais um passo.
O meu sangue chorando
As crianças gritando,
Os homens morrendo
O tempo andando
As luzes fulgindo,
As casas subindo,
O dinheiro circulando,
O dinheiro caindo.
Os namorados passando, passeando,
O lixo aumentando,
Que monótono o mar!

Procurei acender de novo o cigarro.
Por que o poeta não morre?
Por que o coração engorda?
Por que as crianças crescem?
Por que este mar idiota não cobre o telhado das casas?
Por que existem telhados e avenidas?
Por que se escrevem cartas e existe o jornal?
Que monótono o mar!

Estou espichada na tela como um monte de frutas apodrecendo.
Se eu ainda tivesse unhas
Enterraria os meus dedos nesse espaço branco
Vertem os meus olhos uma fumaça salgada
Este mar, este mar não escorre por minhas faces.
Estou com tanto frio, e não tenho ninguém...
Nem a presença dos corvos.

A poesia de Pagu é crítica e descreve, primordialmente, a condição feminina, o silenciamento que lhe foi desferido pela sociedade. No longo poema "Natureza Morta", assinado com o pseudônimo de Solange Sohl, o refrão "Que monótono, o mar" representa o tédio e o desânimo de alguém que nadou muito, porém morreu na praia, perdeu-se às margens de um mar que também estava morto. A vida não pulsava mais e, depois de ter lutado tanto, encontra-se arrefecida, no ponto de partida. O próprio título remete ao fim esquálido, seco, sem vida: "frutas podres na tela da vida". O eu lírico está só, "ninguém me segurou pelos cabelos", e foi coisificado: "estou pendurada na parede feita um quadro". A sociedade parou essa mulher representada na poesia: "puseram um prego em meu coração para que eu não me mova". Ela, embora tenha olhos, não consegue vislumbrar mais nada, porque "eles estão parados".

Há uma mulher pregada na parede com os dedos e os olhos estáticos. Ela sangra, mas não há estancamento desse sangue. O conhecimento, além de inacessível, está quebrado. A sociedade moderna parece que finalmente mostrou-se desencantada e o cotidiano é amargo: "os homens morrendo, o tempo andando, as luzes fulgindo, [...] o lixo aumentando, o dinheiro circulando, os namorados passando". A indústria que faz circular o dinheiro é a mesma que transforma tudo um lixo. Augusto de Campos, o mesmo poeta que admirava Pagu e que tanto escreveu sobre ela, já falava dessa modernidade "lixosa", termo referente ao lixo. No poema concreto "Luxo/Lixo", de 1966, Campos fala sobre o luxo que se traduz em lixo, porque dentro do luxo só há lixo, e o luxo se constrói tornando a natureza um lixo.

Trata-se, portanto, de uma crítica verbovocovisual do poeta paulistano da revista *Noigandres* ao capitalismo. Pagu, com sua produção literária, percorre o mesmo caminho, o da crítica sociocultural. Ela, Augusto e Haroldo de Campos, os irmãos Campos, Décio Pignatari e Mário Chamie produziram arte crítica. Em "Natureza Morta", a poeta deixa nítida a questão da modernidade paradoxal. "E as crianças, nesse cenário, que parecem jovens, mas são velhas e decadentes, gritam".

Na estrofe "[...] por que o poeta não morre? [...] Por que as crianças crescem? [...]", o eu lírico faz uma série de indagações que são frutos das incertezas da sociedade capitalista: "qual o sentido da vida, se lutamos e nem saímos do lugar da partida?". A chegada é estruturada em quimeras, em ilusões que inebriam e embebedam a massa, e o poeta é a figura que sustenta os devaneios: "por que não morre?". Somente com a morte do poeta é que as cortinas desnudam-se e a fumaça aparece. A última estrofe é a finalização do processo de morte do eu lírico feminino, tudo em torno dela apodrece, não há lágrimas, nem mar. E tudo arrefece. O que sobra é o frio da morte solitária, a morte homeopática, apoteótica e escatológica, sem os corvos para aproveitar a carne putrefata, dependurada no quadro social.

É um poema triste que remonta à morte, cena a cena, de uma mulher, de uma sociedade, da população, da luta, da modernidade e, por fim, de Pagu. Para Campos, o poema trata de uma experiência desencantada da própria poeta que se traduz em uma poética autobiofágica: "a morta iluminada". A estética mostra-se por meio de uma infelicidade concreta: "na dicção da revolta, do inconformismo, da infelicidade [...] e em uma busca constante das promessas da vanguarda literária [...]", diz Maria Bernadete Ramos Flores, em seu artigo "Dizer e Infelicidade".

Segundo Mauro Neves Junior, em *A poesia e Patrícia Galvão*, ao assinar como Solange Sohl, Pagu apresenta ao leitor um de seus heterônimos e, assim como Fernando Pessoa, Solange é completamente diferente de Pagu, pois é desiludida da militância, da luta, da força gasta sem resultados: "[...] Pagu é dinâmica, viva, disposta a enfrentar tudo e a combater injustiças, Sohl é retraída, desiludida, afundada no amargor [...]. Enquanto Pagu usa e abusa do coloquial, Sohl persegue um ideal metafísico que a aproxima do sentido de humanidade surgido, no pós-guerra mundial e na guerra fria; enquanto Pagu se deixa levar pelas emoções, Sohl prende-se a elas e a um remorso que a contorce e a persegue. Pagu é vida e energia; Sohl, morte e monotonia [...]", diz Neves.

Dentro do quadro e imóvel, vê a vida lá fora, mas não há o que fazer, tenta sair do caracol de angústia em face ao caos, mas não é permitido e tudo se transforma em monotonia. O poema, sem dúvida, representa, independentemente de ser por meio de um heterônimo ou um pseudônimo, a melancolia que se apresentava à autora que, seis meses antes, havia tentado suicídio, ainda que não tenha alcançado êxito.

Nothing

Nada nada nada
Nada mais do que nada
Porque vocês querem que exista apenas o nada
Pois existe o só nada
Um pára-brisa partido uma perna quebrada
O nada
Fisionomias massacradas
Tipóias em meus amigos
Portas arrombadas
Abertas para o nada
Um choro de criança
Uma lágrima de mulher à toa
Que quer dizer nada
Um quarto meio escuro
Com um abajur quebrado
Meninas que dançavam
Que conversavam
Nada
Um copo de conhaque
Um teatro
Um precipício
Talvez o precipício queira dizer nada
Uma carteirinha de travel's check
Uma partida for two nada

Trouxeram-me camélias brancas e vermelhas

Uma linda criança sorriu-me quando eu a abraçava

Um cão rosnava na minha estrada

Um papagaio falava coisas tão engraçadas

Pastorinhas entraram em meu caminho

Num samba morenamente cadenciado

Abri o meu abraço aos amigos de sempre

Poetas compareceram

Alguns escritores

Gente de teatro

Birutas no aeroporto

E nada.

Em *Nothing*, de 1962, o eu lírico feminino demonstra, em cada frase, em cada verso livre, o nada. Esse niilismo é fruto do mundo contemporâneo, chamado de pós-moderno, que segue uma visão pessimista da realidade circundante, dessignificando tudo em sua volta: não há sentido para a vida. O eu lírico sofre por descobrir que a vida não tem sentido e morre aos poucos quando se percebe vazio. Sua subjetividade é uma corrente cheia de algas enroscadas, uma corrente enferrujada que a torna presa, desamparada e só. Do latim, o termo *nihil* designa nada. Traduzindo a palavra *nothing* chega-se exatamente ao encontro do mesmo conceito, ou seja, nada vezes nada.

Para Augusto de Campos, que publicou sobre a poeta em várias revistas e escreveu *Pagu: vida e obra*, de 1982, os poemas dela demonstram o quanto a escritora decepcionou-se com a sociedade que fez de conta que ela nunca existiu: "[...] ainda que tivessem um papel decisivo, participativo e propositivo para as conquistas do campo literário nos primeiros decênios do século XX, muitas mulheres, intelectuais de primeira linha, tiveram, lamentavelmente, suas carreiras ofuscadas pela condição feminina de então [...]". A sociedade sempre foi misógina, não à toa a decepção de Pagu é um rio envenenado sem correnteza, um rio parado feito um pântano a afundá-la e a torná-la inerte, é uma tela a pregar-lhe os dedos e a paralisar-lhe os olhos. Faz-se necessário que ela seja revivida, que seu exemplo seja seguido, que Patrícia Galvão tenha seu lugar na história oficial. Que seja lida e relida.

Assim como fizeram com Maria Firmina, tornando-a outra pessoa, embranquecendo-a, colocaram a autora de *Parque Industrial* à margem da sociedade, como coisa desqualificada. Essa transformação em pária social veio para silenciá-la, torná-la incapaz, fazê-la morrer: "[...] o processo de marginalização de várias intelectuais e escritoras foi, sem dúvida, sem fronteiras; ocorreu aqui e lá fora. Dessa exclusão, Pagu se viu vítima, tal como suas contemporâneas inglesas, francesas e norte-americanas", diz Campos.

O poema *Nothing* traduz-se em um processo de esvaziamento que definharia a poeta, o eu lírico que representa Pagu é um "para-brisa perdido, uma perna quebrada". O que se vê é o caos estruturado em portas arrombadas, fisionomias massacradas, um quarto escuro, porque o abajur está quebrado. E em meio ao nada, ela vislumbra o precipício encharcado na aparência social: o nada! O cotidiano é esfumado detalhadamente: "[...] trouxeram-me camélias brancas e vermelhas. Uma linda criança sorriu-me quando eu a abraçava. Um cão rosnava na minha estrada. Um papagaio falava coisas tão engraçadas. Pastorinhas entraram em meu caminho, num samba morenamente cadenciado [...]". E ao desenhar o cotidiano subjetivo vai comprovando como todo ele nada pontua. É difícil ser mulher na sociedade; agora, ser mulher pensante, é criminoso!

Canal

Nada mais sou que um canal

Seria verde se fosse o caso

Mas estão mortas todas as esperanças

Sou um canal

Sabem vocês o que é ser um canal?

Apenas um canal?

Evidentemente um canal tem as suas nervuras

As suas nebulosidades

As suas algas

Nereidazinhas verdes, às vezes amarelas

Mas por favor

Não pensem que estou pretendendo falar
Em bandeiras
Isso não
Gosto de bandeiras alastradas ao vento
Bandeiras de navio
As ruas são as mesmas.
O asfalto com os mesmos buracos,
Os inferninhos acesos,
O que está acontecendo?
É verdade que está ventando noroeste,
Há garotos nos bares
Há, não sei mais o que há.
Digamos que seja a lua nova
Que seja esta plantinha voacejando na minha frente.
Lembranças dos meus amigos que morreram
Lembranças de todas as coisas ocorridas
Há coisas no ar...
Digamos que seja a lua nova
Iluminando o canal.

Em *Canal,* Pagu afirma que todas as esperanças morreram, que o fim instalou-se. O eu lírico se diz apenas um canal com nervuras, nebulosidades, envolto em algas. Afirma, também, que, embora cite as nereidazinhas amarelas ou verdes, está longe de ser patriota ou de referir-se à bandeira brasileira: "gosto de bandeira ao vento, bandeiras de navio".

Fala de como tudo está do mesmo jeito, sem nenhum traço de mudança, luta após luta, militância após militância: "o asfalto com os mesmos buracos, os inferninhos acesos". E vai descrevendo o cotidiano decadente, como "os garotos nos bares". Fala das lembranças dos amigos que se foram. E, apesar do cenário apodrecido, cita uma pequena esperança, pois, mesmo sendo um canal, a nova lua deixa coisas no ar iluminando o canal, ou seja, mesmo sendo apenas um canal nebuloso, este é iluminado pela lua. Pagu é uma lenda, um mito feminino, transgressora em todos os sentidos, marcou a história da literatura e do feminismo, mas foi engavetada, virou anônima. No entanto, essas páginas mostram a verdadeira Pagu, uma mulher que fumava, afrontava a sociedade e o Estado, usava roupas sensuais e falava palavrão, mas acima de tudo, produzia literatura e arte e militava a favor dos desassistidos.

EUGÊNIA SERENO

Nem tudo precisa ser revelado.
Todo mundo deve cultivar um jardim secreto.

(Lou Salomé)

Premiada com o Jabuti, em 1966, Eugênia Sereno foi considerada autora revelação, escreveu um único romance que lhe deu o prêmio maior. Sorte? Não, apenas talento literário.

O nome Eugênia Sereno é, na realidade, o pseudônimo que Benedita Pereira Rezende Graciotti usou, e com o qual ficou conhecida, entre aspas, para poder publicar sua obra sem complicações. Interessante que, no passado, muitas mulheres lançavam livros com pseudônimos masculinos, diferentemente de Benedita, que publicou *O Pássaro da Escuridão*, ganhador do Jabuti, com outro nome feminino. Pouco se sabe sobre ela, o que norteia a busca pelo seu romance regional é o Jabuti.

Nasceu em São Bento do Sapucaí, na Serra da Mantiqueira Paulista, em 1913, nove anos antes da Semana de Arte Moderna ocorrer no Brasil, país que lançava luz às vanguardas vindas da Europa, vanguardas estas que conspiravam por liberdade artística e certo ar antropofágico, ou seja, modernidade, sim, mas ao modo tupiniquim, bem brasileiro. E Tarsila do Amaral sentia esse fervilhar quando criou *Abaporu*, em 1928, época em que Eugênia tinha apenas 15 anos. Aos 52 anos, Eugênia andou na contramão, produzindo um "romance meio antigo de uma cidadezinha", porém, independentemente do gênero e da época, Tarsila e Eugênia são geniais. A primeira, livre, gozou de sua arte e fama; a segunda, presa às regras do matrimônio e da sociedade, desenvolveu transtornos. Tudo e todos vêm em primeiro lugar na vida da mulher, menos ela.

Vinda de uma família conservadora, Eugênia viveu em um ambiente austero e controlador. Foi sobrinha do político de extrema-

-direita, o jornalista Plínio Salgado (1895-1975), também nascido em São Bento do Sapucaí. Salgado idolatrava o sistema político de Getúlio Vargas, mas com o tempo, começou a debater publicamente contra o ditador e, para não ser preso nem morto, teve que sair do país. Escreveu em muitos jornais de sua cidade, formando opiniões, muitas vezes, contraditórias e reacionárias.

Salgado era ditador, fundou a Ação Integralista Brasileira, um partido político de extrema-direita, conservador, nacionalista, fundamentalmente católico e adepto ao fascismo, cujo slogan era: Deus, Pátria e Família. Para Eugênia Sereno, não deve ter sido fácil pertencer a uma família conservadora, cujo tio era nazifascista.

Quantos jornalistas (e isso inclui muitas outras áreas), que idolatraram ditadores, foram, quando discordaram deles, perseguidos pelos mesmos opressores que exaltaram? Centenas! A história repete-se, e repete-se de modo incansável. Parece que as recorrências não têm freios. Os judeus exaltaram Hitler e foram os primeiros que o nazista mandou incinerar. Tudo à mulher é desfavorável.

E mesmo em um ambiente desfavorável à mulher, Eugênia estudou. E para tanto, o pai mudou-se para a cidade de São Paulo e a escritora passou a cursar a Escola Normal do Brás e o Conservatório Musical, lugar onde aprendeu a tocar piano, sendo aluna de Camargo Guarnieri e Mário de Andrade. Formada, lecionou em várias escolas, inclusive em uma rural. Em 1930, tornou-se higienista sanitária e, dez anos depois, casou-se com Mário Graciotti. Eles foram morar em Higienópolis, e novamente a cidade de São Paulo foi moradia de Eugênia. Casada, tornou-se dona de casa. Os pais e os sogros também foram morar em São Paulo. Nessa época, passou a escrever, às escondidas, *O Pássaro da Escuridão*.

O pseudônimo veio para não atrapalhar a imagem do marido que era, à época, vinculado ao Clube do Livro. No casamento, a vida do marido estava em primeiro lugar. O Clube do Livro fazia uma limpa nas edições que pudessem manchar a moral da família tradicional brasileira, limitando, dessa forma, títulos e autores. Quantas mulheres deixaram de viver a própria vida para viver a do marido? A maioria viveu sem nunca ter a consciência de que tinha direito a escolhas.

Muitas mulheres foram apagadas pelo marido. O matrimônio as distanciava de seus projetos e produções, como a roteirista Alma

Reville, que se tornou invisível, segundo a crítica, devido ao narcisismo exacerbado de seu esposo, o famoso Alfred Hitchcock; a escritora Maria Teresa León, silenciada por seu "dileto" marido, o poeta Rafael Alberti. Maria Teresa escreveu mais de 20 obras, entre romances, peças de teatro, ensaios e contos, por exemplo, *Memoria de la Melancolia, Cuentos para Soñar, Juego Limpio, Contra Viento y Marea, Trabajos de una Desterrada*. Quem conhece Maria Teresa na Espanha? E fora de seu país de origem? Mileva Maric Einstein, primeira esposa de Albert Einstein, que pesquisou a teoria da relatividade com o marido, é outro exemplo de anonimato. Em 1905, Einstein publicou a teoria com a coautoria de Mileva. No entanto, o nome dela foi desaparecendo das demais edições até sumir completamente. De modo sutil, imperceptível, sem sinais, apagou-se o feminino e pronto.

O mundo dos "Luizinhos" é um espaço de homens que se relacionam com homens e não gostam de mulheres. Se gostassem intensamente das esposas, das mães e das irmãs, não as tornariam invisíveis. Onde está o amor? O amor morreu! E com ele, morreu a verdade! "Onde está a verdade", pergunta Airas Nunes, em sua cantiga medieval *Porque no Mundo Mengou a Verdade*[10].

Para o crítico Massaud Moisés, a cantiga de Airas trata-se de "um sirventês moral que assume a tradicional forma do lamento sobre a decadência dos valores, especialmente, às organizações governamentais, como o reinado e às instituições religiosas, as quais, devendo ser o último refúgio da verdade, desconhecem-na totalmente". Mas a verdade não se encontra, segundo Airas, na irmandade, nem nos mosteiros e abadias, nem em Cistel, muito menos entre os romeiros de Santiago. Em 2016, a escritora americana Marie Benedict, pseudônimo de Heather Benedict Terrell, publicou sobre a vida da cientista Mileva em *Senhora Einstein: a história de amor por trás da Teoria da Relatividade*.

Mary Beard, autora de *Mulheres e Poder*, historiadora conhecida em todo o Reino Unido, narra o papel anônimo da mulher no decorrer da história e como as sociedades foram cobrindo as cabeças e os corpos femininos com véus, milhares de véus, burcas, hijabs. Em sua obra, cita exemplos de como a mulher era humilhada em público, a começar pelas personagens da literatura greco-romana, como a esposa

---

[10] O "porque" está escrito exatamente assim, junto, como se fosse resposta e não pergunta. É prudente salientar que, na época do Trovadorismo, usava-se o galaico-português. Pode ser também que o eu-lírico estivesse afirmando em lugar de perguntar.

de Odisseu, história já citada nessa obra. Fala da biofísica Rosalinda Franklin e da matemática Ada Byron, filha de Lord Byron, entre outras mulheres que foram apagadas da história.

Rosalinda, a biofísica que estudava a dupla hélice do DNA, foi apagada, e os lauréis que deveriam ser dela foram para o cientista James Watson, isso porque ele se dizia o descobridor. Além da credibilidade, ele ganhou o Nobel de Medicina, em 1962. Apagaram o nome e o corpo da biofísica, que morreu cedo, com apenas 37 anos, devido às excessivas exposições à radiação durante suas incansáveis pesquisas. Em decorrência disso, desenvolveu um câncer que se alastrou rapidamente e colocou fim a seus estudos e sua vida. Morreu sem glória, e só foi possível saber que a descoberta havia sido realizada por Rosalinda porque, arrependido, Watson confessou que roubara os resultados dos estudos dela.

Na época, não precisava de muita coisa para provar que a descoberta vinha de um cientista homem. Até hoje, sabe-se que a descoberta que leva o nome de "A hélice de Watson" não deriva do suor masculino, mas seu nome continua na descoberta. Afinal, em meados do século XX, ainda não se dava créditos a uma mulher, quanto mais a uma cientista.

A jornalista Marisa Kohan, nascida na Argentina, mas radicada na Espanha, especialista em direitos da mulher, fala, em seu artigo "Mulheres que mudaram a ciência embora você não saiba seus nomes", sobre o apagamento do feminino na área das ciências exatas, humanas ou no universo da arte. Na obra, Marisa cita a história de Rosalinda Franklin e de tantas outras desaparecidas das páginas oficiais. Ora, como nasceu o primeiro homem se não do útero de uma mulher? Como foi desenvolvido se não pelo sangue de uma mulher?

O que dizer de Penélope, personagem de Homero, em *Odisseia*, que esperou Ulisses por centenas de luas, tecendo fios, enquanto ele se divertia com ninfas e feiticeiras? O que dizer de Ulisses voltar disfarçado para ter a certeza de que a esposa (e o reino) nunca o traíra? O que dizer de Telêmaco e sua falta de educação para com a mãe, filho este que Penélope criou sem pai, pois ele vivia viajando? Telêmaco veio do ventre de Penélope, desenvolveu-se pelo sangue da mãe, mesmo assim mandou a mãe calar-se em público. A mulher sempre soma, sempre teve imensos braços para fazer morar em seu peito os pais, os filhos, os irmãos, o marido. Mas alguns homens só têm braços para o gênero masculino, para os amigos do peito, para o rei. O mundo nunca foi justo para as mulheres, que dirá no Brasil, cuja maioria da população é analfabeta funcional.

Anna Maria Mozart foi apagada para que seu irmão Amadeus Mozart aparecesse. Para que ele, de fato, existisse. Não havia espaço para dois gênios, ainda mais quando um dos gênios é mulher. Fanny Mendelssohn foi literalmente silenciada pelo pai e pela sociedade para que seu irmão fosse reconhecido como único no espaço da música. E Eugênia Sereno optou por não existir como escritora para que sua família brilhasse, para não deixar constrangido o marido no Clube do Livro. Mesmo assim, foi premiada.

Ainda em 1966, ganharam o Jabuti Lygia Fagundes Telles com a antologia de contos *Jardim Selvagem;* Carlos Soule do Amaral com a poesia *Procura e Névoa* e Érico Veríssimo com o romance *O Senhor Embaixador.* Eugênia está ao lado das feras da literatura. Um ano depois, ganhou o Jabuti, com *Educação para Pedra,* João Cabral de Melo Neto, uma antologia poética que se sustenta nas críticas à poesia puída, rota, velha, sem nenhuma inovação, e à visão idealizada do sertanejo. Sim, Eugênia era grande e estava no meio das estrelas, mas sem dúvida, era mais dona de casa que escritora, mais esposa que literata.

Tornou-se a esposa ideal, a filha e a nora perfeita, "enquanto o marido inovava, fomentando, através do Clube do Livro, uma biblioteca em cada lar brasileiro, Ditinha Rezende, como era chamada, redigia às escondidas, uma obra imortal, que só veio a público, em 1965, pela José Olympio Editora. Para não ser estigmatizada como esposa de Graciotti, ela fez questão de um pseudônimo, e da publicação ser realizada por uma editora que não fosse a do marido", diz a jornalista Rita Elisa Sêda. Não se consegue entender por que a escritora, com acesso direto à editora do marido, caminhou por outras estradas e, ainda, mudou seu nome.

O romance mistura folclore, vocabulário regional da Serra da Mantiqueira e do Sul de Minas, divisa de São Bento do Sapucaí e Gonçalves, entre outras cidades fronteiriças com o Sul de Minas Gerais, como Sapucaí Mirim e, segundo a crítica literária, há, na obra, "certo misticismo italiano". A obra de Eugênia está recheada de oralidade: "causos" que ouvia quando criança, e até mesmo adulta, pelas montanhas da Mantiqueira. Eloésio Paulo, professor da Unifal, em seu artigo "A volúpia da prolixidade", referindo-se à obra *O Pássaro da Escuridão*, fala dos símbolos e da prolixidade do vocabulário detalhista na obra de Eugênia: "cebolóricos, verecúndia, sincipúcio e falastria são alguns termos recorrentes". Segundo o professor, o pássaro da escuridão seria mesmo a coruja que "pairava sempre no marasmo que era Mororó Mirim".

A memória espalhou-se em *O Pássaro da Escuridão,* narrativa preenchida de magia serrana, em forma de prosa poética, representando, como nenhuma outra, o momento transitório entre o dia e a noite: "Era assim... nem bem a boca-da-noite boceja e expele um vagalume de luzinha alada, no sorriso do céu flameja uma estrela". Eugênia fotografou uma época ímpar do viver (tedioso) nas montanhas, das tardes em que os pirilampos e as estrelas se preparavam para habitar o cenário noturno. A autora ressalta e dá vida à esquecida cidadezinha do Vale do Paraíba: São Bento do Sapucaí, conhecida, à época, como Mororó Mirim: "um lugar semimorto, que o mundo ignorava, que nenhum mapa registrava, mas repleto de cantigas d'águas e toada trêmula de aboio". Para Paulo Ronay, a obra de Eugênia é "um verdadeiro microcosmo brasileiro". Quem nas grandes cidades presta atenção no cair da tarde? A noite das montanhas é sempre diferente e as estrelas são outras, porque o céu é outro. Para Rita Elisa, é necessário ler Eugênia para se conhecer o folclore regional paulista e o mineiro e as cenas cotidianas, da época, na sociedade interiorana e montanhosa. O romance é alicerçado na poesia e no ritmo versificado das palavras: "À bonitinha Rolinha e o seu requebro lânguido [...] sem mais minudêncis nenhumas é o melhor da festa, esta mocinha Rolinha que, em criança, defecou pequenas dálias douradas provincianas no peniquinho de porcelana de França: aí vem ela, airosa borboleta de airada vida e belos olhos pretos, fatais, concupiscentes, como adiante se verá e o que há é outro assunto espalhado e propalado por murmúrios humanos entre esta montanha — sentinelas cérulas de cumes seculares, que parecem coibir a existência e que semelham à noite imensas antas negras, imóveis em ponto grande irremovivelmente atocaiadas na paisagem a escutar o carro de canto cansado cantando a canseira calada do boi, mercê da tristeza que tem". Eugênia brinca com as figuras de repetição formando melopeias, aliterações, ecos, paronomásias, assonâncias e outras modalidades figurativas, como: carro, canto, cansado, cantando, canseira, calada.

Quando publicou seu livro, a maioria dos homens, e das mulheres também, achou que fora o marido quem o escrevera. Não se acreditava ser possível uma mulher produzir uma obra tão rica em detalhes e, principalmente, tão profunda no enredo, como se mulher fosse, além de incapaz, uma eterna imbecil. Em seu *Ensaio sobre Doenças Mentais*, de 1764, Kant fala sobre a burrice como uma espécie de doença mental. As sociedades têm se apresentado muito ruins da cabeça, a maioria é burra.

O senador americano Josh Hawley, do Partido Republicano, em pleno século XXI, declarou, na Conferência Nacional do Conservadorismo, na Flórida, que "o feminismo tem levado homens à pornografia e aos videogames". Para ele, a masculinidade está sendo atacada: "que os homens voltem aos seus papéis masculinos tradicionais", ordena. Ora, se hoje a luta por igualdade é um grande desafio, ainda, é porque há esse pensamento machista vigente. Isso só separa homens e mulheres que deveriam lutar juntos por um mundo mais justo. Quando a mulher obedecia ao papel de dona de casa, de esposa voltada à subalternidade, época em que a sexualidade do marido, o "senhor", era só o que contava, a maioria tinha infinidades de amantes e adorava pornografia, inclusive colecionava filhos ilegítimos. Só não jogavam videogames porque estes ainda não existiam.

Se os homens não frequentassem assiduamente os bordéis, estes também não existiriam, não haveria razão para a existência de prostitutas se não houvesse procura e, acima de tudo, aceitação. No início do século XIX, no Brasil, havia bordéis de escravizadas que eram compradas para a montagem de casas noturnas de sexo. Os proprietários das fazendas, principalmente as de Minas Gerais e do Nordeste, mantinham os bordéis funcionando, ininterruptamente. Em meados do século XIX, havia muitas casas de prostituição com escravizadas que eram obrigadas a se submeterem aos cafetões. Mulheres livres, porém pobres e, na maioria das vezes, essas meninas eram menores. Não há razão lógica para se afirmar que os homens, hoje, por ter esposas mais ou menos livres, procurem, por causa delas, pornografia.

Dessa sociedade "burra", mentirosa e invejosa, Eugênia não recebeu apoio. O marido foi o primeiro a desencorajá-la, desconhecia a capacidade de Eugênia ou amedrontou-se diante da grandeza dela. Como uma flor que de um botão se faz rosa, Eugênia se perdeu e de rosa se fez botão. Tudo ficou tenso, desacreditado e hermético. Passou a viver reclusa e, com o tempo, deprimiu-se. Mais tarde, desenvolveu transtornos, o que a fazia lavar a mão, incansavelmente, inclusive causando várias feridas. Seu marido onipotente e onipresente registrou a doença da esposa em sua obra *Os Deuses Governam o Mundo*. Os conflitos foram piorando e agravando-se de tal modo que ela não resistiu e morreu aos 67 anos, em Perdizes, São Paulo, na casa da Rua Geraldo, onde cuidou do lar, do marido, dos pais, dos sogros e do filho adotivo, Ronald Graciotti. Vanderléia Barboza fala, em entrevista, que Mário Graciotti publicou, muitos anos depois, a última edição de *O Pássaro da Escuridão*, da esposa.

Hoje, quem conhece Eugênia? O que sobrou foi uma ladeira íngreme em São Bento do Sapucaí, que se chama Ladeira dos Pirilampos — Eugênia Sereno: "A Ladeira dos Pirilampos fica ao lado do casarão onde Sereno nasceu e viveu parte de sua vida. É linda e bucólica, no entanto, com as interferências do progresso, infelizmente, está se transformando cada vez mais. Contudo, há um projeto de intervenção da arte pública, que irá homenagear a escritora, a partir de um plano com as bordadeiras, idealizado e coordenado por mim: foram bordados 100 fragmentos de *O Pássaro da Escuridão*", diz Vanderléia.

Todos os anos, Vanderléia celebra a "Semana Eugênia Sereno", com poesia, trechos da obra de Eugênia Sereno, muita música, dança, arte local e palestras.

Dos pássaros noturnos à escuridão de Sereno

A gestora cultural e contadora de histórias, Vanderléia Barboza, da Casa de Cultura do Casarão da Memória, em São Bento do Sapucaí, interior de São Paulo, fala da importância de Sereno: "Uma ilustre escritora, mulher além de seu tempo, com muitos talentos e habilidades, uma visionária que sofreu muito por isso, na sociedade, no meio e na época".

A escritora sofreu tanta repressão por ser mulher e, principalmente, casada, que caiu no esquecimento. Quando Vanderléia chegou à pequena cidade, Eugênia permanecia coberta em muitos véus: "era como se ela fosse um assunto proibido". Mas a gestora não se deu por vencida e começou uma pesquisa, mesmo porque ela já conhecia a produção literária de Eugênia, havia muitas lembranças das aulas do curso de Letras, na universidade. Ditinha Rezende era conhecida como a esposa de Mário Graciotti, do Círculo do Livro, e não como literária, não como escritora de talento, ganhadora do Jabuti.

O Pássaro da Escuridão é um romance regional de narrativa poética que conta a história de uma tríade amorosa entre Dona Pureza, Badaró e Candoca. Dona Pureza amava seu marido, Badaró, mas ele dedicava seus encantos à Candoca. E assim viviam, marido, esposa e amante. "Pureza é a metáfora da mulher resignada, conformada, servil", diz Vanderléia. Eugênia apresenta-nos uma esposa religiosa, que tem fé nos postulados do matrimônio e que, para ela, eram indissolúveis. Além do nome, Pureza seria a mulher adequada ao padrão do patriarcado: recatada, conformada e pura.

A personagem Candoca é uma jovem linda e cheia de vida, "era a moça mais cobiçada da cidade". À medida que Eugênia narra a história do triângulo amoroso, vai tecendo o dia a dia da cidade, fotografando as cenas da vida dos moradores de São Bento do Sapucaí: "há outras histórias que se entrelaçam no romance apresentando os fatos cotidianos de uma cidade pequena, um burgo miúdo com festejos populares, politicagens, submissões, amores furtivos, abuso de poder, religiosidade, mas sobretudo, pincela, em sua narrativa, a exaltação da beleza natural da cidade e do povo rural", diz a gestora.

Vanderléia Barboza, além de homenagear a escritora, traz luz ao nome dela, tirando-a da escuridão. O Casarão da Memória — Espaço Cultural Eugênia Sereno — fica na Rua Professor Cortêz, 394, no Largo da Matriz, Centro Histórico de São Bento do Sapucaí. Vanderléia tem muitas histórias recheadas de coincidências que significam e ressignificam constantemente a relação dela com Eugênia: "A escritora caiu no meu colo e fez morada em meu coração. O objetivo principal do Espaço de Cultura é reparar o descaso e o apagamento do nome e da vida de Eugênia Sereno e, com isso, abrir caminhos para a literatura e o diálogo desta com outras artes. Eugênia entrou na minha vida, pela primeira vez, em 1988, quando eu cursava Letras. Na USP, ao pesquisar sobre a escritora brasileira, ganhadora do Jabuti, encontrei apenas um volume. Na época, não era permitido sair com o livro, restringindo a leitura somente na biblioteca, porque era o único exemplar da autora. Fiquei tão apaixonada pela ilustração da capa, que trazia uma coruja que, mais tarde, tatuei a capa em meu peito, mesmo porque, assim como Sereno, sou apaixonada por corujas. Independentemente de Sereno, a coruja que tatuei é, decididamente, o símbolo da minha vida. Eu cresci apaixonada por corujas e me recordo de que havia corujas entre a varanda e o quintal da casa de minha mãe. Acabei identificando-me com elas. E nem imaginava que, 30 anos depois, o livro de Sereno cairia em minhas mãos novamente e, muito menos, que eu moraria na cidade em que a escritora nasceu e viveu, e que seria gestora da Casa de Cultura Eugênia Sereno".

Em *O Pássaro da Escuridão*, a história tem como cerne um triângulo amoroso, como citado. E mesmo sabendo que os afetos de Badaró não eram para ela, a esposa Pureza via no marido um bom pai e um bom homem. Resignada, conformada e acreditando piamente que o matrimônio era indissolúvel, submetia-se aos desígnios de boa esposa. Enquanto isso, Badaró e Candoca divertiam-se. Mas, um dia, Badaró morre e Pureza transforma o marido em um santo, falando somente das qualidades dele. Sem saída, Candoca vai experenciar outros amores.

A beleza da obra está, sim, na história do triângulo amoroso, mas também na forma como é narrada, nas descrições bucólicas das colinas e das montanhas verdejantes da Mantiqueira; na revelação dos costumes da época; na fotografia interiorana de São Paulo, fronteira com o Sul de Minas Gerais; nos neologismos; na oralidade que faz renascer tradições antigas; no folclore mineiro e paulista; e nas cenas que fotografam os anos de 1950/1960, em São Bento do Sapucaí. Isso sem contar com uma das principais características da obra: a descrição mágica da noite, dos vagalumes, da lua, das estrelas e das corujas. Ela exalta os mistérios da noite de forma poética.

Eugênia foi uma mulher muito importante no que tange à literatura, ela fixa no leitor a memória estampada em cores vivas, repleta de sentimentos poéticos de Mororó Mirim, nome antigo de São Bento do Sapucaí: "Foi uma ilustre escritora, mulher além de seu tempo, com muitos talentos e habilidades, uma visionária que sofreu muito por isso, na sociedade da época", diz Vanderléia. A obra, recheada de um lirismo noturno, traz um enredo peculiar e a ideia de que há esperança na escuridão, porque há, no breu da noite, os pirilampos. Candoca é uma jovem (prostituta desde os 16 anos) que inebria Badaró, e Pureza, como diz o nome, imaculada. Como a maioria das esposas e mães, sua candidez não lhe permite ir contra as atitudes do marido, faz, então, o perfeito papel da temperança e da castidade, da virtude e da prudência. E assim termina a história entre Pureza, Candoca e Badaró: uma viúva casta adequada aos moldes patriarcais; uma jovem que tem a vida pela frente (de uma forma ou de outra) e um santo morto para a cidade cultuar.

Há outras histórias que dialogam com o cerne do romance *O Pássaro da Escuridão*, de Eugênia Sereno, porque híbrida. Sereno critica a hipocrisia social na figura de Badaró, personagem adúltero que vai ao encontro dos centros que habitam o final das coxas das jovens, sendo casado e tento filhos. E Pureza é outra personagem que escolhe a ocultação da verdade para viver de aparência. Mas há, sobretudo, o registro dos fatos cotidianos de uma cidade pequena, como os costumes, os hábitos, as crenças e os tabus, as festas religiosas e populares, as missas, a exaltação da beleza natural das montanhas e das araucárias, a singeleza da cidade e seu marco inicial com a igreja da Matriz de São Bento em uma praça perto da Ladeira dos Pirilampos. Porém, além da praça central, há outros espaços em que, no entorno, e talvez um pouco mais distante, desabrocha o bucólico em um exuberante quadro rural interiorano, com os ruídos dos bichos nos pastos, o som misterioso das corujas e, principalmente, os pirilampos que piscam anunciando o lusco-fusco, revelando o cenário noturno que reflete as estrelas e todos os fenômenos observáveis da noite. Vagalumes e corujas, estrelas e o nortear da Lua são elementos noturnos apreendidos pela autora, de cuja sensibilidade exacerba qualquer sentimento de observação. Para Vanderléia, Eugênia apresenta "uma cidadezinha interiorana com festejos, o lado pacato da cidade e dos moradores, mas também, a politicagem, o abuso de poder sempre mesclado à religiosidade".

Ao leitor e à leitora, ficam os exemplos de uma mulher que tinha o veio da literatura nas mãos, que narrava histórias em forma de poesia, mas seu papel de dona de casa, mãe, esposa, nora e filha impediram-na de existir de outra forma.

CONCEIÇÃO EVARISTO

Nem todos os homens (e especialmente os mais sábios)
compartilham a opinião de que é ruim para as mulheres
ser educada. Mas é verdade que muitos homens tolos
afirmaram isso porque os desagradou que as mulheres
sabiam mais do que fizeram.

(Christine de Pizan)

"A minha fala estilhaça as máscaras do silêncio", diz Conceição Evaristo quando se refere ao discurso literário e à luta em prol das mulheres, principalmente das mulheres negras, dentro da literatura, da história e das sociedades. As máscaras do silêncio, efeito e resultado da opressão do colonialismo, mesmo estilhaçadas, perpetuam-se; elas continuam silenciosas, hipócritas, vazias, fragmentadas.

Uma das maiores escritoras brasileiras do pós-modernismo, Conceição Evaristo, mineira de Belo Horizonte, escreveu poesias, contos e romances, tais como: *Ponciá Vicêncio, Olhos D'Água, A Poesia Negra Feminina, Poemas de Recordação e outros Movimentos, Becos da Memória, Canção de Ninar Menino Grande, Histórias de Leves Enganos e Parecenças*, entre muitos outros. A obra que mais me emociona é a antologia de contos *Insubmissas Lágrimas de Mulheres*, de 2011. Algumas de suas obras foram traduzidas para o inglês, o espanhol, o francês e o árabe. Conceição foi homenageada como Personalidade Literária do Ano e ganhou, por duas vezes, o Jabuti. Graduada em Letras e doutora em Literatura Comparada, Conceição Evaristo tem sua importância cultural demarcada e ampliada no Brasil e no mundo. Suas obras são resultado das vivências das mulheres negras, e vão, na medida em que cria ficção sobre a realidade, denunciando as mazelas, o preconceito, as desigualdades e a opressão do cotidiano. Ao mesmo tempo em que "se volta para a recuperação da ancestralidade da negritude brasileira, propositalmente apagada pelos portugueses", diz Luiza Brandino, professora de Literatura, cujo texto encontra-se disponível no site "Brasil Escola".

Para Conceição, é a memória que alimenta a literatura: "a memória é um lugar de fundação para nós afro-brasileiros, descendentes dos povos africanos. Não se tem essa noção, porque não sabemos de que lugar da África nós viemos. [...]. Essa origem perdida é reinventada, em terras brasileiras, pela memória [...]. A ficção entra no espaço desse vazio".

A antologia *Insubmissas Lágrimas de Mulheres* traz 13 contos. Há uma dor escancarada em cada linha, em cada parágrafo, dor desumana que as sociedades criam, porque são misóginas e racistas. A dor do outro não é vista nem sentida. A miserabilidade dos homens é um cárcere anímico, eles estão presos às falsidades, aos paradigmas que criaram: uma invenção controladora que causa dor no outro. As mulheres sofrem, as mulheres negras sofrem. São tantas regras contra o corpo e a mente que, mesmo liberta de muitas correntes, sobram as imaginárias mescladas à culpa e ao pecado, amalgamadas às interações simbólicas e paradigmáticas. Acredita-se que nascer mulher é mesmo um imenso azar. Quanto mais nascer mulher e pobre e nos confins dos Judas, lugar onde os gatos perderam as botas e os rabos. Nascer nessas condições e, ainda, almejar ser dançarina ou pintora é viver de quimera. Mas, às vezes, as quimeras viram realidades.

As mulheres sonham, independentemente de serem brancas, negras, pobres, ricas, presas ou "livres". Quando a mulher se transforma em mãe, todas as proibições intensificam-se em torno dela, como se, a partir do nascimento da criança, ela fosse obrigada a deixar de existir. Desse modo, sob esse paradigma, a culpa vai esmagando corpo e cérebro, como uma cobra enrolando-se e triturando ossos e músculos femininos. Perante as sociedades e as religiões que criam esses paradigmas insanos, ser mãe é diferente de ser pai, porque ser pai não exige renúncia nem sacrifício, necessariamente. O pai continua a vida normalmente, nada se subtrai do viver dele, de maneira violenta. O que existe é soma: a soma de que é um homem inteiro e um pai honrado perante os olhos sociais.

Lendo *Insubmissas Lágrimas de Mulheres* vou, ao mesmo tempo, revoltando-me e libertando-me, dentro de minhas próprias culpas e limitações, desprendo-me das centenas de crenças, uma a uma e, nesse ínterim, choro e rio. Choro porque as crenças parecem infinitas; rio porque me livro de uma e outra. Vivi algumas insanidades com meu pai autoritário e conservador, e com um casamento abusivo e insano. O que traz revolta é que o quadro só se revela e se deixa ver nitidamente muito tempo depois.

Quando me casei, entre as loucuras que vivi, tem uma, cuja insanidade bem demarcada, demenciava-me: meu marido deixava crianças, filhos dos irmãos separados ou casados, para eu cuidar, e eu me perdia nessa tarefa, sem saber se cuidava e educava meus dois filhos ou os sobrinhos, ou ainda, todos eles. Era uma tarefa pesada que eu nunca dei conta, nem desejava dar, porque faltava energia e disponibilidade. Foi uma época doentia. Meio sem regra, sem norte, à revelia do tempo e das ocorrências cotidianas.

A antologia de contos de Conceição Evaristo mexeu comigo a ponto de eu reviver meu passado. A história de Shirley Paixão é injusta em um grau incomensurável, condenada a três anos de prisão por salvar a enteada do pai criminoso que, além de abusar sexualmente da filha, espancava a menina. Ter pai ausente é devastasdor, mas ter pai pedófilo é criminoso. A maior parte das famílias é estruturada em clãs matriciais, porque os pais quando não espancam filhos e esposas, desaparecem. Mas os que também não espancam desaparecem. Eles vão viver outra vida. As mulheres não são mais mães que os homens são pais, porém, são vistas com diferença demarcada. Elas nem têm escolhas, abandonadas com os filhos, não veem estradas para percorrer a não ser a da maternidade.

São histórias difíceis de serem engolidas. O preconceito arraigado e estabelecido nas famílias tradicionais e ricas mostra que o amor está abaixo do nada, o que manda são as regras insanas estabelecidas pelas sociedades com o intuito de manipular, controlar. Então, abandonam, sem nenhum pudor ou arrependimento, o filho rico que se apaixona pela moça pobre. Preferem perder o filho a compreender que o coração dele já ama e sofre. As relações alicerçam-se no desafeto.

A história do conto *Natalina Soledad* é a repetição de um paradigma que persiste no mundo todo. Ledo engano acreditar que regiões e países como Índia, África, Irã, Paquistão e Afeganistão são as eternas habitações dos preconceitos, das misoginias, das desigualdades de gênero. No Brasil, o paradigma que atesta falta de sorte nascer mulher sobrevive e é tão forte quanto cruel. Ah! Esse mundo deveria ser só de homens, deveria ser habitado pelo masculino tão somente. E que entre em absoluta extinção a raça humana por falta de úteros. Assim como a comédia *Lisístrata — A Guerra dos Sexos,* de Aristófanes, criou competições e gerou conflitos, que haja uma Guerra da Maternidade.

O que vai à alma do pai que acha que se não tiver filhos machos é tido como inferior ou incapaz? Em muitos lugares da Índia ter filhas é uma humilhação sem fim. Muitas vezes, a mãe é obrigada a matar o fruto de seu ventre ao nascer. A história de Soledad não é diferente nem surpreendente. É costumeira. Ela é a sétima filha depois de terem nascidos seis homens encarrilhados. O pai achou que era azar demais, chegou a pensar que a mulher o havia traído, porque ele era bom em fazer machos. Pensou também que estava sendo castigado. Ficou tão enraivecido que passou a chamar a menina de "troço". Foi tão rejeitada pelo pai, que a mãe, também, tomou ranço e nem a amamentou. Cresceu sozinha. Vivia na mesma casa, com os irmãos, mas parecia ser invisível. Ninguém conversava com ela, nem dava conta de sua existência.

O pior para a menina ainda estava por vir. Todo o horror que os pais sentiram jogaram sobre a filha, condenando-a com o nome Troçoléia Malvina Silveira. Depois de muitos anos, crescendo meio ao relento, seu único objetivo era mudar o nome, e suas insubmissas lágrimas de mulher transformaram-na em Natalina Soledad. Quanto amor à mulher é necessário para apagar o ódio espalhado em todas as páginas da história?

Insubmissas Lágrimas de Mulheres fala de estupro, violência, insanidade masculina, misoginia, de meninas com alma de meninos, de sequestros de crianças, da proibição de amores entre pessoas pertencentes a classes sociais distintas. São as vozes das personagens que gritam e denunciam atrocidades, elas contam como superaram traumas o como foram sucumbidas. Conceição autoriza as mulheres a vomitar suas angústias, suas dores e seus amores em depoimentos lapidados por suas mãos literárias.

Desde Eva que se acredita que a mulher incita o homem à luxúria. Isso é outra lenda, outra invenção, porque a libido mora no homem e na mulher. A maçã não é o fruto proibido, mas sim, metáfora do desejo sexual que os seres possuem, independentemente de serem humanos. O pintor Max Svabinsky, nascido na Tchecoslováquia, no século XIX, desafiou os dogmas religiosos com sua pintura *O Paraíso*, de 1918, em que mostra a figura de Adão fazendo sexo oral em Eva e ela surpresa com o ato. Não é a maçã engasgada que deixou a garganta de Adão com pomo, o fruto nunca foi a maçã, mas a busca pelo prazer, por meio da observação e da descoberta. Aliás, o pomo de adão é uma protuberância do osso hioide, junto à laringe, órgão que faz parte do processo de fala. Essa saliência é resultado da testosterona, hormônio responsável pela mudança de voz no homem. Não obstante, observar e fazer tem um peso de castigo no feminino. Como diz Melanie Klein: "Quem come do fruto do conhecimento é sempre expulso de algum paraíso". E isso serve à Eva (e ao primogênito Adão, também), que ousou provar o conhecimento e prazer-se com ele.

Parece que o mundo se pôs contra o feminino em todos os sentidos e cantos, em todas as religiões e filosofias, em todas as proporções e alcances. Não há pecado, uma vez que Deus fez o homem e a mulher para sentirem prazer, para serem felizes. Porém, dentro dessa ideia paradigmática, somente Eva é pecadora, ela é fonte de um desvio histórico-religioso do racional masculino com base nesse modelo lascivo do feminino, as injustiças multiplicam-se, a misoginia avoluma-se.

E nesse sentido, os homens acham-se no direito de espancar suas esposas, como no caso da história de Lia Gabriel, cujo marido chegou a casa bufando e perguntando pelo almoço, irritado, exigindo atenção. Mesmo Lia falando que seu almoço estava prontinho no micro-ondas, "era só aquecer", violentamente ele tirou o filho caçula do colo da mãe e o atirou longe. A mãe correu para socorrê-lo, mas foi desnudada e agredida, aos socos e pontapés, sangrando, tentando proteger o filho. E no meio de tamanha hostilidade, ela vê a extensão da cena que o marido causou: suas meninas gêmeas olhando o pai espancar a mãe delas com o pequeno no colo.

Por que alguns homens são hediondos? Quantos traumas uma mulher é obrigada a suportar? Não há políticas públicas que penitenciem esses crimes, não há lei que proíba o homem de bater, humilhar, violentar, agredir física e verbalmente a mãe, a esposa, a irmã, a filha? Não há leis que proíbam os homens de serem vermes ambulantes. O que os sustenta é a ideia de que podem fazer o que desejarem, e muitas mulheres também acreditam que mereçam ser castigadas, como Isaltina Campo Belo.

A história da menina que se sentia menino e que, por ingenuidade, acaba confessando ao candidato a namorado o seu mais íntimo sentimento. Soberbamente, ele acreditava que assim que ela provasse um "macho" (leia-se pênis) iria adorar e, consequentemente, mudar. Como Isaltina Campos Belo não aceitou a proposta, "o cabra" achou que ela necessitava mesmo de mais e mais experiência heterossexual, com ele e com os amigos. Violentou-a. Violentaram-na. Foi um estupro coletivo.

Estupro é crime.

Não há respeito com os homossexuais, não há compreensão, parte da sociedade é de zumbis. E mesmo para quem goste de relações heterossexuais é necessária a permissão absoluta para o ato sexual. Estupro é crime! Essas crenças arraigadas à cultura contaminam a mulher e impedem-na de se libertar, são credos e mais credos. Estes credos são um imenso polvo que enlaça e que estrangula. Quando o feminino desata um nó, há outros, porque polvo tem muitas pernas que se entrelaçam e multiplicam-se. No entanto, se há uma estrada que principia a liberdade, quem caminha nela é Conceição Evaristo.

Olhos D'Água é outra antologia de contos. São histórias tristes que enchem de lágrimas os olhos do leitor. O ponto de vista da tristeza é de quem a sente na pele. Moradores pobres, como o menino que mora no lixão e tem fome; a moça que não se lembra da cor dos olhos da mãe; o povo que deixou de gerar filhos; a primeira festa de aniversário aos 27 anos, em que Ana aguardava a chegada de seu amado Davenga. Os contos falam de miséria, de violência urbana, de prostituição e de mendigos. Descrevem, ainda, a dor de uma parte da população que Eliane Brum chama de "Invisíveis" em *A Vida que Ninguém Vê*, de 2006.

Para a doutora em Literatura Brasileira, Constância Lima Duarte, Conceição Evaristo é um ícone da literatura feminina negra. Tem consciência de sua perspectiva, seu olhar e sua experiência estão em sua "escrevivência. O termo, além de relevante, é político: "ela traz em seu trabalho a questão da memória ancestral que carrega, essa é a Escrevivência de Evaristo", diz Constância.

Conceição Evaristo atinge a sociedade, porque sua boca fala verdades, sua alma relata verdades, seus olhos afunilam-se em reflexos que desenham verdades. Vai, portanto, incomodar eternamente. Assim como sua candidatura para concorrer a uma cadeira na Academia Brasileira de Letras incomodou. Quem precisa de uma verdade na sociedade brasileira de enganos? Eis o cenário dos hipócritas enquadrados em moldes pré-fabricados por gentes estéreis. Mas nem tudo é sombra e treva, há Conceição Evaristo para nos alertar sobre o racismo, a maldade humana e trazer um fio de esperança. No programa da TV Cultura, Roda Viva, em setembro de 2021, a escritora falou sobre a burrice da elite brasileira. "Burra, porque sua visão estreita e limitada a impede de ver a riqueza da pluralidade". Ouvir Conceição em qualquer mídia ou programa é sempre um prazer enorme, um aprendizado eminente, uma fonte de conhecimento inesgotável. Aprendemos com a diva, a Dama das Letras Afro-Brasileiras. Para a sociedade, a participação dela é uma eterna aula magna, precisamos ouvi-la sempre para que a esperança floresça ininterruptamente e para que dos fios alcancemos os novelos. Ela é voz e fé, ancestralidade e resistência. É o ontem e o hoje.

"A escrevivência distancia-se do mito de Narciso, o espelho de Narciso não reflete o nosso rosto, os mitos que refletem verdadeiramente o nosso rosto é o de Yemanjá e o de Oxum. A primeira é aquela que cuida; a segunda, que traz dignidade e nos reconhece como belas. Narciso é o mito da individualidade; Yemanjá e Oxum, da coletividade", diz Conceição Evaristo, no Roda Viva. Para Eduardo de Assis Duarte, doutor em Literatura Comparada, a "escrevivência" de Conceição reinventa o afro-brasileiro, reescreve a verdadeira história. Durante mais de 400 anos, a história oficial colocou os povos africanos na condição de infra-humanidade, de um ser dominado pelos instintos. O primeiro movimento contra esse paradigma veio por volta de 1917, nos Estados Unidos. Um exemplo é a poesia *Eu também* do ativista e dramaturgo Langston Heghes: "[...] Eu, também, canto a América, sou o irmão negro. Mandam-me comer na cozinha, quando chega alguém. Mas rio e como bem, e cresço forte [...]", ou a literatura feminina negra de Toni Morrison ou, ainda, o movimento *Black is Beautiful*. Constância fala de como, no decorrer da história, tentaram eliminar não só o africano das páginas oficiais, mas também a África Mãe: "[...] a escrevivência de Evaristo revela as culturas oriundas da África, e toda a ancestralidade perdida, a autora traz, no seu projeto literário, a memória [...]".

O norte-americano Langston Hughes escreveu muitas poesias, entre elas, uma que mudaria a ideia clássica de belo, oriunda da Grécia Antiga em que as proporções exatas eram sinônimas de beleza. Em sua lírica, o negro é tão belo quanto a natureza: "A noite é bela como a face do meu povo. As estrelas são belas como os olhos do meu povo. O sol é belo como a alma do meu povo". A escrita é um ato de resistência: "escrever é um ato de sangrar", diz Conceição.

Segundo Conceição, as escritas são diferentes, porque cada escrita vaza uma subjetividade. A escrita cigana é diferente da indígena que, por sua vez, é diferente da negra e da branca: "Minha competência literária parte da observação do espaço que eu vivo, das pessoas que me contaminam a ponto de virar personagens [...]". E durante o discurso, Conceição cita a escritora Fernanda Felisberto: "Sua cabeça pensa a partir do lugar onde estão fincados os seus pés". Cita, ainda, a escritora e poeta Geni Guimarães, homenageada na 15ª Balada Literária: "as escritas são diferentes". Para Conceição Evaristo, a literatura que produz vem da experiência própria em que viveu na favela, em meio à oralidade, às crenças e aos mitos africanos, que ela chama de individual e particular, e da experiência coletiva, que é a histórica. Quando a autoria vem de uma ascendência que já experimentou a subalternidade, a criação literária vem de dentro. Conceição é também poeta, e sua poesia é banhada de ancestralidade, história, oralidade e memória. Dialoga com o passado, funda o presente, inaugura a possibilidade de um futuro, a exemplo do poema "De Mãe", recitado pela atriz Elisa Lucinda, no programa Roda Viva, em 6 de setembro de 2021:

O cuidado de minha poesia aprendi foi de mãe,
Mulher de pôr reparo nas coisas e de assuntar a vida.
A brandura de minha fala
Na violência de meus ditos ganhei de mãe,
Mulher prenhe de dizeres fecundados na boca do mundo.

Foi de mãe todo o meu tesouro
Veio dela todo o meu ganho
Mulher sapiência, yabá,
Do fogo tirava água, do pranto criava consolo.
Foi de mãe esse meio riso
Dado para esconder alegria inteira

E essa fé desconfiada, pois, quando se anda descalço,
Cada dedo olha a estrada.

Foi mãe que me descegou
Para os cantos milagreiros da vida
Apontando-me o fogo disfarçado
Em cinzas e a agulha do tempo movendo no palheiro.

Foi mãe que me fez sentir
As flores amassadas debaixo das pedras
Os corpos vazios rentes às calçadas
E me ensinou, insisto, foi ela
A fazer da palavra artifício
Arte e ofício do meu canto
Da minha fala

Exalta os mitos africanos, recheia a poesia de ancestralidade africana, um caminho de pura brasilidade. Na obra *Poemas da Recordação e Outros Movimentos*, de 2006, encontra-se "Meu Rosário", de Conceição Evaristo. O poema mostra o sincretismo religioso e cultural, mesclando batuques e rezas: "Eu canto mamãe Oxum e rezo padres-nossos". A poeta conta as contas e, contando as contas, conta a história da fome, da miséria, da desigualdade, das dores, da desesperança, mas também da esperança. Viaja no tempo e todo o tempo é ele a mesma cadência do passado, o instante do futuro que se presentifica na história e na vida da autora. Conceição planeja um futuro que resgate do passado longínquo os batuques, porque a memória não dormiu totalmente e, por isso, revisita a infância, revisita os ancestrais, presentificando-os. Nas contas do rosário, o eu lírico, da qual prevê a autora, conta as contas, canta, grita e conta novamente. É um rosário de contas negras e mágicas, traz a história reinventada nas viagens do tempo, revela os calos "da conta viva", porque contas de trabalho e, na contagem das contas do rosário, "embala a dor da luta perdida, da desesperança. Mas uma desesperança sempre vestida de esperança". E entre as idas e vindas de um tempo sucessivo e simultâneo, o eu lírico descobre-se poesia e Maria. O nome Maria faz alusão à mãe de Jesus, pode ter-se originado, ainda, do hebraico מירם, significando *Miriam,* que designa Senhora Soberana.

O vocábulo *rosário* vem de dois termos oriundos do latim: *rosae* e *rio. Rosae* significando rosa e *rio,* água em curso. A prática do rosário parece ter surgido no século IV ou V. Em lugar de contas ou nós contavam-se pedras, grãos, ossos, gravetos e dedos. O Santo Rosário é uma atividade católica de devoção a Mariana, pois, a cada dezena, canta-se a magia da "Anunciação de Maria" como um ser divino. Talvez por isso, Maria. Apesar de que a escritora é Maria Anunciada, ou seja, Maria da Conceição. Há uma infinidade de referências que desnudam a pluralidade e o sincretismo religioso que habitam o Brasil: Imaculada Conceição é a Virgem Maria; Maria, a poeta; Maria, a mãe de Deus; Maria, nome das mulheres que se estruturam, na força e na fé, a própria vida: "Maria, Maria é o som, é a cor, o suor".

O rosário é composto de 20 segredos, todos envolvidos na história de Jesus e Maria, e novamente tem-se a alusão à Maria, seja relativo a santa ou à escritora. Os mistérios do rosário dividem-se em gozosos — referentes ao terço das mulheres —, dolorosos, luminosos e gloriosos. Mas o Rosário da poeta é personificado, porque é com letra maiúscula, não é um simples colar de contas, é a própria vida das mulheres negras que seguem com fé e, apesar das lutas perdidas, não param de contar as contas do Rosário-Vida, não cessam de cantar à Mamãe Oxum, à Grande Mãe.

Para Eduardo de Assis Duarte, "Meu Rosário" vincula memória, religiosidade e o fazer poético, trata-se da escrita da poeta, mas também remete às lembranças da infância em que o preconceito trazia dores: "[...] a reza, o terço, o rosário aludem ao processo de produção escrita, através do qual o eu lírico descobre a si mesmo e ao outro". Segue o poema *Meu Rosário:*

Meu rosário é feito de contas negras e mágicas.

Nas contas de meu rosário eu canto Mamãe Oxum.

E falo padres-nossos, ave-marias.

Do meu rosário eu ouço os longínquos batuques do meu povo

E encontro na memória mal adormecida

As rezas dos meses de maio de minha infância.

As coroações da Senhora, onde as meninas negras,

Apesar do desejo de coroar a Rainha,

Tinham de se contentar em ficar ao pé do altar lançando flores.

As contas do meu rosário fizeram calos

Nas minhas mãos, pois são contas do trabalho na terra,

Nas fábricas, nas casas, nas escolas, nas ruas, no mundo.

As contas do meu rosário são contas vivas.

(Alguém disse que um dia a vida é uma oração,

Eu diria porém que há vidas-blasfemas).

Nas contas de meu rosário eu teço entumecidos sonhos de esperanças.

Nas contas do meu rosário eu vejo rostos escondidos

Por visíveis e invisíveis grades

E embalo a dor da luta perdida nas contas do meu rosário.

Nas contas de meu rosário eu canto, eu grito, eu calo.

Do meu rosário eu sinto o borbulhar da fome

No estômago, no coração e nas cabeças vazias.

Quando debulho as contas de meu rosário,

Eu falo de mim mesma em outro nome.

E sonho nas contas de meu rosário lugares, pessoas,

Vidas que pouco a pouco descubro reais.

Vou e volto por entre as contas de meu rosário,

Que são pedras marcando-me o corpo-caminho.

E neste andar de contas-pedras,

O meu rosário se transmuda em tinta,

Me guia o dedo, me insinua a poesia.

E depois de macerar conta por conto do meu rosário,

Me acho aqui eu mesma

E descubro que ainda me chamo Maria.

Conceição Evaristo colaborou, e colabora, ativamente com muitas revistas nacionais e internacionais. Conta sobre o "apartheid geográfico" que viveu na infância, quando morava em uma favela. Ali tudo era separado e a discriminação caminhava solta. Ela fala da escola: uma casa antiga com dois andares, um porão, o térreo e o primeiro andar. Os filhos de classe média ficavam no andar de cima e estavam sempre bem-vestidos, tinham suporte e eram bem tratados. Os que ficavam no porão (classe pobre) eram discriminados em tudo. As medalhas só serviam aos alunos do andar de cima, como também eram eles quem coroavam Nossa Senhora nas festas religiosas. Na literatura, por meio da poesia e da prosa, Conceição Evaristo conta o que viveu nessa época: "minha produção literária nasceu da oralidade e da minha experiência".

Ela milita em prol de uma vida igualitária e afirma que "poder ser é um direito humano". Em resposta à *Carta Capital*, na entrevista do dia 16 de novembro de 2021, Conceição Evaristo diz, quando perguntada sobre a inclusão de autores negros na FLIP: "Ao mesmo tempo em que vejo como uma atitude corajosa, eu vejo como algo justo e necessário, quando falamos em literatura, quando pensamos nela como uma forma de explicitação da identidade nacional, colocar negros (e índios) é apenas nos colocar em nosso lugar de direito, pensar na literatura desta forma é pensar na diversidade não somente em termos teóricos, mas em termos práticos de representação".

Ler as obras de Conceição é obter conhecimento da realidade da diáspora dos povos do continente africano, da crueldade que sofreram. Da realidade das mulheres, principalmente das mulheres negras. Das verdades dos povos indígenas, da diversidade cultural e de como o sistema tem excluído sem piedade parte considerável da população. Encerro o capítulo da Diva da Afro-Brasilidade com a fala da jornalista Abiane Souza: "Ela colhe e coleciona palavras". E colhendo palavras produz arte que desenha o real cenário do Brasil e do mundo. Doa a quem doer.

ROSA LUXEMBURGO

O capitalismo colocou sobre os ombros da mulher
trabalhadora um peso que a esmaga; converteu-a em
operária sem aliviar seus cuidados de dona de casa e mãe.

(Alexandra Kollantai)

O nome dela é um dos mais importantes da história da Rússia e da Alemanha no que tange à política. Foi a primeira mulher teórico-marxista a compreender o capitalismo como sistema mundial em suas entranhas: "Nessa perspectiva, ela aparece como a teórica que, pela primeira vez, deu lugar permanente, na civilização ocidental, aos países da periferia do capitalismo, não somente porque serviram como fonte de acumulação primitiva do capital, mas porque, desde a época da colonização até agora, formam um elemento imprescindível do desenvolvimento capitalista mundial", diz a especialista sobre a vida e as obras de Rosa Luxemburgo, a portuguesa Isabel Loureiro.

Para Isabel, a filósofa foi reconhecida na América Latina, em 1970, por muitos intelectuais que entraram em contato com o valor de suas obras, suas frases, seus discursos e sua atuação na política: "foi reconhecida por intelectuais marxistas não stalinistas que se deram conta de que Rosa Luxemburgo havia tido uma intuição original (que não desenvolveu) ao enfatizar a unidade dialética entre metrópole e periferia: o sistema capitalista mundial, no seu processo de constituição histórica, gerava o subdesenvolvimento na periferia como um aspecto complementar do desenvolvimento nos países centrais".

As obras de Rosa são *A crise da social democracia*; *Camarada e Amante: cartas de Rosa Luxemburdo a Leo Jogiches*; *Reforma Social ou Revolução*; *Os Dilemas da Ação Revolucionária*; *A Acumulação do Capital*, e tantos outros livros e ensaios fazem dela uma filósofa que une prática e teoria; fazem dela, além de militante política que lutava pelos direitos das mulheres e dos trabalhadores homens e mulheres, uma escritora, cujo pensamento moderno nunca foi tão atual devido ao retrocesso instalado no Brasil, e em muitas outras partes do mundo, e devido, ainda, aos ideais antidemocráticos: uma onda conservadora que exclui, hoje, mulheres, negros, indígenas, gays e pobres.

Isabel Loureiro é uma filósofa fundamental na transmissão de cultura e de conhecimento político da Alemanha antes, durante e depois da Primeira Guerra Mundial, na atuação dos partidos de esquerda e, principalmente, na atuação da polonesa-alemã Rosa Luxemburgo — diante do cenário de conflitos e políticas que serviam à elite, tão somente. Caminhamos muito, corremos, e até nadamos, mas parece que não foram passos nem braçadas suficientes.

No programa *20 Minutos de História*, Breno Altman, fundador do site "Ópera Mundi", responde à pergunta "Quem matou Rosa Luxemburgo?", pauta do programa do dia 10 de janeiro de 2019. Por meio da história da Primeira Guerra Mundial, da fundação do Partido Social-Democrata e da Liga Spartacus, o jornalista acompanha os fatos históricos ocorridos simultânea e sucessivamente. Evidencia, ainda, a importância que tinha a Alemanha (à época) como um país de "massa crítica cultural, como o país mais fundamental da Europa, o centro do capitalismo. E serpenteando a história, mostra como a guerra levou a Alemanha a uma violenta derrocada".

Segundo Altman, a maioria dos ministros escolhe a guerra, com o lema "**A pátria acima da classe**", somente Rosa Luxemburgo e Karl Liebknecht são contra, prevendo os dois, de antemão, o enorme colapso na Alemanha, sob o comando do Kaiser Guilherme II e de outros países participantes do ato bélico, ato este que não tinha propósito nem causa. Faz-se necessário grifar, sublinhar, colocar entre aspas e negrito, colorir com neon e luzes, o lema "**A pátria acima da classe**" — qualquer coincidência não é mera semelhança. É a verdade crua e nua e só não vê quem é analfabeto funcional.

Durante os quatro anos de guerra, Rosa esteve presa. Ela era a pedra no sapato dos membros do Partido Social Democrata, o partido que tinha, aparentemente, os mesmos ideais que ela. No entanto, houve uma cisão, uma traição medonha. Se não há união, consequentemente, não há liberdade. Altman responde à questão: "Quem matou Rosa Luxemburgo?": "As mãos que balançaram o berço foram as dos membros do Partido Social Democrata Alemão".

As mulheres são assassinadas quando deixam o brilho de suas capacidades refletirem sobre as paredes opacas das sociedades, quando se manifestam politicamente. Assim como Rosa, outras revolucionárias foram mortas, como, por exemplo, Hipátia de Alexandria, Olympe de Gouges, Margarida Alves, Marielle Franco, Maria Teresa Mirabal, Minerva Mirabal, Pátria Mirabal, e tantas outras silenciadas na história. Estas três últimas são as irmãs dominicanas que lutaram contra a ditadura assassina do déspota Rafael Leônidas Trujillo Molina, que esmagou a República Dominicana e os dominicanos por mais de 30 anos. No caso de Marielle Franco, há muitos indícios de quem mandou matá-la, mas até hoje, o crime não foi desvendado. Fica, portanto, a pergunta: "Quem matou Marielle Franco?".

Mas por que tantas mortes? Porque elas se atreveram a fazer parte da política, atreveram-se a pensar e a decidir o que era correto para suas vidas e suas atuações na sociedade. Independentemente do tempo e do espaço, elas foram assassinadas. A romancista Júlia Álvarez escreveu *En El Tiempo de Las Mariposas*, em 1944, obra em que narra o assassinato das três irmãs, um crime horrendo e que repercutiu enormemente desencadeando, entre muitos outros fatores, na queda e no assassinato do verdugo Trujillo. O livro foi adaptado para o cinema com o documentário *Las Mariposas: Las Hermanas Mirabal*. Ah! Rosa, Flor Luxemburgo, como sonhaste com uma sociedade justa e pacífica! Assim como mataram Cristo por pregar humildade, amor e, principalmente, igualdade, mataram as mulheres que sonharam com as mesmas quimeras. Só há espaço nesse mundo para os demônios?

Há algumas vencedoras, não com luta alicerçada em brancas nuvens, mas independentemente da tormenta, das perdas, de algumas derrotas, no final, elas venceram, alcançaram o objetivo, como a médica e militante em torno dos direitos das mulheres e, principalmente, políticos (direito ao voto), fundadora do Partido Socialista do Uruguai e da Organização Aliança das Mulheres, Paulina Luisi, nascida na Argentina, em 1875. Foi a primeira mulher a cursar Medicina no Uruguai, país em que viveu, lutou, venceu e morreu aos 75 anos. Paulina foi líder do movimento feminista e a primeira a participar, representando a luta feminina, no Uruguai e na América Latina, das Conferências Internacionais de Mulheres.

As mulheres sempre lutaram contra a opressão, porém, poucas alcançaram vitória, nas sociedades do patriarcado. Rosa era uma pedreira inteira no sapato de muitos homens, suas obras transitavam pelo marxismo, socialismo, pela democracia, pelos direitos dos trabalhadores, pela expansão da educação e do poder da voz feminina, nos setores sociais, políticos, econômicos e culturais. A obra *União Operária*, de 1843, da franco-peruana Flora Tristán (1803-1844), também transitou pelo socialismo, na luta pela igualdade e em prol dos operários. Nascida 68 anos antes de Rosa Luxemburgo, na França, as obras de Flora foram de intensa importância para a Europa. Flora descreve "os aspectos da vivência de operários como miseráveis e de mulheres como 'servas' num contexto que os desfavorecia completamente". Ah! Essas mulheres: Alexandra Kollantai, Clara Zetkin, Rosa Luxemburgo, Paulina Luisi, Flora Tristán, elas são verdadeiros exemplos de ousadia, inteligência e resistência.

Não se pode deixar de citar, infinitas vezes, assim como foi comentado no volume I de *A Incrível Lenda da Inferioridade*, de 2021, neste e em outros capítulos, a atuação da feminista paulistana, na política brasileira, Bertha Lutz (1894-1976). Cientista como o pai, Adolf Lutz, ela foi militante e educadora. Uma das mulheres mais proeminentes na luta pela igualdade e pelo direito da mulher à educação. Cientista e, obviamente, a favor da ciência e do conhecimento, militava sobre a integral participação do feminino em quaisquer áreas exatas e humanas e nas esferas sociais, políticas, culturais, científicas, biológicas, econômicas etc.

Revolucionária, sim senhor!

Rosa Luxemburgo, de ascendência judaica, nascida em Zamość, Polônia, em março de 1871, foi uma das maiores revolucionárias da Europa. Na Alemanha, casou-se, por conveniência, com Gustav Lübeck com o objetivo de conseguir a cidadania alemã. Em 1897, mudou-se para Berlim e fundou o Partido Social Democrata Alemão. Desse modo, passou a transitar como figura proeminente nas lutas pela igualdade de direitos e seus discursos passaram a ecoar por todo o país e fora dele. Revolucionária, sim senhor!

Como diz o nome, a Liga Spartacus faz alusão ao romano Spartacus, que conduziu a rebelião escrava nos anos 73-71 a.C. Ele é a metáfora da luta em prol dos subjugados. Rosa Luxemburgo, Clara Zetkin, Franz Mehring e Karl Liebknecht eram da esquerda social democrata alemã, e criaram, juntos, a Liga Spartacus ou Grupo Espartaquista, no início de 1914, uma agremiação pacifista, antibelicista, anti-imperialista, antimilitarista, marxista e socialista, ou seja, totalmente revolucionária, que lutava pelos direitos dos operários escravizados que viviam em condições subumanas.

Rosa levantava a bandeira da liberdade em primeiríssimo lugar. Para ela, sem liberdade não haveria evolução nem mudança estrutural nas sociedades demarcadamente desiguais, cujo colapso social brilhava (e continua brilhando) com luzes de neon, e é impossível não o enxergar. A liberdade é necessária para que as sociedades sejam compostas de civilização, e possam, assim, estruturar-se no bem-comum, espaço tão sacrificado em nome do mercado, do agronegócio, da mineração e da extração ilimitada dos recursos naturais, mesmo que o resultado seja o caos da natureza e do planeta. Isabel Loureiro cita Silvia Federici, autora do livro *Calibã e a Bruxa* (2017), abordando violentos estágios da acumulação do capital, em que Silvia fala de como a acumulação elimina, de modo crudelíssimo, indígenas, negros e mulheres; trata-se, portanto, literalmente do processo do capitalismo desenfreado. Não há espaço para o patriotismo nem para o capitalismo diligente quando estes destroem grupos sociais e os recursos da natureza.

A ideia de patriotismo é totalmente abstrata, baseada em conceitos pré-estabelecidos carregados de simbologias falsas que estão distantes da realidade. Afinal, o que é "ser patriota?". Se pensarmos que o planeta é habitado por seres humanos e não humanos e não há fronteiras a não ser a pluralidade de etnias, línguas, linguagens, aspectos linguísticos e espaços-temporais distintos, o restante deveria ser visto como uma comunidade de seres em prol das estruturas do cotidiano para que haja o bem-estar comunitário. "Patriotismo e socialismo são duas ideias que não combinam", diz Rosa.

Em nome de um patriotismo completamente imaginário mata-se e morre-se, pratica-se genocídio, dissemina-se o ódio, e grupos são nomeados como inferiores e superiores, campeões e perdedores, corajosos e covardes, inteligentes e medíocres, livres e escravizados. E, nessa toada, as mulheres, os negros, os indígenas, os homossexuais ficaram do lado das "coisificações": mulheres são bruxas, negros são inferiores, indígenas são vagabundos, judeus são ratos. A lista de insanidades dos grupos que comandam as sociedades em nome dos deuses que eles mesmos inventaram parece infinita.

Em *Rosa Luxemburgo: os dilemas da ação revolucionária*, de 2019, Isabel fala sobre essa questão, sublinhadas nas obras da filósofa: "o que há em comum em todas as análises de Rosa Luxemburgo é o peso concedido ao interesse de classe prevalecendo sobre os sentimentos patrióticos". Isabel cita o projeto antinacionalista da revolucionária e de como este fez crescer o partido político que chegou a ter bem mais de 30 mil membros. A importância de Isabel é imprescindível, porque ela pensa, e repensa, de maneira crítica as teorias de Rosa, principalmente no que tange à teoria marxista e à prática revolucionária. Isabel traduz para a atualidade e faz analogias com a política e a economia do Brasil.

Para Rosa, o maior valor é o da liberdade democrática: "formação política da população, liberdade de expressão, discussão e crítica é um bem-estar precioso a ser cultivado no interior do próprio movimento operário". O lucro e o poder pelo lucro existem desde tempos remotos e não há como estancá-los. É um caminho vicioso, repetitivo e sem fim. Rosa defendia um socialismo democrático, para ela um socialismo autoritário não passava de um círculo quadrado e a liberdade seria o caminho: "a construção de uma sociedade socialista requer não só os direitos políticos que as revoluções francesas inventaram, como sua complementação pelos direitos, ou seja, pluralidade política e igualdade social", diz Isabel.

Além da militância política, era uma filósofa preocupada com questões ecológicas e ambientais, por isso era contra o capitalismo esmagador dos recursos naturais. "Rosa Luxemburgo tinha uma ligação visceral com a natureza", diz Isabel. E em uma de suas correspondências à feminista russa Sonitchka, durante o período em que esteve presa (1914-1918), Rosa (citada por Isabel Loureiro) escreve de maneira poética: "[...] De repente, nessa atmosfera espectral, à beira da minha janela, ergueu-se o canto do rouxinol. No meio desta chuva, destes relâmpagos, do trovão, dir-se-ia o carrilhão de um sino argentino. O rouxinol cantava compaixão, como se quisesse abafar o barulho do trovão e iluminar o crepúsculo. Nunca ouvi nada mais belo. No céu, alternadamente plúmbeo e púrpuro, o seu canto fazia lembrar uma cintilação de prata. Tudo era tão misterioso e de uma beleza tão inacreditável que repeti involuntariamente o último verso do poema de Goethe: 'Ah, e não estás tu ao pé de mim' [...]".

No site "Teoria e Debate", da Fundação Perseu Abramo, o jornalista Emiliano José, no artigo *Rosa Luxemburgo: um pássaro deixou de cantar*, de 28 de maio de 2020, fala o quanto a revolucionária diferenciou-se (de certo modo) do marxismo teórico e dos postulados autoritários dos kaisers, czares e do próprio partido, buscando a utopia da liberdade e da igualdade. No artigo, o jornalista fala de "Rosa: a mártir da revolução": "uma Rosa atenta às pequenas felicidades da vida a dois e apaixonada pela natureza". A consciência de que o capitalismo chegaria a um ponto de destruição de si mesmo (sem retorno) dava-lhe a certeza de que a natureza morreria com o capital.

Na carta que escreve à feminista Liebknecht, Rosa deixa clara sua preocupação com o aspecto socioambiental e como sofria pela extinção de muitas aves em decorrência da exterminação da natureza em prol da lavoura de pesticidas. O assunto, extremamente atual, é, ainda, muito preocupante devido aos grandes cataclismos, terremotos, épocas de intensa secas, inundações pelas chuvas e escassos recursos que o homem deixou. A vingança do meio ambiente é pequena diante do caos que o homem causou e continua causando à natureza.

No artigo, Emiliano José fala da Rosa múltipla, híbrida, militante, mulher feminista que lutava por justiça, por igualdade e, principalmente, por liberdade; da Rosa militante pelas condições ambientais, do pesar que sentia em face à mudez de muitas aves e do desaparecimento de muitos animais e espécies da fauna e da flora, da destruição sem freio do planeta, das pestes vindouras; de como se preocupava com os operários e com a dignidade de homens e mulheres e a posição deles nas sociedades; da Rosa em busca de paz, felicidade, pacifista, antibelicista e feminista; da Rosa que sofria pelo canto inexistente, pelo silêncio dos pássaros; da Rosa que confessou à amiga Liebknecht que: "o meu *eu* mais profundo pertence antes aos chapins-reais que aos camaradas"; da Rosa militante e entusiasmada com a Revolução de 1905, na Rússia; da Rosa desesperada, em 1914, diante da posição do Partido Social Democrata Alemão favorável à guerra e totalmente contra a democracia, e de como sentiu-se traída e sozinha; da Rosa antimilitarista e cem por cento democrática.

Emiliano fala de uma Rosa Luxemburgo que poucos conhecem, que poucos estudam, de uma Rosa que "[...] nunca se perdera [...]". Em uma carta a seu grande amor, Leo Jogichés, ela fala de seus sonhos de viver ao lado de Dyodyo (como era intimamente chamado), de construir uma família, ter uma vida justa e cheia de amor e quem sabe filhos — sim, ela queria ser mãe: "Nosso pequeno apartamento, nossa mobília, nossa biblioteca; trabalho tranquilo e regular, passeios a dois, uma ópera de tempos em tempos, um pequeno, bem pequeno, círculo de amigos que podem algumas vezes ser convidados para jantar; todos os anos férias no campo, um mês sem nenhum trabalho!". Ter um filho, por que não? "Não poderemos? Nunca? Dyodyo, sabe o que me aconteceu de repente durante um passeio pelo Tiergarten? Sem exagero! De repente, uma criancinha de três ou quatro anos, loura, bem-vestida, se plantou na minha frente a me olhar. Invadiu-me uma compulsão de raptar a criança, fugir para casa e guardá-la para mim".

Há uma infinidade de vídeos sobre a vida e a obra de Rosa. Em 1986, a cineasta do novo cinema alemão, Margarethe von Trotta (1946) dirigiu o longa *Rosa Luxemburgo,* com grande elenco: Barbara Sukowa interpretando Rosa; Daniel Olbrychski no papel do grande amor da revolucionária, Leo Jogichés; Otto Sander representando o colega de partido Karl Liebknecht; e Doria Schade no papel da feminista Clara Zetkin.

Baseando-se nos postulados de Rosa Luxemburgo, o pesquisador e escritor alemão Michael Brie diz, no prefácio à segunda edição do livro *Rosa Luxemburgo: os dilemas da ação revolucionária*, de Isabel Loureiro, que "nem toda reforma social ou democrática rejeita o capitalismo, mas há reformas que têm por natureza um potencial transformador, revolucionário". A filósofa "supera a antiga separação entre caminho e fim, reforma e revolução [...] essa posição da antiga oposição entre reforma e revolução poderia ser designada política de transformação socialista, uma política que procura mudar as relações reais, as relações de propriedade e de poder de tal maneira que o capitalismo é contido e nascem germes de relações não capitalistas", diz Brie.

Michael Brie fala da descrição que Rosa Luxemburgo faz da sociedade capitalista, da chamada elite da Primeira Guerra Mundial, um grupo que destrói a si mesmo — como capitalistas, destrói o próprio capitalismo e a humanidade inteira: "Coberta de ignomínia, chafurdando em sangue, pingando imundície — assim se apresenta a sociedade burguesa, assim ela é. Ela se mostra na sua forma nua e crua. Não quando impecável e honesta, arremeda a cultura, a filosofia, a ética, a ordem, a paz e o Estado de direito — mas, como besta selvagem, anarquia caótica, sopro pestilento sobre a civilização e a humanidade".

Como mártir, ela deixou a história marcada por sua luta e pelos vislumbres de uma sociedade mais justa e igualitária caminhando pela teoria marxista e a prática revolucionária. Lutou e foi o obelisco da luta feminina. Mártir, traída pelo próprio partido, com as mãos de kaiser lavadas como a de Pilatos, ela deixou, mesmo sendo estudada e lida por poucos, mesmo sendo uma ilustre desconhecida, um exemplo de amor ao próximo, como Cristo, que amou verdadeira e intensamente seu povo e por esse "povo amado" (como nenhum outro nome na história amou o próprio povo) foi levado à crucificação.

Encerro o capítulo sobre a revolucionária com as palavras de outra revolucionária, a feminista Clara Zetkin: "Rosa Luxemburgo empenhou ao socialismo tudo o que ela era, tudo o que levava dentro de si [...]. Ela foi a espada e a chama da revolução, e seu nome ficará gravado nos séculos como o de uma das mais grandiosas e célebres figuras do socialismo internacional".

OLGA TOKARCZUK

O mundo é cruel, mas também merece outros adjetivos
mais compassivos.

(Wislawa Szymborska)

Eu nunca tinha ouvido falar em Olga Tokarczuk até ela receber o Prêmio Nobel de Literatura, em 2018, e o jornal *Folha de S. Paulo* divulgar sobre ela em 2 de dezembro de 2019, em um texto assinado por Camila von Holdefer, que comentava à época sobre a autora e a obra premiada *Sobre os Ossos dos Mortos*, de 2009. *The Bookseller*, uma revista britânica, também, comentou sobre Olga como uma pessoa anônima no Brasil: "Ela é uma das melhores escritoras do mundo de quem você nunca ouviu falar". Com a série de contos reunidos em *Flights*, Olga ganhou o Man Booker Prize. A autora é, hoje, considerada um dos maiores instrumentos de resistência dos governos oponentes do Leste Europeu.

Como escrevo sobre a produção feminina silenciada, direta ou indiretamente, psicológica, emotiva ou fisicamente, seja esta produção ou atuação vinda do universo da ciência, da política, da economia, da literatura ou das artes, resolvi pesquisar sobre a autora polonesa que havia ganhado o Nobel de Literatura e tantos outros prêmios. Comprei o livro e comecei, ao mesmo tempo, a ler a obra e a pesquisar sobre a escritora. No Brasil, a obra saiu pela Editora Todavia com tradução de Olga Baginska-Shinzato e ilustração da capa por Talita Hoffmann. Assim que li *Sobre os Ossos dos Mortos* percebi que estava diante de uma escritora feminista, cuja militância consolidava-se na literatura.

A psicóloga, roteirista e escritora Olga Tokarczuk, nascida em Sulechów, Polônia, em 1962, é autora de muitos roteiros e inúmeras obras, a maioria sem tradução para o português, entre elas estão: *Escrituras de Jacob*, de 2014; *Flights*, de 2007; *Primeval and Other Times*, de

1996; *House of Day, House of Night*, de 1998; *Anna in the Tombs of the World*, de 2006; *Correntes*, de 2021; *The Lost Soul*, de 2017; *The Wandrobe*, de 1996; *Übungen im Fremdsein Essays und reden*, com tradução literal do alemão para o português: "Exercícios para um ser estranho: ensaios e conversas", de 2021. *The Lost Soul* é um livro ilustrativo feito pela polonesa Joanna Concejo. A britânica Claire Armitstead, editora do *The Guardian*, escreve sobre a obra *A Alma Perdida* em 11 de março de 2021: "é a primeira aventura da autora com livros ilustrados e transmite uma sensação infantil de maravilha em um conto antigo que já está ressoando com adultos em todo o mundo", diz a jornalista. Hoje, Olga continua escrevendo, ininterruptamente. Mora na zona rural da Baixa Silésia, Polônia, com seu namorado e seus cães. Vive como deseja, com seus dreads, vegetariana, feminista e campeã de vendas no mundo todo.

Olga sofreu muitas tentativas de silenciamento por escrever de maneira crítica em um país em que mulher, em geral, não ocupa postos de destaque social ou político; pelo contrário, a mulher não tem visibilidade. E ao desnudar a realidade do feminino, principalmente o crítico e engajado, a autora suportou inúmeras retaliações. A Polônia é um país ultraconservador, intensamente nacionalista e de um catolicismo autoritário. É a mesma Polônia de Rosa Luxemburgo que, ainda hoje, tem leis rígidas contra a emancipação da mulher e, especificamente, contra o aborto, por exemplo. O Tribunal Constitucional restringiu "ao máximo as possibilidades de abortar, em um país que já estava entre os mais restritivos de toda a Europa, seja por meio da interrupção voluntária ou até mesmo por malformação fetal", diz o *El País*, em 2020. Isso gerou uma manifestação feminina contra a igreja e o Estado, mas a população masculina também esteve presente nas ruas protestando contra o governo e a presidência de Andrzej Duda. Desde que, em 1989, a Igreja derrubou o comunismo, a população grita por liberdade (ruim antes e ruim depois). A Igreja não cede espaço para as mulheres, nada de igualdade de gêneros nem de liberdade para os grupos LGBTQIA+, a diversidade é massacrada. Mas o nome Olga Tokarczuk é sinônimo de resistência.

Em 2019, em um artigo para a revista *Veja*, Diego Andrade escreveu sobre a escritora polonesa e os prêmios que recebeu pelo livro *Escrituras de Jacob*: "ao mesmo tempo em que ganhou o *Nike*, em 2015, um prêmio de grande honra, a extrema-direita reagiu de forma violenta, incluindo ameaças de morte à autora". A tentativa de silenciamento por parte de grupos extremistas falhou (em termos), mesmo porque, hoje, suas obras foram traduzidas em várias línguas e o mundo passará a ouvir os gritos das personagens (mistura de ficção e não ficção), que ecoam ininterruptamente em diversos gêneros, línguas e linguagens. As ameaças foram violentas, tão fortemente intimidadoras que seu editor contratou um guarda-costas para ela ir e vir com segurança. Parece que seu sucesso apaziguou de certa forma as intimidações feitas pelos ultraconservadores da extrema-direita, mesmo porque a obra vendeu mais de 150 mil exemplares e teve tradução para o francês, inglês, chinês, alemão e outras línguas. Por isso, divulgar Olga Tokarczuk é imprescindível: o diabo tentou costurar-lhe a boca com a pele da serpente, mas a autora resistiu!

A Polônia de 2021 é opressora. Vários historiadores que pesquisavam e escreviam sobre a Segunda Guerra Mundial, a ascensão do nazismo e a invasão dos alemães em Varsóvia foram intimados. Eles relatavam a participação do país a favor do nazismo. Os nazistas contaram com o apoio de muitos grupos de poloneses e de membros da igreja. Eles colaboraram, e muito, na perseguição, prisão e assassinato de judeus. Publicar a verdade faz com que o governo persiga, interrogue e condene pesquisadores, historiadores e jornalistas. Aos historiadores só foi possível entrar em contato com documentos da época nazista com a queda do regime comunista que assolava a liberdade de ir e vir e de expressão da população. O jornalista espanhol Guillermo Altares (1968-), em artigo para o jornal *El País*, em 11 de fevereiro de 2021, diz que o governo ultranacionalista do Partido Lei e Justiça (PIS), da Polônia, "lançou uma ofensiva legislativa contra a pesquisa independente, que se traduziu numa primeira condenação de historiadores". A censura alinhavava a boca dos opositores com agulha e barbante. Parece impossível contestá-la. Os caminhos ferem os pés e espinham a alma, isso em pleno século XXI. Não falamos da Idade Média, mas as semelhanças são assustadoras. Mesmo assim, a luta continua.

Um exemplo de resistência e força, nessa mesma Polônia, durante a Segunda Guerra Mundial, vê-se, claramente, nas atitudes da poeta Wislawa Szymborska (1923-2012), que estudou às escondidas durante a invasão dos nazistas. Vivendo um dia de cada vez (dias difíceis e de grande desespero), não faltava às aulas da escola subterrânea clandestina que ficava debaixo do Castelo Real de Wawel, em Cracóvia. Após o fim da guerra, Wislawa restabeleceu-se. Tempos depois, começou a escrever e a publicar suas poesias. Mais tarde, ficou conhecida como grande poeta e chegou a ganhar vários prêmios, como o Nobel, o Herder, o Goethe, e permaneceu no Nike Award por longo período. Se tivesse se conformado com o caos, talvez fosse capturada e obrigada a prestar serviços de toda ordem, inclusive sexuais, ou teria morrido nos campos de concentração. Mas o nome da mulher é águia!

E assim como Wislawa, Olga Tokarczuk resiste por meio de sua literatura. As mulheres são mesmo incríveis, tão cheias de esperança e força que não podem deixar de aparecer, de impor suas vozes em um longo ressonador, de evidenciar seus talentos e produções. Não os talentos que tanto foram combatidos por Jane Austen, aqueles que direcionavam toda mulher para ser uma esposa obediente aos moldes do patriarcado. Jane, que viveu a transição do século XVIII para o XIX, denunciava as leis contra a mulher, por exemplo, o casamento arranjado ou o convento como únicas condições para o feminino, e, também, a Lei do Morgadio, que colocava as mulheres na rua quando ficavam órfãs, porque não tinham direito à herança. Por meio da literatura, da criação de personagens fictícios, Jane denunciava a sociedade inglesa da época. Assim faz Olga em seu romance, que lhe valeu o Nobel de Literatura, *Sobre os Ossos dos Mortos*. Se pensarmos que nada de substancial mudou de Jane a Olga, da Inglaterra do século XVIII à Polônia do XXI, não estaremos incorrendo em erros, porque a realidade mostra-nos que caminhamos, às vezes, em círculos.

Segundo os críticos, Olga é dona de uma escrita inventiva singular. Psicóloga e roteirista (como citado), participou da construção dos roteiros dos filmes que retratam a Segunda Guerra Mundial e o nazismo com a cineasta polonesa Agnieszka Holland: *Filhos da Guerra* e *Na Escuridão*. São roteiros que se baseiam em histórias reais. Em *Na Escuridão*, Agnieszka conta a vida dos judeus que viveram por longos 14 meses escondidos em um esgoto para não morrer nos campos de concentração. Em *Filhos da Guerra*, conta a história do judeu Solomon Perel que, fugindo do diabo e dos campos do demônio, encontra refúgio em um grupo de jovens adoradores de Hitler e, para sobreviver, esconde hermeticamente sua identidade. Agnieszka também filmou *Sobre os Ossos dos Mortos*, com o nome *Rastros,* em parceria com Kasia Adamik. A obra de Olga foi adaptada ao cinema em 2017 e ganhou o Urso de Prata no Festival de Cinema Internacional de Berlim.

A vida nas sociedades não é fácil (nunca foi). Alguns homens decidem quem tem muito valor e quem nada vale, decidem quem deve viver e quem tem que morrer; decidem que judeus são ratos perigosos e os envenenam com gás; decidem que as mulheres devem ser controladas, vigiadas e as trancam em gaiolas (e dizem que elas são incapazes de voar); decidem que negros são inferiores e os escravizam; decidem que indígenas são preguiçosos e os aniquilam. A maioria dos homens brancos que impõe e repete normas como verdades absolutas que correm no tempo, aumentando de velocidade e tamanho, que se repetem com o passar dos séculos, deve sentir um profundo vazio anímico. Esse grupo (chamado de elite ou Estado), que adora mandar e controlar tudo e todos, possui um imenso buraco na alma. Viver com esse vazio deve ser insuportável. Ninguém que cria leis severas contra as mulheres e os oprimidos pode ser normal. Os membros do grupo talvez se sintam deuses, por necessidade de suprir esse vazio com algo transcendente (inventado por eles mesmos), e fingem que não sentem dores, que não se apavoram com o abismo, mas sentem — ou teríamos que os imaginar não humanos.

Sobre os Ossos dos Mortos

Com uma narrativa intrigante, descritiva e cheia de mistérios, a escritora apresenta ao leitor a senhora Janina Dusheiko, personagem principal do romance. A característica predominante da senhora, segundo a maioria dos críticos, é a excentricidade, mas Janina é muito mais do que uma idosa excêntrica, é uma mulher inteligente e bastante peculiar. Vegetariana militante, ela analisa as pessoas segundo a astrologia, entende dos astros e conhece de perto Vênus, Marte, Plutão (e outros) e suas influências no destino das pessoas. Ela é tão ímpar que sabia a data da própria morte, algo que a fazia sentir-se livre, como ela mesma dizia. Nomeia pessoas de maneira icônica e simbólica ou com o nome que lhe ocorrer no momento.

Os nomes, segundo a personagem Janina, devem ser similares ou contíguos, ou seja, devem representar, de modo semelhante ou próximo, as pessoas ou as coisas a serem nomeadas. Janina prefere animais aos seres humanos, é muito seletiva quanto às amizades, crê na sabedoria dos astros, estuda a influência dos planetas no mundo e nas pessoas, luta pela natureza, sendo avessa à civilização, que, segundo ela, é incoerente, dissimulada e involutiva. As sociedades chamadas "civilizadas" desenvolveram-se hipocritamente, são, portanto, a própria barbárie disfarçada. É a velha história do lobo em pele de cordeiro. A dicotomia natureza *versus* civilização permeia a narrativa toda. Entre outras idiossincrasias, defende o direito à vida dos animais e dos justos.

Seguindo essas convenções particulares, Janina não gosta do seu nome e pensa que poderia chamar-se Joanna, Medéia ou Bolena. São nomes bastante significativos: Joanna faz alusão à figura visionária que luta pela liberdade de seu país e seu povo; Medéia é a esposa preterida que, no auge de sua rejeição, tenta agredir seu marido matando os próprios filhos; e Bolena, na mitologia romana, é a deusa da guerra. Ou quem sabe refere-se a Ana Bolena, a rainha consorte da Inglaterra de 1533-1536, mãe de Isabel I da Inglaterra? Janina refere-se, também, ao nome Catarina, que pode remeter a tantas mulheres, como a italiana que se tornou rainha da França, Catarina de Médici (1519-1589), que mesmo sendo considerada cruel, foi, segundo o biógrafo Mark Strage, a mulher mais importante do século XVI na Europa. Ou, ainda, Catarina, a Grande, a princesa alemã que se casou com Pedro III e virou rainha da Rússia. Ela, por meio de um golpe, tirou o marido do trono, assumiu a coroa e, assim, reinou por mais de 30 anos. Foi a mulher que modernizou o império russo no que tange ao universo das artes e da educação, diz o biógrafo norte-americano Robert Kinloch Massie (1929-2019), na obra *Catarina, A Grande: retrato de uma mulher*.

Ou seja, direta ou indiretamente, Janina refere-se a mulheres de grande força, com simbologias importantes em torno de suas vidas. É bem o perfil de Janina Dusheiko, que pensa que a atuação na vida deve ter significados eminentes, altruístas. Nesse sentido, não chama ninguém pelo nome próprio, pelo contrário, vai nomeando, por metáforas e metonímias, animais, pessoas e coisas. Um de seus vizinhos, o Pé Grande, ganhou esse nome quando, caminhando na neve para caçar animais com arapucas, Janina ia atrás dele, acompanhando suas imensas pegadas desenhadas na neve, desarmando seus embustes assassinos. Ela não gostava dele. Outro vizinho, que pouca comunicação tinha com ela, ganhara o apelido de Esquisito. O padre, que nunca se aquietava e movimentava-se constantemente, fazendo um barulho como se tivessem guizos nas batinas, ganhara a alcunha de Farfalhar.

A moça educada e doce que atendia no brechó era chamada de Boas Novas, porque sempre notificava Janina dos casacos, cachecóis e gorros com preços acessíveis. E assim ela nomeava tudo e todos, segundo suas concepções, critérios e observações. Seu carro, o Samurai, servia-a bravamente mesmo diante de terríveis tempestades, de frios intensos e de neve sobre neve.

A senhora Dusheiko mora nas gélidas montanhas do Vale de Klodzko, na Polônia, fronteira com a República Tcheca, um lugar afastado, sem uma demarcação exata nos mapas, cujas interferências constantes do sinal telefônico faziam, muitas vezes, com que a ligação fosse atendida por tchecos e não poloneses. Os desfiladeiros e as montanhas altíssimas traziam problemas na comunicação do lugar, tornando os moradores, muitas vezes, incomunicáveis. Morava com suas cadelas Lea e Bialka, mas ultimamente, estava sofrendo muito, porque elas haviam sumido. Procurava-as desesperadamente, mas em vão. As "meninas" eram as únicas companhias que tinha, naquele lugar remoto.

Como citado, Janina analisava as pessoas e os acontecimentos por meio da astrologia; era, portanto, uma senhora entendida em horóscopo e nas influências dos planetas no cotidiano. Fazia mapa astral e tinha uma consciência filosófica existencialista acerca da sociedade que se resumia no prefeito, no padre, nos caçadores, nos funcionários da delegacia, nos investigadores e na rala população. Aposentada, trabalhava cuidando das casas invernais, cujos proprietários migravam de outubro a abril, fugindo do inverno rigorosíssimo, do acúmulo de neve e das temperaturas abaixo de 20 graus, afinal, Klodzko era para os fortes. Era também professora de inglês e engenheira de formação. Na juventude, projetou e construiu muitas pontes, mas com o tempo, havia desistido da Engenharia, pois, segundo ela, aos poucos desenvolveu algumas moléstias que dizia pertencerem à velhice.

Ao falarmos de Janina podemos incorrer no erro de perdermos a multiplicidade que a personagem de Olga representa. A senhora Dusheiko, tão lúcida quanto *A Obscena Senhora D*, de Hilda Hilst (guardadas as proporções), tem um senso de justiça apurado, é uma pessoa coerente e parte de sua vida é alicerçada na verdade e na lógica. Vive praticando o bem, seguindo a base da naturologia e, principalmente, protegendo os animais. É, ainda, tradutora das poesias do inglês

William Blake. Blake, nascido em 1757, foi um poeta romântico e visionário, mas com consciência do real cenário da Inglaterra da época, apreendia a pobreza, a injustiça social e o excesso de autoritarismo do Estado e da Igreja Anglicana e o despotismo que era usado para manterem-se no poder, mesmo que tivessem que passar por cima de todos: "Cordeirinho, quem te fez, tu sabes quem te fez? Deu-te vida e mandou viver, pelo córrego e sobre os campos. Cordeirinho, Deus te abençoe, Cordeirinho, Deus te abençoe", diz Blake em seus versos.

Janina vivia em parelha com o poeta, tinham ideologias em comum. Não à toa, ela era apaixonada pela literatura de Blake. Muitas vezes, fazia a ronda por entre os desfiladeiros para ver se estava tudo em ordem ou se algum animal estava em apuros. Caminhava na atmosfera fria de um céu acinzentado, "um céu baixo demais", como ela mesma dizia. Andava triste e sofrendo por vários motivos. Primeiro, porque suas "meninas" (as cachorrinhas) tinham sumido, e não havia nem sinal delas; entristecia-se e desesperava-se, principalmente quando via os caçadores maltratando ou matando indiscriminadamente os animais da floresta. A caça era permitida, embora houvesse muitas restrições, mas independentemente das regras e normas, caçavam de maneira lícita e ilícita. Um dos moradores tinha um criadouro de raposas e lucrava com a pele delas, mantinha os bichinhos presos em péssimas condições. O coração de Janina sangrava com isso. Adoecia cada vez mais devido ao cenário de usurpadores e assassinos de animais. Adoecia de saudade de Lea e Bialka, doía-lhe o coração de não ter ideia do que realmente acontecera com elas.

E tudo parecia normal em Klodzko. A senhora Dusheiko dava suas aulas, tomava conta das casas vazias da vizinhança, no inverno, ia consultar-se com o médico Ali devido às moléstias, lia e traduzia William Blake, quando, de repente, uma série de assassinatos ocorre nas glaciais montanhas polonesas. Perplexa com tudo, ela passa a investigar as mortes usando a astrologia e a influência dos astros na tentativa de adquirir indícios que pudessem levá-la ao criminoso. Investigava com o amigo Dísio, abreviatura de Dionísio, que trabalhava na polícia. Os moradores estavam bastante preocupados e temerosos. O primeiro a morrer foi Pé Grande.

O cerne do romance são os assassinatos em série envoltos em mistério, mas o tema que a autora desenvolve é a caça indiscriminada dos animais, a matança nua e crua de corças silvestres, raposas e outros bichos, que eram, na verdade, os moradores diretos (e naturais) das florestas polonesas. Janina cria teorias para quase todos os acontecimentos de Klodzko. Suas teorias são ao mesmo tempo baseadas em uma lógica fatiada de induções e deduções, uma estratégia estruturada em "achismos fantasiosos" e nas respostas que os astros forneciam. Para ela, os assassinatos eram um revide, uma espécie de vingança da natureza (e dos animais mortos) contra a crueldade dos homens. Voltada aos aspectos da natureza e da vida em si, mantinha em seu quintal um cemitério de animais, ou seja, vivia "sobre os ossos dos mortos".

A crítica sobre a morte dos animais é a primeira instância da personagem Janina, ela é a protetora dos animais de Klodzko. No Brasil, em 1934, Getúlio Vargas divulgou o decreto Lei 24.645, uma égide aos animais, porém, a lei nunca foi cumprida e a crueldade contra os animais continua vasta e hedionda. Basta lembrar o clássico *O Grande Massacre de Gatos*, de Robert Darnton, em que o historiador narra a festa da matança de gatos, na França do século XVIII, cuja população divertia-se matando gatos, não antes de causar-lhes enorme sofrimento. A história demarca crenças e tabus insanos que postulavam que mulheres se transformavam em gatos e *vice-versa*, e muitas foram queimadas por feitiçaria devido ao credo demente.

Conhecida como Lei de Crimes Ambientais, de 1998, no Brasil, a Lei Federal 9605 "dispõe sobre as sanções penais e administrativas de condutas e atividades lesivas ao meio ambiente, à flora e à fauna". A lei que protege animais silvestres é promulgada. As leis existem em diversos países, mas raramente são seguidas. Janina tenta proteger a floresta e os animais e teme que os poderosos queiram derrubar as árvores para reativar a pedreira, que hoje hiberna, mas que já foi, pela destruição da natureza, um instrumento de lucro. A personagem cita os desfiladeiros, os precipícios rochosos (outrora pedreira), e a intenção dos homens em "abocanhar o planalto que um dia haveria de consumi-lo por completo com as bocas das escavadeiras. Dizem que existem planos de reativá-la, e assim vamos sumir da face da Terra, devorados pelas máquinas". Há leis nacionais e internacionais de proteção ao meio ambiente que preservam animais, clima, solo, mares e oceanos, rios e florestas, mas não funcionam como deveriam.

No Brasil, a Lei 9.605/1998, no artigo 225, parágrafo 1°, diz que cabe ao Poder Público "promover a educação ambiental em todos os níveis de ensino e a conscientização pública para a preservação do meio ambiente; proteger a fauna e a flora, vedadas, na forma da lei, as práticas que coloquem em risco sua função ecológica, provoquem a extinção de espécies e submetam os animais a crueldade". O centro narrativo da obra de Olga alicerça-se na crítica contra o não cumprimento das leis, com a falta de punição de atos criminosos dos homens que se sentem acima dessas mesmas leis sempre com o aval de outros homens. Por essa razão, Janina é ignorada todas as vezes que vai à delegacia denunciar a caça ilegal, o desaparecimento de suas cachorras e evidenciar as leis de proteção aos animais: "essa velha é maluca", diziam os funcionários da delegacia. Janina nunca foi ouvida. Nunca.

A Declaração Universal dos Direitos dos Animais da UNESCO, de 1978, lista os crimes contra animais, tais como: não os alimentar diariamente; mantê-los presos; mantê-los em local sujo; negar assistência veterinária; obrigar os animais a trabalho forçado; abandoná-los, envenená-los e utilizá-los para diversão como a farra do boi e as rinhas de galos; traficar animais silvestres, caçar, fazer rodeios, comercializar peles; ter preconceito com gatos pretos e pit bulls, por exemplo. A lei é clara, mas da clareza à atuação há um poço sem fundo.

Janina conhecia as leis, mas conhecia, também, o descaramento das autoridades diante dos atos criminosos dos homens de Klodzko. Preservar ou usar os recursos da natureza até o caos total? Os homens sempre escolhiam o caos. Ela previa o caos e sofria com isso, lutava para que esse dia nunca chegasse, mas via o futuro de forma desanimadora. E por essas e outras, gostava de pesquisar sobre as influências dos astros no cotidiano: "quando estava assim, olhando para os púlpitos de caça, conseguia me virar a qualquer momento para segurar delicadamente a afiada e irregular linha do horizonte da mesma forma que se segura um fio de cabelo. E olhar para além dela. Ali é a República Tcheca. É para lá que foge o sol depois de ver todos esses horrores. É ali que minha donzela desce para passar a noite. Vênus dorme na República Tcheca", dizia.

A astrologia ajudava Janina a viver — trazendo esperança de dias mais justos, pelo menos poderia prevê-los. Com relação à concepção que a personagem tinha dos nomes próprios, por mais que usasse simbologias, como chamar de Capa Preta o investigador da polícia, filho malcriado de seu vizinho Esquisito, porque foi exatamente trajando uma capa preta que ele surgiu no enterro de Pé Grande, dando broncas em seu velho pai, ou por chamar de Acinzentada a proprietária de uma das casas que ela tomava conta, porque tudo nela parecia cinza. Segundo a narradora, a contradição de alguns nomes, como púlpito, deixava-a perplexa. O termo *púlpito* é uma espécie de plataforma em que pastores e padres dão sermões e oram. Mas era usado na região para nomear a guarita em que se disparava contra os animais. Janina estava atenta a nomes e expressões e seus paradoxos invertebrados. A personagem mostra essas contradições entre os homens avaros de Klodzko.

O enredo do livro divide-se em vários acontecimentos em torno do cerne sobre crimes contra animais e humanos, concomitantemente. Carlos Macedo, do jornal Estado de Minas, de 21 de fevereiro de 2020, no artigo "Sobre os Ossos dos Mortos", fala de que como a autora obteve vendas expressivas de sua obra no Brasil. Segundo Carlos, "[...] a habilidade da autora em se apropriar de elementos do romance policial é incrível — crimes, investigações, pistas falsas, desfecho surpreendente — tece reflexões desencantadas sobre a relação do homem com a natureza e o próprio sentido da existência humana".

Para a personagem Janina, a morte é uma espécie de divórcio meta-físico: "Todos nós seremos um dia nada mais do que um corpo morto [...]. Aquilo que se desprende do corpo suga um pedaço do mundo, e não importa o quanto foi bom ou mau, culpado ou imaculado, ele deixa atrás de si um grande nada". O enredo divide-se entre os assassinatos; a investigação de Janina e seu amigo Dísio (que trabalha para a polícia); a amizade crescente com Esquisito e com Boas Novas; a admiração por Ali, o médico alternativo e meio nômade, que tentava aliviar as dores causadas por suas moléstias; o amigo biólogo que pesquisava sobre *Cucujus haematodes*; a busca incansável pelas suas cachorras desapare-cidas; as traduções da poesia de Blake; a luta pela vida dos animais; a militância contra a hipocrisia social e religiosa da cidade; a crítica ao envelhecimento, porque, segundo a personagem principal, bastava ser velha para ninguém se importar e chamar de "maluca".

A segunda pessoa a morrer é o Comandante. Em seguida, Víscero, pessoa que Janina dizia ter o nome adequado ao que ele era e represen-tava e, por fim, o padre Farfalhar. Caro leitor, quer saber quem matou tantos homens? Só lendo o livro para descobrir a riqueza narrativa da autora polonesa, e desvendar, por fim, o criminoso.

MALALA YOUSAFZAI

A possibilidade não é um luxo.
Ela é tão crucial quanto o pão.

(Judith Butler)

Tem apenas 24 anos e já comeu o pão que o diabo amassou. Por quê? Nasceu mulher! É difícil nascer mulher. Imagina, então, nascer mulher no Afeganistão, na Índia, no Paquistão!

Ela é paquistanesa.

O Paquistão é um país que fica no sul da Ásia, cujo sistema político, cultural e religioso está a serviço do homem e do machismo estrutural. As mulheres, hoje, representam 48% da população. Mesmo assim, são controladas, assediadas, violentadas, assassinadas. Nascer mulher no Paquistão é viver no inferno dia e noite e sofrer quando os homens paquistaneses chegam a casa, porque a qualquer momento, cismam em torturá-las. A posição da mulher não é a quinta colocada após o excremento, ela simplesmente não tem colocação alguma.

No Paquistão, a violência contra a mulher, seja adulta, criança ou idosa, é hedionda. País patriarcal e fundamentalista em que há as aberrações do casamento infantil, dos crimes de honra, dos ataques de ácido, da negação do divórcio, da liberdade de expressão, do culto ao estupro e de todo tipo de violência doméstica, dentro e fora do lar. As mulheres não podem andar nas ruas, sentarem em uma praça, muito menos beberem algo em um bar. São prisioneiras do ódio.

Os estupros (tanto quanto dezenas de outros tipos de violência) são praticados pelos tios, avôs, irmãos, primos e pais das mulheres, ou seja, os próprios parentes de sangue. A família, que deveria amar, assegurar e proteger, é aquela que violenta e mata. Há histórias de muitas mulheres que vivem em abrigos, às escondidas, porque estão juradas de morte pelos maridos. Entre elas, há uma em especial, em que o tio havia assassinado a mãe dela, e ganhado, na justiça, a tutoria dos bens da irmã e dos filhos. As mulheres não têm direito à herança. Com a tutoria, o tio impôs a ela o casamento com o filho dele, e ela, após sofrer muita violência da parte de seu tutor, fugiu para não se casar com o primo. Fugiu para não morrer. Nesse lugar, a justiça não condena homens. Somente mulheres.

O *breast ironing*

A lista de crueldades contra as meninas é imensa. Na história de muitos países constam inúmeras práticas insanas aplicadas em mulheres de todas as idades. Como citado nos capítulos anteriores, o *sati* e o *chhaupadi* fizeram muitas vítimas. Os cintos de castidade matavam mulheres de infecção e febre por vários motivos, desde machucar devido ao peso, causando feridas profundas, até a dificuldade que tinham diariamente para urinar, defecar, menstruar, higienizar e dormir. Muitos historiadores dizem que em torno do "cinto" há mais imaginário que verdade. De uma forma ou de outra, cita-se, realidade ou mito, como um ato crudelíssimo. A poesia narrativa da escritora Marie de France traz citações sobre o cinto de castidade em sua obra *Lais de Maria de França*, escrita em 1160, o escritor e militar alemão, Konrad Kyeser, autor de *Bellifortis*, de 1405, faz, nessa obra, menção sobre o uso do cinto, também são encontradas citações em *La Vita Nuova*, de Dante Alighieri, datado de 1292.

Essas práticas não cessam, e quando o sistema não atinge o corpo, machuca a alma feminina até eliminá-la, definitivamente. Uma das práticas hediondas aplicadas em meninas na flor da idade é o *breast ironing*. O termo *breast* designa seios, e *ironing,* passar roupa. Parece ilógico, maluco, demente, mas existe. Há centenas de vítimas.

Em várias religiões de muitos países, como Camarões, República do Togo, Nigéria, Costa do Marfim, Burkina, Guiné-Conakri e África do Sul existem barbáries contra a mulher praticadas pelos familiares. Falo do *breast ironing*. O nome foi dado pelos ingleses e consiste na prática de deter o crescimento dos seios nas meninas, durante a adolescência. Para tanto, mães, tias, avós e curandeiros usam bambus, pedras, espátulas, cabos de vassoura, cintas apertadas e faixas quentes. Os seios, que despontam feito um botão divino, são amassados e golpeados fortemente. Pedras quentes são pressionadas contra os seios, bandagens e faixas são amarradas violentamente para impedir o crescimento deles. A tradução literal do *breast ironing* é passar os seios a ferro.

Segundo a ONU, é uma violência invisível realizada em muitas aldeias. A prática é ocultada e se manifesta como um segredo entre mãe e filha, cujas explicações estão voltadas ao masculino, pois, quando os homens veem os seios das meninas desabrochando não se controlam, eles acham que os seios são provocativos, e as mães, dentro da imensurável ignorância de cada uma delas (por falta de acesso à educação, à verdade, à cultura, à ciência), fazem isso para que as meninas não chamem a atenção masculina e não engravidem. Ledo engano!

Permanece a ideia de que o homem não tem libido própria, de que é um ser puro, cuja libido só é possível quando vê uma mulher nua ou com os seios apontando no corpo da menina impúbere, debaixo das roupas. A mulher seria mesmo um ser diabólico a tirar o santo homem de sua casta sagrada? Quanta ignorância! Seria a mulher a ter que controlar o que é incontrolável, algo que, por nem um segundo, é da responsabilidade dela. A mulher não é culpada pela voracidade permissiva e selvagem dos homens incivilizados. Os homens não são tolos nem séquitos da ideia que a Bíblia esfumou de Adão. Um Adão que não tem libido própria e é tentado ininterruptamente como Prometeu que, não se controlando, rouba a centelha de fogo dos deuses e é, por isso, condenado. Muitos homens do Paquistão nunca se controlaram por falta de civilidade! Nas histórias mitológicas e bíblicas, Prometeu é castigado e Adão expulso do Éden. Mas, hoje, os homens não são condenados. Adão virou pecador por causa de Eva. Assim conta a história. No entanto, além de pecadora, ganhou a alcunha de profana, de mulher que não tem controle e se entrega à lascívia. Para o homem, é mais fácil acusar as mulheres do que assumir o próprio desejo selvagem. Os horrores criados em torno da mulher são aterrorizantes. E a crueldade não para por ai.

A jornalista espanhola Lola Hierro, do *El País*, no artigo "A tortura silenciosa para que as meninas africanas não se tornem mulheres", de 2019, fala sobre o *breast ironing*, prática esta que adoece milhões de adolescentes todo ano, impedindo-as, inclusive, na vida adulta, de amamentarem seus filhos. Para Lola, a prática foi descoberta no Reino Unido com imigrantes, obrigando o governo a intervir e a criar uma lei que condenasse o procedimento: "[...] no começo de 2019, o jornal The Guardian alertou que cerca de mil meninas imigrantes e da diáspora encontravam-se em risco". A prática veio de vários lugares da África. No entanto, foi vista e denunciada no Reino Unido, quando imigrantes africanos foram vistos praticando o *breast ironing*.

A estudante e blogueira Bettina Codjie, da República Togolesa, país africano, citada no artigo de Lola, fala que sofreu muito com o *breast ironing*: "eu não gosto de tocar meus seios, nem de vê-los, simplesmente não os acho bonitos", diz Bettina. Hoje, ela alerta as adolescentes de que a prática é inconcebível: o martírio de Bettina durou um mês com sessões de dez minutos diários até que ela disse não à prática. "As meninas apresentam problemas físicos e psicológicos, além de terem baixa autoestima, medo da vida, culpa e um sentimento negativo sobre o corpo, a maioria desenvolve quistos, abcessos, cicatrizes, infecções, febres severas, dores intensas e constantes, danos permanentes nos condutos de leite, queimaduras, deformação, redução ou ampliação dos seios e, muitas vezes, o desaparecimento completo deles". Com isso, surge a ideia entre as meninas que sofreram a prática de que as mulheres nunca deveriam ter seios.

Segundo dados da ONU, o *breast ironing* é uma das cinco violências contra as mulheres e a que menos se comenta. Não é falada, nem divulgada, não há pesquisas sobre ela. Impossível combater o que não se conhece. Mas sinais de resistência surgem a partir das denúncias. Citado por Lola, o antropólogo Flavien Ndonko fez a contagem de casos realizados em 2015, em Camarões, e o resultado aponta números alarmantes: 53% das mães e parentes praticam o *breast ironing* nas meninas. Para Bettina, também citada por Lola, a justificativa é inconcebível, porque 30% das mulheres com até 18 anos engravidam, com ou sem a prática, com ou sem seios: "nenhuma menina compra anticoncepcionais, todos perguntam se ela vai se deitar com um homem, elas não conseguem, o assunto é um tabu, apenas 13% das mulheres usam contraceptivos".

A violência parece pertencer apenas a países afastados da América do Sul, mas isso não é verdadeiro. A violência contra a mulher assusta o mundo. Em vários estados do Brasil, inclusive em São Paulo, durante o confinamento, a violência doméstica aumentou 44,9%. O número é alarmante. Ainda em São Paulo, o feminicídio aumentou 46,2% em relação ao período não pandêmico.

A crueldade contra o feminino é elaborada com requintes hediondos e é, nitidamente, misógina. Mas assim como Lola Hierro investiga sobre essa barbárie, há um número grande de denúncias feitas via organizações como a ONU. Associações como a de Renata Albertini, cofundadora do *Mete a Colher*, que auxilia mulheres vítimas de violência; das ONGs *Think Olga e Think Eva*; da campanha "Vizinha, você não está sozinha", do *Movimento Agora é que São Elas*, mais os estudos e as pesquisas de antropólogos, historiadores, sociólogos, ativistas e jornalistas. As jornalistas Bárbara Bárcia, Claudia Alves e Fernanda Prestes foram até o Paquistão para ver e registrar de perto a luta das mulheres paquistanesas pela igualdade de gênero e pelo direito à vida sem violência e sem ácido no corpo, no rosto, nos olhos. Por meio de vídeos, elas publicaram o resultado da reportagem em *O Futuro é Feminino*, pela GNT, em 2019.

As jornalistas entrevistaram três mulheres (entre muitas outras) que militam contra os horrores que as paquistanesas sofrem cotidianamente: a cineasta premiadíssima Sharmeen Obaid Chinoy (1978-); a ativista que fundou uma "jirga feminina" (espaço de acolhimento) em que abriga as mulheres que conseguem fugir da violência; e a pesquisadora e autora de *Feminismo e Fé*, que relata a verdade sobre os cânones religiosos no Paquistão: "falam de amor, caridade e perdão". Para a cineasta, são os homens que pregam o contrário do que diz a religião, e isso é o resultado do puro machismo estrutural que sustenta o país.

Os dois documentários de Sharmeen ganharam o Oscar: *Saving Face*, de 2012, EUA, denuncia os horrores que as paquistanesas vivem em pleno século XXI, divulgando a deformação dos rostos e dos corpos femininos e da cegueira total que os ácidos causam. Os homens atacam-nas com ácido, a qualquer hora do dia e da noite, transformando-as em monstros. São centenas e centenas de mulheres sem rostos que lutam, sem êxito, por justiça. Por que há homens que se horrorizam com a beleza e a perfeição das mulheres e atiram ácido para deformá-las? Por quê? Só há uma resposta: ódio à mulher.

O outro documentário *A Girl in the River: The price of forgiveness*, de 2015, EUA, fala do crime de desonra aos pais, tios e irmãos. E qualquer "cisma" é uma desonra à família. Não obedecer, querer usar a roupa que não agrada aos parentes, não aceitar os matrimônios arranjados pelos pais e querer estudar são algumas das causas de desonra. O simples existir feminino já é uma desonra familiar.

A jornalista Claudia Alves disse que é impossível não fazer comparações com alguns grupos de homens do Brasil, cujas mulheres também não podem andar sozinhas sem serem assediadas, abordadas ou sofrerem violência. Estas e outras semelhanças com o Paquistão apavoram a maioria das brasileiras e deixaram a jornalista perplexa. Pobre Brasil! Pobres mulheres! É exatamente nesse Paquistão que nasce Malala, para tristeza e desespero dela.

Malala Yousafzai nasceu em 1997, em 12 de junho, data em que, no Brasil, comemora-se o Dia dos Namorados. Mas no Paquistão, além de não se comemorar o amor e a união, os pais não receberam parabéns pelo nascimento da filha, porque não se comemora nascimento de mulher, apenas de homens. O nascimento de uma menina representa grande humilhação à família. Assim que nasce, espera-se que não demore muito para casar. No Paquistão, uma menina com 14 anos já está casada e com filhos. Malala, cujo nome significa "tomada de tristeza", não pensava nem em casamento nem em ter filhos. Ziauddin Yousafzai, seu pai, estimulava a filha a estudar física, literatura e política e a se indignar com as injustiças. Malala tem dois irmãos mais novos, Khushal Khan Yousafzai, de 19 anos, e Atal Khan Yousafzai, de 16.

Com o governo do Talibã — milícia fundamentalista — as escolas foram fechadas. O pai de Malala era professor e dono de uma escola, mas teve sua instituição fechada. A menina começou a militar a favor dos estudos e da (re)abertura das escolas. Usava um blog para as atividades de militância. No blog "Diário de uma estudante paquistanesa", falava sobre a falta de acesso à educação feminina e o quanto o conhecimento era proibido à mulher no Paquistão. Mesmo usando um pseudônimo, foi descoberta pelos grupos do Talibã.

O governo do Talibã foi expulso pelos norte-americanos em 2010, no entanto, a milícia continuava no poder e ameaçava a menina de morte. Voltando da escola, os membros do Talibã pararam o ônibus e entraram perguntando por Malala. Um dos terroristas a reconheceu e disparou três tiros na cabeça dela. Gravemente ferida, foi levada ao hospital. Ficou internada e, quando pôde ser transferida, foi para Birmingham, Inglaterra. Sobreviveu ao atentado por um milagre. Assim que se recuperou, tornou-se a porta-voz dos direitos femininos à educação e à liberdade. Malala mora atualmente na Inglaterra com a família. Para seu pai, a filha é uma heroína: "Quando digo Malala, a primeira coisa que me vem à mente ou à mente das pessoas é a educação das garotas. Também a resiliência de uma garota ou o empoderamento das mulheres. Para mim, Malala significa resiliência, coragem, o poder das mulheres e a educação das meninas, além de perseverança. Todas as qualidades de força vêm com o nome Malala".

No dia 12 de junho, aos 16 anos, discursou em Nova York para uma plateia imensa, composta de representantes de mais de 100 países, na Assembleia de Jovens das Nações Unidas: "Nossos livros e canetas são nossas armas mais poderosas. Uma criança, um professor, um livro e uma caneta podem mudar o mundo. Educação é a única solução".

E não é só no Paquistão que mulher sofre todo tipo de agressão, elas são humilhadas, mutiladas, violentadas e mortas em muitos outros países, como Índia e Afeganistão, por exemplo. Na realidade, há poucos lugares que respeitam o feminino e o deixam viver. Atualmente, registra-se, para a agonia e desesperança das mulheres, a volta do Talibã, após as tropas norte-americanas deixarem o Afeganistão. Malala luta pelas mulheres de muitos continentes.

Aos 16 anos escreveu, em parceria com Christina Lamb, sua autobiografia, *Eu sou Malala: a história da garota que defendeu o direito à educação e foi baleada pelo Talibã*, de 2013, em que narra sua vida em um país fundamentalista. Militando em prol da educação das mulheres criou o Fundo Malala. Com a obra que o mundo inteiro conhece, porque foi traduzida em muitas línguas, ela é a voz que grita por justiça e igualdade de gênero.

Com seus discursos de paz e de liberdade, Malala ganhou o Prêmio Nobel da Paz em 2014. Com apenas 17 anos, Malala já era uma representatividade feminina sem dimensões. Formou-se em Filosofia Política e Econômica pela Universidade de Oxford, Inglaterra. Em 2015, o cineasta norte-americano Davis Guggenheim filmou *He Named me Malala*. Ele passou muitos dias acompanhando a rotina da militante e contou sua história para o mundo. O documentário fala de como a menina sofreu e foi julgada por lutar por direitos iguais aos dos homens, principalmente no que tange à educação. Nele, o espectador pode ver de perto a militância de Malala, porque Guggenheim, além de conviver de perto, acompanhou a menina em sua militância em vários países, como Jordânia, Nigéria e Quênia, mostrando que a mulher nunca foi inferior e tem os mesmos direitos dos homens.

O analfabetismo é a forma de se controlar qualquer pessoa. A população sem conhecimento não tem o que fazer a não ser se submeter ao pai, ao marido, ao governo, ao sistema. O relatório da ONU afirma que 75% das meninas paquistanesas não frequentam a escola: "estudos expõem o estado deplorável da educação para milhões de mulheres, no Paquistão", diz a agência France Presse. Qualquer pessoa que lute pelo direito à educação é silenciada, o medo permeia as meninas desse lugar que, inertes pelo desespero, pela dor, conformam-se com o destino abominável. Pode-se dizer que é um país de analfabetos, pois 55% dos adultos paquistaneses são iletrados e, entre as mulheres, essa taxa sobe para 75%. "As mulheres, no Paquistão, encaram a discriminação, a exploração e o abuso em muitos níveis, começando com as meninas, pois a elas é negado o direito de exercer seus direitos básicos de educação, seja por práticas tradicionais familiares, necessidades econômicas ou como consequência da destruição de escolas por militantes", afirma a ONU.

Malala ficou tão famosa que sua vida foi adaptada, também, em um livro infantil. Em 2015, a jornalista Adriana Carranca, colunista do jornal *O Estado de S. Paulo*, publicou *Malala: a menina que queria ir para a escola*. Nele, a autora conta como o Talibã proibiu a música, a dança, as mulheres de andar nas ruas e de estudar, confinando-as em casa, de maneira restrita, sob os olhares masculinos e, pior ainda, femininos. A jornalista, que visitou o lugar onde Malala vivia, no Paquistão, mostra como o extremismo jogou a vida das pessoas no abismo. Os desenhos da obra, de importância incomensurável a crianças, jovens e adultos, são da curitibana Bruna Assis Brasil, ilustradora de muitos outros livros. Adriana, que ganhou o Jabuti, é, também, autora de *O Afeganistão Depois do Talibã,* de 2012; e *O Irã sob o Chador: duas brasileiras na terra dos aiatolás*, de 2010, com coautoria de Márcia Camargo. Há uma infinidade de linguagens e plataformas que traduzem o drama de Malala, sites, blogs, exposições, livros, filmes infantis, documentários etc.

O nome Malala faz alusão à Malalai de Maiwand (1861-1880), uma mulher afegã que lutou vitoriosamente durante o conflito de

Maiwand, uma vila do Afeganistão, conhecida por província Kandahar. Durante a Segunda Guerra Anglo-Afegã, grupos liderados por Malalai defenderam a cidade: "soldados da guarnição britânica em Candaar encontraram forças afegãs em 27 de julho de 1880, e as duas brigadas britânicas e indianas sofreram uma calamitosa derrota", diz Fernando de Souza, no site da Biblioteca Mundial Digital. Malalai, conhecida também por Malala, morreu em combate, mas virou heroína: "Todos conhecem a história de Malala Yousafzai, mas muitos não saibam a origem de seu nome, trata-se de uma homenagem à Malalai de Maiwand, uma heroína do Afeganistão. Em uma batalha, ela ergueu seu véu como bandeira e incentivou os afegãos a lutarem contra os invasores britânicos. No confronto, Maiwand foi morta por se rebelar contra a dominação colonial", conclui Souza.

Em entrevista ao jornal *Correio Braziliense*, por telefone, Ziauddin Yousafzai, o pai de Malala confirma que o nome da filha foi inspirado na heroína afegã do século XIX: "Inspirei-me na heroína pashtun do Afeganistão, Malalai de Maiwand". Segundo Ziauddin, ela foi a heroína da Segunda Guerra Anglo-Afegã, que ajudou os combatentes pashtuns a lutarem contra o exército britânico. Os pashtuns fugiam do campo de batalha, quando essa garota, à época, com 17 anos, e em choque, subiu em um monte, ergueu a voz poderosa e disse: "– Jovens, se não quiserem sacrificar suas vidas nesse campo de batalha, vocês serão vistos como exemplos de vergonha". Os combatentes retornaram e se uniram a ela, na luta contra os britânicos. Malalai deu a própria vida à causa e foi morta por um soldado britânico.

Quando uma menina tem um grito longo, forte e ininterrupto na garganta, garganta esta que tentaram estrangular, o grito, pela força de luta e resistência, sai medonho e ressona por muitos cantos do mundo. Assim é Malala: um soar forte e intensificador. Como milita a favor da educação das meninas e das mulheres, acabou por influenciar a mãe, Toor Pekai Yousafzai, que era analfabeta mesmo o marido tendo uma escola no Paquistão. Os costumes familiares oriundos dos paradigmas patriarcais fizeram com que Toor Pekai se mantivesse na posição de esposa e mãe iletrada. Mas, hoje, por influência da luta de Malala, ela voltou aos estudos e está inclusive aprendendo inglês para não ficar trancada dentro de casa em um país britânico. Em Londres, com a filha, no evento *Women in the World Summit*, Toor Pekai disse que deixou a escola ainda criança: "Estou amando aprender a ler e a escrever. Quando chego a casa, vou para o meu cantinho fazer lição, e aviso: — Não posso ser incomodada". Toor Pekai iniciou os estudos em 2016.

Malala nasceu em berço esplêndido no que tange à educação. Seu pai é professor e, como tem conhecimento e muito amor no coração, é contra o patriarcado. Hoje, ele é a favor de as mulheres estudarem: "Tenho cinco irmãs e nenhuma pôde ir à escola. Meu pai tinha grandes sonhos para mim e meus irmãos mais velhos. Para minhas irmãs, o único sonho dele era o de que elas se casassem o mais rápido possível. Eu tinha um sonho diferente para minha filha, mesmo antes que ela nascesse. Estava determinado que, quando fosse pai, daria toda a educação para a minha filha. Ela seria livre como um pássaro, ela seria independente e teria sua própria identidade".

Há uma infinidade de informação a respeito de Malala, uma jovem que é a metáfora de liderança feminina: "Em um país em que as mulheres não podem sair em público sem um homem, nós meninas viajávamos para longe, dentro dos nossos livros", diz Malala. Se Malala tivesse se conformado com os desmandos dos grupos do Talibã e dos sistemas políticos que excluem a mulher, se tivesse se resignado com o destino que o patriarcado escolhera para ela, não seria a voz que assopra as feridas femininas, a mão que acalma o peito fatigado de violência, não seria o socorro das mulheres nem a possibilidade de educação das meninas que nasceram, por azar, em países fundamentalistas e patriarcais. Malala é a esperança desenhada no rosto dessas meninas. Hoje, após Malala, as mulheres podem sonhar com um Paquistão cheio de paz e igualdade. Ou mudar-se do país de origem para sempre.

YOKO OGAWA

A razão pela qual intolerância, sexismo, racismo,
homofobia existem
é o medo.

(Madonna)

Em 1944, a escritora Yoko Ogawa publicou *A Polícia da Memória*, um livro de ficção científica que iria causar uma grande polêmica e a levaria a ser considerada *persona non grata* em alguns lugares, embora seja apontada como a maior figura literária do Japão moderno. Em 1949, Orwell lançou seu clássico *1984* (como citado), que representa a verdade dos sistemas políticos. O personagem principal, Winston, tem como função eliminar palavras do dicionário e distorcer verdades.

Baseado nas obras de Franz Kafka e com temática de Orwell, *A Polícia da Memória* conta a história de uma ilha sem nome que fica em um lugar também sem nome, porque representa todas as nações do mundo e seus sistemas desumanos. Nessa ilha não nomeada, as lembranças são apagadas homeopaticamente. Tudo desaparece e as pessoas não se dão conta disso. As interações simbólicas por meio da não comunicação são desfeitas e os seres humanos sem lembranças não entendem os que têm memória.

Interações simbólicas são cruzamentos de culturas diferentes, mas que se amalgamam tornando a diversidade híbrida, de tal modo que a multiplicidade colabora com o entendimento das dimensões étnicas e culturais. Existem trocas de aspectos culturais e linguísticos que vão serpenteando pela Sociologia, Antropologia, Psicologia e Literatura. O interacionismo simbólico é "uma abordagem sociológica das relações humanas que considera de suma importância a influência na interação social dos significados trazidos pelo indivíduo à interação. Originário da Escola de Chicago, esses estudos são relevantes na microssociologia e na psicologia social". Sem interação não há multiplicidade, há, sim, escassez que anula aos poucos a comunicação. Logo, não há significações. A memória é uma das pontes para toda a significação da vida em sociedade e da vida em si. À medida que se eliminam lembranças, o ser humano torna-se um oco de qualquer coisa, um objeto fácil de manipulação. Memória é conhecimento e é cultura; sem isso, tudo se perde, inclusive os significados, os valores reais e éticos, os afetos e as suas verdadeiras representações humanitárias.

Tentaram eliminar a memória do africano, do brasileiro afrodescendente, do índio, dos homossexuais e das mulheres, tentaram apagar todos os resquícios dos judeus, mas somos sementes e qualquer chuvisco nos enxerta. Renascemos e crescemos como áporo drummondiano: "uma orquídea esverdeada, arrebentando o asfalto". Crescemos no deserto, nos oceanos, na atmosfera, nos núcleos e nos átomos. Em *Admirável Mundo Novo*, de Huxley, o mundo novíssimo fazia parte do sistema que anulava laços afetivos, porque o amor é união, é comunicação, é aspecto linguístico, é memória. Mas o mundo velho (humano-afetivo) resistia em lugares distantes.

No Brasil, a memória, principalmente do passado histórico-político, é esvaziada de significações para que nunca haja união, para banalizar os afetos e os laços significativos, para que as sociedades vivam como "paus ocos" lançados aos ventos, correndo com as enchentes e tropeçando aos pontapés, para lá e para cá. Manter a população um "pau oco" é muito fácil, porque a maioria não tem memória. Se tivessem, estariam preenchidos e não haveria quem os pudesse manipular.

Fahrenheit 451, do norte-americano Ray Bradbury, é um livro de ficção científica que, em determinado momento, fala em eliminar as lembranças e, consequentemente, a cultura, a história, as línguas e as linguagens, com a queima de livros, ato que foi celebrado pelos nazistas espalhados pelo mundo — e hoje não está tão diferente disso. Queimar livros significa esquecimento, designa população sem passado e, obviamente, sem futuro. É disso que Yoko fala em muitos de seus livros, com exceção de *Hotel Íris*. Os livros são pontes para mundos cheios de janelas abertas: "[...] sei que o livro não é a única maneira de se resolver as mazelas do mundo, de transformar a ignorância em um incômodo, mas é um ótimo começo", diz Evelyn Butignoli Cunha sobre o livro de Bradbury.

A obra de Yoko fala exatamente disso. Nessa ilha, os objetos desaparecem: mapas, frutas, calendários, caixinha de músicas, sapatos, chapéus, fitas, flores, pessoas, mas ninguém percebe, porque estão vazios (sem lembranças). As rosas desfazem-se no leito dos rios e depois são esquecidas, as frutas caem de todas as árvores, fotografias são esquecidas, porque somem. Na feira, não há muita variedade, a escassez de legumes, hortaliças e frutas forma imensas filas para se comprar o pouco que há na ilha, tornando a vida de todos os moradores insuportável. O pior de tudo é que os rasos grupos que ainda têm memórias sofrem repressão da polícia da memória. Esses grupos, cujas lembranças são os sustentáculos de si mesmos, sabem que os objetos estão sumindo, mas temem, porque essa polícia, segundo Yoko, é draconiana. A polícia é especialista em esquecimento. É a polícia do Alzheimer histórico. Mas existem as lembranças e a escrita para registrá-las.

Yoko Ogawa nasceu em Okayama, Japão, em 1962, é autora de inúmeras obras, como o *Diário da Gravidez*, de 1991; *Revenge: Eleven Dark Tales* (*Vingança: onze contos sombrios*), de 1998; *A Fórmula Preferida do Professor*, de 2003; *The Diving Pool*, de 1990; *Hotel Íris*, de 1996; *O Enterro de Brahman*, de 2004; *O Museu do Silêncio*, de 2016, entre muitas outras. A maioria não tem tradução para o português. Muitas de suas personagens são mulheres que se apresentam alienadas, segundo a própria escritora, devido aos papéis que foram impostos a elas na sociedade japonesa tradicional.

Segundo o escritor e crítico brasileiro Joca Reiners Terron, em artigo para a *Folha de S. Paulo*, Yoko é uma escritora sólida que não é atingida pela "despreferência" de suas obras no mercado editorial brasileiro: "O incrível vigor exibido pela ficção japonesa atual ainda não encontrou adeptos no Brasil, mesmo Haruki Murakami, cujos livros mais ousados continuam inéditos (fenômeno inverso ao de Portugal) [...] não repercute o bastante entre os poucos leitores brasileiros (algo que não ocorre entre os leitores hispano-americanos e franceses, por exemplo). Ogawa tem encontrado destino internacional e ganhou inúmeros prêmios".

Os livros de Yoko falam sobre memória de maneiras distintas. *A Fórmula Preferida do Professor* conta a história de um professor de matemática que ama ensinar, preocupa-se com os outros, gosta de crianças, é paciente e, principalmente, humilde. Além de matemática, ensina que o amor é o sentimento principal da vida. Mas, quando tinha 47 anos, sofreu um acidente que o deixou com a memória prejudicada e, com isso, sua memória só dura 80 minutos. Mesmo com a memória afetada, o professor aproxima matemática e afeto. Caminhando em oposição à ideia negativa e hermética (matéria difícil e complicada) que se tem da matemática, ele vê a disciplina como uma área simples que faz parte do cotidiano e deve ser compreendida. Com isso, transforma aprender matemática em algo fácil, por ser, segundo ele, uma disciplina afetiva.

Conhecido como estranho e arredio, não conseguia ter uma empregada em casa, demitia todas. No romance, a maioria das personagens não tem nome. Quando uma menina preenche a vaga, começa com o pé atrás. No entanto, aos poucos, ela vai se fascinando com o jeito do professor e se apaixona pelo modo como ele vê o mundo. Assim que ele fica sabendo que a menina tem um filho, pede para conhecê-lo e passa a ensinar matemática ao garoto, ajuda-o com as lições de casa e, juntos, discutem beisebol. Uma amizade nasce entre os três: professor, menina e o filho dela, que ele passa a chamar de Raiz. Para se lembrar de que sua memória dura 80 minutos, apenas, ele cola muitos papéis em seu corpo, nas roupas, calças e camisas. E mais uma vez, vemos Yoko Ogawa falando de lembranças. A fórmula preferida do professor era fazer os outros enxergarem a vida com entusiasmo e a matemática como disciplina inerente à vida.

O livro *O Museu do Silêncio* é outra obra de Yoko que, intrinsicamente, remete às lembranças. Museu é o lugar onde se guarda o passado histórico, arqueológico, da história natural e de tudo aquilo que sustentou as civilizações em um tempo longínquo. Nessa obra, a autora fala da lembrança dos mortos, dos nossos ancestrais, da importância que cada um deles teve no mundo. Esquecermo-nos dos mortos é anular o presente em que, tenuamente, vivemos. Esquecermo-nos da história é destruir as bases de valores, das produções, das crenças, dos rituais, dos costumes, do folclore, do tipo de sociedade e da forma de economia que fizeram de nós descendentes. Esquecermo-nos disso tudo é perder o vínculo com o passado, esvaziar o presente e matar o futuro. Ninguém que é descendente pode viver sem a memória dos ascendentes. É sempre um vínculo indissociável para o bem ou para o mal.

Patrícia Campos Mello, jornalista premiada e autora de *Máquina do Ódio*, fala de como as notícias falsas geram ódio, de como os disparos em massa pelas redes sociais, principalmente pelo whatsapp provocam uma desumanização, transformando pessoas em verdadeiros zumbis, que repetem sem cessar falsos vídeos produzidos propositalmente para confundir, dividir. Trata-se do avesso de toda verdade, às vezes distorcida, outras, inventada e, portanto, sem nenhuma ligação com a realidade, sempre em benefício de um partido ou candidato: o famoso jogo sujo. E não dá para entender como essas pessoas conseguem dormir disseminando ódio e guerra, morte e caos, mesmo porque toda guerra é apocalíptica e um dia a Casa Grande também é atingida. Chego a pensar que se trata de robôs aos moldes de Dracon, da antiga Grécia, construídos para favorecer os membros de partidos políticos. E falando novamente em *1984*, há, na obra, os minutos de ódio, permitidos pelo Estado: a massa grita, ergue os braços e manifesta ódio. Jesus Cristo foi crucificado por espalhar amor. Mataram o maior avatar espiritual da história, porque era um democrata.

Na estrada contrária ao gabinete de ódio está o professor, personagem da obra *A Fórmula Preferida do Professor*, de Yoko. Ele, na contramão, mostra que só o amor vence, só o amor traz união e entendimento, porque é sentimento humano. O gabinete do ódio que atuou durante o governo de Jair Bolsonaro (2018-2022) resulta da desumanização e da banalização de todo sentimento afetuoso. O banal é o maior instrumento de distanciamento, pois afasta a população do verdadeiro sentido da vida. Dificilmente haverá povo feliz, pleno e liberto das opressões. Para Mello, as milícias digitais, unidas à grande mídia, são o inimigo invisível que destrói homens e mulheres consumidos pelo ódio: "[...] Do povo oprimido nas filas, nas ruas, favelas, da força da grana que ergue e destrói coisas belas", diz Caetano Veloso, na música "Sampa".

Alzheimer: a polícia da memória

Uma distopia.

O absurdo do viver em sociedade ou o absurdo da vida é retratado em muitas obras brasileiras e internacionais, como as obras de Kafka, tanto *Metamorfose* quanto *O Processo* que permeiam o absurdo, ou nas obras epifânicas de Lispector, principalmente, *A maçã no Escuro*, ou ainda, nas obras de Murilo Rubiao *O ex-mágico* e *O pirotécnico Zacarias*. Na profundidade da semântica, percebe-se que o "absurdo" traduz-se em realidade, porque a realidade dos sistemas políticos e sociais é absurda, a vida muitas vezes (ou quase sempre) é absurda, assim como as obras *A Peste* e *O Estrangeiro*, de Camu.

No Brasil, ainda temos, entre muitos outros, José Jacinto da Veiga que retrata as sociedades que oprimem para ter controle total. Suas obras *As Horas Ruminantes* e *Sombras dos Reis Barbudos*, tanto quanto a antologia *Os Cavalinhos de Platiplanto*, falam, em seus cernes, da censura, da opressão e da ditadura militar, de maneira figurativa ou direta. As narrativas são distintas e os gêneros também, mas o tema serpenteia entre os sistemas totalitaristas.

Assim faz Yoko Ogawa, suas obras revelam como a opressão alinhava muitos caminhos sutis que não se denunciam nem se combatem. O escritor Ivan Nery Cardoso, fala, em seu artigo "A Polícia da Memória, de Yogo Ogawa", dos perigos do esquecimento, contextualizando-os no mundo de hoje e, principalmente, no período em que o Brasil vive: "[...] a leitura do romance de Yoko Ogawa ganha significados e interpretações profundas e inquietantes. Vivemos em um planeta onde os governos de extrema-direita mantêm-se no poder [...] com muitos apoiadores que mentem sobre atitudes que foram documentadas e registradas, confiando que o próximo escândalo será suficiente para nos fazer esquecer o escândalo do dia anterior. E pior, existem apoiadores que fortalecem esses discursos, desmerecendo a verdade, e acreditando nas mentiras como verdades, criando uma estranha dimensão paralela onde o esquecimento é a norma. Mas os que não se esquecem são severamente perseguidos". Chico Buarque lançou, em 2021, a antologia de contos *Anos de Chumbo*. O conto que dá nome à obra narra muitas histórias e, entre elas, conta sobre os anos em que, alicerçados na ditadura, os agentes do Estado, militares e ditadores torturaram, mataram e faziam sumir gentes e coisas como as que se evaporam da ilha sem nome de Yoko.

O romance *Polícia da Memória* traz uma história dentro da história, as personagens são: a menina (aluna de datilografia) que perdeu a voz; o velho balseiro; o amante (professor psicopata de datilografia) da menina que perdeu a voz; o senhor R e a senhora R; a família Inui; a menina que é escritora; o ex-chapeleiro e a polícia secreta. As personagens, que não têm nomes, apenas referências, com exceção do cachorro Don, não se entrecruzam nas histórias, cada grupo de personagens fixa-se na própria história. O romance trata da história da escritora (seu romance) e a história da vida da escritora, na ilha, lugar onde os objetos e, principalmente, as pessoas, somem. Ela narra como vive, como enfrenta o acúmulo de neve e o frio, como esquece coisas e pessoas e de como, ela e o velho balseiro, resolvem esconder R da polícia secreta, na casa de pedra da escritora, porque ele, seu editor, não se esquecia de nada nem de ninguém. Era, portanto, subversivo aos olhos da polícia secreta, mas imprescindível na condição de memória para a escrita do romance da escritora.

Os pais da personagem que é a escritora e a moradora da ilha tinham as mentes cheias de lembranças e, por isso, foram levados pela polícia secreta e, depois, morreram. Ela vivia só na casa velha e havia muitas coisas das quais não se lembrava mais. A primeira vez que ouviu a palavra "esconderijo", não se recordava de tê-la ouvido antes e, além de não saber seu significado, parecia-lhe estranha. Ela descreve como as coisas e as pessoas desaparecem e como, com o tempo, nem se dá conta desses desaparecimentos. Quando as fotografias desapareceram, viu-se obrigada a queimar as imagens que tinha em casa, mas não foi tão dolorido, porque, uma vez sumidas, perdiam qualquer vínculo com as representações simbólico-afetivas.

A narradora fala de como a polícia da memória (secreta) andava muito bem-vestida, sempre impecável. Ela descreve os casacos que usavam no inverno: "de um tecido quente e macio, com golas e mangas de pele". E de como não havia na ilha nenhuma loja que vendesse artigos daquela qualidade. Aliás, cada vez havia menos lojas. Enquanto a escritora (narradora em primeira pessoa) escreve a história da menina que estuda datilografia, que perdeu a voz e que é amante do professor de datilografia, ela vive sua vida de maneira assustadora. O medo afunila-se ao cerne social vindo da polícia secreta e o que eles fazem com pessoas e objetos. Comenta como a polícia se apossou do teatro e o transformou em um quartel general, fala de como as escolas estavam abandonadas, em ruínas, e fala, também, do farol que não tinha mais efeito nem representatividade. Fala de como as bibliotecas estavam escassas de livros e de como as pessoas já não sabiam o que eram livros, nem buscavam por eles. Mas a narradora, que escreve sobre a menina sem voz, resiste escrevendo e tem como editor o senhor R, aquele que tem lembranças. Ela é a porta-voz da menina que perdera a voz e que, no final, é sucumbida tanto quanto a personagem.

Ela narra como tudo ali sumia e fechava. O Instituto de Estudos que estudava sobre os pássaros silvestres desapareceu, os pássaros também sumiram repentinamente. O instituto era o lugar onde o pai dela trabalhava, porque ele era um especialista em aves. A mãe da escritora era uma artista que esculpia em pedras e madeiras. Tinha um armário cheio de gavetas secretas trancadas a sete chaves, e dentro de uma delas havia perfume, algo que tinha sumido há tempos, e a maioria da população nem se lembrava da existência dos perfumes. A palavra "perfume" perdera o significado e tornara-se desconhecida. Não existia mais nos dicionários.

O romance de Ogawa trilha pelo realismo fantástico, recheado de surrealismo, coberto de absurdo, como é a própria vida, principalmente, a vida na ilha do esquecimento. A narrativa apresenta a vida na ilha com palavras tristes e angustiantes devido à polícia secreta que, sem avisar, "cercava um quarteirão com seus caminhões e realizava uma busca minuciosa em todas as casas. Isso podia ou não trazer resultados fatais. Ninguém sabia qual seria o próximo quarteirão a ser investigado".

Entretanto, havia a rede clandestina de apoio aos perseguidos, muitas famílias conseguiram fugir da polícia secreta devido aos grupos de apoio que agiam, às escondidas, tentando salvar pessoas, cujos nomes estavam na lista dos que rememoravam. Para sair da ilha, somente com balsas, mas segundo o velho balseiro, as balsas estavam inativadas e a maioria delas sem motor. Assim como há nomes e nomes, na história do nazismo, de pessoas que escondiam os judeus, havia na ilha a rede de apoio.

Como na ilha tudo desaparecia desde objetos, cheiros, palavras e até partes do corpo humano, os arquivos da memória tornavam-se escassos. Nesse sentido, muitas palavras não eram entendidas e por isso causavam grande desconforto. Isso era tão presente que os termos "esconderijo", "rede clandestina", "instituto", "genética", "sequenciamento" perturbavam as personagens da obra de Yoko, porque elas não tinham ideia do que significavam e parecia que nunca tinham ouvido o som nem visto sua escrita registrada em algum papel. E cada vez que algo desaparecia, após um tempo, sumia da memória, também. Parece surreal, mas funciona muito. Pessoas com um vocabulário raso são sempre vulneráveis e fáceis de manipular. E como tudo sumia num piscar de olhos: coisas, pedaços do corpo humano e pessoas, com o tempo, o braço direito das pessoas desaparecem. E como os moradores lidavam com isso? Com tranquilidade, porque ninguém sente falta do que não tem memória. A parte da população que não perdia a memória e continuava com os braços era perseguida e, quando capturada, severamente punida. O Estado dava um fim nos memorizados.

O personagem R e o editor representam a memória; a escritora e a narradora, o esquecimento. Quando a ideia do que é um romance desapareceu da ilha, um decreto obrigava os moradores a queimar todos os livros que existiam no entorno, mas alguns ficavam escondidos com o personagem R, no quadrilátero da casa e, com ele, as esculturas da mãe da escritora, esculturas estas que guardavam os objetos desaparecidos. A mãe é metáfora de memória. Muitas vezes, os moradores nem precisavam de decreto, ouviam falar que algo desaparecera e já tomavam a atitude de fazer desaparecer o que ainda existia fisicamente. Tal era o processo de alienação. Sem braço e sem memória, a escritora pararia de escrever, mas R é lembrança, e com um esforço sobre-humano, porque estava sem uma perna, sem o braço direito e quase sem memória, a escritora termina o romance.

Ufa! Que história!

Qual o fim do romance que a personagem escreve? Qual o fim da escritora, na ilha? A aluna sem voz consegue recuperar a fala? O senhor R consegue sair do esconderijo e, por fim, conhecer o filho que nascera há algum tempo? Como termina esse romance genial?

O romance de Yoko Ogawa, *A Polícia da Memória*, tem a tradução de Andrei Cunha, professor de Língua e Literatura Japonesa na Universidade Federal do Rio Grande do Sul. É facilmente encontrado nas grandes livrarias e nas plataformas digitais. Para descobrir o final da história só lendo a obra. Ler pode trazer respostas às questões levantadas. Mais do que isso, pode ajudar nas reflexões da vida individual e coletiva, e revelar, ainda, muito da sociedade em que vivemos.

EARTHA KITT

*O futuro pertence àqueles que acreditam na beleza
dos sonhos.*

(Eleanor Roosevelt)

Carregada pelo veio preconceituoso do colorismo, nos Estados Unidos, Eartha Kitt nasceu de uma mãe negra e um pai branco, este último completamente desconhecido. Não era aceita na sociedade dos brancos nem na família materna, neste caso porque, para eles, ela não era preta. Sua mãe, Annie Keith, a criou à revelia, de qualquer jeito, o fato é que não queria a menina consigo. E ao casar-se novamente, abandonou a filha. Rejeitada, sofreu maus tratos físicos e psicológicos, só Deus sabe o quanto ficou traumatizada. Ainda criança, trabalhava nos campos de algodão e foi defenestrada pelos familiares: "quando as pessoas chegam aos meus shows e dizem ser parentes, descarto logo. Nunca esquecerei como meus parentes me tratavam. Todo mundo me chamava de amarela e ninguém me queria, fossem brancos ou negros".

Aos oito anos, mudou da zona rural para o Harlem. Abandonada pela mãe, ficou aos cuidados da tia. Na cidade de Nova York, entrou em contato com a dança, frequentou e cantou em igrejas. Eartha Kitt nasceu em 1926, no Sul da Califórnia, EUA. As datas em torno de seu nascimento não são precisas. Mas, independentemente de ter nascido em 1926 ou 1927, ela encantou o mundo como a Mulher-Gato: linda, sensual, exuberante e irresistível.

Atriz, cantora e dançarina, Eartha ficou famosa quando fez o seriado televisivo *Batman*, de Adam West, no ano de 1960. Participou de filmes e de muitos programas de televisão, dublou a personagem Yzma, na série de desenho animado *A Nova Escola do Imperador*, de Mark Dinal, exibida pela Channel, em 2006. Participou do filme *O Mistério dos Escavadores*, de Andrew Davis, como Madame Zeroni.

Foi a personagem principal em *Anna Lucasta*, com Sammy Davis Junior. São dezenas de filmes, musicais e shows que transformaram sua carreira em um brilhantismo de ofuscar a Lua. Sua voz cantando "All by Myself", "La Vie em Rose", "Cha-Cha Heels" e "Don't Care" é inconfundível: estrela que brilha ininterruptamente.

No site "Delirium Nerd", espaço, como citado, somente para mulheres, Tânia Seles fala, no artigo "Eartha Kitt: da rejeição na infância à adoração nos palcos e no cinema", sobre o sucesso da atriz mesmo diante de tanta rejeição e sofrimento, de como foi vítima do desamor da família e da sociedade. Mesmo assim alcançou um sucesso estrondoso e mostrou a que veio: "Desde a infância conheceu a rejeição e o desamor por parte da sua família, posto que era considerada branca demais para a sua família, e negra demais para a sociedade branca. Sua mãe não a quis criar e a abandonou com uma tia". A rejeição mata, aniquila o ser humano, e a literatura tem personagens que ilustram esse sentimento de inferiorização que destrói, como Heathcliff de *O Morro dos Ventos Uivantes* e a criatura de Mary Shelley em *Frankenstein*.

A psicóloga Fernanda Teles fala sobre as consequências, na vida adulta, de uma infância recheada de rejeição e maus tratos: "as crianças rejeitadas não possuem repertório para informar, com clareza, o que estão sentindo". Segundo Fernanda, estudos indicam que "12% das crianças que se sentem excluídas e indesejadas apresentam riscos para a delinquência, abuso de substâncias, evasão escolar e depressão". Eartha Kitt conviveu com a rejeição desde tenra idade, mas a arte cinematográfica, a música e a dança salvaram-na. No entanto, não se pode deixar de citar que seu talento para as artes estava acima de qualquer suspeita. Militante em prol de uma sociedade justa, foi defensora dos direitos humanos, das causas LGBT e do casamento gay.

Sua voz rouca acompanhada da dança que evidencia o movimento de seu corpo num balé poético e sua atuação na televisão e no cinema fizeram dela o ícone das artes maiores nos Estados Unidos, ganhadora de inúmeros prêmios. Eartha foi uma das mais fascinantes artistas da época. Orson Welles era deslumbrado por ela: "uma das mulheres mais excitantes do mundo", dizia. Voz e movimento completavam uma forma artística diferente de tudo que já havia se apresentado, até então, e encantavam plateias. Os cabarés lotavam para ver seu desempenho artístico múltiplo, seus espetáculos ímpares.

De personalidade forte e arrebatadora, não se calou durante uma reunião em que participava na Casa Branca, ao lado da primeira-dama, posicionando-se contra a guerra no Vietnã: "Temos nossos filhos, e criamos nossos filhos, e quando eles crescem os mandamos para a guerra?", questionou. A partir desse episódio, sua vida virou de ponta cabeça, sua carreira paralisou e a atriz foi incluída na lista do FBI. A perseguição foi tão intensa, que teve que sair do país, mas voltou triunfante alguns anos depois. Foi uma mulher à frente de seu tempo, inteligente e corajosa: "eu usei todo o estrume que foi jogado em mim como fertilizante para me tornar mais forte".

Viveu da malquerença e do desprezo por parte da mãe e da família inteira. Fez-se por ela mesma, talento não lhe faltava, determinação muito menos. Aos 16 anos entrou para a escola de dança da ativista Katherine Dunham, uma bailarina afro-americana de sucesso internacional, cujo legado eminente a levou a ser uma das maiores dançarinas de meados do século XX. Eartha frequentou a escola da ativista por alguns anos e, em seguida, cheia de habilidades inerentes, foi a Paris dançar e cantar nos clubes noturnos. Em um de seus shows, Wells conheceu a atriz e ficou encantando, convidando-a, em seguida, a entrar no universo do cinema. Participou de *Time Runs*, adaptado da obra *Fausto*, de Goethe, traduzido literalmente como *O Tempo Corre*, no papel principal de Helena. Em 1948, surgiu dançando no filme *Casbah*, de John Berry, com Yvonne de Carlo e Tony Martin. No filme *Ernest: o Bobo e a Fera*, Eartha fez o papel de Old Lady Hackmore ao lado de Jim Varney. Estreou, ainda, o papel de Gogo Germanine, com Ella Fitzgerald e Nat King Cole em *Lamento Negro*, que conta a história do blues.

O sucesso de Eartha Kitt dá-se por seu talento e carisma e sua colocação política declarada, porque além de justa é consciente da sociedade em que vive e dos mecanismos que a sustentam. É óbvio que a sociedade branca não gostou de sua participação como Mulher-Gato, mas ela foi brilhante, não deu ouvidos aos preconceitos, uma vez que já estava calejada de ocorrências desse tipo em sua vida. Mas as vitórias devem ser publicadas e repetidas um milhão de vezes. E Eartha venceu! Assim como as engenheiras Mary Jackson, Dorothy Vaughan e Katherine Johnson, que atuaram na NASA, na época da corrida espacial, nos EUA. E para registrar a vitória dessas mulheres inteligentes, o cineasta norte-americano Theodore Melfi dirigiu o filme

Estrelas Além do Tempo, em 2016. Apesar do preconceito, do racismo e da crueldade das leis contra mulheres brancas e negras e homens negros, as engenheiras e exímias matemáticas venceram, mesmo sendo proibidas de usar os toaletes internos, exclusivos de homens (e mulheres) brancos. Baseado em uma história real, as três ultrapassaram as paredes concretadas entre brancos e negros erguidas pela sociedade: um verdadeiro apartheid geográfico.

Mesmo entre as atrizes e celebridades, há diferenças entre atrizes brancas e negras. As atrizes célebres negras não são tão reconhecidas e seus salários são bem menores. Isso ocorreu com Viola Davis, uma das atrizes mais importantes e aplaudidas dos últimos tempos nos Estados Unidos e no mundo. Premiadíssima, ganhadora de um Oscar, um Emmy Award e dois Tony Awards, atuou no filme *Dúvida* com Meryl Streep e Philip Seymour Hoffman, dirigido por John Patrick Shanley.

Viola participou de inúmeros filmes, por exemplo, *Histórias Cruzadas, As Viúvas, Um Limite entre Nós, A Voz Suprema do Blues*, entre muitos outros. Em entrevista no programa "Conversa com Bial", Viola Davis, em visita ao Brasil (o que foi uma honra para nós brasileiros), fala que sofreu racismo por uma brasileira, dona do apartamento onde morou nos Estados Unidos: "Ela disse que não gostava de negros, não confiava neles... Então eu não podia receber nenhum sobrinho meu, não podia receber visita nenhuma. Nem dos meus pais. Com certeza não podia levar nenhum namorado, se é que tinha algum. E, toda vez que ela me via esperando o ônibus, ela supunha que eu era prostituta".

Viola sofre com o preconceito em todos os sentidos. Considerada pelos diretores como a "Meryl Streep negra do cinema", perguntou a um deles por que não lhe pagavam tão bem quanto os altos salários oferecidos a Meryl Streep. Ela denuncia as diferenças salariais ainda existentes entre celebridades negras e brancas. Viola Davis não se compara a ninguém, é ela mesma e única, uma das atrizes mais conhecidas pelo profissionalismo televisivo e cinematográfico. Ela é ímpar. Muitas mulheres negras sofreram (e sofrem). É preciso lutar e desmascarar a sociedade racista mostrando que mudanças devem vir para que ela seja mais justa e equilibrada.

A atriz nigeriana Genevieve Nnaji dirigiu e atuou, em 2018, em *Lionheart,* filme sobre a difícil história de uma mulher para permanecer no cargo das empresas do pai, quando este morre, e o tio herda a direção dos negócios, porque era proibido à mulher assumir papéis exclusivamente masculinos, mesmo sendo herdeira legítima. Mas a personagem vence, assim como Eartha Kitt. A história é sempre a mesma, leis caducas amalgamadas em preconceitos que impossibilitam mulheres de assumirem cargos em empresas ou outras organizações. Eartha Kitt eternizou músicas como "C'est Si Bon"; "Want to be Evil"; "Santa Baby"; "Were is my Man"; "Uska Dara"; "Angelitos Negros"; "This is my Life"; "Let's do it"; "Looking for a Boy"; "St. Louis Blues"; "I Love Men"; "Darling, je vous Aime Beacoup", entre dezenas de outras. Participou como estrela principal (show e entrevista), no espetáculo *An Evening with Eartha Kitt: Behind the Scenes*, no auditório Thorne da Northwestern University School of Law, de Chicago, em 2008.

Estreou no musical *Timbuktu*, nome do Império de Mali no século XIV. Nele, trouxe a música folclórica da África. É uma adaptação do livro *Kismet*, de Luther Davis, e uma releitura do produtor Charles Lederer que resultou em um musical de mesmo nome. A peça estreou na Broadway com Eartha Kitt no papel de Shameem-La-Lume, em 1978, com músicas de George Forrest e Robert Wright. O musical *Kismet* é de 1954. Foi entrevistada em muitos programas e sempre aplaudida em pé. Entrava sorridente e cumprimentava a plateia com um aperto de mãos. É amada e idolatrada. Viva Eartha Kitt!

Casou-se com Bill William MacDonald, e o casal tem uma filha, a doce Kitt MacDonald. O casamento durou bem pouco, mas nada que ela não tenha superado, como tudo em sua vida. Fez-se por si mesma, lutou por aquilo que acreditava e seguiu triunfante. Quando filmou *All by Myself: Eartha Kitt Story*, em 1982, há 40 anos, falou de sua carreira e de sua vida, dos trancos que suportou e dos barrancos que enfrentou. Ela e a filha participaram das filmagens, mostrou-se mãe além de artista, mostrou-se mulher além do prestígio, frágil, mas imperecível, doce como a filha, mas determinada: "Não sei por que os deuses me escolheram para estar nesse negócio, mas deve ter havido um motivo, e ainda estou gostando disso"

Segundo a crítica, o filme é "[...] um retrato profundamente comovente da vida e da carreira da estrela icônica, conhecida mundialmente por sua voz rouca e sensual e seu estilo teatral atuante. [...] Acompanhada por sua filha Kitt McDonald [...], conta sobre a vida em suas conversas e passeios sociais [...]". Morreu aos 81 anos, nos EUA, no dia de Natal, plena, livre, mesmo depois de ter tirado, com as próprias mãos, todas as pedras das estradas por onde passou. Deixou uma filha e dois netos.

Eartha Kitt é exemplo de mulher que sofreu preconceitos de toda ordem e viveu os dois lados da sociedade hipócrita: sofreu por ser mulher, preta e pobre e, na vida adulta, por ser linda, talentosa, sincera, rica e autêntica. Mesmo assim, teve uma carreira icônica e vitoriosa. À Eartha Kitt todos os lauréis do mundo.

Há muito que falar sobre Eartha, mas evidenciei nestas linhas apenas as histórias de superação diante das dificuldades e as histórias de vitória. Encerro o capítulo com as palavras da própria artista: "É tudo sobre se apaixonar por si mesmo e compartilhar esse amor com alguém que aprecia você, em vez de procurar amor para compensar um déficit de amor próprio".

ÂNGELA DINIZ

Sorte é estar pronto quando a oportunidade vem.

(Oprah Winfrey)

Assentado na legítima defesa da honra, pode o homem matar a esposa se desconfiar que ela é adúltera ou se a surpreender com outro? E se for a ex-namorada? Também pode? Na época do Brasil Colônia, o país obedecia às Ordenações Filipinas, e nelas havia o crime de honra em que o marido, "se não fosse peão, poderia matar a esposa e o amante se este não fosse fidalgo". Para Antônio Carlos Prado, editor da revista *Isto é*, a interpretação dessa regra/lei é a de que a amante de fidalgo era menos adúltera do que aquela que traía o marido com homens comuns.

"As Ordenações Filipinas ou Código Filipino foram editados em Portugal, em 1603. Entretanto, permaneceram em vigor no Brasil até 1917, quase um século após a Independência de 1822", diz o advogado Hugo Otávio Tavares Vieira, em *As Ordenações Filipinas: o DNA do Brasil*. Do século XVII até hoje não houve mudança. Para Tavares Vieira, tais ordenações eram "compilações editadas pela Coroa Portuguesa, reunidas sem coerência e lógica". Tem esse nome porque foi Dom Filipe I quem as enumerou, eram, portanto, ordens de Filipe.

Assim como as Ordenações, o primeiro Código Penal Imperial do Brasil diz que o marido poderia assassinar a esposa adúltera pela legítima defesa da honra. Se o marido traísse a mulher não haveria o que se fazer, nem o que se lamentar, mas se a mulher traísse o marido, pela honra, ele poderia matá-la. Segundo "especialistas" daquela época (só não se sabe em quê) e até bem pouco tempo atrás, no Brasil, o crime passional envolveria emoção e paixão, e apenas estes seriam convincentes, mas há outras condições: o ciúme passional causa um estado de perturbação mental no homem e, seguindo essa teoria, ele seria absolvido tranquilamente caso o crime fosse para julgamento. Matar mulheres parecia não ser necessariamente um crime, o que é um absurdo, mas a traição da parte da mulher daria ao marido o direito, em uma bandeja de prata com toalhinha de linho bordada, de lavar a alma com as próprias mãos, da forma que lhe conviesse: tiros, facadas, estrangulamento, envenenamento, asfixia com travesseiros, enforcamento, murros, estupros etc.

Muitos anos se passaram e as leis e a jurisprudência evoluíram, mas as mortes de mulheres ainda ocorrem e dão-se dentro do âmbito doméstico — e os algozes são os maridos, ex-maridos, namorados, pais e irmãos. Segundo dados do Fórum Brasileiro de Segurança Pública, 90% dos casos de feminicídio são crimes cometidos por ex-companheiros das vítimas. Ledo engano é acreditar que isso só ocorre nas classes mais pobres; muitos são médicos, engenheiros, advogados, políticos, celebridades e empresários que acreditam que podem cometer esse ato criminoso. Os crimes são generalizados e ocorrem em todas as classes sociais. Durante a pandemia, os crimes aumentaram 20%, um índice maior que 2018 e anos anteriores. Essa é a triste realidade da mulher, no Brasil e no mundo, dentro e fora da história, dentro e fora da literatura.

No clássico *D. Casmurro*, a famosa personagem Capitu é condenada ao exílio pelo marido Bentinho, por ele desconfiar (leia-se imaginar) uma traição da parte dela com o amigo Escobar. A traição, que nascera na mente perturbada de Bentinho, nunca existiu de fato: "ele perseguiu Capitu após desconfiar de que fora traído. Tal traição não é comprovada, mesmo assim, o narrador mostra-se amargo e pessimista e, como punição, decide exilar Capitu. Em vez da agressão física, Bentinho opta pelo suplício público da parceira ao mantê-la longe de seu espaço social. Tal exílio faz parte da vergonha social, porque a mulher tem que passar publicamente quando paira sobre ela a desonra do marido. Na ficção, Capitu paga pelo crime de adultério que não cometeu, pois nada fica provado. Dessa forma, *Dom Casmurro*, com sua postura patriarcal, expõe a violência doméstica ao silenciar a mulher acusada de adultério", diz o professor Carlos Magno Gomes.

Helen Caldwell, autora norte-americana de *O Otelo Brasileiro de Machado de Assis*, deixa evidente em sua obra que Bentinho era tão atormentado quanto Otelo. A obra, que se apresenta a favor de Capitu e contra o imaginário que condena e mata insanamente as mulheres, é conhecida mais por leitores internacionais do que brasileiros. Há, segundo a psicologia, a síndrome do impostor: trata-se de grupos de homens (ou mulheres) que não aceitam coisas maravilhosas em suas vidas, não se sentem dignos da beleza, de amores, como serem amados por uma mulher inteligente, doce, linda ou, como diz Doca sobre a própria Ângela: "uma mulher decidida, corajosa, linda e que só fazia o que desejava".

Otelo mata Desdêmona porque ouve falar de uma suposta traição da parte dela. Sabe-se que todo o processo para incriminar a personagem de Shakespeare fora planejado por um homem mesquinho e invejoso que se dizia amigo leal. Otelo mata sua esposa e, em seguida, descobre que tudo não passara de uma tramoia. A cada duas horas uma Desdêmona é morta. A cada cinco minutos uma Capitu é agredida. Estas linhas têm narrado os crimes passionais no Brasil e em outros países do Terceiro Mundo, nações conservadoras e, muitas vezes, fundamentalistas, sustentadas pelo patriarcado. O Brasil é o país que mais mata mulher, negro, indígena e homossexual.

Nessas bases, Ângela Diniz foi assassinada pelo namorado Doca Street, em 1975, na Praia dos Ossos, em uma pequena vila de pescadores, pouco habitada de Búzios. O machismo estrutural brasileiro é um instrumento de crimes contra a mulher. O sistema judiciário, à época, em conjunto com a grande mídia, uniram-se para inocentar o assassino e condenar a vítima. Eram, na realidade, instrumentos de permissividade, ou seja, licença para matar mulheres.

Estigmatizada como símbolo sexual, Ângela Diniz era uma socialite, uma celebridade que vivia saindo nas capas de revistas, conhecida como a Pantera de Minas, lugar onde nasceu. Foi uma mulher rica, belíssima e destemida, mas vista como libertina e depravada, e o assassino "honroso", como um homem de bem, pai carinhoso e responsável, um homem temente a Deus que foi levado às raias da loucura pela beleza e pela liberdade de Ângela. A forma como vivia livremente é que causou grande escândalo na sociedade machista do Rio de Janeiro e não o assassinato em si. A violência nunca causou grandes alardes, no Brasil, mas a falsa moralidade, sim.

A jornalista Branca Viana, em um podcast da Rádio Novelo, com oito episódios, registra e documenta, em uma minissérie, de maneira detalhada, a história que foi contada e a que não foi contada sobre o assassinato de Ângela Diniz. Uma pesquisa profundamente fundamentada nos noticiários das rádios, em documentos e reportagens da época e em muitas entrevistas atuais. O resultado ficou surpreendente e causa muitas reflexões a quem ouve. Os episódios são:

1. O crime da Praia dos Ossos;

2. O julgamento;

3. Ângela;

4. Três crimes;

5. A pantera;

6. Doca;

7. Quem ama não mata;

8. Rua Ângela Diniz.

Com profissionalismo impecável, Branca (e equipe) trabalha o podcast com responsabilidade e neutralidade, mas levantando questões para reflexão da sociedade e, também, registrando a história do judiciário e da mídia, dos crimes considerados insanamente passionais e de como o caso Ângela Diniz foi, segundo Branca, o divisor de águas. E, principalmente, para relembrar de como o crime foi disfarçado, como o julgamento, que resultava na desigualdade de gêneros, permeava e ainda permeia a vida das mulheres em sociedade, levando em conta qualquer coisa menos o assassinato em si. Divisor de águas porque mesmo com a sociedade brasileira e, principalmente, a de Búzios inocentando o "inofensivo", o "doce" Doca, o movimento feminista "Quem Ama Não Mata" começava a ganhar volume. A estrutura das sociedades é misógina.

A cineasta francesa Éléonore Pourriat dirigiu o longa *Eu Não Sou Um Homem Fácil*, de 2018, cuja trama desenrola-se a partir da troca dos papéis entre homens e mulheres, uma espécie de psicodrama em que a mulher tem as funções, os cargos, os direitos e as regalias dos homens; e estes, o lugar restrito das funções limitantes da mulher. Éléonore dirigiu, também, o curta *Maioria Oprimida*, em que os homens têm que se esconder em burcas se não quiserem arriscar abordagens, passadas de mão, ofensas e até mesmo violência sexual. Na história, um homem é assediado brutalmente por um grupo de mulheres. Depois de passar pela delegacia, ser humilhado e ridicularizado, a esposa vai buscá-lo e, ainda por cima, de vítima ele transforma-se em réu, porque é condenado pelo uso da bermuda que deixa à mostra os joelhos. Na inversão de papéis, Éléonore deixa evidente o machismo estrutural das sociedades. Ao agressor, tudo; à vítima, condenação máxima e, se não tiver como condenar, inventam-se delitos e circunstâncias.

Raul Fernandes do Amaral Street era casado com Adelita Scarpa e tinha, à época, um filho. Abandonara a família para namorar Ângela Diniz que, na ocasião, era separada do marido Milton Vilas Boas e, desde o desquite (porque não havia divórcio, ainda), lutava para obter a guarda dos filhos. Nessa condição, Ângela era livre e Doca, comprometido, ou seja, casado com a prima de Chiquinho Scarpa. Por nem um momento é levado em consideração o fato de Doca ter abandonado a esposa e os filhos. Isso não constava nos laudos. Para a jornalista Branca, o julgamento de Doca Street era, na realidade, o julgamento de Ângela; ela, de vítima, passou a ré. Tudo o que fora falado permeava a vida particular da morta, acontecimentos distorcidos e distantes da realidade.

Ao ser entrevistado pela jornalista Branca Viana, Doca afirmou que viveu assombrado pelo relacionamento que teve com Ângela e que terminou com o assassinato dela. Atormentado? Ele viveu, casou-se novamente, teve mais filhos e, depois, netos. Viveu por longos 44 anos após ter assassinado a mulher que dizia amar. E Ângela viveu apenas 32 anos, porque foi morta a tiros na Região dos Lagos, tudo porque a socialite resolveu terminar o caso amoroso com ele: Inconformado, ele foi até o carro, pegou uma arma e atirou quatro vezes contra o rosto dela, e depois, fugiu. No livro *Mea Culpa*, Doca escreveu sobre o crime e assumiu o delito. Ângela, durante a discussão, havia atirado a bolsa dele (que tinha uma arma) em seu rosto e, enfurecido, pegou o revólver e a matou com quatro tiros.

Branca Viana fala do caso como um divisor de águas devido ao movimento feminista que surgiu exigindo justiça, mesmo assim, os moradores de Cabo Frio, durante o julgamento, exibiam cartazes que diziam: "Doca, estamos com você". A sociedade é misógina, e muitas mulheres incluem-se nela repetindo modelos contra a vida e a saúde, física e emocional, das noras, das filhas e das netas. O que se via nos cartazes erguidos por mulheres era o amargor de ter a vida presa e de não suportar outra realidade que não a que se vivia, naquele momento, sem nenhuma possibilidade de chegar a ser uma linda e exuberante Ângela Diniz. Inveja mata. Tiros também. Afinal, uma mulher desquitada é mesmo um lixo devasso, porque é ousada, não é? É o que dizia a sociedade na época. "Podres Poderes", diz a música de protesto de Caetano Veloso. E assim, as mulheres exibiam seus cartazes com dizeres de conforto ao assassino e, em seguida, cuspiam no nome de Ângela Diniz.

Algumas mulheres são como o diabo: machistas, misóginas, lutam contra o próprio gênero e acreditam que, por motivos desconhecidos, a mulher sempre está errada. A sessão de fofocas cresce, e as más línguas tornam-se ainda mais afiadas. Nas redes sociais, as opiniões, fundamentadas em achismos e crenças mofadas, reverberam para todos os lados e todos agridem todos. Há muitos grupos de mulheres que são contra a luta pela igualdade de direito, mas se esquecem de que se hoje votam é porque as sufragistas lutaram e morreram por isso; se usam calças compridas é porque existiram mulheres ousadas que refletiam sobre as proibições existentes sem nenhuma causa; se têm acesso ao conhecimento foi devido às manifestações contra o paradigma patriarcal; se podem ter cargos elevados é porque houve lutas; se têm direito ao divórcio é porque houve quem lutasse para livrar as esposas das algemas dos casamentos abusivos. Elas seguem e são em grande número. São mulheres gipsitas, moldadas em gessos, seguem endurecidas, repetindo modelos contra si mesmas, e um vazio avoluma-se dia após dia, ano após ano, século após século. Vazios que as tornam amargas como vesículas sem validades. E duras como o gesso.

A literatura fala sobre esse direito de matar mulheres desde sempre. Jorge Amado deixava registrado em vários de seus livros a realidade brasileira e, principalmente, a da Bahia. Em *Gabriela Cravo e Canela*, obra que traz uma personagem feminina livre, metáfora de resistência, consciente ou não de um sistema machista, Amado apresentava um lado desconhecido da sociedade: o deslumbramento que Gabriela causava na pequena cidade baiana ao mesmo tempo em que pintava a cena, cuja lei pela honra era permitida aos homens: "assim que o fazendeiro Jesuíno Mendonça descobre a esposa na cama com o amante, mata os dois a tiros". Durante meses o assunto não foi outro, Jesuíno era, para as mulheres e para os homens da cidade, o grande herói.

Quantas mulheres morreram e os crimes nunca foram desvendados? O livro *Dália Negra*, de 1987, do escritor nascido na Califórnia, James Ellroy, narra o misterioso assassinato de Elisabeth Short (e a história da própria mãe dele, também), uma jovem de apenas 22 anos, em Los Angeles, EUA. Em 2006, o cineasta Brian de Palma adaptou a obra de Ellroy ao cinema, com o mesmo nome. Em 2018, na França, o assassinato da jovem Marie-Amélie Vaillat pelo ex-marido, Sébastien Vaillat, causou uma comoção na cidade e uma passeata gritava nas ruas parisienses por justiça e igualdade. Mas nada resulta em nada. Os números são alarmantes e o descaso, maior ainda. Ângela Diniz é mais uma Desdêmona, mas uma vítima do patriarcado que nunca foi levada em consideração.

A história da morte prematura de Ângela repercutiu um ódio maior do que o planeta, e entre os burburinhos da cidade que mantinham o caso vivo, condenavam a socialite à morte diariamente, com nomes pejorativos, chulos e ofensivos que iam de vagabunda e desclassificada a devassa, de mãe que abandonara os filhos a libertina, mulher que se deitava na cama com homens casados. Na época, o caso chocou escritores e pessoas equilibradas e conscientes do funcionamento do sistema, como o escritor Carlos Drummond de Andrade, que dizia: "Estão matando essa moça todos os dias".

O movimento feminista "Quem Ama Não Mata" manifestou-se contra os postulados misóginos, de um lado. De outro, os comentários de ódio de muitos grupos sociais, principalmente de mulheres, agigantavam-se. Criado em 1980, na capital de Minas Gerais, Belo Horizonte, o movimento contra a violência ao feminino, organizado pela jornalista Mirian Chrystus e por Branca Moreira Alves, entre outros nomes importantes, gritava e grita contra crimes que ocorreram contra as mulheres, como no caso de Maria Regina Souza Rocha, Ângela Diniz, Eloísa Ballesteros e tantas outras que caíram no esquecimento.

A empresária Eloísa Ballesteros foi assassinada pelo marido, o engenheiro Mário Stancioli, com cinco tiros. Segundo o criminoso, ele estava embebido de ciúmes. O mesmo havia acontecido com Maria Regina, morta pelo marido, Eduardo Souza Rocha, tudo em nome do amor e da honra. Na época, Eduardo dissera que a mulher não o obedecia e o contrariava assistindo ao seriado *Malu Mulher*, programa que ele considerava devasso. Eduardo deu seis tiros em Maria Regina durante uma discussão. O compositor e cantor Lindomar Castilho, hoje com 81 anos, matou a ex-esposa, Eliane de Grammont, 15 anos mais jovem do que ele. Ela morreu com apenas 26 anos, não pôde viver a vida porque lhe foi tirada pelo cantor. Ele ainda vive; ela virou cinza pelas mãos de Lindomar. Que país é esse que permite crimes contra as mulheres como se elas fossem folhas secas caindo na iminência de um outono antecipado?

As mulheres não tinham o direito de interromper casamentos abusivos e infelizes. E mesmo quando a lei garante esse direito a elas, os ex-maridos dão um jeito de colocar ponto final na vida delas. Lindomar apontou a arma à ex-esposa, que estava no palco do Café Belle Époque, e puxou o gatilho. Fim da linha. Eliane era uma cantora de sucesso, uma jovem linda e talentosa com a vida inteira pela frente. Assim que se conheceram, Lindomar e ela namoraram e, em 1979, casaram-se. No entanto, as proibições começam a pautar os dias da cantora. O que parecia paraíso tornara-se inferno. Mesmo vivendo com o diabo alcoolizado, o casal teve uma filha, Liliane. Mas o casamento não suportou as cenas de ciúme de Lindomar e chegou ao fim. Contrariado, em 1981, disparou vários tiros contra Eliane durante o show que ela fazia. Entre 1979 e 1981, o tempo de dois anos apenas, sua vida estaria marcada pela morte. E assim, nessa mesma estrada permissiva, Doca matou Ângela Diniz.

A jornalista Branca Viana foi a Búzios com a tradutora americana radicada no Brasil (brasilianista), Flora Thomson-DeVeaux, pesquisar *in loco* o crime brutal contra Ângela Diniz, no Rio de Janeiro. Como resultado dessa pesquisa, surgiu, pela Rádio Novelo, o podcast "O Crime da Praia dos Ossos". A jornalista pergunta e ela mesma responde: "Por que a mataram? Porque era livre demais!".

O correto seria o leitor ouvir o podcast inteiro, mas deixo registrados alguns trechos dessa terrível história de assassinato em Búzios. Quem inicia o podcast é a própria jornalista: "— Vocês já devem ter ouvido falar do caso Doca Street. Mas vocês conhecem Ângela Diniz, a mulher que Doca matou? As pessoas não gostam de uma mulher bonita demais, sedutora demais, livre demais", diz Branca dando início ao episódio 1 do podcast da Rádio Novelo. Há muitas pessoas que falam nas gravações. Em determinado momento alguém diz: "— Isso nos indignou de tal maneira que você não pode imaginar. Quem foi julgada foram as mulheres. Aquele julgamento era para dizer às mulheres: '— Olha, comportem-se'".

294

À medida que Flora, diretora de pesquisa da Rádio Novelo, lê o laudo do perito sobre o corpo estendido no chão, na casa de praia, Branca conta a história. Leitura do laudo: "Trata-se de um cadáver do sexo feminino (já em início de rigidez cadavérica), de cor branca, aparentando 32 anos de idade, estando bastante impregnado de sangue coagulado. Trajava biquíni azul, tendo, na região frontal, o desenho de uma cabeça de pantera, de cor preta".

Doca havia largado esposa e o filho Luís Felipe para ficar com Ângela Diniz. Mas o relacionamento não durou três meses. E um dia, na Praia dos Ossos, Doca, após uma briga que encerrava o relacionamento entre eles, matou a namorada. Tudo se avolumou e tornou caótica a investigação e, a cada passo, Ângela era condenada. Durante o processo de investigação surgiu um novo personagem, o tal Pierre, um francês misterioso, que nunca existiu: "— Não existia nenhum Pierre", diz Ângela Teixeira de Melo, amiga da vítima.

Tudo o que há de pior em invenções, fake news, foi criado em torno de Ângela Diniz. As investigações chegaram até as amigas dela: a alemã Gabriele Dyer e Ângela Teixeira. Os investigadores questionavam se a vítima era "normal". Afirmaram que ninguém gostava dela em Búzios. Sugeriram que tinha um caso com Pierre (o personagem inventado) e com Dyer, mulher que desapareceu de Búzios, do Rio de Janeiro, do Brasil, do planeta inteiro na época das investigações, após ser obrigada inúmeras vezes a dar depoimento. Ora, qual o sentido em criar um relacionamento amoroso entre Dyer e Ângela, no caso do crime cometido por Doca? Tudo estava invertido, parecia mesmo que Ângela havia matado Doca Street e os policiais tentavam condená-la, dia após dia.

Segundo Doca, Ângela se perdeu na bebida. Ele queria que ela fosse diferente, que mudasse: "eu quis dar à Ângela outra imagem, queria que ela vivesse outra vida [...], ela me prometeu que mudaria o comportamento, mas infelizmente, a bebida acabou estragando o nosso amor", disse Doca em um de seus depoimentos. Nesse sentido, o teatro estava pronto com palco iluminado. As cortinas ergueram-se. As apresentações tiveram início com um figurino espetacular. Ângela era tudo de ruim. Primeiro "era mulher, bêbada, drogada, dormia com mulheres, deitava-se com homens, era amante de Pierre. Enfim, merecia morrer", diz Branca Viana.

Mas quando Doca, após o crime, depois de semanas foragido, internou-se, obedecendo às recomendações dos advogados, em uma Clínica Médica de São Paulo, o diretor da clínica, o médico Edmundo Maia, disse à polícia que o recebeu: "deprimido, intoxicado e em estado de pré-coma alcóolico". Para Branca Viana: "A pergunta que não quer calar é: — Quem bebia até um estado de pré-coma? Ângela?".

Há mesmo algo de podre no ar, porque os dois bebiam. Mas quem ficou em coma alcoólico foi Doca. Doca bebia muito e era extremamente agressivo. Ângela e Fritz d'Orey eram muito amigos, tanto que ela chegou a comentar seu conturbado e agressivo relacionamento com Doca, cheio de brigas e violência. Doca já havia batido nela e, por isso, ela terminara o namoro. Mas ele não aceitava o fim do relacionamento. Fritz confessou que tinha medo de Doca, porque ele era extremamente agressivo, andava constantemente armado: "Ele já havia me batido, era violento [...] tanto que fui fazer luta para não sair perdendo. Depois que me tornei lutador, Doca não se meteu mais comigo [...]. Eu tinha muito medo do relacionamento deles, porque o conhecia, Doca era um vagabundo, não estudava, não trabalhava, era violento e semianalfabeto". Na ocasião, Fritz chegou a pedir para Doca não magoar nem ferir a amiga: "Eu pedi a ela que não fosse para Búzios, implorei para ela não ir, mas Ângela foi", finaliza Fritz.

Foi somente após o crescimento do Movimento SOS Mulher que o segundo julgamento condenou o assassino por 15 anos de prisão. Antes do movimento de mulheres estreitando o cerco da mídia e do Judiciário, o crime de Doca foi, segundo Branca Viana, amenizado, perdoado, justificado e desculpado. Em 2015, surgiu a Lei do Feminicídio colocando o crime contra a mulher como especialmente grave. Mesmo assim, os números de mulheres mortas pelos seus companheiros e ex-companheiros cresce a cada dia. Para Branca Viana, que questiona o aumento mesmo depois da lei, e questiona, principalmente, como mudar isso, deveríamos rever a jurisprudência e a cultura do povo brasileiro. Mas ela termina com outra pergunta: "— Como mudar a cultura?".

Os movimentos feministas lutam e as vitórias são poucas. Há quem combata ferozmente as lutas das mulheres. Sempre haverá grupos contra, a exemplo das palavras pejorativas e irônicas de um "senhor", citado no episódio 8 do podcast de Branca Viana, sobre o protesto — por escrito — da parte do Manifesto Feminista sobre o

Caso Doca Street. Trata-se de um texto escrito por um senhor (que não consegui identificar) ao redator do jornal em 21 de dezembro de 1981. Segue a transcrição:

> Senhor Redator, eu tive o desprazer de ler uma reportagem neste jornal sobre um grupo de mulheres que quer combater a violência que elas dizem sofrer. O nome desse grupo é SOS Mulher e fala em agressões que as mulheres vêm sofrendo há muito tempo, desde agressões físicas até discriminação no trabalho. Minha verdadeira impressão é que as mulheres que compõem esse grupo não têm o que fazer em casa. Nem mesmo sexo, pois devem ser solteironas (ou desquitadas), classe média, extravasando esse complexo através do que dizem ser 'uma luta' — contra a violência. Só porque uma ou outra mulher andou levando uns tapas de seus maridos, possivelmente com razão, elas se acham no direito de reclamar e pichar muros pela cidade.

Parece um absurdo alguém dar-se à tarefa de escrever ao redator de um jornal afirmando ser "natural" as esposas levarem uns tapas de quando em vez. Isso é fruto do machismo estrutural, uma ideia paradigmática que se avoluma e se alarga em extensão e altitude no decorrer dos séculos. Mas e se nós, mulheres, achássemos que faz parte da cultura os maridos levarem "uns tapas merecidos" de quando em vez?

ALEXANDRA KOLLONTAI

*A incompetência doméstica de alguns homens vem da
certeza de que sempre haverá uma mulher por perto para
ser explorada.*

(Anônimo)

Ela, em 1926, acreditava que, nos anos futuros, a mulher andaria lado a lado com o masculino e seria avaliada por seu valor, sua personalidade, como um ser pensante, uma mulher lutadora e membro de uma sociedade justa e igualitária. No entanto, 95 anos depois, quase um século, a mulher continua a ser ignorada, emudecida, violentada, e não há leis que possam salvaguardá-la. Como diz Rita Lee, símbolo de arte, do rock e da MPB, da liberdade e da emancipação feminina do século XX, no Brasil: "Era para estarmos no tempo dos Jetsons, mas estamos voltando para a Idade da Pedra com os Flintstones".

As mulheres sofrem quando não se conformam com o modelo que o patriarcado criou para elas seguirem. E sofrem, também, quando se conformam com a norma desse sistema. Nada mudou e, se refletirmos, cuidadosamente, veremos que, hoje, houve um grande retrocesso. As roupas do colonialismo e do patriarcado não servem mais às mulheres, mesmo assim, há quem as use, porque não vê caminhos nem esperanças, e vão continuar a ter feridas e a sufocar com uma indumentária que não lhes cabem mais.

Em *Autobiografia de uma Mulher Comunista Sexualmente Emancipada*, de 1926, uma de suas obras, entre tantas outras, por exemplo, *Red Love*, de 1927, Alexandra Kollontai diz:

> Eu sempre acreditei que inevitavelmente chegará o tempo em que uma mulher será julgada pelos mesmos padrões morais utilizados para os homens, pois

não é a sua específica virtude feminina que lhe dá um lugar de honra na sociedade humana, mas o valor da missão cumprida por ela, o valor de sua personalidade como ser humano, como membro da sociedade, como pensadora, como lutadora. Subconscientemente essa foi a força motriz da minha vida e das minhas ações. Fazer as coisas do meu modo, trabalhar, lutar, criar e produzir lado a lado com os homens, e me esforçar para alcançar um objetivo humano universal (por quase trinta anos, de fato, eu pertenci aos comunistas), mas ao mesmo tempo, dirigi minha vida pessoal e íntima como mulher de acordo com a minha própria vontade e de acordo com as leis da minha natureza. Foi isso que condicionou meu ponto de vista. E de fato eu fui bem-sucedida em estruturar minha vida de acordo com meus próprios padrões e não faço mais segredo das minhas experiências amorosas do que um homem faz das suas. Mas, acima de qualquer outra coisa, eu nunca deixei meus sentimentos, a alegria ou a dor do amor, tomarem o primeiro lugar em minha vida, ao passo que criatividade, ação e luta sempre ocuparam o primeiro plano. Eu consegui me tornar membro do primeiro escalão de um governo, do primeiro governo bolchevique dos anos de 1917-1918. Eu também sou a primeira mulher da história a ser nomeada embaixadora, um cargo que ocupei por três anos e do qual renunciei por vontade própria. Isso pode servir para provar que a mulher pode certamente elevar-se acima das condições convencionais da época. Haverá um tempo em que todos os seres humanos serão igualmente avaliados de acordo com sua atividade e sua mais alta dignidade humana.

Se Alexandra (como tantas outras) voltasse no tempo, talvez tivesse um colapso e morresse mais uma vez e, talvez, retornasse ao mundo dos vivos para, urgentemente, lutar por justiça. Não há dignidade no feminino, as pessoas não respeitam as mulheres e a violência faz parte do cotidiano. Mas a luta continua, e morrer na praia é algo que não combina com a militância feminina. Os livros ensinam ao mesmo tempo em que denunciam a misoginia mostrando como as roupas do patriarcado quebram os ossos dos corpos das mulheres e como emburrecem o cérebro feminino. Por meio dos livros, as ativistas dão vozes a quem não as têm e há grupos de mulheres que lutam pelos direitos e pela igualdade. A resistência mora na música, na dança, na pintura, na escultura, na poesia, nos discursos, nos panfletos e nas palestras. Muitos são os instrumentos usados para denunciar a desigualdade sociopolítica, étnica, religiosa e de gênero.

A jornalista Svetlana Aleksiévitch, ganhadora do Nobel de Literatura, em 2015, com *Vozes de Tchernóbil: a história oral de um desastre nuclear* escreveu, também, *A Guerra Não Tem Rosto de Mulher,* em que fala do apagamento dos nomes das mulheres que participaram de muitas guerras e que nunca foram citadas em nenhuma página, muito menos em homenagens ou condecorações. As honrarias aos heróis de guerra vivos ou mortos sempre foram para os homens, mesmo com a participação considerável de mulheres na retaguarda e na linha de frente dos conflitos. As histórias de guerra são criadas a partir do "ponto de vista masculino: soldados, generais, algozes e libertadores", diz Svetlana. Na obra, a escritora resgata a bravura das mulheres, a coragem e a ousadia delas: "quase um milhão de mulheres lutou no Exército Vermelho durante a Segunda Guerra Mundial, mas as suas histórias nunca foram contadas", diz a jornalista. Elas participaram das guerras, sim, e hoje contam como enfrentaram a iminência da morte, da fome, do frio, dos conflitos e, o pior de tudo, da violência sexual. Sexual porque muitos homens acreditam que as vaginas das mulheres pertençam a eles.

A combatente baiana Maria Quitéria de Jesus, a primeira mulher a entrar para o Exército Brasileiro, foi aclamada a heroína da Independência. Muitas mulheres participaram da Revolução Francesa, por exemplo, Sophie de Condorcet e Olympe de Gouges. Eram militantes, revolucionárias, lutavam por um mundo mais justo, logo, viam-se com igualdade perante os homens. Olympe escreveu a *Declaração dos Direitos das Mulheres* e foi, por isso, condenada à forca.

O volume I de *A Incrível Lenda da Inferioridade,* escrito em 2020 (durante a primeira fase de confinamento pandêmico) e lançado em maio de 2021, comenta sobre a condenação da militante que achava que a revolução era em prol da população francesa. Ledo engano: liberdade, igualdade e fraternidade era o lema voltado exclusivamente aos homens. Mulheres envolvidas na política são duas vezes mais perseguidas e muito mais silenciadas, muitas vezes, assassinadas, como Rosa Luxemburgo, revolucionária pacifista e a favor da democracia, morta de maneira hedionda em um ato demoníaco de socos e pontapés, "porradas" violentas que lhe amassaram o crânio, o rosto, o corpo e, em seguida, encerram-lhe a vida com um tiro na nuca. Jogaram-na nos canais do Rio Spree, na ponte Cornelius, dentro de sacos com pedras.

Emudeceram para sempre Rosa Luxemburgo, a maior revolucionária da Alemanha. O sistema elimina mulheres do planeta. A misoginia não tem fim! Mas há quem consiga escapar desse controle acirrado. Conta-se nestas linhas a história de ambas, as que venceram e as que foram ameaçadas, emudecidas, ocultadas, assassinadas. Durante a Revolução Russa, muitas mulheres participaram dos conflitos, como Nadêjda Krúpskaia, Inessa Armand, Natalia Sedova, Maria Spiridonova, Rosalia Semliatchka e Alexandra Kollontai. Esta última foi a primeira líder mulher da Revolução, a primeira a alcançar cargo elevado no governo, ela é metáfora do feminismo e dos cargos masculinos ocupados por ela. Foi, também, a primeira mulher da história a ser nomeada embaixadora:

> Eu sou a primeira mulher a ser nomeada embaixadora, um cargo que ocupei por três anos e do qual renunciei por vontade própria. Isso pode servir para provar que a mulher pode certamente elevar-se acima das Alexandras. A I Guerra Mundial e o tempestuoso espírito revolucionário agora predominante no mundo em todas as áreas contribuíram para enfraquecer o doentio e sufocante padrão moral duplo. Nós já estamos acostumados a não fazer exigências muito severas, por exemplo, às atrizes e mulheres profissionais liberais em assuntos relativos ao casamento. A diplomacia, no entanto, é uma casta que, mais do que qualquer outra, mantém seus antigos costumes, tradições e, acima de tudo, seus rígidos rituais cerimoniosos. O fato de que uma mulher, uma mulher livre, uma mulher solteira, tenha sido reconhecida neste posto sem oposição mostra que chegou o tempo em que todos os seres humanos serão igualmente avaliados de acordo com sua atividade e sua mais alta dignidade.

Autobiografia de uma Mulher Comunista Sexualmente Emancipada, de Alexandra Kollontai (1872-1952), é uma obra ímpar e ousada para a época. Alexandra, russa de nascimento e de alma, sonhava com um país livre, principalmente para as mulheres. Seguidora do marxismo, ela se tornou, com o tempo, membro do Partido Bolchevique. Foi casada duas vezes. O primeiro casamento foi com Wladimir Mikhaylovich

Kollontai, com quem teve um filho, e o segundo com Pavel Dybenko. Com o segundo marido teve um relacionamento de menos de cinco anos. Como amar e ser revolucionária? Logo descobriu que os homens lutavam apenas pela liberdade deles mesmos. Percebeu, então, que deveria batalhar sozinha. Alexandra foi pioneira em tudo que tange à política e, principalmente, aos cargos que ocupou: um lugar de voz literalmente masculino, ocupado por uma mulher que fez a diferença. Foi, portanto, uma das maiores líderes mulher dos partidos políticos revolucionários.

O documentário, de 1982, *Red Love*, da cineasta Rosa von Praunheim, foi uma adaptação do romance de mesmo nome de Alexandra Kollontai, publicado em 1927. O filme desnuda a época em que as mulheres eram um nada à esquerda, como elas sofreram por falta de liberdade e de igualdade social e como as militantes foram apagadas pelo sistema patriarcal da Rússia e pelo prolongamento infinito desse sistema com maridos autoritários que lembravam, violentamente, esposas e mães de suas obrigações. Dividido em duas partes distintas, o documentário fala dos casamentos, cuja vida sexual da mulher é inexistente do ponto de vista feminino, e fala, ainda, na segunda parte, sobre a história da alemã Helga Sophia Goetze (1922-2008), artista, escritora e poeta que mudou toda a sua vida quando resolveu viver na Áustria, deixando para trás marido e filhos. Adepta ao amor livre, a pintora viveu do jeito que escolheu em Viena.

Rosa von Praunheim é o nome que o cineasta Holger Bernhard Bruno Mischwitzky adotou. Homossexual assumido, ele foi um dos maiores ativistas das causas LGBT, na Alemanha, cofundador do Movimento pelos Direitos dos Homossexuais. Hoje, mora em Berlim com seu marido, Oliver Sechting. Dirigiu mais de 100 filmes, entre curtas e longas. Na Alemanha, Praunheim ganhou muita visibilidade com *Red Love*.

As mulheres envolvidas em política — quer em prol da democracia — quer na luta por um mundo mais justo, foram severamente perseguidas e, por fim, retiradas das páginas da história. No entanto, este livro serve para torná-las conhecidas, para ressuscitá-las, para que suas histórias sejam registradas, como a genialidade da matemática Hipátia de Alexandria, do século 360 d.C.; a inteligência literária militante do ícone Pagu; a humanização dos tratamentos psiquiátricos da médica alagoana Nise da Silveira; a militância revolucionária de Natália Sedova, esposa de Leon Trotsky; a luta contra a escravidão e o racismo de Dandara dos Palmares, esposa de Zumbi; a militância da feminista revolucionária franco-russa Inessa Armand; a luta pela liberdade dos negros da escravizada que comprou sua alforria, Luísa Mahin, e sua participação nas revoltas dos escravizados na Bahia; a luta da feminista Bertha Lutz, filha do médico Adolfo Lutz, e o trabalho dela em prol da ciência e da liberdade; a militante política alemã Olga Benário, esposa de Luís Carlos Prestes, da Aliança Nacional Libertadora, um partido antifascista em oposição ao governo vigente no Brasil do ano de 1930, que foi entregue pelo presidente brasileiro, Getúlio Vargas, à Gestapo. Olga morreu executada pelos nazistas; a fotógrafa italiana Tina Modotti, que usava sua arte para militar politicamente; a sufragista brasileira Mietta Santiago, apelido de Maria Ernestina Santiago Manso Pereira; a jornalista norte-americana Nellie Bly, que passou dez dias dentro de um hospício, em 1887, vivendo uma terrível experiência que resultou no livro-reportagem *Dez Dias num Hospício;* a atriz e ativista política Lélia Abramo, uma das fundadoras do Partido dos Trabalhadores; a militante feminista do Rio Grande do Norte, Celina Guimarães Viana; e a primeira prefeita mulher da história brasileira, eleita em 1928, Alzira Soriano, também do Rio Grande do Norte.

São tantas mulheres geniais, militantes inteligentes e que fizeram a diferença nas sociedades do Brasil e do mundo que dez volumes do *A Incrível Lenda da Inferioridade* não dariam conta. Porém, nem tudo são sombras e derrotas. Engatinhamos ainda, mas não estamos inertes nem inermes. As sociedades são cruéis com as mulheres, cruéis com os únicos seres que podem manter a humanidade, pois fazem filhos e os alimentam. Existem países em que as mulheres não estão no front dos conflitos, lutando por uma causa, no entanto, elas vivem uma guerra infernal diária, ora sobrevivendo a bombardeios, ora explodindo com eles.

Na reportagem *Dez Dias num Hospício,* da jornalista Nellie Bly, a estadunidense denuncia um número absurdo de mulheres internadas no hospício sem nenhum transtorno mental. Estavam lá, porque seus maridos haviam autorizado, uma vez que queriam livrar-se delas, isso em 1887. Ser mulher é viver no meio de um bombardeio diário. Alexandra não lutou à toa, mesmo não alcançando tudo o que sonhou. E se há a continuidade da existência humana em outras dimensões, ela deve estar com as duas mãos sobre o rosto, inconformada, apavorada, frustrada e totalmente perdida.

A Índia é um país fincado no patriarcado e no fundamentalismo. Nesse país, o uxoricídio nunca é condenado. Famílias matam as filhas mulheres, maridos violentam as esposas, espancam-nas e cegam-nas, em alguns lugares da Índia praticam as mutilações genitais: "A retirada do clitóris foi realizada em pelo menos 200 milhões de mulheres em 31 países em três continentes. Mais da metade das meninas afetadas vivem no Egito, na Índia, na Etiópia e na Indonésia. Cada ano, mais de quatro milhões de meninas correm o risco de mutilação genital, a maioria delas tem menos de 15 anos", informa a Unicef, órgão criado pela ONU para promover o bem-estar das crianças e dos adolescentes do mundo. Perdigão deve ter achado sua pena, porque, pela primeira vez na história, o indiano Suraj Kumar foi condenado à prisão perpétua pelo assassinato doloso de sua esposa Uthra, três anos mais jovem do que ele. Casou-se apenas pelo dinheiro e queria livrar-se da esposa para ficar com outra mulher.

Ao se casar com a jovem Uthra, recebeu um dote de 768 gramas em ouro, uma Suzuki, 400 mil rúpias e contava com oito mil rúpias mensais. Ultimamente andava exigindo mais e mais. O marido tentou por muito tempo matar a esposa com soníferos e cobras. A primeira mordida venenosa levou a esposa para o hospital e quase Uthra perde a perna. Ficou hospitalizada por longo tempo, fez muitas cirurgias, mas sobreviveu. Estava na casa dos pais recuperando-se do corpo envenenado que quase exterminou sua vida. Fora de perigo, precisava apenas descansar. Enquanto se recuperava, o marido tramava contra ela. Ao visitá-la, deu novamente soníferos à esposa e soltou sobre o corpo dela uma naja. Foi preciso arreliar muito a víbora para que mordesse Uthra, que dormia devido aos sedativos. Ela nem chegou a acordar, a mãe encontrou-a morta. Segundo a polícia, ele tentou matá-la por quatro meses consecutivos. Todos os indícios do crime levaram ao marido que foi condenado à prisão perpétua. Que essa punição possa servir de exemplo aos homens misóginos da Índia e de tantos outros países, inclusive do Brasil. Uthra morreu, mas o marido vai apodrecer na cadeia. Que todos os assassinos apodreçam na cadeia ou morram. Uxoricídio, como tão bem é nomeado, é crime! O termo formado pelo prefixo *uxori*, que designa esposa, mais o sufixo *cídio,* que significa extermínio, assassinato, homicídio, denota literalmente crime.

Mas por que narro esse caso no meio da história de Alexandra Kollontai? Porque se faz necessário perceber que mais de dois séculos se impõem entre Alexandra e Uthra, e nós engatinhamos na militância dos direitos à igualdade de gêneros. Mesmo diante de tantas lutas, alguns paradigmas culturais, totalmente insanos, permanecem, como a ideia de dote. É como se comprássemos um marido. Os pais guardam dinheiro para, literalmente, comprar maridos às filhas. Não cabe mais o modelo de mulher objeto, de esposa calada e submissa, de assassinatos sem punição, de diferenças entre classes sociais. Esperamos que muitos Suraj Kumar sejam punidos por crime contra as esposas. Apagam-se as mulheres de todas as formas inimagináveis, ocultando suas glórias, suas pesquisas, invenções e produções ou assassinando-as com a peçonha das víboras humanas rastejantes, com a asquerosidade dos répteis. E não nos esqueçamos de que as cobras são parentas dos lagartos, e de que, alguns homens são o diabo.

A vida de Alexandra, nascida em berço esplêndido, foi menos tumultuada com relação à interferência do machismo estrutural e ela viveu dias gloriosos, embora tenha sido perseguida e presa várias vezes. Revolucionária, sonhava com um país alicerçado na harmonia e na justiça. Sempre ao lado das mulheres e dos operários, participou da Revolução de Outubro, também conhecida como Revolução Bolchevique. Em 1916, a Rússia era um país assolado pela fome, a população sofria a olhos nus e o cenário era desesperador. Havia grupos que lutavam para que a Rússia, alicerçada na miséria, não entrasse na guerra, e outros que acreditavam que a guerra poderia ser uma solução. A guerra não é solução para absolutamente nada. E o resultado foi avassalador.

Mas vamos aos fatos históricos: o governo provisório do primeiro-ministro Alexander Fyódorovich Kérensky, do Partido Social Democrata, poderia parecer bem-intencionado, mas não era. O político pertencia, desde 1904, ao Partido Revolucionário. Era, portanto, inovador: lutou contra o poder absolutista dos czares assim como Alexandra; participou da Revolução de Fevereiro, lutou pela liberdade de imprensa, militou contra a discriminação étnica e religiosa e era a favor do voto feminino. Lutava pela democracia, mas foi derrotado pelos bolcheviques, liderados por Vladimir Lenin, sendo obrigado a exilar-se nos Estados Unidos, país onde morreu, em 1970.

A Revolução de Outubro colocava Lenin no poder. Kérensky convivia com esse poder paralelo dos trabalhadores (os sovietes), estabelecido desde 1905, que ganhou tremenda força. Alexandra estava ao lado deles. Kérensky não atendeu a nenhuma reivindicação da parte das trabalhadoras, lideradas por Alexandra. Ele pregava a liberdade até a página dois. Os conflitos dos bolcheviques com o governo levaram o primeiro-ministro a prender Kollontai, que foi submetida a grosserias e maus tratos. Muitos bolcheviques foram presos, na época, e o governo voltou-se contra os trabalhadores e os partidos de oposição de maneira draconiana.

Na Rússia, os conflitos existentes entre os mencheviques e os bolcheviques oscilavam entre o socialdemocrata e o socialismo agrário. Este último buscava por terras para a produção de alimentos. Alexandra fazia parte do Partido Operário Social Democrata, fundado em 1898. No entanto, anos depois, sentiu-se literalmente na corda bamba, entre os bolcheviques e os mencheviques, com a divisão do partido. Somente em 1915 optou pelo bolchevismo, liderado por Lenin. Não obstante, diante de conflitos entre os partidos, ficou do lado da classe operária, principalmente das mulheres. Ela admirava as ideologias dos partidos justos, mas muitos membros mudaram os caminhos pré-estabelecidos para a evolução sociopolítica.

Três anos depois, Alexandra organizou o Primeiro Congresso de Mulheres Trabalhadoras, cujas reuniões debatiam a igualdade de gênero, o direito ao voto e ao divórcio, condições mais humanas na gravidez e no parto, benevolência pós-parto, com benefícios para que as mães pudessem cuidar dos bebês e de si mesmas, principalmente na fase do resguardo. Em 1922, tornou-se embaixadora da Noruega.

No site "Lavra Palavra", em um artigo intitulado "Alexandra Kollontai: a revolução, o feminismo, o amor e a liberdade", a escritora francesa Patrícia Latour fala sobre o feminismo revolucionário de Alexandra: "Bela, elegante, boa oradora e em várias línguas (russo, finlandês, francês, alemão, norueguês, sueco), cultivadas, ela é exatamente o contrário do estereótipo da revolucionária que alguns imaginam — desalinhada, feia e insegura". O termo *revolucionário* em Alexandra expande-se e avoluma-se, porque seu significado é amplo e irrestrito, ela foi uma parte primordial na história da Revolução Russa e marcou a luta pela igualdade de direitos das mulheres. Alexandra iniciou, ao lado de Rosa Luxemburgo, Maria Spiridonova e Clara Zetkin, o movimento feminista em um país anteriormente dominado pelo czarismo. Patrícia Latour cita a admiração do socialista francês Jacques Sadoul por Alexandra. Assim que a conheceu, ele ficou encantado e descreveu-a:

> Eu passo duas horas com Alexandra Kollontai em sua casa. A Ministra da Saúde Pública veste uma elegante capa de veludo escuro, drapeado como antigamente, que molda agradavelmente as formas harmoniosas de um corpo esguio e leve, visivelmente livre de todos os entraves. Rosto equilibrado, traços finos, cabelos claros e encaracolados, olhos azuis, profundos e doces, Kollontai é uma mulher forte e bela na casa dos 40 anos. Pensar na beleza de uma ministra é estranho, e percebo essa sensação que, até então, nenhuma outra audiência ministerial me fizera sentir. Nossos ministros têm, evidentemente, outros charmes. Haveria um ensaio para compor sobre as consequências políticas do acesso de belas mulheres ao poder. Inteligente, culta, muito eloquente, acostumada ao sucesso estonteante da tribuna popular. Para mim, ela já é uma boa camarada. Mas, instalada em sua casa em seu gabinete de trabalho modesto e decorado com bom gosto, essa bolchevique que milita na esquerda do bolchevismo me parece disposta a todas as concessões. Vou encontrá-la na hora certa no Smolni, bairro da insurreição, em sua vestimenta surrada, clássica de militantes, mais viril e menos sedutora.

Por não concordar com o posicionamento e as atitudes do Partido Bolchevique, em 1908, exilou-se em vários países europeus e até mesmo nos Estados Unidos. Completamente antibelicista, posicionou-se contra a guerra imperialista e foi, por isso, detida na Suécia e na Alemanha, regressando apenas em 1917, porém militando a distância. Ao se colocar ao lado de Lenin, foi presa pelo governo de Kérensky. Muitas eram as pedras em seu caminho, mas venceu, e ocupou, como citado, os cargos mais eminentes destinados aos homens, honrou seu gênero por meio da sua competência feminina.

Deixou inúmeras obras, entre elas: *Escritos Selecionados de Alexandra Kollontai*; *A Situação da Classe Operária na Finlândia*; *The Workers Opposition*; *A Base Social da Questão Feminina*; *Marxismo e a Revolução Sexual*; *A Nova Moralidade e a Classe Trabalhadora*; *A Revolução Socialista e as Mulheres*; as novelas *La Bolchevique Enamorada* e *El Amor y la Mujer Nueva*, entre muitas outras obras, discursos, ensaios e artigos.

Foi uma mulher ímpar, indicada ao Comitê Central Bolchevique. No VI Congresso do Partido, trabalhou militando ao lado de Clara Zetkin e Rosa Luxemburgo, como citado. Foi a primeira mulher eleita para os Comitês Executivos do Sovietes de São Petersburgo e dos sovietes da Rússia inteira, a primeira revolucionária socialista vitoriosa da história nomeada Comissária do Povo para Assuntos do Bem-Estar Social. Alexandra é ícone do feminismo, da luta por justiça e igualdade, a favor do aborto e do divórcio, militando contra o patriarcado e o chauvinismo masculino que exacerba, de maneira agressiva, um machismo incontrolável.

E nesse sentindo, Alexandra, por meio da novela *La Bolchevique Enamorada*, conta a própria história quando apresenta ao leitor Vassilissa, a jovem bolchevique que se apaixona, mas fica entre a cruz e a caldeirinha, entre o amor e o compromisso com o povo, e opta pela causa, pelo feminismo, pela liberdade da mulher acima de tudo. E parafraseando Alexandra: "Somente as novas tempestades revolucionárias foram fortes o suficiente para varrer preconceitos grosseiros contra a mulher. Somente o povo trabalhador é capaz de efetuar a completa equalização e a liberação da mulher, construindo uma nova sociedade".

Brilhante, inteligentemente brilhante, já via o casamento como um contrato de controle e vigilância e denunciava o casamento-contrato à luz do patriarcado e o quanto dele oprimia as mulheres tornando-as passivas, deprimidas, doentes: "Para se tornar verdadeiramente livre, a mulher deve desatar as correntes que a aprisionam sobre a forma atual, antiquada e opressiva da família [...] as formas atuais, estabelecidas pela lei e o costume, da estrutura familiar faz com que a mulher esteja oprimida não só como pessoa, mas também como uma esposa e mãe. E onde acaba a escravatura familiar oficial, legalizada, começa a 'opinião pública' para exercer os seus direitos sobre as mulheres".

O jornalista Wevergton Brito Lima, em seu artigo "145 anos de Alexandra Kollontai — uma mulher do século 25", fala como a feminista sempre esteve anos-luz à frente, pois discutia temas que pareciam impossíveis de serem refletidos e debatidos por uma mulher: "Dizer que Kollontai foi uma mulher à frente de seu tempo não é incorreto, mas é uma definição acanhada diante do que representam suas ideias acerca de temas como libertação feminina, sexualidade, casamento e família, ela foi muito mais do que isso".

Morreu aos 79 anos, na Rússia, no mesmo mês em que nasceu — completaria em poucos dias 80 anos. Dedicou a vida ao país natal, porque acreditava na possibilidade, por meio da luta e da resistência, da existência de uma sociedade justa e igualitária, uma nação em que a mulher tivesse voz e local de fala e fosse respeitada por suas competências e habilidades.

MARIA KIRCH

*Entenda bem, como eu, minha compreensão só pode
ser uma fração infinitesimal de tudo o que eu quero
compreender.*

(Ada Lovelace)

As ciências estão, sim, muito bem representadas pelas mulheres, só não são divulgadas devido às leis misóginas que as ignoram. Hipátia de Alexandria, uma exímia matemática, e a química Rosalind Franklin poderiam falar — se fossem vivas e desta época — da experiência horrível que sofreram por almejarem fazer parte das ciências. Rosalind foi a cientista que desvendou as estruturas moleculares do DNA e sua atuação é de importância incomensurável.

As mulheres não têm acesso ao conhecimento nem aos espaços considerados masculinos e, quando alcançam títulos pela própria competência, são perseguidas. As descobertas, premiadas pelo Nobel de Medicina, de Rosalind ficaram com seu amigo de pesquisa e ela foi ocultada. E Hipátia foi assassinada por ser uma mulher genial em aritmética e cálculo. Essas são as histórias das mulheres brilhantes que feriram as sociedades mostrando que não eram (não são, nem nunca serão) inferiores.

A médica Trotula de Salerno, do século XI, estudou e viveu pela Medicina, mas foi, por isso, acusada de bruxaria. Seus livros, suas descobertas e apontamentos foram dados aos homens como autores legítimos. Dizer que uma mulher é bruxa é algo bastante fácil, é só acusá-la e matá-la, seguindo as leis dos religiosos e as dos reis e, principalmente, a do *Malleus Maleficarum, de 1486-7,* obra escrita pelos dominicanos Heinrich Kraemer e James Sprenger. Esta última trata-se de um manual de insanidades, de crendices que misturavam conveniência, riqueza e poder, e que se dane o número de mulheres torradas na fogueira ou degoladas. Acreditar que existem bruxas é, como se diz na linguagem popular, "o fim da picada". Mas há quem pense que se somos chamadas de bruxas deveríamos conhecer melhor a história delas: "A coisa mais importante que as feministas podem fazer, hoje, é não apenas abraçar essa imagem de bruxa, mas também, aprender e conhecer mais a verdadeira história das mulheres que de fato foram perseguidas, presas, acusadas e assassinadas de forma tão brutal", diz a filósofa feminista italiana Silvia Federici, radicada nos Estados Unidos.

Silvia, autora de obras conhecidas como *Calibã e a Bruxa: Mulheres, Corpo e Acumulação Primitiva,* e *Mulheres e Caça às Bruxas,* traz à baila a ideia de que a mulheres devem assumir esse símbolo que foi colocado sobre as costas delas para exterminá-las. De Trotula de Salerno a Silvia Federici dez séculos se impõe e, ainda hoje, nomeiam-se mulheres de bruxas ou fadas, anjos ou demônios. Ambas da Itália, Silvia tem, atualmente, 80 anos e continua lutando contra as diferenças de gênero e a falta de liberdade da mulher. Dez séculos é muito tempo. E basicamente pouca coisa mudou. Nascida em 1050, Trotula foi a primeira médica e a primeira ginecologista da história, preocupada com a saúde da mulher. Escreveu inúmeros tratados, mas foi sucumbida pelo sistema da época.

A geneticista nascida em 1918, em Chicago, EUA, Ruth Sager é líder nos estudos sobre os genes não cromossômicos, pioneira nas pesquisas sobre as células cancerígenas das mamas. Ela não foi silenciada, mas teve degraus difíceis de subir. Ainda nas ciências, não se pode deixar de citar a cientista Williamina Fleming, uma astrônoma escocesa, nascida no Reino Unido, em 1857, que sofreu silenciamento da sociedade masculina por suas descobertas. Williamina descobriu e registrou centenas de estrelas e desvendou o mistério em torno da Nebulosa Cabeça de Cavalo M 42, também conhecida por Nebulosa de Órion. Williamina a descobriu em 1888, na Universidade de Harvard, EUA.

Williamina, ainda morando na Escócia, casou-se com James Fleming, 15 anos mais velho do que ela, e o casal foi morar em Boston, EUA. Mina, como era chamada Williamina Paton Stevens, de personalidade inquieta, não se adaptou à vida comum das mulheres da época. Grávida, ela foi abandonada pelo marido e teve que trabalhar como empregada doméstica para o astrofísico Edward Charles Pickering. No entanto, seu patrão nomeia Williamina como sua assistente e juntos criam o "Sistema Pickering-Fleming", um catálogo de estrelas e fenômenos conhecido por "Draper de Espectros Estelares".

Essas histórias são análogas, e da mesma forma que ocorreram com Trótula, Hipátia, Rosalinda (e tantas outras), ocorreu com a alemã Maria Margaretha Winkelmann Kirch, conhecida por Maria Kirch, a primeira astrônoma mulher e a primeira mulher a descobrir um cometa, em 1702, mas que foi, também, ocultada pelo patriarcado. Quem levou a fama foi Gottfried Kirch, marido dela. O cometa C/1702 H1, descoberto por ela, sem a presença do marido, foi também, segundo registros, observado por outros astrônomos, mas foi Maria Kirch quem o desvendou. No entanto, quem ganhou o louvor e o mérito foi Gottfried.

Nascida em Lípsia, na Alemanha, em 1670, Maria Kirch passou a vida lutando para fazer o que sabia e gostava, mas os homens, principalmente os que estudavam Astronomia, fizeram de tudo para impedi-la de ser uma das melhores astrônomas da história, porque ela era muito boa no que observava e estudava, mas foi ocultada, impedida, sua carreira foi exterminada pela crença de que a mulher é inferior e incapaz.

Cercada de preconceito, de misoginia e de inveja por seu desempenho brilhante, quando trabalhava na Academia Real de Ciências, em Berlim, com o filho Christfried Kirch, foi perseguida sem tréguas. Os homens achavam um absurdo uma mulher ocupar um cargo masculino e duvidavam da capacidade dela. A sociedade masculina juntou-se para expulsá-la da academia e ela foi retirada de seus ofícios, foi destituída de seu local de trabalho, junto ao observatório. Após isso, a astrônoma e sua carreira foram definitivamente encerradas. Maria Kirch teve quatro filhos, Christfried Kirch e Christine Kirch, nascidos na Alemanha, em 1694 e 1697, respectivamente, são dois deles. Todos os filhos seguiram a Astronomia.

O brilhantismo de Maria e sua filha Christine, na Astronomia e na Matemática, não serviram de muita coisa, o filho Christfried assumiu, em 1716, o Observatório Real de Ciências, a mãe e a irmã foram designadas assistentes, mesmo tendo sido Maria quem observou e escreveu sobre a conjunção do Sol com Saturno, Vênus com Júpiter e, ainda, quem fez as observações por escrito sobre a Aurora Boreal.

Antes de o filho assumir a direção do Observatório da Academia Real de Ciências, Maria Kirch tentou, desesperadamente, ficar à frente das pesquisas após a morte do marido. Mas a academia não permitiu e nomeou o iniciante, sem nenhuma experiência, Johann Heinrich Hoffmann. Quanto aos textos dela, o único que teve uma aceitação razoável foi *Die Vorberetung Opposition* (tradução literal: "A preparação da oposição"), de 1711. Nunca desistiu de lutar pela autoria de seus escritos. No entanto, todas as portas foram fechadas para ela, não sendo admitida de outra forma além de assistente. Desde quando trabalhava com o marido, os integrantes do observatório decidiram tirá-la definitivamente do universo da astronomia e da produção dos calendários. Há muitos estudos de Maria Kirch sobre a Aurora Boreal, ela os escrevia em alemão, porém, a língua científica da época era o latim. Por essa razão, suas petições para assumir a academia eram sempre negadas. Foram dias difíceis: "[...] deserto severo e por que... a água é escassa.... o gosto é amargo [...]", anotou Maria Kirch.

O pai de Maria Kirch, assim como o de Cristina de Pisano, do século XIV, e de Camille Claudel, do século XIX, e tantos outros pais democráticos, desejava que sua filha tivesse os mesmos estudos que os homens, as mesmas oportunidades e, mesmo depois de sua morte, deixou o legado do conhecimento de Kirch para outro familiar. Ela foi genial, absolutamente genial. Em 1702, enquanto o marido dormia, ela, observando o céu, descobriu o cometa H1, anotando tudo sobre ele. No dia seguinte, o marido, por meio de um relatório, falou da descoberta ao Rei Leopoldo I, mas não citou, em hipótese alguma, o nome de Maria Kirch.

Kirch, em suas incansáveis observações, notou em 21 de abril de 1702 uma mancha difusa no céu e passou, de maneira atenta, a esmiuçar a infinitude da noite e seus fenômenos. Olhando novamente, pôde ter a certeza de que se tratava de um cometa. Em breves pesquisas sobre ciências e fenômenos dos corpos celestes, os nomes são todos masculinos. Em se tratando da descoberta do cometa, por exemplo, evidencia-se em registros Gottfried ou outros nomes de homens. Pesquisando de modo mais profundo a história dos cometas e da Astronomia, têm-se nomes desde Aristóteles, Tales de Mileto, Pitágoras, Copérnico, Ptolomeu, Tycho Brahe, Johannes Kepler, Isaac Newton, Edmund Halley até James Clerck Maxwell, Robert Hooke e Einstein, todavia não se encontra referência à astrônoma Maria

Kirch. Quando se procura nos livros específicos sobre o cometa 1702/H1, encontra-se o nome de Gottfried Kirch e, excepcionalmente, o de Maria Kirch.

Arrependido e à beira da morte, em 1710, Gottfried revela ao jornal do Observatório que havia sido sua esposa, Maria Kirch, e não ele quem de fato havia descoberto o cometa. E assim, desculpou-se. Tarde demais! Mesmo antes de Maria Kirch nascer, uma parte considerável da sociedade masculina já odiava mulheres em espaços públicos. O fato é que o pedido de desculpa do marido não mudou nada, pois Gottfried continuou sendo o verdadeiro descobridor do cometa 1702/H1.

Obrigada a pedir demissão, foi proibida de trabalhar. Muitos homens do Observatório ficavam irritados, porque Maria Kirch destacava-se em todas as apresentações e ela foi, por várias vezes, avisada que era melhor ficar calada nessas ocasiões, pois dava a entender que era superior e que sabia muito mais do que qualquer homem sobre Astronomia.

Morreu em 1720, exausta de tanto lutar por um lugar ao sol, ou melhor, ao céu. Ou seja, observação do céu. Há muito que falar sobre a astrônoma que, por ser mulher, ficou à margem. Mas encerro com as palavras que ela mesma repetia, incessantemente, em seus discursos: "o sexo feminino, assim como o masculino, possui talentos da mente e do espírito".

EIDY DA SILVA

*Ninguém é mais arrogante em relação às mulheres,
mais agressivo ou desdenhoso do que o homem que duvida
de sua virilidade.*

(Simone de Beauvoir)

Comemorava o aniversário todo 5 de setembro, virginiana de alma e de corpo, espírito e matéria, uma mulher crítica em busca da perfeição de si e do mundo em sua volta. No entanto, tempos depois, descobriu-se que havia nascido em 13 de dezembro e, pesquisando, constatou-se que não havia um único documento que atestasse outra data de nascimento a não ser a do dia 13 do mês natalino.

Na época, costumava-se registrar a criança muito tempo depois. Segundo as irmãs, ela nasceu, sim, no dia 5 de setembro. Eidy não tinha mesmo nenhum aspecto em parelha com sagitário, era, definitivamente, virginiana. Havia sido batizada com o nome de Isabel, e havia, também, confessado que adorava esse nome. Mas, por falta de usá-lo, não vingou. Ela simplesmente idolatrava os padrinhos Antônio e Conceição. Não insistira em ser chamada Isabel, nome dado a ela pelos padrinhos de batismo e de criação, "para não magoar a mãe", disse certa ocasião às filhas. E se pensarmos bem, Elisabete é Isabel em Portugal, ou seja, Isabel e Elizabete são como Paul e Paulo. Isabel é, portanto, nome de rainha, de mulher decidida e nobre. No entanto, passou a vida sendo Eidy desejando ser Isabel. Mesclando as duas em sonhos e na vida real.

Parece ter recebido dos padrinhos todo o amor que havia nessa vida. Mesmo não usando o nome Isabel, o significado mais profundo dele morava em suas entranhas: "àquela que cumpre promessas". Pois ela cumpriria todos os juramentos que fizera à mãe, mesmo sem querer fazê-los e mesmo sabendo que perderia pernas e braços por prometer sacramentos que iam contra seu corpo e espírito. Eidy assumia uma asseveração sabendo que os cumpriria mesmo à custa de perdas significativas de si mesma. O nome Isabel vem do termo hebraico *Isa,* que designa casta, pura, salvação. E ela foi a salvação da família toda, não porque lhe pediam, mas porque um dia prometera debaixo dos olhos furtivos de sua mãe. Sim, Eidy jurara em nome de Deus que faria o possível, e mesmo o impossível, pela família de origem.

E em sua vida as datas de nascimento não eram precisas como deveriam. Nem os nomes. Os nomes saltavam entre a mulher casta, que é uma espécie de salvadora, como Isabel, ou a mulher nobre que ia ao encontro do significado de Eidi ou, ainda, de Eidy, com **y**, que designa pessoa de linhagem elevada. Era clássica, sim. Eidy tinha um gosto refinadíssimo, majestoso, quase sublime e deixava evidente que a sua linhagem vinha do mais Alto Grau Excelsior, tudo maiúsculo mesmo. Sempre que assinava um documento ou escrevia seu nome, usava o **y**, ou seja, Eidy. No entanto, os registros de toda ordem notificavam o **i** apenas. O pai não lhe pôde registrar, enviando outra pessoa para fazê-lo na ocasião.

Vivia sonhando com a vida que teve firme e verdadeiramente em suas mãos por anos, mas que tiraram dela. E havia se convencido de que não merecia ter amor e dinheiro — nem ser uma moça estudada. O convencimento foi a forma que encontrou para não morrer ao desistir de seu sonho, para não ficar o peso excessivo sobre os ombros de quem não aproveitara as chances que a vida lhe dera. Tudo o que era definitivamente bom lhe escapara por entre os dedos feito quiabo e sabão: "Para poder viver, fui andar", escrevera certa vez em um papelzinho, guardado por uma das filhas a sete chaves.

Nascera em 1936, em Pinheiros, na Rua Aspicuelta, número 40, depois de Esther e de Elza e antes de Euclides. Depois viriam mais três irmãos, duas mulheres e um homem, totalizando sete filhos de dona Rosa Cardoso e o senhor José Rabelo da Silva: cinco mulheres e dois homens. Ela também criava, como filhos, alguns netos desde muito pequeninos, de modo que a casa vivia cheia de crianças por todos os lados. E quando ficou viúva, tudo se tornou mais difícil, embora a maioria da prole já fosse casada. O marido matara-se tomando veneno na véspera do Ano Novo. Dizem que deixou uma carta pedindo perdão pelo suicídio, mas essa carta ficou no imaginário da família, porque ninguém jamais a viu. Se for verdade que a epístola efetivamente existiu, deve ter sido enterrada nas areias quentes de algum deserto e ali se perpetua até hoje.

O suicídio de José pairava em nuvens e véus, véus estes ocultados por cortinas que jamais se evanesceram. Então, nesses mais de 60 anos transcorridos, nada se sabe a respeito. E os filhos sempre agiam de maneira perturbada quando o assunto era a morte do pai. Havia um pacto mudo na família e o assunto morrera com o patriarca.

Eidy amava tanto o pai que sofria calada. Quando perguntada sobre o acontecido, sempre dizia que ele era maravilhoso, que trazia comidas sofisticadas para casa e que a fartura cotidiana fez morada enquanto ele viveu. Falava do figo Ramy com calda de caramelo e do *Halawi* — um doce de gergelim da marca Istambul que o pai não deixava faltar à mesa. Sobre a morte nunca houve quem soubesse falar a respeito e sobre a tal carta nunca houve comprovação de sua existência. Cada filho jogava a responsabilidade em um dos irmãos, de modo que ninguém nunca viu nem leu. Nenhum filho atrevia-se a discursar sobre o suicídio e a "tal carta", tanto que virou lenda. Uma lenda totalmente proibida.

Um mistério que engendrava-se acumulando amargor, infelicidade, falta de paz e desequilíbrio. A lenda viva de um fantasma. Um espectro que prendia todos a um passado desconhecido, condenando o futuro de cada membro da família de maneiras diferentes e similares ao mesmo tempo. Formas doentias. Ele morreu na véspera do Ano Novo e uma das filhas o viu espumando pela boca. Ela nunca mais esqueceria a cena. Socorreram-no, mas infelizmente, não resistiu. Foi uma perda que marcou a alma da família inteira e cada um ficou com uma parte conflituosa que se arrastou pela vida toda. Essa parte de quando em vez inflamava, e o pus que surgia, por não poder ser revelado, não era retirado. Logo, nunca fora extirpado, pelo contrário, abafado com gases avolumava-se até a próxima fenda (que seria também ocultada). Nunca enfrentaram conscientemente a morte do pai. Eles escondiam algo que, na verdade, desconheciam. "Mas foi o melhor pai que uma filha poderia ter", dizia Eidy, a terceira filha de Rosa e José. Às vezes, muito esporadicamente, falava sobre os defeitos que o pai tinha: "era meio mulherengo", dizia. E encerrava com a frase corriqueira da época: "Sabe como é que é homem, né?".

A ideia de aceitação que envolvia Eidy e seus irmãos era avassaladora. Os olhares e a tristeza que tombava a face de cada um deles diminuíam-lhes a energia vital, como se aquilo que se deveria expor, mesmo não conhecendo, pudesse matá-los. Era um estado meio análogo aos bois na fila do matadouro. O desespero tomava conta dessa prole quando o assunto era a morte do pai. E mesmo estando do lado de fora dessa história, não se conseguia decifrar com palavras "esses estados", pois superava, e muito, os códigos, os índices, os sinais, dificultando, assim, qualquer tentativa racional de desvendar significados. O que sobrou dessa história foram questionamentos: "Quem foi esse homem? Como ele era? Com quem se parecia? O que fazia? Por que cometeu suicídio?". Ninguém nunca soube, nem nunca saberá responder. A exigência do esquecimento obrigou vários desses filhos a desenvolverem, talvez sim, talvez não, a demência, que se caracteriza justamente pela falta de memória, ou seja, o esquecimento. E não podemos nos esquecer de que o pior de todo esse comportamento doentio familiar é quem ou o que se tornariam os filhos do senhor José e de dona Rosa? Que mecanismo eles ocultavam? O que lhes aprisionavam?

E agora, José?

Ouvia-se regularmente a ideia de que o adultério de José, algo que não tem nada a ver com os filhos, mas que permeou a vida deles, sem dó nem piedade, era involuntário a ele, porque, segundo alguns filhos, "ele era muito lindo e a 'mulherada' não o deixava em paz e algumas faziam macumba — na porta da casa de Rosa, a esposa de José, para que o relacionamento deles ruísse". Eidy comentava que as mulheres queimavam tostões, ou seja, dinheiro. Ela, sem temor, reluzia as moedas com palha de aço e com elas comprava muitas pedras de anil para a mãe lavar roupa. Parece que as mulheres pipocavam na vida de José aos magotes.

Na época, adultério era crime. Deixou de ser, no Brasil, apenas em 2005. Mas quando a traição é cometida pela mulher, independentemente de não ser mais considerado um crime, as consequências são outras e sempre desastrosas, devido à desigualdade de classe e de gênero que permeia a cultura brasileira mesclada às crenças de toda ordem. A incrível lenda da inferioridade não se evaporava, ao contrário, ganhava visibilidade.

E as confusões não paravam por aí, eram netas que de repente se tornavam filhas de dona Rosa, sobrinhas que viravam irmãs, e sempre havia alguém para dizer às escondidas e meio sussurrando que a verdade era outra. Ou seja, as filhas que fora do casamento ou na condição de solteiras engravidavam eram mantidas em segredo e essas crianças viravam filhas do senhor José e de dona Rosa, confundindo as cabeças de todos da família. Algo tão corriqueiro, comum e inerente à sociedade virara um grande escândalo que deveria ser evitado, logo, escondido a sete chaves.

Diferentemente de Eidy, Elza, a segunda filha, dizia não gostar do pai e quando lhe perguntavam o porquê, todos a impediam de expressar-se. Porém ela falava, meio timidamente, forçando para que sua voz saísse nítida e sem gaguez, arranhando a garganta que há muito silenciara, mas esforçava-se, queria quebrar o silêncio, dizer algumas palavras, mas estas eram vomitadas com termos avulsos sem coesão alguma e nada explicativos: "Fez minha mãe sofrer muito", conseguia pronunciar.

Qual sofrimento ele causou na vida da esposa? Dona Rosa era neta de indígena com português, uma mulher muito bonita, com certa classe, mas com olhos tristes e um pouco calada, talvez resignada seja a palavra mais adequada. Mas quando se pronunciava, contava histórias absurdas sobre sua infância, dignas de filmes de terror ou romances. Órfã de pai e mãe, em tenra idade ficou aos cuidados de Joaquim, seu irmão mais velho. Foram tempos dolorosos. Mas o que se sabe é que cada membro dessa família tem uma história triste, e até mesmo trágica, para contar ou, como era o costume, esconder.

Mas não foi só o suicídio do patriarca que marcou de maneira traumática a família Cardoso & Rabelo e Silva. Há muitos acontecimentos que se entrelaçaram e se avolumaram. Muitos deles comuns, cotidianos, porque faziam parte da existência humana e da vida social, mas que foram transformados em "coisas profanas" que deveriam ser escondidas. Com isso, Elza morreria de câncer na garganta e, independentemente de ela fumar, sua boca fora impedida de falar. Ela fora impossibilitada de expressar-se e de ser muito antes do primeiro cigarro. A vida era tão difícil que o Alzheimer rondava os filhos de Rosa e José. Era menos difícil esquecer-se a encarar que o comum fora dramatizado, avolumado, ampliado, agigantado pela sociedade, pelos costumes e pelos padrões arraigados em fundamentalismos que a família acabou por comprar para si e a cravar no peito de cada filho essa cruz. É óbvio que de modo inconsciente. Não se sabe se foi a falta de conhecimento e, consequentemente, de entendimento de que as coisas que faziam parte da vida são comumente parte da vida mesmo e devem ser encaradas como tal, ou se a religião lhes obrigava a ver tudo como uma imensa moralidade deturpada e insana. O que se sabe é que tudo era ampliado como algo moralmente feio, arrasador, comprometedor, quase fatal e que, por isso, deveria ser mantido em segredo.

Desconhece-se o inventor da obrigatoriedade de esconder. Quem foi o primeiro a engolir tão duramente esses paradigmas voltados à moral, ao pecado e à culpa? E depois de ruminá-los — e ruminando sem cessar o fel desses modelos -, passá-los de geração a geração, contaminando todos e retirando de todos os familiares, um a um, as possibilidades de ter uma vida equilibrada e livre? Quem aceitou tais conceitos pré-concebidos pelo sistema político e passou a ver e a sentir o que antes fora algo extremamente habitual, corriqueiro em "anormalidades", heresias e desvios comportamentais?

O cotidiano estruturava-se em um cenário de suspense. Todos pisavam em ovos. Todos mentiam de certa forma, porque o esconder engana. E o mistério, estimulando um imaginário fora de tempo, tomava conta, agigantando-se diante dos filhos adultos e dos netos adolescentes que imaginavam que um dragão com sete cabeças morava mesmo em um dos porões da casa velha e mal-assombrada e que o senhor José Rabelo iria aparecer a qualquer momento, ali, no meio da conversa meio cripta, desvendando o mistério em torno dele, mostrando-se vivinho da Silva. Os segredos mantinham a família em pé, ao mesmo tempo em que tudo parecia desmoronar-se por ser frágil. Havia no cerne de cada membro daquela família, uma dor gerada por uma culpa que não se sabia quem implantara nem de onde viera. Um simples desquite era algo medonho que se deveria esconder. Sexo, que resulta, muitas vezes, em orgasmos, uma das invenções mais sensacionais de Deus, era proibido comentar.

Uma certeza existia, Eidy vivia de segredos e temia revelá-los, até mesmo em sonho. Sua vigia a mantinha alerta 24 horas por dia em nome da honra e do bem-estar, entre aspas, da família. Porém, ela não tinha muita ideia da dimensão do segredo, só sabia que era para mantê-lo salvaguardado, fosse ele qual fosse. A sociedade, na maioria das vezes, é doentia. E, sem a mínima consciência, familiares adoecem filhos e netos. Foi uma vida não vivida, uma vida jogada fora, uma vida defenestrada pela janela alta dos anos. Eidy entregou sua vida à tarefa de esconder (qualquer coisa) e à de proteger os membros da família de algo desconhecido.

Eventualmente, falava com um lento sorriso no rosto de quando morou com a madrinha Conceição, em Pinheiros, e de como sua vida era mágica, colorida e cheia de amor. Os padrinhos, que nunca tiveram filhos, dedicavam todo o seu amor à Eidy, sobejavam sentimentos das melhores intenções. Eidy (ou Isabel, como desejava a madrinha) tinha uma vida plena, colorida e com neons cintilantes, como toda menina deve ter: alimentação adequada, roupas maravilhosas, educação em excelentes colégios, um quarto só para ela. E o mais importante: equilíbrio, porque, como diz Elis Regina, na música "Casa no Campo": "Eu quero o silêncio das línguas cansadas, eu quero a esperança de óculos e um filho de cuca legal".

Lembrava-se constantemente da paz que sentia. Era como se o céu morasse em seu coração: "Minha madrinha era uma mulher muito boa. Adorava-me, fazia planos para meu futuro, emocionava-se com minha presença. Nossa relação preenchia os meus dias e os dela. Lembro-me de que tudo era muito lindo. Muitas vezes, ainda, consigo sentir o carinho que ela dedicava a mim. O cheiro dela. O cheiro da casa. Lembro-me de seus olhos sorrindo, enquanto planejava onde eu iria estudar. A casa? Ah, a casa era muito aconchegante, e muito bonita. Recordo-me como se fosse hoje. Uma casa adornada com móveis coloniais (alguns, provençais). A mesa sempre posta de forma requintada. Uma casa linda que salvaguardava os moradores com frescor no verão e o morno necessário para os meses de inverno. Parecia que minha única preocupação, no aconchego do colo morno de minha madrinha, era a de ser imensamente feliz".

Eidy usava vestidos lindos e iria estudar (futuramente) em escolas de qualidade. O sentimento que emanava de seu coração era o de que ela nunca mais desejaria sair daquele colo feito com dois corações só para ela. Os padrinhos davam atenção essencial dia e noite e, em algumas tardes ensolaradas, planejavam o futuro da menina Isabel. Um futuro cheio de viagens, de educação em escolas renomadas, fora e dentro do país. Enquanto ouvia o que os padrinhos falavam, com os olhos brilhando como estrelas, ela sonhava acordada e agradecia a Deus por ser afilhada de um casal que tanto a amava e tanto tinha a lhe oferecer. E da mesma forma, ela a eles.

Os padrinhos mostravam, por meio de gestos e ações, verdadeira adoração por ela. Amavam Isabel e tinham uma situação financeira para lá de confortável. Como eles já estavam há tempos com a menina, cuidando dela como filha, queriam-na efetiva e oficialmente ao lado deles. Caso necessitassem viajar, precisariam de documentos e registros de doação. Mas a mãe, dona Rosa, negou-se a doar a filha (que já morava com os padrinhos). Negou-se a dar a filha de papel passado e a retirou da vida de amor para sempre. Isso afetou Isabel de um modo tão profundo que criou um buraco em algum lugar das entranhas e do espírito inteiro. Não se sabe nem se pode comensurar o quanto custa para a alma materna abdicar, de modo efetivo, da filha. Entretanto, o que se sabe é que Isabel já morava com os padrinhos. Não cabe aqui julgar, apenas registrar a história. Porém, o buraco que havia em Eidy, por essa ruptura, era incomensurável em tamanho e proporção.

Volta e meia ficava com os olhos parados, pensando no nada ou no tudo, um olhar perdido cheio de aflição, um olhar que causava uma tristeza sem fim no observador. Ela sofria calada. Perdia-se com os olhos no vazio. Absorta. Desencontrada no tempo e no espaço. Quando estava assim, poderia-se apostar que estava vivendo na época em que morava com os padrinhos. Em suas recordações, os padrinhos Antônio e Conceição faziam morada. Recordava-se do carinho deles e de como a paz dormia nela na ocasião. Era como se lembrar de um sentimento no futuro do pretérito. O que invadia sua pele causando tremores e a fazia arrepiar-se era muito semelhante ao sentimento da população antes da guerra. Paz é o antônimo vivo de conflito. Mas como é o sentimento de alguém antes da guerra? É um sentimento bom sempre, um Sol morno a dourar a vida ininterruptamente, uma brisa que Éolo envia para bafejar a pele, dia e noite. Mas, depois da guerra, a esperança morre e nem Sol nem brisa retornam, os sonhos morrem e as possibilidades de um futuro deixam de existir.

O silêncio fazia parte da vida de Eidy, um olhar amargurado e distante desenhava seu rosto perfeito, mas triste. Ela falava e falava sobre os padrinhos e sua vida alicerçava-se nos "ses" que nunca aconteceram: "se eu tivesse ficado com a minha madrinha, se minha mãe tivesse permitido, se eu tivesse concluído os estudos, se eu tivesse vivido ao lado deles, se eu continuasse a receber o amor de meus padrinhos, se..., se...". E a partícula condicional encerrou-se como um dos cernes da existência de Eidy.

Nessas ocasiões de ensimesmamentos, continuava falando para si mesma: "eles me adoravam, não tinham filhos e minha madrinha comprava lindos vestidos para mim". Foi um tempo não resolvido na vida de Eidy, que teve em suas mãos (mas perdera) uma vida digna e cheia de afetos: "mas eu só tive o grupo", concluía Eidy, com os olhos encharcados de dor. Quando se referia ao "grupo", falava do período dos estudos, porque ela, como teve que trabalhar como doméstica muito cedo, conseguiu completar apenas os quatro anos do curso primário, nada além disso. E ainda trabalhava, entre aspas, de servente, no último ano da escola, para ganhar os livros, o uniforme e o material escolar, assim, não dava despesas à mãe.

Tantas possibilidades jogadas na lama do destino. Quantas moiras gregas são necessárias para traçar uma vida de equilíbrio e paz no calendário do início do século XX? Quantas parcas romanas deveriam existir para modificar o destino de Eidy? Por que *Átropos* determinou que o fim da vida de Eidy seria serpenteado pelo Alzheimer? Por que *Klothó* foi tão cruel ao fiar um nascimento cujo destino mantinha-se tão raso de amor? E por que *Láchesis*, afinal, sorteou a roda da vida tão poucas vezes para Eidy?

Ela sentia-se sozinha e, por vezes, abandonada. Era assim todas as vezes que se sentia introspectiva. A vida que tinha e as obrigações acumuladas, vindas da mãe e de outras partes que se avolumavam com a vida de casada, outro desastre na vida de Eidy, traziam dor. Muitas coisas deixavam-na absorta, ensimesmada dentro de si como um caracol, e qualquer sentimento desagradável fazia Eidy viajar no tempo, voltando para a casa dos padrinhos, seu refúgio preferido. Seu colo materno e paterno, seu aconchego, nos braços de Antônio e Conceição. E assim passou a vida, buscando o sonho que, por um tempo, tornou-se realidade, mas só por um tempo. Ela nunca mais os veria. No início, porque tinha medo de magoar a mãe. Carregava uma culpa imensa, uma culpa que lhe comia, homeopaticamente, o pâncreas, porque ser feliz para ela não incluía necessariamente morar na casa dos pais quando era pequena.

E assim eram os dias...

O bolor das paredes da casa, as telhas velhas, os ralos entupidos, a falta de amor e de afeto, de carinho e de compreensão levavam-na a um torpor, no qual retornava aos braços de Conceição e Antônio e recordava-se de quando a madrinha explicava a ela o cotidiano de uma menina amada, da importância de se viver em harmonia, no caminho do equilíbrio e da razão, de como era (e continua sendo) positivo ter a consciência do tamanho da verdade, o quanto facilitava o dia a dia das meninas o fato de não se acumularem segredos, porque eles fazem adoecer. Como eliminar a culpa? Como se livrar dos tabus? A madrinha tinha sempre uma palavra que não esbarrava nas religiões.

Enquanto andava desviando dos baldes que amparavam as inúmeras goteiras que a casa tinha, depois de se sentar olhando o vazio, ficava inerme, paralisada e, em sua mente, as lembranças de um tempo cheio de significados faziam morada. Aprendera com a madrinha os bons modos, e isso fazia toda a diferença na vida dela. Lembrava-se dos lustres da casa de Conceição que deixavam a sala em uma penumbra preguiçosa; da cozinha e dos adornos de cera imitando frutas; do cheiro do café da manhã; das águas de cheiro após o banho; das vizinhas conversando e de tudo o que viveu qualitativamente. Falava com tanto pesar que doía a quem ouvisse. Culpava-se por ter deixado aquilo ocorrer em sua vida. Mas também dizia que não havia o que fazer, porque não poderia magoar a mãe. Saiu da casa confortável, do ninho de afeto exclusivo dos padrinhos, da dedicação que Conceição oferecia abundantemente a Isabel, para trabalhar como doméstica em casa de gente rica. De Cinderela a Gata Borralheira, a vida de Eidy dava passos dilatados na contramão do conto de fada.

Na velhice, pediu à filha caçula que procurasse sua madrinha. Elas, juntas, acharam a casa. Mas uma vizinha falou que eles haviam morrido. Eidy chorou. Foi um choro de mais de 50 anos, um choro que ficou proibido de ser expresso, mas que saiu, primeiro como um sussurro; depois, um grito de dor e mágoa, cheio de banzo. Eidy, que nunca mais fora Isabel, chorou sem parar a noite toda. A filha caçula se lembra do imenso sofrimento que presenciou. Foi uma ruptura difícil de superar. Sim, ela fora arrancada dos braços de Conceição a caminho das casas dos aristocratas de São Paulo para servir como copeira. Sabia servir gloriosamente uma mesa, aprendera com a madrinha. De afilhada de família amorosa virou empregada doméstica, daquelas que dormem no serviço todos os dias do mês, todos os meses do ano. Impúbere, ainda, porque, nessa época, Eidy era menor, quase uma criança, e teve que lidar sozinha com esse sentimento que parecia vindo do inferno diretamente para as costas dela.

Quando percebia que não tinha estudos e só concluíra o grupo escolar, e que perdera a rara oportunidade que Deus lhe ofertara, falava e falava e falava. Talvez para distrair sua tristeza. "Ora bolas, eu poderia morar na casa dos patrões e ficar longe da minha mãe e de meus irmãos, mas não podia morar com minha madrinha?". Anos depois, confessou que a mãe lhe perguntara, na ocasião, se não se sentiria mal em morar bem enquanto os irmãos morariam modestamente. Sim, ela morreu de remorsos e de culpa, uma culpa tão grande que debilitou seus frágeis ombros no decorrer dos anos. Contou e recontou essa mesma história durante toda a vida longa e curta — longa, porque morreu aos 80 e poucos anos; curta devido à falta de qualidade e bem-estar, devido à falta de prazer e sossego. Morreu de câncer no pâncreas e estava com Alzheimer (os últimos três anos foram de esquecimento). Dizia para si mesma: "eu jamais deixaria minha mãe e meus irmãos". E assim ela achava que a vida seguia. Mas não seguia, formava círculos que a mantinham no mesmo ponto de partida e de chegada dos trens que saltam fases (imaginárias ou não) da existência humana.

Por amor, morreu cada dia um pouco; por amor, viveu com esse arrependimento como se fosse um fantasma; por amor, escolheu viver com um eterno abutre a comer-lhe homeopaticamente o pâncreas. E ela vomitava durante uma semana no período menstrual, vomitava biles do fígado e secreção pancreática. Ficava no escuro sem comer nada, só vomitando. Não abria os olhos, pois acelerava a dor de cabeça. Às vezes, colocava um bife sobre os olhos ou uma batata crua envinagrada. O quarto cheirava a biles. Ela vomitava a culpa mensalmente, jorrava veneno pelo chão do quarto, veneno que fora obrigada a engolir pela vida afora.

Não dormia de tantas preocupações com todos os irmãos, os sobrinhos, a mãe. Cuidava cegamente da família à custa de grande sofrimento: uma dedicação doentia. Perguntada por que cuidava tanto de tanta gente, respondia com outra pergunta: "Você não cuidaria de seus irmãos? É minha obrigação!".

E quando os filhos e outras pessoas argumentavam sem cessar até ela não resistir mais, dizia: "Quando eu era pequena, um caminhão de presentes parou perto de minha casa — cheio de brinquedos para doar. Era época de Natal. Eu corri, mas a fila era grande. Quando chegou a minha vez, o rapaz olhou para mim e disse que os brinquedos haviam acabado. Eu comecei a chorar. Então, ele disse — 'espera, acho que tem uma bonequinha ali'. E ele foi até o fundo do baú do caminhão e me trouxe uma boneca enfermeira. Vai ver que meu destino foi traçado ali, e eu deveria cuidar, como uma enfermeira zela pelos seus pacientes, dos meus irmãos mais velhos e mais novos como prometera à minha mãe".

Mas pagava caro por tanta dedicação assistencialista, isso porque cada vez que se doava a alguém, perdia-se dela mesma. E Eidy dividia-se, subtraia-se, fragmentava-se até evanescer-se por completo. Nunca devemos ter medo de perder alguém, mas sim, medo de nos perdermos de nós mesmos. E Eidy perdeu-se de si.

Adoecia mensalmente, perdia de três dias a uma semana de sua vida, porque uma forte cefaleia dominava suas lembranças, dia e noite. Passava trancada no escuro, sem comer e sem dormir, e só conseguia melhorar, de quando em vez, com injeções. Como mágica adoecia e como mágica levantava-se da cama e iniciava o dia a todo vapor. "É enxaqueca menstrual", diziam os médicos. Foram assim os dias enquanto viveu.

O irmão Walter vinha a casa para aplicar em sua veia os analgésicos e os antieméticos e "a velha e gorda seringa de vidro esterilizada, no fogão, dentro de uma panelinha de inox, semelhante a uma marmita, entrava em ação". Nela, colocava-se água para ferver e esterilizava-se tudo. Seu irmão aplicava a injeção bem devagarinho, no escuro, porque qualquer luz feria os olhos dela. A resiliência "parecia" fazer parte de sua rotina? Ledo engano! Ela estruturava-se em um misto de conformismo e inconformismo. Às vezes, encontrávamos Eidy absorta em seus pensamentos, perdida ou achada, e ela dizia sempre depois de longo tempo: "Mas se eu tivesse ficado com minha madrinha, teria estudado e, hoje, trabalharia ganhando muito mais dinheiro, e poderia ajudar mais e mais os meus irmãos". Eidy passou a vida trabalhando como gente grande, tinha uma tripla jornada, dentro e fora de casa.

Contava, também, como chorou quando mudou de Pinheiros para Itaquera. Não queria se mudar, o pai teve que lhe carregar. Chorou muito assim que os poucos móveis desceram do caminhão para a nova casa que nem luz tinha. Lembrava-se de entrar em pânico e lembrava-se, também, das palavras do pai tentando fazê-la parar de chorar. "Não quer ficar aqui, volta com o caminhão!". Mas essa lembrança Eidy contava com certo sorriso, principalmente quando dizia que o pai brincava com ela. Adorava o pai, nunca falou dele a não ser com um sentimento de amor e de respeito, mesmo sendo mulherengo (como dizia) e mesmo tendo feito a mãe sofrer: "meu pai nunca deixou faltar nada em casa".

Tudo era misturado na família, não havia consciência de que as traições de José estavam voltadas à esposa e não aos filhos. O certo é que ele foi um ótimo pai, segundo a maioria dos filhos, e isso nunca foi pensado nem pesado. Sempre se referia ao dia em que o pai mudou com a família toda para o bairro da Zona Leste, cuja casa iluminava-se apenas com lampião a querosene — como um momento ruim. Nesse bairro, conheceu Aurélio, seu futuro marido, e em momentos de crise e falta de compreensão referia-se a esse momento como o terceiro pior da vida dela; o primeiro fora sair da casa dos padrinhos; o segundo, sair de Pinheiros, lugar onde nasceu e viveu (e onde a madrinha morava).

Não se sabe precisar quantos anos tinha Eidy, nessa ocasião, mas era uma adolescente linda, uma menina perfeita: sorriso de causar inveja, dentes simétricos, boca carnuda, nariz arrebitado, olhos amendoados, cintura de pilão e fartos seios que iluminavam os decotes dos vestidos que usava. Ela passava pelas ruas e os queixos dos homens e das mulheres caíam. Causou muita inveja e sofreu pela beleza excessiva que habitava nela. Em Itaquera, trabalhou na Fábrica de Macarrão Pilon, que ficava na Rua Pires do Rio, e em uma distribuidora de perfumes, cujo dono declarou-se intensamente apaixonado por ela, mas Eidy fugia dele como o diabo da cruz, como Dafne, ela evitava as coisas boas. Ou talvez não tenha gostado dele. Muitos homens ricos apaixonaram-se por ela, como o filho do pastor da igreja do bairro, um alemão que desejava se casar com ela, mas seu coração estava aguardando o príncipe encantado que chegaria a cavalo, no alto da montanha, levando doces para ela.

A fada-madrinha

Muito antes de conhecer Aurélio e de se casar com ele, foi arrancada dos braços da madrinha. E lá foi Eidy trabalhar em tenra idade como doméstica. Os dormitórios dos empregados ficavam no fundo da casa e, para se chegar, atravessava-se um quintal cheio de árvores frondosas. Segundo ela, era um caminho escuro que a fazia tremer e muitas vezes sentia fortes náuseas e vomitava mesmo sem ter nada no estômago. O amargor da vida habitado no corpo e que, de quando em vez, fazia escorrer pela boca um líquido amarelo esverdeado. Foi assim que tudo começou. Um medo que invadia corpo e alma e azedava sua capacidade de lidar com o pânico. Não tinha como desabafar. A mãe não seria a pessoa certa e, com certeza, jamais preocuparia dona Rosa para falar dos conflitos e dos temores que lhe afligiam.

Estava só.

Contou várias vezes que sentia muito medo de ir e vir do alojamento dos criados à casa principal, casa esta em que era humilhada pelas filhas dos patrões. Ela sempre argumentava sobre a decisão da mãe em tirá-la definitivamente do conforto do colo dos padrinhos e enclausurá-la nas casas de família. Sem estudo e sem esperança, caminhava a vida de Eidy que, por pouquíssimo tempo, foi Isabel. Não se sabe quanto tempo trabalhou como empregada. Ela contava que, tempos anteriores, em que fazia o grupo escolar, atravessava o Butantã para chegar à escola e passava por entre as cobras penduradas nas árvores. Nunca sentiu medo. Mas dormir nos quartos de empregados gerava nela um medo tão grande que mal dormia. Não tinha medo de cobra, mas dormir entre estranhos apavorava-a.

Contava que as filhas malcriadas dos patrões sentiam um prazer mórbido em humilhá-la. Vingava-se cuspindo nos ovos *poché* antes de servi-los. Era uma prática muito comum usada pelos empregados tratados como bichos pelos patrões. Em termos de patrão, havia alguns sérios e decentes, outros nem tanto. Vários filhos dessas famílias ricas encantaram-se por ela. Como era uma menina muito jovem e de uma beleza exuberante, não era de se estranhar que isso acontecesse. Muitos se apaixonaram perdidamente por ela. No entanto, Eidy nunca viveu esses rompantes, sabia que empregado era empregado e filho de patrão, filho de patrão. Não arriscou. Temia qualquer coisa que pudesse desaboná-la. Pretendentes nunca faltaram, houve muitos, mas a cada declaração de amor que recebia as borboletas não se alvoroçavam em seu abdômen. Além do que tinha medo de se perder, ou seja, de desgraçar a família e o bom nome com relacionamentos desastrosos.

Contava como tinha medo de quebrar algum pingente de cristal dos imensos lustres das mansões em que trabalhava, arduamente. Um único pingente do lampadário — uma vez quebrado, o salário de um ano estaria comprometido. Temia quebrar as xícaras de porcelana que pareciam com a casca dos ovos, e o único dia em que seu coração não saía pela boca era quando limpava a prataria, porque não era frágil como os cristais nem fina como as porcelanas.

E assim passou uma parte enorme de sua vida trabalhando de doméstica nas casas ricas da elite branca, no coração de São Paulo. O sentimento de subalternidade nunca abandonaria Eidy.

O amor

E eis que surge em um cavalo que não era branco o jovem e belo Aurélio. Os encontros ocorriam mesmo antes de Eidy completar 18 anos. Toda vez que ele estava chegando, seu coração batia no pescoço, doía-lhe o estômago, sentia as mãos suarem. Os olhos pareciam sentir que seu príncipe chegara: "nos namoros de antigamente, o casal mal se tocava, tudo era proibido, as pessoas se casavam sem ter intimidade, e pior, ainda, sem conhecer de fato um ao outro", dizia Eidy. Mais tarde, ela diria: "meu cavaleiro chegou num cavalo lindo e, depois de muito enamorada, percebi que não era para me trazer florezinhas do campo ou maria-mole, como no início da paquera, mas vinha montado em um cavalo para me dar coices, muitos coices". Outras vezes dizia que seu príncipe encantado trazia um cavaleiro desconhecido sobre o lombo.

Tudo foi muito rápido, o namoro esquentava a passos largos. E logo decidiram ficar noivos para desaprovação das famílias. Dona Rosa jurou não ir ao casamento e cumpriu a promessa. Ainda obrigou a filha a vestir as irmãs que quisessem ir. Na realidade, a mãe dela não era uma pessoa má, algumas mulheres eram exatamente assim naquele tempo. Mas que ela foi o fel pancreático que subia pelo esôfago de Eidy e se estabelecia na garganta — não se pode negar. Entretanto, como avó "era doce e carinhosa", diziam os netos. Por outro lado, a família do noivo não achou Eidy adequada à tradição familiar: era linda demais, inteligente demais e tudo demais. Com isso, daí em diante, tudo fora marcado a ferro e fogo.

Os desentendimentos começaram, falavam que ela estava interessada no dinheiro do noivo. Só não se sabe qual. Eidy rompeu o compromisso e atirou o anel de noivado em um arbusto. Aurélio passaria um bom tempo da noite procurando pela aliança no jardim da casa da noiva. Logo pela manhã eles conversaram e reataram o noivado. Aurélio decidiu marcar o mais rápido possível as bodas. Amavam-se, sim, mas tudo corroboraria para que eles fossem imensamente infelizes. Donos de um armazém de secos e molhados, os sogros de Eidy alugaram tudo uma semana antes do casamento. Mas e daí? Daí que Aurélio trabalhava com o pai dele, desde tenra idade, entregando compras em carroças, engarrafando vinhos, atendendo no balcão, arrumando as mesinhas, limpando e organizando tudo. Mas parece que houve uma reunião (da qual Aurélio não participou) e ficou decidido que o filho que estava se casando voltaria das bodas desempregado.

Os sogros tinham muitas casas de aluguel, casas estas que Aurélio e a irmã Aparecida (falecida aos 15 anos com reumatismo de tanto amassar barro com os pés) ajudaram a construir. Eles não tinham obrigação nenhuma em dar uma delas aos pombinhos recém-casados. No entanto, eles achavam perfeitamente normal, justo, de direito e até adequado, as filhas escolherem a casa que desejassem para morar quando se casassem. Ao filho, isso não fora possível. Fora negado a Aurélio o trabalho e a moradia. Eles foram morar na antiga cocheira de cavalos, que ficava no fundo da casa grande. Quase uma senzala. Eles adaptaram um quarto e cozinha no espaço da cocheira, mas sem banheiro. A noiva era obrigada a usar o banheiro dos bêbados que frequentavam o bar e, para tomar banho, usava uma bacia. Aquecia a água no fogão. Tudo ocorria para destruir o sentimento que unira o casal e que, no início de casamento, já estava comprometido. Havia também um pensamento controverso de Aurélio, que tinha ciúmes até da sombra de Eidy, mas não se importava que a esposa usasse o mesmo banheiro dos ébrios, que sempre davam um jeitinho de passar sorrateiramente as mãos no corpo dela enquanto aguardava na fila para usar o imundo banheiro masculino dos consumidores de aguardente. Com o tempo, ela ficava na fila com uma vassoura na mão.

Estava só.

Mais de 20 anos depois, a história se repetiria. A filha mais velha de Eidy e Aurélio, que se chamaria Iáscara, mas na última hora, escolheram outro nome, para o bem ou para o mal, casou-se em 1981. Casada, contou a história do que ocorreu com os pais ao marido, como Aurélio ficou sem emprego e sem casa. E o marido fez exatamente a mesma coisa quando seu primogênito resolveu casar-se: expulsou o filho da empresa da família. E a história não parava de se repetir. Cruel o antigo, cruel o moderno. A falta de amor causaria conflitos que adoeceriam os descendentes da família. Quem causa os conflitos não adoece, não morre. Quem planeja a guerra não vai ao front e, como diz Renato Russo: "O senhor da guerra não gosta de crianças". Nem de noras, nem dos filhos que se casam por amor, nem dos filhos dos filhos que podem ou não ser seus netos legítimos. E Eidy ouvia constantemente esta frase: "filhos das minhas filhas meus netos são; filhos dos meus filhos serão ou não".

Foi em dezembro de 1955 que Aurélio e Eidy se casaram contrariando a família do noivo mais do que a da noiva. O amor nunca foi levado em consideração, mas a hipocrisia, sim. Ela havia completado 19 anos em 5 de setembro e casou-se em 3 de dezembro daquele ano. Onze meses e 13 dias depois, veio a primeira filha do casal. Eidy teve a menina em casa, nos fundos da residência da sogra, onde (outrora) fora a cocheira dos cavalos. Ela se lembra de ter sentido um medo tão terrível ao pegar a menina nos braços que lhe tornou, ora frágil e doente, ora forte como um touro. Como citado, pensou em chamar a menina de Iáscara, mas depois mudou de ideia e escolheu outro nome. O marido desempregado, a vida difícil, a família toda da sogra ignorando a existência dela. Os pais dela ignorando a existência dela.

Estava só!

Com o marido desempregado, ela resolveu que voltaria a trabalhar e começou a estudar na Escola Profissional de Cabeleireiros. Também passou a estudar corte e costura. Especializou-se nos dois e formou-se professora. Mais tarde, abriu um salão e a Escola de Cabeleireiros Eidy, em que diplomava alunos e alunas. Ficou famosa no bairro pela qualidade de atendimento e serviços prestados. O que a fazia cansar-se é que, aos domingos e feriados, muitas irmãs e cunhadas com os irmãos e os filhos baixavam na casa dela para arrumar o cabelo, mudar a cor, cortar e fazer as unhas, cortar os cabelos dos pequenos e, muitas vezes, tirar lêndeas e piolhos. Eram tempos difíceis, porque eles chegavam (numerosos) para o café da manhã, almoçavam, tomavam o café da tarde e levavam o jantar em potes herméticos para a casa deles, não sobrando absolutamente nada ao marido e às filhas de Eidy. Mas ela não reclamava, achava correto, embora ficasse exaurida de energia. Muitas vezes, à noite, lavando louça e arrumando a bagunça, tratava de fazer um lanche para a família. Ela dificilmente comia algo nessas ocasiões, a não ser uma xicara com café com leite.

Mas o fato de passar a trabalhar muito (dentro e fora de casa) e não descansar nunca nem nos feriados nem nos domingos, somado a outros problemas, marcaria esse início de sua carreira profissional como um dos piores momentos da vida dela. De um lado, o excesso de trabalho e os cuidados exagerados e gratuitos com a família; de outro, o ciúme incontrolável do marido. Todos os dias, quando ela saía para trabalhar, Aurélio causava celeumas, gritava, ameaçava, humilhava quem estivesse por perto. Torturava e quebrava tudo o que estava na frente dele. Foram anos de violência psicológica. Não chegava a bater nela, mas também nem precisava. Os escândalos eram suficientes para tornar tudo insano. Mesmo diante de tantos assombros, Eidy continuou a trabalhar, aos trancos e barrancos. Até com os alunos gays, o marido sentia-se enciumado, deixado de lado. Com isso, apavorava a todos. Quando surtava parecia o cão.

E nessa toada meio insana, ela o incentivou a estudar. Ao contrário do desânimo e dos obstáculos que ele colocava no trajeto profissional da esposa, ela incentivava o marido a crescer, a evoluir. Com isso, Aurélio fez o curso de Contabilidade e, mais tarde, formou-se em Direito. O ciúme continuou. Ele não gostava dos cunhados, dos primos nem dos sobrinhos, não gostava de nenhum homem, pertencente à família ou não. Brigava por qualquer coisa: se precisasse ir à farmácia, reclamava; ir à padaria, reclamava; consertar a bomba do poço, reclamava; trocar uma lâmpada, reclamava. E por aí seguiam as contrariedades acompanhadas de desaforos de Aurélio. Reclamava em um nível que todos preferiam fazer ou pagar alguém para fazer. Mas ele também não tolerava pedreiros, encanadores ou eletricistas na casa com a esposa. Os relacionamentos abusivos são destrutivos (muitas vezes) em níveis psíquicos, causando danos que não se consegue comensurar.

O amor foi ruindo e evanesceu-se completamente. Talvez da parte dele houvesse amor, mas um amor doentio, porque quem ama não destrói. Não expõe. Não calunia. Quem ama não machuca nem deprecia. E quantas vezes, na história real, ouviu-se "Quem ama não mata". O movimento feminista SOS Mulheres — que surgiu após o assassinato de Ângela Diniz e de outras mulheres da sociedade brasileira — repetia o slogan "Quem Ama não Mata".

Aurélio era obcecado por Eidy, achava-a linda, sensual, vivia de admirá-la passando para lá e para cá enquanto ela lidava com a arrumação da casa. Mas quando estava com outras pessoas dizia que ela era coronel, que mandava e desmandava. Doce engano! O amor que sentia era mesmo doentio e o levou à morte aos 87 anos, dois meses depois que sua esposa morreu. Disse que não poderia mais continuar sem ela.

O tempo de reconstrução foi pequeno para essa história de amor impossível. Era tarde demais. Mesmo assim, viveram seus últimos meses de mãos dadas, trocando carinhos e afagos, com mil beijos apaixonados, dormiam de conchinha, faziam o café um do outro, lembravam-se do remédio um do outro. Resolveram lutar pelo sentimento que os uniu desde sempre tarde demais. E como diz a música "Todo Sentimento", de Chico Buarque: "Pretendo descobrir, no último momento, um tempo que refaz o que desfez, que recolhe todo o sentimento e bota no corpo uma outra vez. Prometo te querer até o amor cair, doente, doente. Depois de te perder, te encontro com certeza, talvez num tempo da delicadeza. Onde não diremos nada, nada aconteceu, apenas seguirei, como encantado ao lado teu". Ele seguiu encantando ao lado dela, mas também surtava e era grosseiro e agressivo, um sentimento de inferioridade insistia em fazer morada em seu espírito.

Foram anos de briga, de escândalos, todos da parte de Aurélio que cismava até mesmo com os vendedores de frutas e hortaliças que passavam de carroça na rua de terra onde moravam. Ele seguiu encantado, mas também alucinado pela esposa desde o primeiro dia em que a conheceu. A família teve uma parcela enorme de culpa. Eidy nunca foi aceita pela família do marido, era de uma beleza incomensurável que incomodava demais. As irmãs dele, com raras exceções, nunca gostaram dela e os sogros também não. Muitos foram os "disse-me-disse" contra o casal, e Aurélio nunca soube lidar com isso. Eram rinhas dos dois lados da família. Todos contribuíam de certa forma para a tragédia anunciada. No fim da vida contou à filha mais velha muitas coisas e pediu perdão por não ter defendido seu amor. Um amor que perdera por pura covardia. Não sabia exatamente o que ocorria, mas ouvia as fofocas contra ela. Não houve, como diz Chico Buarque, tempo para "a gente se desvencilhar da gente".

Eidy passou a vida esperando o dia que o marido a salvaria da Cuca, do bicho-papão, dos lobos que se achavam carneiros com pedigree e tudo o mais. A Casa Grande tinha mesmo uma senzala, e ela praticamente continuou com muito medo, muito medo e, pior, com uma posição subalterna, trocou apenas o quarto que ficava nos fundos das residências dos patrões, lugar onde trabalhava em troca de um salário, com direito a alimentação e um banheiro, por outro quarto, nos fundos da residência dos sogros, lugar onde morava com o marido, trabalhava de graça, sem direito a almoço e sem banheiro. O marido não sentiu a diferença que Eidy vivia cotidianamente porque acordava e subia para tomar café da manhã na cozinha da mãe, almoçava na cozinha da mãe, jantava na cozinha da mãe e continuava a usar o mesmo banheiro que o aprazia antes de se casar, com direito a banheira, ducha, pias, cosméticos, apetrechos de barbear e tudo o mais.

Levou muito tempo para entender que havia se casado e que deveria ficar ao lado da esposa, no quarto e cozinha (um cômodo único) que fora montado para o casal. Quando passou a frequentar o local destinado aos noivos, percebeu que não havia condição e, então, não se sabe como, o sogro reservou a casa mais simples que tinha, com quarto, cozinha, sala e banheiro para Aurélio e Eidy. Afinal, eles já tinham duas filhas.

Com o tempo, Eidy desenvolveu uma personalidade alicerçada na caridade, mas uma caridade fincada na promessa que havia feito para a mãe, aquela de que olharia pelos irmãos e faria o impossível para que eles estivessem sempre bem. Foram anos levando cesta básica e dinheiro à irmã mais velha. Esse traço de personalidade levava em conta todos da família e fora dela, menos a si mesma. Quando sua saúde ficava precária e as filhas lutavam para ela procurar um médico, dizia: "quando melhorar, eu irei". Ou quando, quase sem forças, era levada ao hospital, caindo pelas beiradas, sendo erguida pelos braços das filhas, não queria cadeira nem cama. No pronto-socorro sempre dizia: "Não usarei a cama, deixe para quem precisa". E em pé, sustentada por braços de terceiros, ia caminhando e se levantando usando toda a força que reservava para cuidar incessantemente de todos.

Nunca se sentou à mesa para almoçar, para tomar café ou jantar com os familiares. Primeiro, servia abundantemente; segundo, via se estavam confortáveis e se alguém desejava algo a mais; terceiro, em cima de protestos sentava-se em um canto da mesa, em um banquinho, como se tivesse que pagar penitência por existir.

Quando o irmão Euclides adoeceu e não pôde mais comer, Eidy resolveu que o sacrifício dela poderia salvá-lo. E parou de comer também. De quando em vez, bebia um café com leite ou tomava um copo com água. Subia a pé de sua casa, que ficava na parte de baixo do bairro, beirando o rio, até a residência do irmão, que ficava na parte alta do bairro. Levava almoço, jantar e roupa lavada e passada. Na casa deles, lavava a louça, faxinava e cuidava deles. Não pense, caro leitor, que Euclides era só, tinha esposa, filhos, noras e netos. E uma das noras, Cléa, cuidava dele como um pai, uma mulher como poucas. Cléa era, na verdade, a ex-nora. E Luiz Fernando, um dos sobrinhos, também, dedicou parte de sua vida a cuidar do tio, cuidou dele durante todo o processo de busca pela cura e, por fim, enquanto durou o tratamento paliativo.

Mas Eidy fincou a última lâmina em seu peito acreditando insanamente que seu sacrifício e sua dor pudessem salvar seu irmão da morte. Apagou a penúltima vela que insistia em iluminar sua vida tola e meio perdida. Meio invalidada. Cada um que morria, ela trancava a voz, passava dias e dias calada, ensimesmada, meio agressiva até. Eram dias e dias de sofrimento. Adoecia porque não comia, não dormia e precisava sentir a dor do mundo para ter direito a continuar vivendo. O luto era sempre algo que deveria matá-la um pouco, a dor deveria ser intensa. Toda morte exige luto, mas um luto permanente e mudo é para os doentes. Um luto que aniquila o corpo e a alma é insano, serve apenas aos que acreditam no suplício como purificação, na ideia de mártir ou de herói. Pode fazer sentido aos insipientes, porque os saudáveis têm a consciência de que tudo isso é pura abstração. O sacrifício não faz viver o morto, nem traz saúde ao enfermo.

No entanto, não se pode apenas descrever sua personalidade cheia de cortesia e generosidade exacerbadas, faz-se necessário entender que muitas tragédias ocorreram em sua vida. E Eidy não falava sobre isso, calava-se, trancava-se dentro de si mesma e implodia. Perdera os dois irmãos homens, um deles em um acidente tão horrível que saiu no jornal da Zona Leste. Escondia as gravidezes das sobrinhas se elas não fossem casadas. Escondia as cunhadas que se viam grávidas pela quarta ou quinta vez. Havia um pesar, um olho triste cheio de muito dó sobre os familiares que ela achava desassistidos. A eles dava em dobro.

Um dia, após conseguir deixar a casa como desejava: móveis novos, tapetes, quadros e cortinas, sentiu uma culpa tão imensa e cancerígena quando a esposa do irmão disse que não tinha cortinas nem tapetes na humilde residência dela que, num rompante, Eidy retirou praticamente 80% de suas cortinas e adaptou-as à casa da esposa de Walter, levou metade dos tapetes e dos quadros e, de quebra, algumas almofadas. Tudo o que era cotidiano na vida das pessoas em sociedade doía-lhe a alma e era motivo para esconder ou ajudar excessivamente. O marido e a filha mais velha, ao observarem a limpa que ela fizera na casa depois de toda reformada e adornada, não comentaram nada, porque conheciam as dificuldades de Eidy. Mas a caçula ficou inconformada.

Introvertida, calada e cheia de resiliência, mas decidida a ganhar dinheiro para poder ajudar mais e mais a todos, e a dar de tudo às filhas, Eidy trabalhou incansavelmente por mais de 30 anos, mas nunca conseguiu aposentar-se. Aurélio, quando se casou e percebeu-se desempregado, trabalhou de eletricista e foi até subdelegado de Itaquera. Mas como o cargo era de confiança não durou muito. A contragosto entrou na polícia na Guarda Civil, criada em 1926, na posição de soldado. Depois trabalhou na contabilidade, montou uma imobiliária e passou a exercer a profissão de advogado. Na carreira da Guarda Civil de São Paulo, que, em 1970 virou Polícia Militar, chegou a primeiro-tenente. Mas até que isso acontecesse, Eidy esteve na retaguarda financeira, era o salário dele da polícia mais a manutenção dela em tudo que faltava. Por anos foi assim e durou até o ano de 1978, quando Aurélio graduou-se em Direito.

Em seus dois últimos meses, Aurélio contou à filha mais velha que o pai dele, Amaro, iria comprar um carro para ele, no ano de 1955: "nós fomos ver o carro, escolhemos a cor, o modelo, o ano, e meu pai tinha o dinheiro para uns dez carros daquele, lembro-me de ficar feliz demais. No entanto, bastou eu falar que desejava me casar para ele cancelar a compra. Nunca me avisou que havia desistido. Meu pai era estranho, era o jeito dele, o que eu iria fazer?". Passava os dias contando à filha tudo o que viveu e o quanto foi covarde: "Eu deveria ter cobrado de meu pai muita coisa e de minhas irmãs, também, se é para facilitar a vida de todos os filhos, isso inclui os filhos homens também", dizia. Aurélio tinha uma relação amistosa com as irmãs, mas com a caçula era uma paixão à parte: "Ela é a única que me entende, a única que demonstra afeto verdadeiro".

Quando a irmã caçula o visitava, seu dia ficava mais feliz, conversava, bebia vinho, comia com alegria: "eu gosto demasiadamente de minha irmã caçula e do marido dela, temos, além do afeto, afinidades", dizia. E muitas coisas aconteceram naqueles últimos meses em que Eidy e Aurélio foram morar com a filha mais velha. Tantas histórias verdadeiras e tão tristes. A principal delas, segundo Aurélio, foi a de não ter lutado por seu amor. Quando morreu, a filha mais velha pegou pela primeira vez seus documentos, com os papéis e fotografias em mãos, parecia estar cometendo uma heresia. Neles, havia várias fotos de Eidy. Uma em particular ele registrara na parte de trás: "Eidy, my love". Eidy estava de biquíni, com barriga tanquinho, exuberante, soberana e imortal. A filha sentira o mesmo estado de profanidade quando teve que se apropriar dos documentos da mãe. Era uma invasão ao sagrado. Uma heresia. Foram momentos difíceis. Com os documentos da mãe havia um pequeno papel amarelado que registrava a letra de Eidy e estava escrito: "Para não morrer, saí um pouco". A vida passa num estalar de dedos, essa é a maior verdade que existe nesse mundo de Deus.

Foram tantos os dissabores que viveu morando ao lado da família do marido, tantas humilhações, fofocas que não se podem comensurar. A rejeição da parte da mãe de Eidy causou profundas feridas. As amigas das irmãs de Aurélio sempre riam alto quando Eidy passava. As provocações iam longe e Aurélio gostava de ficar conversando com todas essas moças. A mãe dele alugava quartos para moças que, formadas no Magistério, conseguiam, por meio de concursos, lecionar na Zona Leste. Elas moravam na casa grande com as irmãs de Aurélio. As festas eram diárias. Enquanto isso, Eidy cuidava da casa e das duas filhas, sozinha.

Estava só.

Aurélio confessou que ficava lá porque era divertido, havia risos, moças bonitas e vinho, mas jurou que nunca se envolveu com nenhuma delas. Amava Eidy, entretanto não estava maduro. Confessou várias vezes à filha mais velha sobre tanta coisa que a deixou leve e pesada ao mesmo tempo. Ora bolas, ele se casou aos 25 anos e não estava maduro o suficiente? A mulher amadurece na "porrada" mesmo, porque Eidy casou-se aos 19 anos e assumiu — com medo (muito medo), mas assumiu — casa sem conforto, sem pia, sem banheiro, no fundo da casa da sogra, com duas filhas.

A primeira nasceria em casa com ajuda de dona Marcelina, a parteira do bairro. A experiência foi tão horrível que implorou para o marido levá-la ao hospital no nascimento da segunda menina. Engravidou pela terceira vez, mas em torno dessa gestação há inúmeros véus. Ora Eidy dizia às filhas que perdera, ora que nunca mais ficara grávida depois da segunda filha. Nas horas de lucidez, contava que a parteira, quando do aborto, acreditava que poderia ser um menino. Eidy passou a vida lamentando não ter um filho homem, sonhava que o filho salvá-la-ia de seus pesadelos.

Mesmo sendo maltratada pela família do marido, cansada de viver em cima e em baixo de fofocas e calúnias, ensinou as filhas a respeitarem a avó que, segundo ela, fez muitas coisas boas — apesar de tudo. E assim as meninas cresceram respeitando e, acima de tudo, gostando dos avós. Eidy foi uma mulher perfeita, digna, caridosa e, principalmente, uma mulher que emanava um amor incondicional.

Doce, doce criatura. A felicidade dos outros era de fato a dela. Negou a própria existência a vida toda, nunca usou sua parte nesse latifúndio. Dividia o indivisível. Repartia pães e peixes, como Jesus Cristo. E como Ele, morria um pouco a cada dia pelos pecados alheios. Estar com ela trazia um prazer que não se mede nem se pesa, porque não se pode dimensionar. Estar com ela era não perceber nem sentir o tempo. Era caminhar nas nuvens de algodão doce. Era viver no mundo de Alice, porque ela transformava tudo em magia com o excesso de amor que lhe vinha da alma. E o cheiro dos bolos de laranja talvez nunca se esvaneça das lembranças de quem passou uma tarde tomando seus chás e cafés. De uma maciez ímpar, com um aroma peculiar, porque sempre havia um ingrediente meio secreto, esses bolos surgiam como mágica sobre a mesa da cozinha, ao lado de bules adornados cheios de chás, também perfumados. Tudo estava mesclado à magia, ao encantamento. Eidy, seu nome é amor e força. Nada parecia difícil quando se estava com ela. As dores do mundo paravam de existir por um tempo. Seus dedos gigantes passando por entre os fios de cabelo das filhas eram experiências únicas e indescritíveis. Que mulher incrível! Como a desvendar? Impossível.

Como a vida nunca foi cor-de-rosa para Eidy, mas sim para as pessoas que conviviam com ela, porque fazia ser e acontecer, ela realizava os desejos das pessoas como o gênio da lâmpada. Para as filhas costurou e bordou todas as bonecas imagináveis: a berinjelinha, a abobrinha, a rosinha, a estrelinha. Cozia vestidos belíssimos e as meninas pareciam princesas vindas de contos de fada. Forrava os sapatos com os mesmos tecidos. Seu gosto clássico e sofisticado era passado para as meninas sutilmente. Combinava cores, como cinza e vermelho ou cinza e verde, adorava os tons ferrugem e bronze e sutis estampas de arabescos.

Quando se casou, seu vestido foi um dos mais chiques que os olhos humanos poderiam alcançar. O modelo acentuou a cintura de pilão e o decote, os fartos e rijos seios. Sobre a cabeça um casquete com um pouco de brilho em um tecido acetinado. O véu curto resplandecia seu rosto perfeito. Não foi uma mulher comum, nem na aparência do corpo, nem do rosto, nem na personalidade. Só não se pode seguir como exemplo a negação de si mesma, o direito à vida que não utilizou para si, ao amor, à prosperidade, ao aconchego, ou seja, à parte dela nesse latifúndio chamado existência. Sim, Eidy foi um imenso paradoxo. Difícil de ser desvendado. E Aurélio passaria a vida toda emaranhado nesse ser refulgente chamado Isabel.

Foi uma espécie de Robin Wood ao contrário, porque nunca tirou nada dos ricos, nunca usou um centavo de ninguém, nem dos sogros, nem da mãe, nem dos irmãos. Mas tirava de si mesma para dar aos outros. Aqueles a quem enxergava como necessitados. Foi tirando tudo de si, dividindo, subtraindo e eliminando até que não sobrou nada.

O armazém Nossa Senhora de Fátima voltou às mãos do antigo dono, o pai de Aurélio, pouco tempo depois do casamento do filho. Era o comércio do pai Amaro, da mãe Carlota, das três filhas, dos três genros, mas jamais fora do filho. Todas as filhas poderiam se fartar com as coisas que abasteciam o armazém. Amaro restituiu a venda quando Aurélio, depois de muito quebrar a "cabeça", conseguiu um "bico" que mal dava para comer. As filhas de Amaro fartavam-se com leite, pão, queijos e frios logo pela manhã, era fartura reconhecida. Mas o filho, quando pegava alguma coisa, porque não havia nada para o café da manhã na senzala, seu pai marcava na caderneta.

E não foram nem 10 nem 20 vezes que Amaro falava às netas que antes de levar meio litro de leite, a única nora deveria acertar a conta. Era muito difícil para as filhas de Aurélio ver claramente como eram tratadas de maneira discriminada pelos avós e pelas tias. Os filhos das filhas podiam tudo, as filhas do filho só acertando a caderneta. Um único docinho que essas meninas comiam era marcado na caderneta. Eidy nem questionava mais, pagava a quantia que estava marcada. E pronto!

Como foi trabalhar muito cedo, logo comprava em dinheiro vivo para a surpresa de todos. A avó, que tinha um dos nomes da princesa do Brasil, a infanta espanhola, esposa de D. João VI, pedia ao marido que não marcasse na caderneta os doces que, afinal, ela havia dado às meninas. "Muitas vezes, minha avó dava doces escondidos do meu avô para mim", diz a filha caçula de Aurélio. A avó gostava das netas, filhas de Aurélio, claro que preferia os netos vindos das filhas, mas de um modo particular, ela gostava das meninas. E da mesma forma podiam se referir à avó materna, porque dona Rosa era puro afeto. Muitas vezes, ficava passando as mãos no rosto da neta mais velha por longo tempo. Um carinho à parte. E quando a neta ficava na casa dela, colhia muita taioba na horta, porque era uma hortaliça que a menina gostava. Esse carinho era, sem dúvida, uma maneira de amar. De uma forma ou de outra, as avós materna e paterna, que não toleravam o matrimônio de Eidy e Aurélio, com o tempo, renderam-se ao encanto das crianças.

Euclides, conhecido por Kidi, era aquele tio que se comunicava pelo afeto: educado, carinhoso e comunicativo. A menina mais velha de Eidy adorava-o. Ele contava histórias, casos e acontecimentos históricos de quando trabalhava pelos lados da Amazônia, Rondônia e Roraima como caminhoneiro. Eidy fazia tudo pelo irmão, resolvia todos os problemas dele e acobertava seus desvarios e erros, pagava boletos, comprava roupas e o que mais ele precisasse. Inclusive, a aposentadoria de Euclides havia saído graças a Aurélio, o marido de Eidy, que completou (em dinheiro) alguns anos pagando a parte que faltava. A irmã preocupava-se quando ele ficava gripado, mimando-o exageradamente, para o pavor do marido, que morria de ciúme. Adoecia de tanto ciúme. Mas cada um dos pares desse casamento que ruía a olhos nus fazia isso sem ou com intenção de magoar, ou as preocupações eram verdadeiras, mas sem sentido algum. Aurélio, certa ocasião, ganhou um quinquênio em dinheiro, na Polícia da Guarda Civil, e o usou para comprar um aparelho de televisão para sua mãe, sem falar para Eidy. Eles agiam assim, competiam para ver quem iria magoar mais o outro. E iam destruindo-se pouco a pouco.

Eidy viveu dividindo, subtraindo coisas de si mesma em prol de terceiros. No final da vida amou Aurélio, ele nem acreditava que as mãos que o acariciavam eram as dela. Dormiam como dois amantes, grudados, trocando carícias e beijos. Há dois milhões de coisas significativas que deveriam ser registradas aqui, mas seria impossível. Talvez um livro inteiro de muitas páginas não fosse o suficiente para contar a história de Eidy, a mulher mais doce do mundo. A que mais amou o próximo, seguindo, rigorosamente, os postulados de Jesus Cristo, repetindo os ensinamentos de amar e respeitar. Eidy, nesse sentido, foi seguidora do maior avatar espiritual da história. Não obstante, esqueceu-se de si mesma.

Uma mulher que sempre deixou para mais tarde o direito de ser feliz, sempre deixou para depois o cuidar de si e de se aprazer das coisas boas que lhe cabem por direito. E assim como a personagem Newland Archer, personagem do filme *A Época da Inocência,* deixou para viver a vida quando fosse possível, viu e sentiu que, quando finalmente parecia possível, seu tempo havia acabado. Eidy também já não tinha mais tempo para viver seus desejos, suas escolhas, suas vontades. O tempo não para. Lembro-me da cena do filme em que Newland, no inverno, está diante da janela da amada. Depois de tantos anos, está a alguns passos dela. A poucos metros. Seu rosto carrega a angústia da realidade que se impõe. "Tarde demais". Estava só e só iria ficar até sua morte, porque o tempo é um fio miserável e cruel que corre, e para, poucas vezes, em algumas estações do ano. Devemos entrar quando o fio da vida se esticar e parar para as oportunidades que ali se encontram. Newland não entrou em nenhuma das paradas do fio da vida. Perdeu todas. Eidy também.

Isabel ou Eidy, mulher que via a beleza das flores e dos campos, encantava-se com os pássaros cantando e com a exuberância das árvores, admirava o correr manso das águas dos rios que entoam hinos leves e se emocionava com a inocência das crianças, fora sucumbida pelo tempo. E como dizia Cazuza em uma de suas músicas: "O tempo não para".

— Mas quem sou eu?

— Eu sou a filha mais velha de Aurélio Cardoso Coelho e da incomparável e inesquecível Eidy da Silva Cardoso Coelho.

TARSILA DO AMARAL

*Este crime, o crime sagrado de ser divergente,
nós o cometeremos sempre.*

(Pagu)

— Era um indígena canibal?

— Um antropófago?

— Uma criatura disforme e gigante como Adamastor?

Quando o assunto é canibalismo, o imaginário é transposto com o vento a um tempo afastado e cai no meio da selva, lugar onde há imensos caldeirões sobre fogo cozinhando humanos vivos. No imaginário habitam cenários de medo, situações tenebrosas, criaturas horrendas, anões e gigantes. São os ciclopes que apontam nas histórias, imensas criaturas de um só olho, bem no meio da testa. É Argan, o paciente imaginário de Molière. São as criações literárias e artísticas.

As histórias infantis trazem bruxas que comem criancinhas, como no conto de fadas *João e Maria*. Compilado pelos Irmãos Grimm, a história de tradição oral fala de duas crianças, filhas de um lenhador, que são enviadas pela madrasta para a floresta. Ela queria mesmo era livrar-se deles. Perdidos, são capturados pela bruxa que os engaiola e passa a engordá-los, para depois devorá-los. E a bruxa canibal começa com o menino.

Segundo o dicionário, antropófago é aquele que se alimenta de carne humana, que pratica o canibalismo. Muitos filósofos, pesquisadores e historiadores escreveram sobre o assunto, por exemplo, o viajante alemão Hans Staden, do século XVI, que registra em seu livro *Duas Viagens para o Brasil*, de 1557, o canibalismo praticado entre os indígenas brasileiros tupinambás. Também do século XVI, o francês Michel de Montaigne escreveu *Dos Canibais*, em que relata a vida de algumas tribos indígenas no Brasil.

A prática canibal não é necessariamente fartar-se de carne humana, mas representar, por meio do ato de comer, algo eminente e significativo para a cultura das tribos, como comer a carne humana de um guerreiro vencido pertencente à tribo inimiga em uma espécie de ritual (com músicas e danças). Ou, ainda, comer a carne de algum membro da própria tribo que, uma vez morto, precisava tornar imortais as qualidades que possuía. Se o braço fosse de uma força inigualável, os indígenas mais importantes da tribo comeriam esse braço para adquirir força e imortalizá-la no outro. Os indígenas tupinambás, do século XVI, no Brasil, segundo a história, pertenciam a uma tribo que praticava o canibalismo.

Poderíamos pensar que é uma forma de canibalismo quando o coração de alguém morto revive em outro corpo? Claro que não, mas para manter vivo um ser humano faz-se uso do órgão que não serve mais a um corpo morto. Entretanto, crenças são crenças, e é muito difícil discutir sobre elas, porque pertencem a tempos distintos e sociedades longínquas, só mesmo especialistas como os antropólogos podem compreender e analisar e teorizar sobre as crenças e as culturas desses povos.

Afinal, do que falo? De *Abaporu*, um dos quadros mais valiosos da modernidade. Uma pequena tela de 85 por 73 cm que representa uma época, um movimento literário, a arte de uma mulher, uma nova concepção de arte e o ato de devorar a arte moderna europeia e outras para contextualizá-las à cultura brasileira, tornando tudo muito tupiniquim. *Abaporu* é uma das metáforas do Movimento Modernista que inaugura a Semana de Arte Moderna, em fevereiro de 1922, e, sucessivamente, o Manifesto Antropofágico, de Oswald de Andrade. O termo *Abaporu* origina-se de três vocábulos da língua Tupi: *aba* + *por* + ú, que designa literalmente homem que come gente.

A imagem de uma criatura imensa, com pés gigantes, corpo disforme e cabeça miúda representa muitas coisas, a saber: uma criatura nua, sem roupas pré-concebidas, ou seja, adequada às roupas novas do século XX; o nu pode significar, também, algo nascendo; a criatura remonta o primitivismo, aquilo que está fora do alcance do mundo civilizado; o cacto simboliza resistência, adaptação, exterior forte e que repele outros seres devido aos espinhos e designa, ainda, reserva de água (vida) e persistência; a deformidade faz alusão à arte vanguardista do cubismo e do surrealismo; o corpo grande e desproporcional, segundo os críticos, remete ao trabalhador sob o sol escaldante. Segundo a crítica, *Abaporu* evidencia o contraste entre trabalho braçal e intelectual, isto é, a desvalorização do intelecto representada pela diminuição excessiva da cabeça, evidenciando a falta de conhecimento e de discernimento, contrapondo-se ao corpo desproporcional e, principalmente, os pés avantajados: ser sem pensamento crítico e com corpo adequado ao trabalho.

— Quem foi a artista que pintou *Abaporu*?
— Tarsila do Amaral!

A musa antropofágica que, embora não tenha participado da Semana de Arte Moderna, penetrou profundamente no ideal de transformação da cultura e da arte, no Brasil, alicerçada na vanguarda europeia, porém, com recheio e cobertura de muita brasilidade. Tarsila do Amaral (1896-1973) viveu a modernidade plenamente, viajou, produziu, estudou, criou. Tarsila era única, vestia-se de modo particular, seu guarda-roupa era comentado por toda a sociedade, porque era cheio de "brasis" e de "vanguardas" nos tecidos, nos ornamentos, e nos chapéus que usava. Sem dúvida, ela ressignificou a forma de a mulher apresentar-se publicamente. Seu nome é de origem grega, pode significar pessoa corajosa, de confiança ou alguém que veio de Tarso, uma cidade da Turquia.

Sim, ela foi brilhante, ousada e era uma mulher que se vestia do novo, respirava o novo, mas não só culturalmente. Ela vivenciou o novo colocando-o na condição de mulher moderna, na vida pessoal, amorosa e pública. Sobre a criatura, Tarsila diz: "[...] uma figura solitária monstruosa, pés imensos, sentada sobre uma planície verde, o braço repousando num joelho, a mão sustentando o leve peso da minúscula cabeça".

É considerada uma das maiores expressões da arte do Modernismo. Na pintura, renovou os estilos pós-expressionistas e a arte naif. O termo *art naif*, vindo do francês, é um movimento artístico independente que usa da simplicidade, como linhas simples e cores fortes, para retratar uma época, um novo conceito ou uma pessoa de caráter inocente. O estilo dialoga com o Expressionismo, arte vanguardista que usava a deformação do objeto retratado de modo a salientar o horror e o sombrio, como a criatura que grita ininterruptamente no quadro *O Grito*, do pintor norueguês Edvard Munch. Uma criatura que grita e, aos poucos, transforma a arte num grito personificado que ultrapassa os limites da tela e espalha pelo circundante som, horror e desespero.

A Semana de Arte Moderna ficou na história. Poetas, contistas, romancistas, manifestos, telas, esculturas, dança e música: "Urra o sapo-boi: — Meu pai foi rei. — Foi! — Não foi! — Foi! — Não foi!", diz Manuel Bandeira. "Todo amor não é mais do que um eu que transborda", diz Sérgio Milliet. O movimento de grande ruptura com a arte e a literatura tradicionais causou um escândalo na sociedade conservadora.

Nele, várias mulheres surgiram para demarcar novos espaços, como a mineira Zina Aita; a paulista Tarsila do Amaral; a ítalo--brasileira Anita Malfatti; a pianista Guiomar Novaes, cuja carreira internacional marcou eventos em que tocou exclusivamente para o 32º presidente dos Estados Unidos, o democrata Franklin Roosevelt, e para a Rainha Elizabeth II; e a pintora e ceramista Regina Gomide Graz. A maioria foi esquecida completamente. Quem se lembra de Zina, Guiomar e Regina? Mesmo Tarsila tem obras esquecidas, ela e Anita subiram degraus, mas não o suficiente para terem seus trabalhos louvados sempre.

No Manifesto Antropofágico, a ordem era devorar a cultura europeia contextualizando-a em uma proposta 100% brasileira, evidenciando um primitivismo crítico e desenhando, ao mesmo tempo, o cenário brasileiro. No rol dos participantes, os nomes de mulheres pintoras e escritoras estavam entre Oswald de Andrade, Raul Bopp, Manuel Bandeira, Mário de Andrade, Di Cavalcanti e Menotti Del Picchia, entre outros. Foi uma semana de muita poesia, manifestos, prosas, telas, esculturas, dança e música (como citado), inaugurando a modernidade que nascia com o início do século XX.

Tarsila nasceu em Capivari, interior de São Paulo. No seio de uma família rica, estudou nos colégios tradicionais da cidade paulistana. Adolescente foi para Barcelona e pintou seu primeiro quadro, *O Sagrado Coração de Jesus*. Sua vida profissional, mesmo diante da crise da Bolsa de Valores de 1929, que faria com que sua família perdesse quase toda a fortuna, era de pura ascensão. E em momentos que as finanças se esgotavam, vendia alguns quadros.

Era uma artista que inovava no mundo das artes com profissionalismo e coração. Mas a mulher não podia ter tudo. Mesmo diante do século que parecia libertar as amarras do feminino. Tarsila teve relacionamentos que lhe causaram grandes sofrimentos, estados depressivos de angústia e certa melancolia que jamais se extinguiram. No amor, ela viveu dias que pareciam noites, sóis revestidos de terríveis tempestades, com pouquíssimos momentos de bonanças.

Com apenas 20 anos, casou-se com um primo materno, o médico André Teixeira Pinto, e teve com ele uma filha. Mas logo se divorciou, porque percebeu que o casamento era uma prisão e a impedia de exercer sua arte e de existir por ela mesma. André era um homem conservador e jamais aceitaria uma esposa como Tarsila, ousada, artista e, principalmente, livre. Uma mulher cheia de encantos. Segundo críticos, além das traições, que eram comuns entre os matrimônios do início do século, entre André e Tarsila havia desníveis culturais profundos.

Após a anulação do matrimônio, com a ajuda dos pais, viajou a Paris dois anos antes de 1922, a fim de se especializar em pintura e escultura, esta última, uma arte aceita somente no mundo dos homens, como se as mulheres fossem incapazes. Camille Claudel soube bem disso, na França do século XIX. Havia um imenso medo de que as mulheres pudessem se apropriar do espaço da escultura, reconhecido apenas no universo masculino. Tarsila, em Paris, participava ativamente de saraus, reuniões e eventos de arte e, em um deles, conheceu Oswald de Andrade, apaixonaram-se e passaram a viver juntos. Uma mulher que em pleno início do século XX mostrava-se livre e independente. No entanto, sua força começa a diminuir quando Oswald a abandona para ficar com Pagu, a menina de ouro do casal. Foram tempos difíceis.

Em 1932, dois anos depois da separação, relacionou-se amorosamente com o médico psiquiatra paraibano Osório Thaumaturgo César. Viajou com ele para a União Soviética, foi perseguida e presa. Foi um grande trauma para ela. Já não se sentia como antes, parecia que tudo havia perdido o significado. No entanto, um ano depois, quando pintou *Operários*, mostrou claramente a influência crítico-política vinda de César. Oprimida pelo governo de Getúlio Vargas, pela realidade que se somava e se agigantava a sua frente e pelas perdas amorosas, Tarsila sofreu com surtos que a tornaram triste de quando em vez, e em outras vezes, com uma fúria incontrolável.

Quatro anos após a separação do escritor e poeta Oswald de Andrade, especificamente em 1934, passou a viver com o jornalista carioca Luís Martins, 20 anos mais novo. Foram longos 18 anos embebidos em ciúme, traições e despeito, por mais que houvesse uma evolução no mundo da mulher. Anita, Zina, Pagu e a própria Tarsila eram exemplos vivos desse salto. Ela sofreu, adoeceu, curou-se e tornou a adoecer. À mulher ainda não era permitido navegar por múltiplos caminhos como ao homem: ter esposa e filhos, carreira brilhante, amantes e ser, por isso, o máximo.

Quando Oswald a abandonou para ficar com Pagu, Tarsila, traída, preterida, abandonada, proibiu que ele pegasse roupas e objetos pessoais em sua casa. Estava magoada, ferida profundamente. André, César, Oswald e Martins, de modos distintos, tinham destruído parte de sua vida, desgastando a energia e a vivacidade que possuía. Quatro uniões que deixaram cicatrizes que nunca se fecharam.

Com o tempo, percebeu que Luís não era mais o mesmo, a diferença de idade é sempre colossal quando a mulher é a parte mais velha do casal. Oswald casou-se com Pagu, que era muito mais nova, e a diferença de faixa etária entre eles não foi motivo de separação. Tarsila era uma mulher incomum, muito à frente de seu tempo, crítica, politizada, fazia de sua arte um instrumento político, como suas obras *Operários* e *Trabalhadores*. Luís viajava sozinho e já não se interessava mais por ela. Com o tempo, deixou Tarsila para se casar com uma prima dela, a jovem Ana Maria, 20 anos mais nova que ele. Eis o coração de uma mulher que acreditou na vida e no amor. *C'est la vie!*

A obra *Aí Vai Meu Coração*, organizada pela filha de Luís Martins, Ana Luísa Martins, fala das inúmeras cartas que Tarsila enviou ao amado quando se separaram. São cartas que encerram dores e escritas no ápice do desespero e que ainda sangram ao serem lidas e relidas. Depressiva, o estado de saúde de Tarsila agravou-se quando sua única filha, Dulce, morreu, em 1966. Tarsila nunca mais seria a mesma. Entretanto, deixou a arte e a literatura marcadas com suas mãos, mudou o modo de pensar a arte, caminhou por estradas que poucas mulheres se atreveram. Conhecido no mundo todo, seu quadro *Abaporu* foi vendido por mais de um milhão de dólares ao colecionador argentino Eduardo Constantini. Segundo a docente da USP, Mayara Laudanna, Tarsila viveu como desejou e pagou um preço alto demais por isso.

Suas obras, cheias de significados metafóricos e críticas político-sociais, são o obelisco da modernidade e parte integrante da Semana de Arte Moderna de 1922, mesmo sem ela ter participado do evento. Pintou mais de 100 telas, dezenas de ilustrações e estudos, tais como: *Antropofagia*; *Manaca*; *Urutu*; *O Pescador*; *Operários*; *The Egg*; *A Negra*; *A Cuca*; *Post Card*; *Brazilian Religion*; *Carnaval em Madureira*; *Família*; *Maternidade*; *Chapéu Azul*; *Amor; Boi*; *Pão de Açúcar*; *Autorretrato*; *Romance*; *A Caipirinha*; *Retrato de Oswald*; *O Touro*; *Estrada de Ferro Central do Brasil*; *São Paulo*; *O Mamoeiro*; *Paisagem*, entre muitas outras. No que se refere aos retratos, pintou muitos rostos, por exemplo, o do padre José Maria Nunes Garcia; de Antônio de Toledo Piza; de Francisco Aranha; de Frei Miguel Arcano; de Marechal Arouche; de Joaquim do Amaral e vários do marido Luís Martins e de Oswald de Andrade.

Expôs sua arte dentro e fora do Brasil, ganhou inúmeros prêmios e até hoje suas telas são conhecidas e aclamadas. Deixou um arcabouço gigante que pode ser encontrado em vários países, como *Abaporu*, que está permanentemente exposto no Museu de Arte Latino-Americano de Buenos Aires, Argentina. Todas as telas estão impregnadas de impressões digitais, marcas indeléveis da artista Tarsila do Amaral. Pessoas como ela não morrem, imortalizam-se na arte do mundo, em cada pincelada, em cores que se sobrepõem nas telas, nos desenhos, nos estudos, na escultura.

Operários

Muitos rostos similares, em tons monocromáticos, rostos dos operários das fábricas que se iniciaram em São Paulo, estruturando uma cidade industrial, cujo cenário estava voltado apenas aos rostos acumulados, um ao lado do outro, como se o espaço de existência fosse restrito. De temática social, *Operários* revela a desimportância da classe trabalhadora, rostos de homens brancos e negros, de mulheres brancas e negras, são pessoas iguais e diferentes ao mesmo tempo, mas que representam a subalternidade, trabalhadores sem direitos, sem salário justo, sem férias e com jornadas intensas. Refere-se ao trabalho braçal e à força da economia paulistana.

As mulheres fazem parte desse quadro, elas são as operárias das fábricas. Ao fundo, a fumaça que iniciava o processo de degeneração do ar e do solo, intoxicando tudo, inclusive os operários. As chaminés de cor acinzentada representam as fuligens da industrialização, uma poluição que já destruía parte dos pulmões dos operários e das operárias. Atrás dos fumeiros, há prédios que indicam, além do início das indústrias, a urbanização assimétrica e inconsciente: a modernidade, a evolução, entre aspas, do início do século XX.

Na cena, há um homem com óculos, três com chapéus, alguns com bigodes, uma mulher de origem asiática, outra com uma espécie de *hiyab*, um véu islâmico, pessoas mais novas, outras mais velhas e, embora sejam diferentes e originários de várias etnias, pertencem a uma só classe: a operária. As imagens dos rostos criam uma linha diagonal crescente que mostra o quanto eles estão inseridos nas fábricas. São 51 rostos que desnudam o cenário, evidenciando que o trabalhador é massificado. Os rostos sem corpos, segundo a crítica artística, olham todos na mesma direção, sem estabelecer contato visual, alienados, inertes. Para Rebeca Fuks, alguns rostos são conhecidos publicamente, como o do arquiteto Gregori Warchavchik e o da cantora Elsie Houston; outros somente por Tarsila, como Benedito Sampaio, o administrador da fazenda em que a pintora cresceu.

Elsie, amiga dos modernistas e, principalmente, de Tarsila, foi uma cantora cuja voz era comparada ao som de um pássaro selvagem, teve uma vida difícil amorosa e profissionalmente, foi abandonada pelo companheiro que a trocou por uma mulher bem mais jovem. Morreu de maneira misteriosa. Tarsila imortaliza Elsie, a cantora militante, como um dos rostos massificados, na tela *Operários*, assim como imortaliza tantos outros rostos, demarcando uma época de repressão aos trabalhadores. Pagu fala do mesmo tema em uma linguagem diferente em *Parque Industrial,* e desenha o cotidiano dos operários das fábricas do Brás, na cidade de São Paulo, assim como Tarsila mostra a massificação da classe proletária.

Autorretratos

Os autorretratos de Tarsila não são muito comentados e pouquíssimos críticos dissertam a respeito. A sociedade é sexista e isso as artistas sempre souberam, por isso lutaram e lutam. Para Tadeu Chiarelli, os autorretratos de Tarsila "estabelecem um segmento esclarecedor de vários aspectos que envolvem a pintora, mas que, até o momento, pouco interesse despertou em seus estudiosos. [...] estou certo de que se faz necessária uma investigação sobre essas obras, no sentido de conectar as personas que Tarsila cria para si durante aqueles anos de sua inserção/reinserção como mulher no ambiente social paulistano e como artista profissional, no círculo de arte de São Paulo-Paris".

Algumas telas em que ela retrata a si mesma são *Autorretrato com Flor Vermelha*; *Autorretrato com Vestido Laranja*; *Autorretrato com Lenço no Pescoço* e *Autorretrato ou Le Manteau Rouge*. Neles, somente o *manteau rouge* retrata a posição social de Tarsila, status este que veio do berço, da família rica e tradicional, os demais caminham na contramão, evidenciando uma mulher simples que usa lenço na cabeça ou com uma flor que se mostra no cabelo, cuja roupa e fundo iluminam-se em tons azuis, que representam a natureza. O *Autorretrato com Vestido Laranja* também dialoga com a simplicidade. Muitos autorretratos devem ser analisados, porque caíram no esquecimento, ficando *Abaporu* e *Operários* como dois dos mais importantes quadros, como se fossem os únicos.

Autorretrato ou Le Manteau Rouge é estilizado, pois o rosto da pintora está desenhado, maquiado, performatizado. O manto vermelho foi criado pelo estilista francês, amigo da artista, Paul Poiret que, além de desenhar as roupas de Tarsila, fazia joias e ornamentos. A obra é uma imagem do luxo da autora que transitava entre São Paulo e Paris. Tarsila, embora consciente da opressão dos trabalhadores, em sua tela *Segunda Classe* (cuja condição é análoga, embora com linguagem diferente, à *Cidadã de Segunda Classe*, da escritora nigeriana Buchi Emecheta) retrata uma família de gente pobre, magra, desesperançada, descalça, que embarca/desembarca em uma estação de trem. A tela *Crianças no Orfanato* faz uma denúncia social da vulnerabilidade das crianças abandonadas e de como elas são desimportantes aos olhos do Estado.

Assim como nas épocas anteriores ao Modernismo, e até mesmo nas longínquas esferas artísticas, as mulheres fizeram história na literatura, no cinema, na ciência, no teatro, na engenharia e na arquitetura. Na arquitetura, podemos citar a excepcional Lina Bo Bardi, arquiteta modernista nascida na Itália e naturalizada brasileira, responsável pela construção, em São Paulo, do SESC Pompéia, do MASP e do Teatro Oficina, coordenado e dirigido por Zé Celso.

Que todos os quadros e cartas de Tarsila sejam divulgados e que possam fazer parte da vida de todos os povos. Que sua arte renasça cada vez que contemplada. Tarsila foi a mulher que não pôde abraçar amor e profissão, mas no que foi possível o aconchego dos braços apropriou-se divinamente.

JUDITH BUTLER

*Eu ainda estou com esse sentimento de que tenho medo de
fazer a coisa errada, porque alguém vai me punir.*

(Eartha Kitt)

Ela é uma das mais importantes filósofas dos últimos anos, conhecida em muitos países por suas pesquisas, suas teorias, seus livros e suas palestras sobre diversos temas, todos inflamadores das sociedades atuais, que vão desde a discussão de gênero, filosofia política e ética até reflexões sobre sexo, poder e violência. É autora de inúmeros livros, por exemplo, *Corpos que Importam: os limites discursivos do sexo*; *Problemas de Gênero: feminismo e subversão da identidade*; *A Força da Não Violência: Um Vínculo Ético-Político*; *Undoing Gender (Desfazendo Gênero)*; *A Vida Psíquica do Poder: Teorias da Sujeição*; *Reatar a Si Mesmo: crítica da violência ética*; *Vida Precária: os poderes do luto e da violência*, entre muitos outros.

Uma mulher importante que atua nas pesquisas sobre gênero, fundadora da Teoria Queer. Tão importante que há inúmeros autores que escrevem sobre ela, explicando e debatendo as teorias que desenvolveu, como a obra *Leituras de Judith Butler*, de Cristine Greiner, e *Judith Butler e a Teoria Queer*, de Sara Salih. Nascida em Ohio, Estados Unidos, em 1956, Judith é uma das mais relevantes filósofas da contemporaneidade, leciona na conceituada Universidade Pública da Califórnia, em Berkeley, e coordena o Departamento de Retórica. Em sua carreira recebeu mais de dez prêmios e honrarias, que vão desde o Theodor W. Adorno e o Albertus Magnus até o Honorário da Universidade de Liége e o Prêmio Internacional da Catalunha. Estudiosa das obras de Michel Foucault, Jean-Paul Sartre, Jacques Derrida, Sigmund Freud e Simone de Beauvoir, é considerada pós-estruturalista devido a seus estudos com nomes como Ferdinand de

Saussure, da Linguística, Claude Lévi-Strauss, da Antropologia, e de outros, como Guy Debord, Felix Guattari e Gilles Deleuze.

Judith desestruturou os conceitos que existiam sobre a sexualidade e, principalmente, a ideia binária de gênero. Autora da Teoria Queer, ela fala sobre um novo modo de pensar gêneros masculinos e femininos. No prefácio do livro *Problemas de Gênero*, salienta os problemas que a discussão sobre gênero traz, isso porque desagrada à sociedade, sociedade esta que insiste em se estabelecer binariamente: menino/menina; rosa/azul. Se basearmos os conceitos estabelecidos desde sempre, vê-se nitidamente, que a ideia de relação binária apresenta-se como perfeita, e a não identificação como falha, desvio, lacuna, ou seja, um problema. A historiadora de roupas Jo B. Paoletti, autora do livro *Pink and Blue: Telling the girls from the boys in América*, desmistifica, na obra, o uso das cores rosa e azul na identificação de meninas e meninos, respectivamente. O livro ainda não tem tradução para o português. Segundo a sinopse do livro, no site da Amazon, Jo pesquisou a história das cores e da moda, catálogos publicitários antigos e modernos, livros que falam sobre o uso do branco devido ao custo alto das tintas, mídias, livros de bebês e muito mais somente para declarar que a relação da cor como marca de gênero é algo abstrato.

O filósofo romeno Mircea Eliade, naturalizado norte-americano, autor de *O Sagrado e o Profano: Histórias das Religiões*, fala de como o sacrifício, o martírio, a castidade e a mesura são vistos como atos sagrados, sublimes, elevados e próximos às divindades, e de como o contrário disso é diabólico, profano. O riso, a liberdade, a integridade são aspectos que a história demarcou como atos mundanos. Nas artes, a tragédia era sublime, havia a ideia de que a dor elevava o homem. Essa ideia paradigmática mantém-se até hoje. Molière é um exemplo desse paradigma. Pai da comédia teatral, foi muitas vezes considerado imoral, suas peças teatrais foram proibidas na França do século XVII. Precisou de muita resistência e da plateia sentir o quanto o riso escancarado e espontâneo era saudável e libertador ao mesmo tempo para fragmentar alguns paradigmas. Rir era um problema, sentir-se relaxado, outro. Uma mulher que risse desmesuradamente era considerada vulgar, chula. Eram necessários controle e mesura para impedir que a população, e principalmente a mulher, alcançasse os sentidos da natureza humana.

A feminista norte-americana Betty Friedan fala de como a indústria dos eletrodomésticos, da movelaria, dos cosméticos e da moda, colocou, como impedimento dos problemas manifestados pelas mulheres o consumo desenfreado. Para tanto, Betty fala em *Mística Feminina* como o consumo inconsciente apazigua as mulheres, pois pois cegas à realidade que as cercavam não causariam problemas. Consumistas exageradas, elas acreditavam que a felicidade eterna estaria no matrimônio e na maternidade cheia de consumo. Nessa toada, a questão binária funcionaria, porque as mulheres não entrariam, pelo menos não nos primeiros 20 anos de casamento, em contato com a própria realidade, passando a vida sob a superficialidade e o vazio. Casamento e maternidade são opções de escolha e não uma condição.

À mulher foi ensinado evitar problemas de toda ordem. Para Judith, "[...] os debates feministas contemporâneos sobre os significados do conceito de gênero levam repetidamente a uma sensação de problema, como se sua indeterminação pudesse culminar finalmente num fracasso do feminismo". Segundo a filósofa, somos doutrinadas desde tenra idade a não criar problemas e a evitá-los a qualquer custo: "[...] mas problema, talvez, não precise ter uma valência tão negativa, a rebeldia e a repressão pareciam ser apreendidas nos mesmos termos, fenômeno que deu lugar a meu primeiro discernimento crítico da manha sutil do poder: a lei dominante ameaçava com problemas, ameaçava até nos colocar em apuros, para evitar que criássemos problemas, assim, concluí que problemas são inevitáveis e nossa incumbência é descobrir a melhor maneira de criá-los, a melhor maneira de tê-los".

Ora, quando somos ensinadas a evitar problemas, na realidade, somos doutrinadas a não viver, a passar pela vida em brancas nuvens (na realidade, sombrias), sem sentir o sol bater no corpo mostrando que a capacidade do morno corporal vai além da linha imaginária do Equador, que esse sentir tépido transpõe os cinco círculos de latitude que demarcam os mapas do planeta, que ultrapassam os limites oníricos que giram em torno de Marrakesh, que visitam os palácios e os jardins de Marrocos. O poder é maior do que se pensa; logo, é um imenso problema a ser evitado de todas as formas possíveis. Como se atreve a ser inteira para si mesma, sem obedecer aos padrões exigidos ao feminino? Como pode essa mulher sentir o morno do sol sobre seu corpo? Como ousa essa mulher contemplar profundamente a cintilância da lua a incidir sobre ela?

A sociedade teme que essa mulher venha a adaptar-se tão majestosamente a todas as formas de ser, sentir e de viver do feminino que decida voar alto. Teme que ela venha a descobrir por ela mesma a capacidade de gozar, ininterruptamente. Os problemas criados como paradigmas pelo patriarcado e por muitas instituições religiosas, problemas estes que não se consegue dimensionar, aquietam as mulheres que não causam problemas, elas vivem inconscientes da própria existência e dimensão. Quem são as mulheres que não causam problemas, afinal? Resposta difícil, porque pessoas inermes não se traduzem nem representam a si mesmas, não se veem nos espelhos sociais e familiares a não ser pelas imagens já pré-estabelecidas do sistema. A mulher calada nasce na trilha da história de Adão, pois Eva fora, também, silenciada, porque criara, segundo a história, um problema eterno. Era a segunda mulher da história do feminino religioso que, não evitando problemas, fora acusada de pecadora. No entanto, preferiu viver esse estigma condenando-se a si mesma, nascendo e morrendo com esse pecado. Assim, Eva evita problemas e aceita o legado de suja, passando a controlar suas maçãs, suas tâmaras, suas cerejas e amoras. E os figos, os tamarindos, os cajus e os abacates poderiam dançar livremente e, ao menor sinal de pecado, jogariam a culpa em Eva. Afinal, a cerejinha é uma fruta tentadora. Seria, então, a cereja um fruto maldito? Não! A libido da cereja existe de modo independente da libido do caju, do figo, do abacate. E assim por diante.

Tudo isso acabava por criar um mistério em torno da mulher. Na Idade Média, como citado, acreditava-se que dentro da vagina havia dentes, que a mulher tinha poderes e lançava sortilégios, que se transmutava em gatos e tinha muitas vidas. Para Judith, esse enigma construído relaciona-se ao misterioso problema fundamental. Dissertando sobre isso, ela cita Simone de Beauvoir, explicando a questão: "[...] Beauvoir explicava que ser mulher nos termos da cultura masculinista é ser uma fonte de mistério e de incognoscibilidade para os homens, o que pareceu confirmar-se de algum modo quando li Sartre, para quem todo desejo, problematicamente presumido como heterossexual e masculino, era definido como problema. Para esse sujeito masculino do desejo, o problema tornou-se um escândalo com a intrusão repentina, a intervenção não antecipada, de um objeto feminino que retomava inexplicavelmente o olhar, revertia a mirada, e contestava o lugar e a autoridade da posição masculina. A dependência radical do sujeito masculino diante do *Outro* feminino [...]".

Tanto Sartre como Simone marcaram os estudos filosóficos de modo particular, sinalizando a filosofia, a cultura, a história, a literatura e a política com o antes e o depois deles. A obra de Simone, *O Segundo Sexo*, foi proibida no Vaticano e partidos políticos de esquerda e de direita uniram-se para censurar a divulgação. Mesmo assim, a obra vendeu mais de 20 mil exemplares assim que publicada. Livro e autora foram muito criticados, mas também lidos, refletidos, e por meio das leituras marcou-se o retorno do movimento feminista. Nunca mais o mundo do conhecimento seria o mesmo no que tange ao feminino. Não à toa, Judith cita os filósofos franceses, entre muitos outros. O mesmo ocorreu com a matrona do feminino no Brasil, Rose Marie Muraro, que sofria retaliações a cada livro que lançava. Hoje, é reconhecida mundialmente. Rose Marie pesquisou durante toda a vida e descreveu a história serpenteada pela luta de classe e de gênero. Seu livro *Os Seis Meses em que fui Homem* é resultado de parte de suas pesquisas. Assim como Judith, as mulheres não param e não descansam quando a palavra de ordem é luta.

Judith aproxima gênero de sexo e diz que ambos são culturais. Para ela, "[...] gênero é uma instituição social mutável e histórica, constituído por um ritualizado jogo de práticas que produzem o efeito de uma essência interior". E o sexo seria também discursivo e cultural: "[...] sexo é a estilização repetida do corpo, um conjunto de atos repetidos no interior de uma estrutura reguladora altamente rígida, a qual se cristaliza no tempo para produzir a aparência de uma substância, de uma classe natural de ser".

Desde os cânones religiosos até as leis que sustentam a sociedade, o sexo é alicerçado em uma rigidez profunda que tenta, a todo custo, não perder de vista a quem controla. Se pensarmos no personagem Tirésias, da mitologia clássica, ou no Orlando, de Virginia Woolf, verificaremos que algumas figuras viveram experiências sensacionais, ímpares e são marcos que desestruturam o convencional, salientam a indeterminação. Há muitas histórias sobre Tirésias, algumas dizem que era um sábio cego de nascença, outros, que foi castigado com a cegueira por ter revelado o segredo das mulheres, no que se refere ao orgasmo múltiplo que elas alcançam. Conta-se que vivia como homem quando viu duas cobras copulando e as separou; após isso, viveu como mulher, voltando a viver como homem, alguns anos depois. A binaridade é uma ordem de poder.

VÂNIA COELHO

Nesse sentido, a questão do gênero não seria somente a essência resultante de uma construção social, propriamente dita, mas também de uma produção do poder. O documentário *Fake Orgasm*, de 2010, dirigido pelo cineasta espanhol Jo Sol, tem Judith Butler no elenco. O objetivo é questionar por que a mulher finge orgasmo. Há em torno da mulher tantas exigências, tantas proibições, com a crudelíssima tarefa de evitar problemas, de ter que sublimar desejos, de ser rejeitada, que muitas fingem orgasmo. Criaram tantos mistérios em torno da mulher que, em pleno século XXI, o homem desconhece a natureza múltipla do feminino. O escultor argentino Raul Boledi é uma exceção, sua escultura *Gloriosa* representa a diferença entre o homem e a mulher antes e durante o ato sexual (e fora dele, também). A escultura trata de uma vagina sustentada por mil pensamentos e sensações, sentimentos e adequações. Diferentemente da mulher, a maioria dos homens pensa em gozar tranquilamente, em viver aquele momento de prazer sem maiores problemas. As exigências sociais com relação ao feminino são cruéis. Afinal, o sexo sempre foi amplamente permitido e incentivado somente a eles.

Judith é uma das pioneiras nas pesquisas de gênero, escreveu sobre a Teoria Queer em seu livro *Problemas de Gênero*. Nele, fala sobre o quanto o movimento feminista lutou por uma identidade única. Segundo ela, essa identidade deve ser pensada na multiplicidade do ser quanto ao gênero. Segundo Foucault, as formas de pensamento do mundo contemporâneo, que parecem evolutivas e abertas no que tange às pesquisas de gênero e sexualidade, estabelecem estruturas alicerçadas no preconceito e restritas ao que se apresenta como realidade, porque distante dela: "[...] as alterações conceituais e das formas de pensamento que se têm vindo a constituir como sinais distintivos da pós-modernidade, nos estudos sobre gênero e sexualidade, não só produzem importantes implicações sociais e epistemológicas, em geral, como também tencionam questionamento acerca das estruturas binárias e suas funções, não raras vezes, reprodutoras de uma visão etnocêntrica, sexista e limitada da realidade social, contrapondo-se a este espectro monocultural e reducionista de concepção de gênero e sexualidade, a perspectiva pós-moderna dos estudos da Teoria Queer vem dar corpo a uma leitura de compromisso ético e sociocrítico das várias ciências que se debruçam sobre a análise dos marcadores sociais e das suas diversas relações".

A atriz britânica premiadíssima Tilda Swinton afirmou à mídia que se identifica como queer. Para Tilda, ser queer tem a ver com sensibilidade. Queer designa pessoas que não se identificam necessariamente com o padrão binário de gênero. Segundo o arquiteto Redson Pagnan, a teoria queer está em oposição ao que se considera normalização, padronização, restrição: "[...] não existe tradução do termo *queer* para o português, alguns pesquisadores atribuem ao queer o significado de aberração, porém, a tradução correta de aberração é *freak*. O significado de queer é a oposição à normalização. Tudo o que é excêntrico ou diferente pode ser oposição à normatividade". Queer é uma teoria sobre gênero que vê a orientação e a identidade sexual como resposta da construção social. Existem, portanto, vários papéis de gêneros formados pelas sociedades e que as pessoas devem desempenhar, adaptando-se ou não a eles. Como estão distantes dos papéis determinadores de gênero, podem, portanto, ser identificados como queer. Para Judith, todas as imposições estão alicerçadas no jogo pelo poder, tanto para alcançá-lo como para mantê-lo e reforçá-lo.

Judith Butler é, hoje, uma das maiores intelectuais e filósofas que estudam e escrevem sobre temas atuais que vão desde teorias sobre os gêneros até os movimentos bélicos, a violência contra a mulher e a crueldade humana. Para ela, nós dependemos da lei para nos assegurar, mas essa mesma lei nos ataca e nos destrói. Como sobrevivermos se o único caminho é a lei, e esta é, literalmente, aquela que nos desconsidera e nos ignora e nos acomete? Em *A Força da Não Violência*, Judith pensa o problema da violência com autorização do Estado e do todo social "[...] quem busca pelos direitos é considerado terrorista, alguém tacitamente contra o governo e a nação. As mulheres negras sempre foram uma ameaça à nação, porque a ideia de nação é branca, é uma ideia muito restrita [...]". A pobreza, as pessoas transexuais, as mulheres pobres e as mulheres negras estão fora do que se considera o círculo social que compõe a ideia de nação. O que fica, no Brasil, e em vários países do mundo, é a ideia da supremacia branca. Judith cita o Brasil e diz que a ideia de hegemonia e de liderança é branca. A supremacia branca, ainda que "oficiosamente" exista no governo do presidente Jair Bolsonaro, existia antes dele e existirá depois. Existe hoje, uma existência não institucionalizada dessa "branquitude" elevada, mas suficiente para manter o ódio ao negro e a violência como consequência desse ódio. As vozes das mulheres pretas e dos homens pretos afrontam o país, e a lei transforma-se em um instrumento de morte: "Lei e Governo viram uma máquina mortífera", diz Judith.

Judith questiona a justiça: "[...] o que é a justiça quando a lei não incorpora a justiça? A lei tenta destruir a própria ideia de justiça". Sim, a mesma lei que deveria salvaguardar os desassistidos — avilta-os, amedronta-os, mata-os, por isso a maioria das pessoas tem medo do policial tanto quanto do bandido. O jornalista Caco Barcellos fala, em sua obra *Rota 66: a história da polícia que mata,* de 1992, sobre o medo que as pessoas que viviam nas favelas de São Paulo sentiam dos policiais. Barcellos divulga, por meio do livro-reportagem, o Esquadrão da Morte, que matava jovens negros que nunca tiveram passagem pela polícia, ou seja, não tinham antecedentes criminais.

Os integrantes da Rota 66 matavam de modo cruel. Uma investigação contra eles tem início somente quando os policiais matam jovens de classe média alta, antes disso, milhares de jovens foram assassinados de maneira hedionda. Hoje, nada mudou. Os pobres, principalmente os da periferia, continuam morrendo. Como mudar esse quadro? Como se combate a violência? Para Judith, faz-se necessária a resistência, mas também pensarmos em um mundo diferente deste cheio de sanha. Deve-se, segundo a filósofa, pensar em uma nação em que a igualdade e a justiça existam de maneira igualitária, haja acesso à saúde e à educação, e a dignidade e o respeito sejam instrumentos contra a violência e a favor da vida: "O capitalismo é uma máquina movida à morte", diz.

Judith traduz a frase "É só uma gripezinha", de Bolsonaro: "O Estado analisa o que a economia vai perder com o 'fique em casa' e muda a ideia de fique em casa para é só uma gripe — o discurso passa a ser vá trabalhar, vá aos shoppings, vá aos mercados". E se a economia vai gerar lucros altos, então uma percentagem vai morrer com autorização desse mesmo Estado. Ela salienta que o "fique em casa" não alcança toda a população, porque muitos não têm casa: "Existe um tipo de pulsão de morte que é intrínseca ao capitalismo". "Como pensar o valor da vida humana fora dos valores do mercado?", pergunta Judith.

Judith é uma intelectual, filósofa e escritora respeitada em muitos cantos do mundo. No entanto, quando veio ao Brasil, em 2017, para lançar seu livro *Caminhos Divergentes: judaicidade e crítica ao sionismo,* que saiu pela editora Boitempo, e participar do Seminário que aconteceu de 7 a 9 de novembro, no Sesc-Pompéia, cujo tema era "Os Fins da Democracia", sofreu violência e ataques de ódio de muitos grupos ultraconservadores que pediam à direção do Sesc que cancelasse a participação da filósofa. Tratava-se de discursar sobre o perigo de fragmentar o sistema político e de narrar sobre os fins democráticos (os objetivos positivos e únicos da democracia como sistema do povo, para o povo e pelo povo). Uma petição completamente anônima foi enviada com mais de oito mil assinaturas falando que a sociedade não permitiria que uma mulher como ela fosse ouvida. Alguns cartazes chamavam-na de pedófila. Um analfabetismo funcional elevado ao cubo. Muitas pesquisas mostram que a maioria dos pedófilos é heterossexual. Em 1944, o jornal *Pediatrics* publicou um artigo — resultado de uma pesquisa — em que 78% dos homens que se envolviam com meninas eram heterossexuais, e 28% dos que se envolviam com meninos eram, também, heterossexuais. Há uma infinidade de pesquisas que comprovam que não há relação alguma entre homossexualidade e pedofilia.

Esse é o Brasil de 2021, uma máquina produtora de mentiras, ódio e morte. Nem o livro nem a palestra que Judith daria tratavam de gênero. A liberdade e a democracia estavam na corda bamba (e ainda estão), embora a esperança seja imortal à maioria dos brasileiros, como tão bem apresenta o filme de Petra Costa, *Democracia em Vertigem*. Ao desembarcar no aeroporto, Judith foi recebida com fúria e palavras pejorativas. Tais atitudes já anunciavam o risco de se quebrar a democracia, muito antes do seminário o qual participaria. Fica a parcela na qual o discurso é de liberdade, fica a parcela da população que se sente profundamente envergonhada e sem voz diante dos atos de violência avassaladora. Vivemos comportamentos inconcebíveis nesse Brasil-Colônia, nesse Brasil que não saiu das capitanias hereditárias.

Ora, como uma filósofa que luta pela paz, pela igualdade e que discute questões que possam apaziguar, e até mesmo anular, a violência — pode ser considerada inimiga? Judith luta pela paz, pela harmonia, pela igualdade e, acima de tudo, pela democracia. Mas assim como Jesus Cristo, que pregava o amor, a igualdade e a paz, foi perseguido e crucificado aos 33 anos, Judith Butler foi perseguida e sofreu o ódio que emana de parte da população, só não foi crucificada fisicamente, mas as palavras que ouviu eram de morte. Ainda bem que mesmo diante de tanta violência a palestra foi proferida. Sim, o Sesc não se intimidou com as ameaças.

A voz de Judith pede paz, seus estudos objetivam a paz, por isso ela é tudo o que os grupos ultraconservadores odeiam: antirracista, antibelicista e feminista: "O feminismo tem que ser não só fundamentalmente antirracista, e com isso eu quero dizer que não existe feminismo sem oposição ao racismo, não existe feminismo sem o feminismo negro. O feminismo tem que ser uma teoria e uma prática de solidariedade", diz Judith. Uma mulher como Judith Butler deve ser respeitada e, acima de tudo, ouvida, pois seu sobrenome é resistência e sua luta existe em prol de uma sociedade mais humana: "Nós devemos resistir, devemos lutar e viver de acordo com nossas próprias regras, sem jamais reproduzir o mundo de violência deles", encerra Butler.

TONI MORRISON

Enquanto mulheres usarem poder de classe e de raça para dominar outras mulheres, a sororidade feminista não poderá existir por completo.

(Bell Hooks)

Em 1998, o cineasta norte-americano Jonathan Demme, famoso pela direção do horripilante *O Silêncio dos Inocentes*, com a impecável representação de Anthony Hopkins, filmou *Bem Amada*, baseado na obra *Amada*, de 1987, da escritora norte-americana premiadíssima Toni Morrison. O filme trazia, no elenco, Oprah Winfrey e Danny Glover. *Amada* é uma das obras de ficção mais conhecida da escritora, e que lhe trouxe inúmeros lauréis. Ficção, sim, porém baseada na história real de Margareth Garner, uma escrava de Kentucky que se refugia em Ohio com os filhos, fugindo da crueldade humana.

Ambientada em 1873, Toni relata o horror que é a escravidão, mostrando uma personagem que representa ao mesmo tempo desespero, amor, piedade, homicídio e, principalmente, o desespero com a retomada do mito de Medeia, eternizado na literatura de Eurípedes. A alusão ao mito na obra vem ao avesso, porque em lugar de vingança, há angústia, exasperação. A obra *Amada* foi adaptada não só ao cinema, mas também à música, transformada em ópera. Assim como a escritora Bell Hooks, Toni é antirracista, feminista e ativista, não gosta muito de ser chamada feminista devido ao peso que o termo ganhou na história, mas deixa claro que só deseja a igualdade: "[...] não concordo com o patriarcado, e não acho que ele deve ser substituído pelo matriarcado, é uma questão de acesso igualitário, de abrir portas para tudo".

Suas obras foram proibidas, mesmo assim, ela alcançou o Pulitzer, o Nobel, e muita notoriedade nacional e internacional. Produziu mais de 30 obras, entre romances, literatura infantil, ensaios e discursos.

Muitos discursos foram realizados em Harvard. Toni aborda o racismo na história, formação e perpetuação e ensina a lutar contra a forma mais cruel que a humanidade criou para listar homens e mulheres em inferiores e superiores na escala social. Pela literatura, discursos e militância, Toni mostra maneiras de se lutar pelos direitos civis, principalmente dos negros. Por anos, nos Estados Unidos, o amor entre negros e brancos fora proibido, unido à segregação que dividia a população, criando grupos de ódio e de morte.

Toni, assim como Angela Davis, Bell Hooks, Audre Lorde, Cleonora Hudson, Abi Dare, Chimamanda e Mica Oh lutaram, e muitas ainda lutam, contra o ódio que se formou de modo bélico contra as etnias, principalmente a do negro ou afrodescendente. Assim como Alice Walker, autora do clássico *A Cor Púrpura*, Davis, também, produz personagens femininas negras empoderadas, que combatem as diferenças paradigmáticas de classe, etnia e gênero.. Unidas pela arte, elas lutam, em tempos e espaços distintos, por uma sociedade digna recheada de igualdade, justiça e dignidade.

O fascismo, o nazismo, a escravidão e o racismo são veias abertas da história, veias que sangram. Mulheres negras e homens negros e judeus foram endemoninhados e vistos como habitantes inerentes do inferno. O ódio nasceu, espalhou-se e dimensionou-se de maneira medonha e parte da população do mundo foi considerada inferior, profana, diabólica, a exemplo das histórias das bruxas, que nunca foram bruxas, porque bruxas não existem. Clara Zetkin ensina como combater o fascismo, mas antes ensina a identificá-lo. Necessita-se de muitas Claras e de muitas Tonis no mundo.

O documentário *Menino 23 — Infâncias perdidas no Brasil*, do diretor Belisário Franca, de 2016, denuncia a Fazenda Santa Albertina, de Campinas do Monte Alegre, interior de São Paulo, por escravidão de menor em uma estrutura adepta ao nazismo. Mais de 50 meninos negros entre 9 e 11 anos de idade saíram, em 1930, do orfanato Romão de Mattos Duarte, no Rio de Janeiro, com a promessa de uma vida melhor. Mas a realidade era bem outra. Foram escravizados, torturados, castigados e viveram em um regime escravo servindo à família Rocha Miranda. Tudo na fazenda respirava o nazismo, o símbolo da suástica estava nos animais, nas bandeiras e nos tijolos. Quem descobriu e pesquisou sobre isso foi o historiador Sidney Aguilar Filho. Necessitamos de muita luta e de contínua militância para mostrar que o fascismo, o nazismo, o racismo e o patriarcalismo são formas de poder que devem ser combatidas, no Brasil e no mundo. Para Sidney, a família Rocha Miranda convivia com os membros adeptos do fascismo do partido Ação Integralista Brasileira.

O partido, fundado em 1932, por Plínio Salgado, que chegou a ter mais de um milhão de filiados, pregava o conservadorismo e o culto à família tradicional. Era de extrema-direita, ultracatólico e agudamente nacionalista. O culto à família tradicional significa a submissão da mulher ao marido, marido este que pode tudo, podendo a esposa ser castigada caso não siga a subalternidade imposta a ela. E Toni foi a luz do final do túnel com sua literatura e seus discursos que mostram a **crueldade** humana e traz, ainda, maneiras de se mudar o paradigma para **igualdade**. São apenas três letras que se devem alterar: de *c+r+u+e+l* para *i+g+u+a+l*.

São tantas mulheres lutadoras, mulheres que possuem a coragem de cem leões aflitos. São milhares de mulheres, cujas vozes ecoam ininterruptamente, como Audre Lorde, feminista norte-americana de origem caribenha que militou em prol dos direitos dos negros e dos homossexuais; Cleonora Hudson-Weems, que criou o "Mulherismo Africano", autora de *Africana Womanist Literary Theory*, e inclusive, do famoso *Toni Morrison*, em que Hudson fala da militância e das obras de Toni; Mica Oh, ativista e feminista que preza por uma educação antirracista e um feminismo interseccional, e a escritora feminista portuguesa Grada Kilomba, que pesquisa e escreve sobre a memória, e assim, revisita o racismo que resultou do colonialismo.

A performance artística crítico-política *Illusions*, de Grada, é uma espécie de arte teatral com música de Moses Leo e Nina Simone, com leitura ao vivo, evidencia o retrato da sociedade contemporânea com relação ao racismo e faz uma analogia ao mito de Narciso. Os atores caminham dentro de um cubo branco que representa a elite e o poder, que se veem repetindo o narcisismo. Na Mitologia Grega, Narciso era um caçador. Diziam que ele tinha o corpo mais perfeito, o rosto mais perfeito, o nariz mais perfeito, os olhos mais perfeitos, a pele perfeita, os cabelos mais perfeitos. Diziam que ele era um ser humano perfeito. Para Grada, o mito é uma ilusão, porque Narciso acredita que sua imagem refletida representa o mundo e todas as pessoas que habitam nele, mas reflete apenas a ele próprio, por isso é ilusão. Para Conceição Evaristo, Narciso nunca foi o mito representante do Brasil, mas a história do Brasil se apossa dele como original e ancestral. Ora, se o homem mais perfeito do mundo é branco, o "não branco" seria imperfeito? O racismo tem muitas raízes, e o narcisismo é uma delas. Para Grada, o estado de Narciso é uma espécie de feitiço, ele não quer ver a realidade do entorno, somente a si mesmo. O diálogo que *Illusions* faz do narcisismo é com a branquitude.

O importante é que Toni nunca morreu, ela revive em Grada, Mica, Chimamanda, Conceição, Abi e Djamila Ribeiro, sua luta é conhecimento e memória; sua literatura, registro histórico e humano. Bell Hooks foi influenciada diretamente por Toni, além de Paulo Freire, seus livros continuam a saga dos movimentos que defendem igualdade e liberdade, pelos quais transitou Toni e tantas outras feministas e escritoras. E como diz Judith Butler: "Todo feminismo deve ser antirracista". Mesmo a luta sendo um caminho de linhas bifurcadas, somos derrotadas ou alcançamos vitória, não se pode parar, deve-se ter a consciência de que muitos direitos foram adquiridos pela militância.

E acreditando na militância, a dramaturga estadunidense Lorraine Hansberry foi a primeira afro-americana, em 1959, a apresentar a peça *O sol tornará a brilhar,* na Broadway, e a ganhar inúmeros prêmios, sendo reconhecida como profissional de excelência. Da mesma forma, Toni acreditava em seu ativismo, por essa razão, sua voz nunca deixou de ressonar, mesmo depois de morta, em 2019. Autora de muitos livros, como: *Love; The Big Box; Recitatif; Paradise; Tar Baby; Deus: Ajude a Criança; Playing in the Dark; Jazz; Sula; Amada; Compaixão; O Olho mais Azul; Canção de Salomão; A fonte da autoestima: ensaios, discursos e meditações; The Black Book*, entre inúmeros outros. Em 1993, ganhou o Nobel de Literatura, e muitos outros prêmios. Chloe Ardelia Wofford, conhecida por Toni Morrison, nasceu em Lorain, Ohio, nos Estados Unidos, em 1931, e viveu 88 anos de pura militância.

Hoje, em muitos países, a população se vê em desespero total devido à onda de conservadorismo, aos processos hegemônicos e à perda dos direitos adquiridos. Hoje, no ano de 2022, o ódio, que estava guardado, jorrou sobre os negros, as mulheres, os indígenas, os homossexuais, enfim, os desassistidos, grupos marcados como marginais pela sociedade e pelo Estado. Quando se pensa que as mulheres subiram degraus, o tombo é iminente. Os poços trazem água salobra, difícil de engolir, porque amarga, como na época de Hitler, Mussolini, Salazar, Francisco Franco, Garrastazu Médici, Geisel, Pinochet, McCarthy e tantos outros ditadores. O filme *Boa Noite, Boa Sorte*, de 2005, com a direção e participação de George Clooney, conta como o jornalismo, na figura de Edward Morrow, denuncia as atrocidades do ditador McCarthy, que perseguia e matava quem pensasse diferente do governo dos Estados Unidos, nos anos de 1950 a 1957, em meados do século XX.

Às vezes, parece que vivemos em plena segregação norte-americana ou no meio do Macarthismo. O cenário é ininterrupto. O passado nos ameaça. Entre as vindas e idas dos direitos adquiridos pela luta, ora há retrocessos em que tudo se perde, ora guerras. Por essa razão, pessoas como Toni Morrison são primordiais, tanto para o entendimento do sistema que implanta classes sociais como no combate a todo tipo de discriminação. Nunca foi tão importante mostrar que somos iguais, portanto, filhos de Deus, como tão bem evidencia a música democrática e inclusiva *Nós Somos Todos*, da compositora e cantora Fernanda Coelho: "Se somos negros ou somos travestis, somos mulheres, somos tupiniquins, nós somos muitos, não somos fracos [...]. Somos livres e somos muitos [...]. Somos vocês e vocês todos nós. Somos um todo. Somos um ato. Somos o *ton sur ton*. [...] Somos massa e calor, a dor e o sabor desse lugar, sei que tem gente que não gosta, mas aprenda a respeitar [...]". Essa música é o ícone da luta por igualdade social.

Na década de 1980, os Estados Unidos cultivavam sistemas conservadores excludentes, que iam contra as lutas pelas conquistas de direitos civis da população negra. Muitos lutavam pelo fim das políticas de segregação racial e eram, por isso, considerados subversivos. Nesse cenário, Toni publicou *Amada*. Nem precisa dizer que a obra desagradou muitos grupos, mas também conscientizou outros, e isso não tem preço. A parte mais conservadora fez críticas absurdas à obra, proibindo-a nas bibliotecas e nas escolas e os jovens de lê-la, acusando a obra de ter uma narrativa agressiva demais. É interessante como a guerra, a morte, a violência nunca é um quadro agressivo demais para a juventude, apenas a verdade choca, a tortura em si, não. Colocar as obras de Toni numa espécie de índex não impediu que a escritora ganhasse o Nobel, e ela foi a primeira mulher negra a ganhar esse prêmio.

Os privilégios e o frouxo das leis existem apenas para os brancos e, mesmo com a Abolição da Escravatura, as mulheres pobres e negras continuam sendo escravizadas, e os homens pobres e negros, também. Existe uma escravidão contemporânea, diz Sidney, referindo-se aos meninos que trabalhavam de graça, e em péssimas condições, na Fazenda Santa Albertina. O romance *O Olho mais Azul,* de Toni, fala disso, dos desejos da menina Pecola ser branca e ter os olhos azuis, porque quer ser tratada como gente, não sofrer abusos sexuais nem violência, não ser humilhada nem esmagada como um verme. Ela deseja ser vista como um ser com direitos, aceito pela sociedade e sem a possibilidade de ser escravizada. A obra relata os traumas, os conflitos, as angústias e a violência que, mesmo com o fim da escravidão, permanecem na alma de homens e de mulheres, na figura da menina que deseja ter olhos azuis. Para a jornalista Letícia Paiva, em seu artigo "Toni Morrison precisa estar entre suas próximas leituras", a importância da escritora é essencial porque, mesmo morta, "[...] suas obras permanecem ecoando temas urgentes". Faz-se necessário conhecer e ler os livros da escritora, um dos poucos caminhos para entender como a sociedade funciona e como ela é cruel. Sim, é cruel, mas não é imortal!

Toni foi homenageada, em 2012, pelo então presidente dos Estados Unidos, Barack Obama, na Casa Branca. Laurel e consagração mais do que justos, afinal, falamos de uma pensadora militante do feminino negro que diz: "Quanto requintadamente humano foi o desejo de felicidade permanente, e quanto estreita tornou-se a imaginação humana a tentar alcançá-la. As definições pertencem aos definidores, não aos definidos. Eu sonho um sonho que me sonha de volta para mim".

MARIE CURIE

Sua força está naquilo que te torna diferente ou estranha.

(Maryl Streep)

Marie Curie foi uma das maiores cientistas da história da França e da Polônia. Cresceu com um propósito científico e o seguiu. Com uma inteligência ímpar, foi uma pesquisadora ávida e disciplinada que caminhava nas trilhas das ciências e, acima de tudo, dedicava seus dias aos estudos, aos experimentos, às descobertas. Foi a primeira mulher a lecionar na Universidade Sorbonne. Seu esposo, Pierre Curie, era o "marido dos sonhos" de qualquer mulher, um cientista brilhante ao mesmo tempo em que deixava sua ternura invadir os espaços em torno de Marie e, mais tarde, de suas filhas, Ève Curie e Irène Joliot-Curie. Dois cientistas geniais, mas a sociedade só considerou Pierre, por ser homem. Foi necessária muita luta para que Marie entrasse para a história e fosse reconhecida.

Pierre foi um homem cheio de bom-senso, equilibrado, inteligente, democrata, consciente de que a mulher pode alcançar o que desejar e, por isso, ser respeitada e premiada. Pierre esteve ao lado de Marie desde sempre, era seu companheiro de vida e de estudos, o pai de suas filhas e seu amor, porém, morreu trágica e precocemente em um acidente. A morte do marido resulta em novos e profundos estados depressivos. Na infância, abalada pela morte da mãe e da irmã, teve sua saúde debilitada, invadida por melancolia, viu-se só. Na vida adulta, estava só novamente. Mas não se perdeu, manteve-se como pôde. Uma das dezenas de biografias foi escrita por sua filha Ève, que, na vida adulta, tornou-se escritora e jornalista, além de modelo. Nessas linhas, dão-se vivas ao casal e não somente à mulher, porque os homens que fazem a diferença devem ser sempre evidenciados.

Nascida em Varsóvia, Polônia, em 1867, Marie, desde pequena, era a menina observadora do universo e do cotidiano. Perdeu a mãe muito cedo e isso lhe trouxe alguns traumas, como a fobia de entrar em hospitais. Estudou em sua terra natal aos trancos e barrancos devido às inúmeras dificuldades impostas às mulheres. Foi, com a irmã, a Paris, lugar onde pretendia aprimorar seus estudos físicos e científicos. Recebeu uma infinidade de diplomas superiores e continuou com suas pesquisas. Lá, depois de ser banida da universidade, após sua formação, conheceu Pierre Curie e começou a pesquisar com ele. Marie tinha toda a teoria escrita e praticava-a diariamente. Casou-se com Pierre, e os dois juntos alcançaram vitórias incríveis. Em 1903, recebeu o Nobel de Física com Pierre. Oito anos depois, ganhou o prêmio Nobel de Química. A ciência nunca mais seria a mesma depois de Marie Curie. Tentou voltar à Polônia, no entanto, não se aceitava mulher em espaços considerados masculinos, aliás, não se aceitava mulher fora do pequeno espaço definido pela sociedade dos czares.

As ideias misóginas existentes no seio das sociedades, na transição do século XIX para o XX, não impediram Marie Curie de continuar. O preconceito contra a mulher poderia atingi-la, sim, mas apenas quando a impedia de pesquisar. A sociedade era cruel, e as mulheres eram mais cruéis ainda com as próprias mulheres. De personalidade forte, nunca se deixou abater, por mais que seus joelhos fraquejassem, colocava-se sempre de modo coerente e firme. Fez dezenas de descobertas e desenvolveu inúmeras teorias, por exemplo, a Teoria da Radioatividade, nome que ela mesma escolheu.

A importância da cientista não tem fronteiras. Fundou o Instituto Curie, em Paris, após as descobertas de dois elementos químicos: o polônio, nome que ela cunhou em homenagem à Polônia, e o rádio. Depois disso, nunca mais o universo das ciências seria o mesmo. Conduziu as pesquisas contra as neoplasias usando radioatividade e, durante a Primeira Guerra, criou aparelhos móveis de raio-X para descobrir fraturas e complicações nos soldados feridos, evitando a gangrena e a perda dos braços e das pernas. A exposição direta de seu corpo aos elementos de radiação levou-lhe à morte aos 66 anos.

Não foi fácil para Marie estudar em um mundo que não via a mulher como um ser pensante, mesmo formada, com louvor, no curso equivalente à educação básica e fundamental, foi obrigada a optar pela

Universidade Flutuante (*Flying University*), de ensino superior, que aceitava às escondidas mulheres como alunas. A Universidade Flutuante foi uma organização secreta, uma espécie de abrigo educacional na Varsóvia. Chamadas de voadoras, as universidades clandestinas davam a homens e mulheres oportunidades iguais na antiga Polônia do ano do século XIX. Esse movimento a favor da educação era totalmente confidencial e não havia regras ou divisões, porque independentemente de etnia, gênero ou partido político, quem quisesse estudar, estudaria. Essa foi a sorte, entre aspas, de Marie Curie, que frequentou a Universidade Flutuante. Mas por que tinha o nome de flutuante? Porque os locais mudavam constantemente para não serem descobertos, eram reuniões em que se discutia e se ensinava quem as frequentassem. O próximo destino era marcado após as últimas aulas, ou seja, o conhecimento das filosofias, das ciências e das artes caminhava com o aprendizado. Em 1890, mais de cinco mil homens e mulheres haviam se formado nas universidades ocultas.

Há uma infinidade de filmes que contam e recontam a história de Marie, cada um com destaque a um momento da vida de cientista. Em 1943-1944, o diretor Mervyn LeRoy filmou *Madame Curie* focando na dupla de professor e aluna, que resulta no romance entre Pierre e Marie e na formação do casal que ganharia o Nobel. Em 1997, Richard Mozer dirigiu *Marie Curie: More that meets the eye*, com Kate Trotter no papel de Marie, um filme que lança mistérios em torno da atuação da cientista na Primeira Guerra Mundial, confundida com uma espiã. Em 2011, é a vez de o cineasta francês Michel Vuillermet filmar o documentário *Marie Curie, Além do Mito*, obra pouco conhecida no Brasil. Em 2014, o cineasta belga Alain Brunard estreou *Madame Curie na Frente da Batalha*, documentário que evidencia o quanto a persistência, a coragem e o amor à ciência podem mudar o rumo da história das mulheres e da própria ciência. Estreou, em 2017, nos Estados Unidos, *Marie Curie: a coragem do conhecimento*, dirigido pela produtora francesa Marie Noëlle. Em 2020, a escritora e cineasta franco-iraniana Marjane Satrapi filmou *Radioactive*. Os inúmeros documentários e filmes mostram a voracidade pelo conhecimento científico de Marie Curie, a fome que tinha por descobertas, porque ela sabia, de antemão, que alcançaria todas. Teve uma vida dedicada às pesquisas científicas.

Todas as dificuldades que as mulheres sofrem para estudar foram vencidas por madame Curie. Aventuraram-se ela e a irmã, Bronislawa, indo morar na França. Lá, estudavam e trabalhavam, só bastava ter laboratórios dentro das universidades, era o espaço suficiente para os experimentos da cientista. Após a morte do marido, as dificuldades dobraram-se. Marie, meio perdida, envolveu-se com Paul Langevin, ex-aluno de Pierre, um homem casado que, covardemente, fugiu deixando-a mal falada. A sociedade cuspiu na cara de Marie, mas ela lavou o rosto e seguiu, não sem dor, porque as feridas eram grandes e profundas.

O rosto da cientista em bronze foi exibido em sua homenagem, em 1935. Na Universidade de Varsóvia, há um monumento a ela. Trata-se de uma estátua da cientista em bronze, de tamanho natural, criada pelo artista polonês Bronislaw Krzysztof, que está ao lado da igreja de La Visitación de la Santísima Virgen María. No suporte de mármore, o nome Maria Sklodowska-Curie. Na escultura não constam as chagas abertas, mas com certeza elas estão nas histórias dessas mulheres que ousaram obter conhecimento e fazer a diferença no mundo das ciências. Todas as dificuldades eram eliminadas, mas outras surgiam, e mais outras, mesmo assim Marie nunca desistiu.

Em Paris, com a irmã, morando em um sótão e pesquisando, por mais que trabalhasse lecionando, as péssimas condições financeiras trouxeram dissabores difíceis de encarar. Durante o inverno, Marie vestia-se com muitas roupas, uma sobre a outra, para enfrentar o frio. Trabalhava tanto que, muitas vezes, esquecia-se de comer, alimentava-se pouco, mas se estivesse pesquisando, estava feliz. Formou-se em Física e passou a trabalhar no laboratório do professor Gabriel Lippmann. Continuou a pesquisar as propriedades magnéticas de vários tipos de aço. Na época em que conheceu Pierre, ele trabalhava como instrutor da Escola Superior de Física e Química de Paris. A partir de então, começaram a pesquisar e a estudar juntos.

Em 1894, tentou realizar seu sonho de fazer o doutorado na Polônia, mas foi rejeitada na Universidade Jaguelônica. Retornou a Paris e, um ano depois, casou-se com Pierre. Em 1897, nasceu Irène, sua primeira filha. E sete anos depois, Ève, a segunda e última filha. Em suas pesquisas, descobriu que os raios de urânio faziam com que o ar em torno de uma amostra conduzisse eletricidade. Pela primeira vez caiu por terra a ideia de que o átomo era indivisível. Com os avanços científicos do casal, Marie passou a lecionar na Escola Normal Superior de Paris. Em seus mais de 30 artigos publicados, registrou o quanto as células doentes formadoras de tumores eram destruídas quando expostas à radiação. Em 1903, eles foram convidados a falar sobre os avanços científicos de seus experimentos no Royal Institution, em Londres, uma organização dedicada à investigação científica. No entanto, por ser mulher não podia ter um lugar de fala, e Pierre discursou sozinho. Mesmo diante de intensa dedicação e esforço, o casal continuava no pequeno laboratório improvisado, vindo a ter um maior apenas em 1906.

Após a morte do marido, continuou com os experimentos, aos trancos e barrancos. Ela participou de vários congressos ao lado de grandes nomes, como Einstein, Henri Poincaré e outros. Seu caso com Langevin causou um grande escândalo na capital francesa, sua casa foi apedrejada, seu nome insultado, foi considerada estrangeira, judia, mulher indigna, tratada com xenofobia intensa e amaldiçoada. A polêmica foi tão estrondosa que teve que fugir com as filhas para a casa de uma amiga.

E assim viveu participando de conferências e congressos. Foi premiada, laureada e, hoje, sabemos que Marie Curie foi uma mulher que dedicou sua vida à ciência, não deixando de ter filhos nem de ter amado e sido amada. Há uma infinidade de biografias, filmes e documentários para que os leitores possam se deleitar com a vida pouco comum de uma mulher polonesa nascida no século XIX.

DJAIMILIA PEREIRA DE ALMEIDA

Sempre fui feminista. Isso significa que eu me oponho
à discriminação das mulheres, a todas as formas de
desigualdade baseadas no gênero.

(Judith Butler)

Felicidade por um Fio, de 2018, pode parecer um filme voltado ao romantismo água com açúcar. Ledo engano! O tema central fala das profundezas de sentir-se um peixe fora d'água, uma pessoa inadequada ao sistema social, quando não está dentro dos padrões exigidos ao feminino: os conflitos beiram à perturbação psíquica, porque, custe o que custar, a pessoa vai se encaixar na forma nem que tenha que cortar parte do corpo. De um lado, se não seguir o modelo, está à margem; de outro, se seguir, o preço é alto demais.

Dirigido pela primeira mulher cineasta da Arábia Saudita, de que se tem conhecimento até hoje, Haifaa al-Mansour, de 47 anos, *Felicidade por um Fio* narra as cobranças insanas que pesam nos ombros das mulheres, principalmente nos das mulheres negras que possuem cabelos crespos. No elenco, a atriz norte-americana Sanaa Lathan contracena com o ator jamaicano-canadense Lyriq Bent. Sanaa faz o papel de Violet Jones, a mulher que, orientada pela mãe, deve manter-se perfeita dia e noite. Desde criança, Violet vive o drama que a mãe e a sociedade exigem dela: não pode nadar, suar, correr, brincar, porque o cabelo pode desmanchar-se todo. Haifaa al-Mansour dirigiu, também, *O Sonho de Wadja*; *Mary Shelley*; *A Candidata Perfeita*, entre outros filmes de qualidade.

O enredo traz problemas do não pertencimento, do preconceito, de identidade e da não aceitação dessa identidade, muitas vezes encoberta. Não ensinaram Violet sobre si mesma, nem na infância, nem na adolescência, e ela vai sofrer até perceber que tem cabelos crespos. A cena em que ela, sem nenhuma sobriedade, com o rosto banhado de lágrimas, os conflitos à flor da pele, raspa assimetricamente todo o cabelo, é um ritual de passagem em busca da identidade que lhe foi negada desde pequena. Tanto que na cena ela olha no espelho buscando a si mesma.

Enquanto o namorado dorme a seu lado, ela levanta e arruma os cabelos. Ao acordar, ele acha que Violet é perfeita. No entanto, ela acorda de madrugada, a mãe vai para a casa dela, às escondidas, alisar seus cabelos. Pronta, deita ao lado do rapaz e finge que acordou com ele. É uma loucura se não fosse exatamente assim que muitas mulheres se manifestam, quando aceitam os modelos preestabelecidos pelo sistema. É cruel! A sociedade e a mãe impõem a condição de esmero ininterrupto, e a própria Violet exige de si mesma uma demasiada pulcritude. Para a mulher com cabelos crespos, essa exigência tem um quilate a mais, porque cabelos crespos não são bem-vindos. Toda a vida perdida, sem experenciar as delícias da infância, nadar no rio, pular na piscina, tomar banho de cachoeira, dançar na chuva, sujar os pés na terra úmida, correr até desmilinguir-se, comportar-se, enfim, desmesuradamente. Anula-se a vida em prol do paradigma estipulado. Estamos falando da mulher com cabelo crespo.

A animação *Hair Love,* de 2019, narra o amor pelo cabelo crespo. O curta foi escrito e dirigido pelo cineasta estadunidense Matthew Cherry, e conta a história de Stephen, um pai que, na ausência da esposa, Angela, vai arrumar o cabelo de Zuri, sua filha, pela primeira vez. Cherry pertence ao cinema independente e ganhou o Oscar com a animação. Dirigiu, também, *Nine Rides* e *The Last Fall.* Inspirou-se em seu próprio livro *Hair Love* que, mais tarde, adaptou à linguagem do cinema. No trajeto que leva à desconstrução de que um tipo de cabelo pode ser aceitável ou não para as aparentes e frágeis sociedades, um estilo de corpo pode ser condenável ou não. Para além da indústria da moda, da farmácia e dos cosméticos mágicos, caminha Djaimilia.

Com apenas 39 anos, ela é sucesso nacional e internacional, nascida em Luanda, Angola, Djaimilia Pereira de Almeida estudou e formou-se em Lisboa, é doutora em Literatura e ganhou inúmeros prêmios literários. Autora de *Esse Cabelo*, de 2015, entre outras obras, como *Luanda, Lisboa, Paraíso. Esse Cabelo* conta a história de um cabelo crespo e sua dona que sai de Luanda e vai viver em Lisboa, aos três anos: "Desembarquei em Portugal, particularmente despenteada, aos três anos, agarrada a um pacote de bolacha Maria, trazia vestida uma camisola de lã amarela, hoje, reconhecível numa fotografia de passaporte em que impera um sorriso rasgado, próprio daquele desentendimento feliz quanto ao significado de ser fotografado. Ria-me à toa; ou talvez incitada por um motivo cômico por um dos meus adultos, que reencontro, bronzeados e barbudos, em fotografias de recém-nascida, nas quais surjo sobre lençóis, numa cama. E, no entanto, o meu cabelo crespo — e não o abismo mental — cruza a história de pelo menos dois países e, panoramicamente, a história indireta da relação entre vários continentes: uma geopolítica".

O congalês Justes Axel Samba Tomba, pesquisador da Universidade Federal Rural do Rio de Janeiro, fala sobre o início do preconceito com os cabelos crespos e a pele preta. Segundo Samba Tomba, muitas coisas ocorreram simultânea e sucessivamente para garantir a mão de obra gratuita aos homens brancos, por exemplo, a permissão do Rei de Portugal, em 1468, para a aquisição de homens e mulheres africanos para o trabalho escravo; os decretos de São Nicolau V, de 1454, e de Calisto III, de 1456, que consideravam todo não cristão um ser inferior, um objeto do mal e, portanto, passível de escravidão e dor; a permissão dos governos espanhóis, entre muitos outros governos, por volta de 1510, para a importação em massa de africanos para a Europa; o Código Negro, de 1686, elaborado por Luiz XIV, que considerava que a pele preta dos homens (uma coisa) simbolizava o mal em si; a permissão dos governos africanos em facilitar a venda da população como se fosse condimento. O negro foi considerado uma coisa, e não um ser e, portanto, a aniquilação do povo com o clareamento da pele, misturando etnias, é uma regra aos que sobrevivem à escravidão. Esses passos abriram fendas ilimitadas para o início da destruição da religião, da cultura, da língua, da identidade e da ancestralidade do africano e dos países da África.

Óbvio que não foram somente esses os fatores que geraram um dos maiores crimes contra a humanidade: a escravidão. Outros existiram e outros vieram. Eles nunca cessaram. Centenas de paradigmas foram construídos sob essas égides, e o que se tem, ainda hoje, no século XXI, é a ideia de que cabelo crespo e pele preta não são bem aceitos pela sociedade, fazendo sofrer quem os possui. Mesmo com mudanças positivas, leis e políticas públicas que assegurem os direitos da população, ainda se veem, nas escolas, no âmbito social em geral, o preconceito (enraizado) com o cabelo crespo e com a pele preta. No século passado, a cantora e atriz norte-americana Eartha Kitt viveu preconceitos de toda ordem. Parece que inferiorizar é um modo certeiro de dominação, funciona com tanta eficácia que o dominado chega a sentir-se privilegiado por ter um dominador. Independentemente do tempo, do século, o preconceito existe.

O psiquiatra Frantz Omar Fanon, nascido em Fort-de-France, na ilha da Martinica, pesquisou e escreveu sobre as forças que envolvem o dominante e o dominado, dentro do seio das sociedades. Ele é autor de *Pele Negra, Máscaras Brancas*, de 1952. Segundo Fanon, citado por Samba Tomba, a desumanização do senhor de escravos é percebida com certa admiração pelo que representa o homem branco, seus traços considerados superiores e aceitos pelas sociedades com louvor: "o dominado é contra si mesmo à luz da opressão do dominante", diz Fanon.

É interessante esse processo, triste também, mas muitos comportamentos levam a crer que o inferiorizado sente certo prazer em estar mais perto daqueles que os inferiorizam. Nesse sentido, corre para fazer parte do mundo dos brancos, mesmo que seja capacho, porque muitas são as agressões aos cabelos crespos. E muitos grupos tentam se livrar dos cabelos crespos de todas as formas. E assim, exatamente assim, estabelece-se que alguns tipos de cabelos são aceitáveis; outros, não. Quando se morre ou se mata para ter o cabelo adequado, àquele que a elite aprecia, nós nos tornamos insanos. Real, mas louca, é a relação entre os que podem se estabelecer no cerne social e religioso, e os que estão à margem. A estranha relação entre dominado *versus* dominante traz exemplos reais, no cotidiano: é comum, nos serviços de *Valet Parking*, motoristas tratarem discriminadamente os donos de carros populares dos que possuem automóveis de luxo. Os automóveis caros, da moda e com potência no motor são os preferidos dos manobristas. Isso significa que os que têm carros populares ou velhos não recebem cumprimentos nem há cuidados com os automóveis. É exatamente dessa forma que as coisas ocorrem, a ideia de "ter" sobrepõe-se à de "ser". Cada um na sociedade é exatamente valorizado pelo que tem e pelo que representa. Isso é um problema que se espalha por todos os setores sociais, como atendimento médico, bancário, estético etc. Geralmente, garçons se irritam quando os clientes acham os vinhos caros e optam por outra bebida. E irritados, tratam-nos como alguém sem gosto e requinte, mas se esquecem de que estão muito mais próximos desses clientes do que dos ricos que consomem vinhos sem perguntar o preço.

A sociedade dita padrões que elevam ou diminuem pessoas

Deram-nos roupas de inadequação e nós vestimos, e pior, continuamos com elas. Enquanto a mulher usar esses tecidos impróprios, a cor de sua pele será indevida, seus cabelos serão inconvenientes e seu sexo será controlado. E os ricos brancos serão cultuados. "A minha língua não é mais a minha língua, meus credos zoomorfizados e minha cultura endemoninhada tornaram-me um ser descontínuo: não sou sapo nem rei. E meus passos perderam a firmeza, e meu corpo não dança mais sobre a atmosfera, e os meus santos deixaram de ser louvados, e eu creio sempre que os senhores sejam melhores do que eu. Meu lirismo é de uma indigna significância"[11].

Necessário é encontrar o cerne das línguas ancestrais, buscar o canto escondido dos orixás, tingir a pele de noite e despertar nos acordes da mata que permeiam a alma das mulheres africanas e das afrodescendentes. Que possamos renascer untadas das bênçãos identitárias da primeira mãe. Mas, antes, é preciso despir-se do fajuto, porque a nossa origem é nua de brancos. E como diz Fanon em *Pele Negra, Máscaras Brancas*: "[...] a autopercepção de um sujeito negro perdeu sua origem cultural nativa e ele adotou uma cultura de outra pátria, por isso produz um senso de inferioridade de ordem colonial". É preciso entender que os cabelos crespos são fachos de luzes do universo que refletem a lua, a noite e a terra sobre o corpo da mulher. A obra *Esse Cabelo,* de Djaimilia, narra um cabelo crespo e, à medida que conta sobre ele, discorre sobre identidade, racismo e feminismo: "A partir desse ponto abstrato, o meu cabelo é apenas movimento, um sinal de vida que não se distingue dos outros corpos os quais a chuva cai", diz a escritora angolana.

A escritora Simone Mota, em sua obra infantil *Que Cabelo é Esse, Bela?*, conta a história de Bela, a menina que, quando saía na chuva, tinha os cabelos cheio de brilho como as estrelas do céu e todas as

---

[11] Prosa poética da autora.

crianças que brincavam com ela queriam um pouco daquele brilho. Ela balançava a cabeça para distribuí-lo ou deixava passar os dedos dos amiguinhos em seus cabelos para, então, repartir seu brilho com todos. Era excepcional e mágico para um grupo de amiguinhos, no entanto, para outros, o cabelo de Bela atrapalhava e todos perguntavam: "— Que cabelo é esse, Bela?". Sem saber o que fazer, triste com as risadinhas dos meninos, na escola, resolveu prender o cabelo, amarrar um lenço, usar faixa de pano e não saiu mais na chuva.

Com o tempo, falou sobre isso com a mãe, que aconselhou a filha a voltar a brincar na chuva para o cabelo encher-se de brilho. Incomodada, decidiu ficar em casa e contou à mãe que perdera seu brilho. Bela consegue escapar desse emaranhado de preconceito quando a mãe conta a história de sua ancestral, a tataravó de Bela. Com isso, a menina enfrenta o racismo por percebê-lo abstrato, inventado e invejoso, e sai para brincar na chuva com outras crianças. E no mesmo instante, o brilho que era inerente a Bela retorna com força maior. A ancestralidade devolve a identidade à dona dos cabelos perfeitos e mostra, ainda, que o brilho das meninas negras incomoda a quem é pura opacidade: "Libertem seus cabelos e os deixem brilhar, faça chuva ou faça sol, a menina Bela parece que entendeu o ensinamento que veio de muito longe, lá de sua tataravó, onde moram muitas histórias", diz a escritora Sônia Rosa. E, como diz Belchior, na música "Roupa Velha Colorida": "O passado é uma roupa que não nos serve mais". Essa é a história de Bela, a menina que tinha estrelas no cabelo.

O calcanhar de Aquiles

O livro *Luanda, Lisboa, Paraíso*, de Djaimilia, fala sobre o não pertencimento e sobre as identidades fragmentadas num espaço físico que divide nações e continentes. Fica, então, um pedaço em cada canto, tornando impossível o "refazimento", se é que existe esse termo, de uma identidade íntegra e ancestral. Há que refazer o caminho para reencontrar-se com os pedaços e uni-los, mas antes é necessário que os conheça, particular e primitivamente. Uma vez que falar é existir absolutamente para o outro, segundo Fanon, o livro está para as mulheres e as etnias que sofreram anulação de si mesmas. Eis o grito que foi sufocado, agora entoado, ininterruptamente, nestas páginas.

Luanda, Lisboa, Paraíso conta a triste, mas segundo a crítica, "esperançosa" história do casal Glória e Cartola: ela, dona de casa; ele, parteiro "adiantado" na carreira, no Hospital Maria Pia de Luanda. Eles nasceram em Angola, conheceram-se, apaixonaram-se e casaram-se. Profissional dedicado, Cartola é nomeado chefe de banco do Hospital Provincial de Moçâmedes e é obrigado a mudar-se para Luanda. Lá, nasce a primeira filha do casal, Justina. Quando Glória engravida pela segunda vez, o menino nasce com um grave problema no calcanhar. Segundo os médicos, somente uma cirurgia antes dos 15 anos poderia tirá-lo do significado do nome, e esta só poderia ser realizada na capital europeia, ou seja, Lisboa. Glória teve um parto complicado ao dar à luz Aquiles, foi tão difícil que ela adoeceu gravemente e passava os dias na cama, paralisada, fraca, acinzentada e seca: "[...] o marido dava-lhe banho na cama como se, demorando na conversação do seu corpo inerte, lhe tivesse cabido ungir, na penumbra de um quarto abafado, o relicário desse começo de vida, numa casa térrea onde nunca lhe faltara coisa alguma".

Narrado de maneira não linear e anacrônica, Djaimilia vai citando acontecimentos, ora em Lisboa, ora em Luanda, em tempos distintos. E assim começa: "[...] o calcanhar esquerdo do filho mais novo de Cartola de Sousa nasceu malformado, o pai deu-lhe um nome helênico, tentando resolver o destino com a tradição". Ao parir o filho coxo, Glória, como citado, adoeceu tão intensamente que nunca mais saíra da cama; o segundo filho, um macho, trazia certos constrangimentos a Cartola. Mas a esperança de consertar o calcanhar do filho em Lisboa era o que o mantinha vivo, mesmo tendo uma Lisboa imaginária, pensava como seriam seus dias, o dele e o do filho, na maior cidade de Portugal. Enquanto fumava tabaco escuro, imaginava-se pegando um táxi, falando o nome da rua para onde iria e treinando o sotaque da língua lusa.

Os dias de Cartola, quando não estava trabalhando como assistente do médico Barbosa da Cunha, um obstetra de Coimbra, que atendia no hospital de Moçâmedes, na província de Namibe, Angola, eram dedicados a cuidar da esposa acamada, como se cuida de um anjo, e a imaginar-se em Lisboa para, efetivamente, sanar o problema do calcanhar de Aquiles. E o nome não foi uma coincidência, porque a autora o escolheu devido à ambiguidade que ele traz, isso devido ao problema que era conviver com um filho coxo, a preocupação de ter que sair de Angola e ir à Europa, deixar a esposa completamente dependente de tudo, a filha Justina e mais duas sobrinhas. A narrativa ocorre sustentada por alicerces paradoxais, pois o defeito do calcanhar de Aquiles era um problema para Cartola, e não, propriamente, para Aquiles: a aceitação do filho coxo não era nada fácil.

Djaimilia coloca um romantismo misterioso no ato, quase um ritual que transcende ao descrever Cartola a banhar o corpo inerte da esposa, a pentear seus cabelos, pintar-lhe os lábios, perfumá-la. O leitor sente-se íntimo e, ao mesmo tempo, encantado com Cartola, pela forma como ele cuida de Glória. No entanto, tempos depois, Cartola, já em Lisboa, em uma cidade estranha e nada acolhedora, em uma capital em que se passavam por invisível — ele e o filho, e o dinheiro era quase nada — lembrava-se do ritual diário do banho de Glória e afirmava que preferia passar fome em Portugal a voltar a banhar a esposa em Luanda.

O problema é que depois de sete anos em Lisboa, depois de muitas cirurgias malsucedidas, no Hospital do Alvor, na tentativa de curar a deformação do calcanhar do filho, depois de ter de sair da Pensão Covilhã e mudar-se para o Paraíso, lugar em que o lixo, a pobreza e a decadência adornavam os barracos e, automaticamente, montavam os quadros de uma imensa favela, Cartola sentia-se solto, sem raízes. O estranhamento era o que permeava seu corpo e sua alma, já não sabia mais quem era Aquiles, um homem de mais de 20 anos que dormia e acordava com ele e, nos últimos anos, já não sabia mais o que conversar com ele. O silêncio fizera morada, porque o diálogo entre pai e filho era raro. Rara, também, tornou-se a correspondência com Glória, por telefone ou carta, elas doíam-lhe o coração, porque havia um estranhamento na conversa que não fluía. Não se sentia íntimo em Lisboa, nem em Luanda. Cartola não se sentia angolano, muito menos português, não era africano, muito menos europeu. Perdera a identidade, esvaziara-se de si mesmo, acostumado a ser invisível, dia a dia, minuto a minuto, por onde passava. Durante os anos todos, os habitantes de Lisboa não viram Cartola nem Aquiles. A quem pertencera pai e filho? A Portugal? A Glória? A Moçâmedes? Não tinham lugar de fala, nem espaço para descansar o esqueleto em quietude espontânea, nem amigos.

Tudo era uma espécie de estranhamento sem fim, de Lisboa já não esperavam mais nada. Telefonar a Glória era pesado, encontrar assunto, mais ainda, falar com o filho sobre seu problema que nunca fora resolvido, após tantas cirurgias, era desgastante. Enfadonho, medonho, por mais que procurasse por palavras e assuntos, a comunicação cessava antes mesmo de começar. Djaimilia fala dos meandros do sentir entre o cuidador e o cuidado, Cartola cuidava de Aquiles e cuidara, em Luanda, de Glória; Justina ficou com a responsabilidade da mãe e de sua filhinha; Aquiles, crescido, homem feito, sentiu-se na obrigação de cuidar do pai, e assim vão vivendo os mortos-vivos. A autora narra os incômodos que passam as pessoas que tentam não entrar em contato com os próprios espaços sombrios, habitados nos conflitos abissais que o destino gera: "Todos os Cartola de Sousa se viram adiados pela doença. Cartola pôs-se entre parênteses por Glória e mudou de vida por causa do calcanhar do filho. Justina deixou os sonhos pela mãe, tornada dona de casa quando o pai e o irmão partiram para Lisboa. Aquiles foi atravessado pelo calcanhar malformado, que deixou Cartola às suas costas. Não eram vítimas uns dos outros, nem ninguém tinha torcido os seus sonhos de propósito. No comboio das dívidas, resignação, fome, má vontade e zelo em que a família de cuidadores viajou quase um quarto de século. Talvez dentro de cada doente houvesse um tirano, e dentro de cada cuidador, um carrasco. Aquiles arrastava pelo pé o homem que o arrastava ao pescoço. A sua meninice tinha sido para o pai um martírio alegre, e a sua juventude a negação de Cartola de que recomeçara a vida quando ela já lhe tinha passado ao lado. O seu calcanhar era a pena e a substância do velho, como tinha sido para ele um calvário tomar conta da mulher, prova que tinha aprendido a superar desejando tanto a morte dela como as melhoras. Justina tanto fingia que Glória tinha morrido como daria a vida por ela. Tinha-se apaixonado pelo cuidado que lhe tinha para poder sobreviver a uma vida abortada"[12].

A autora penetra fundo na alma humana que, sem saber a quem pertence, esvai-se toda e, como uma vela no calar da madrugada, consome-se a si mesma. Derrete-se, flui-se e perde-se. Onde devo fincar meus pés? Que terra traz as raízes que dialogam com minha alma? Cartola nunca pensou em voltar, porque não se sentia pertencente a lugar algum, e os conflitos somavam-se, o desespero e a estranheza faziam parte do cotidiano do pai e do filho. Eles eram imigrantes, mas

---

[12] Trecho do livro *Luanda, Lisboa, Paraíso*, capítulo 27, p. 104-105.

talvez se regressassem sentir-se-iam estrangeiros, porque o preconceito unido à xenofobia alimentam as diferenças, e as diferenças, cerne gerador do esvaziamento, como as vespas que consomem as larvas e os demais insetos, tornam o indivíduo um nada — a questão identitária anulada, nesse caso. Era tarde demais para ser de Luanda e impossível ser de Lisboa. "Cartola e Aquiles sentem na pele o preconceito por serem imigrantes da ex-colônia e precisam garantir a sobrevivência trabalhando em construções, pouco a pouco, o temporário torna-se permanente, e o regresso a Angola passa a ser uma possibilidade cada vez mais distante", diz Djaimilia.

Na *Quatro Cinco Um: a revista dos livros*, no artigo "O Regresso como Horizonte do Impossível", Luciana Araújo Marques fala sobre a obra *Luanda, Lisboa, Paraíso*, de Djaimilia: "Um romance que narra a história de imigração a partir dos elos coloniais entre Portugal e Angola". Djaimilia, autora angolana naturalizada portuguesa, com apenas 39 anos é considerada uma escritora que luta pela igualdade de gênero, evidenciando em suas obras o racismo, a ancestralidade e a identidade. Recebeu inúmeros prêmios, por exemplo, o de literatura da Fundação Eça de Queiroz e da Fundação Inês de Castro, entre muitos outros. É a força da mulher que reside em sua produção, mesmo colocando Glória como personagem doente, inerte e que vive a sonhar tão somente, dizendo nas cartas "Beijos para o meu amor". Ela não tem nenhum impulso de vida para atravessar o oceano e estar além-mar para, de fato, beijar Cartola, pois seu corpo é morto, mas sua alma vive nas cartas e nos telefonemas: "Papá, tou aqui na cama, mas depois fecho o envelope, escrevo o endereço e fica tudo escuro de novo. Felizes para sempre, Glória". Ela nunca mais veria o marido, mas sonhava com a possibilidade. A realidade é cruel com os imigrantes.

Djaimilia fala de uma identidade desfeita, de colonização e descolonização, fala sobre a diáspora dos povos que buscam aceitação, afeto e acolhimento. O fato de o idioma de Angola ser o português falado em muitos cantos do mundo, inclusive em Portugal, não faz dos angolanos lisbonenses ou europeus. O preconceito reina entre os imigrantes, mesmo entre os países que pertenceram a Portugal, no caso da ex-colônia, Angola. Para Cartola, ele e seu filho jamais seriam imigrantes, falavam a mesma língua e tinham sido filhos de Portugal. Devido à colonização, muitas influências habitavam Angola: costumes, religião, alimentação, arquitetura, como a Fortaleza de São Miguel, erguida no século XVI, pelos portugueses, em Luanda, ou ainda, o doce de ovos cozidos no leite, conhecido por farófias. Essas reminiscências da antiga colônia lusa traziam a Cartola uma falsa ideia de irmandade.

Djaimilia Pereira de Almeida é o doce de leite dos leitores de alma formada, leitores que se exige para as obras de Clarice Lispector, por exemplo. A escritora angolana é a pena da vez do mundo editorial e da literatura, uma menina, ainda, mas com uma carreira espetacular para as próximas décadas do século XXI, uma MULHER livre, inteligente que retrata a realidade da imigração e a falta de lugar dos angolanos no mundo. As escritoras nigerianas Chimamanda Ngozi, Futhi Ntshingila e Buchi Emecheta já haviam dissertado sobre o tema em suas obras, quando as mulheres nigerianas iam para a Inglaterra ou para os Estados Unidos e comiam o pão que o diabo amassou.

Ao leitor, resta o agradecimento por esses presentes impressos que esbanjam conhecimento com seus retratos de realidade, pois consegue ter consciência, após a leitura, de que nem tudo são maravilhas quando fantasiamos com países estrangeiros, principalmente aqueles que não atestam outras nacionalidades. A vida do imigrante nem sempre é cor-de-rosa. Cartola, que se sentia irmão dos lusos devido à colonização, devido aos costumes lusos deixados em Angola e devido à proximidade com um médico de Coimbra (com quem trabalhou e cuja casa frequentou), teve que se ver e rever-se com a falta de lugar no mundo. Perdeu-se, porque já não era de Luanda, nem nunca fora de Lisboa.

ANAÏS NIN

Recusar à mulher a igualdade de direitos em virtude do sexo é denegar a Justiça à metade da população.

(Bertha Lutz)

E la é fruto do abandono paterno, como tantas crianças. Aliás, de uma parcela absurdamente maior do que deveria ser. Abandono de pai displicente. Crime de responsabilidade. Quase um aborto paterno. Alguns pais divorciam-se das esposas e dos filhos, e a separação, que deveria ser tranquila, vira orfandade. O que fazer com os buracos anímicos que se instalam nas crianças abandonadas? Angelina Jolie, Julia Roberts e a cantora britânica Adele estão na lista das famosas internacionais que foram abandonadas pelo pai. Betty Lou Motes, a mãe da atriz Julia Roberts (a eterna linda mulher), foi abandonada grávida.

Os pais abandonam seus filhos sem querer saber se eles viverão ou não. Isso é crudelíssimo, pois os filhos não pediram para nascer. No caso da mãe de Julia Roberts, podemos nomear esse abandono como uma espécie de aborto paterno? Um crime de responsabilidade? No Brasil, é extremamente costumeiro esse abandono paterno, a maioria deixa esposas e namoradas grávidas e vão viver a vida em liberdade, sem culpa, sem amarras. Muitos são os casos de homens que, ao descobrirem a parceira grávida, exigem dela o aborto. Esse "aborto paterno", se é que podemos chamá-lo assim, parece ser "legitimado", ou seja, ele é muito bem aceito pelas sociedades do mundo todo. Trata-se de algo comum. Seria um direito inerente ao homem escolher assumir ou não os filhos? Escolher se eles vivem ou morrem? Já a mulher que pratica aborto é considerada criminosa. A mulher que vive a gestação totalmente só, com seus medos, suas dores, incertezas e melancolias, o terrível pós-parto, o aleitamento e a criação dos filhos anulando-se eternamente é uma heroína? Não! A sociedade estabelece isso como obrigação da mulher.

Para o psicanalista brasileiro Daniel Schor, os traumas que as crianças acumulam devido ao desmazelo paterno acompanham a criança até a velhice. São feridas que purgam ano após ano. Esses homens que pensam que são pais ferem de modo cruel os filhos que não querem mais, os filhos que não desejam enxergar além do próprio umbigo. São homens que enxergam o mundo inteiro e o entorno por meio do próprio umbigo: "[...] as crianças carregam um sofrimento mortal em suas almas, cicatrizes mal fechadas e experiências traumáticas de abandono afetivo", diz Schor, em seu livro *Heranças Invisíveis do Abandono Afetivo: um estudo psicanalítico sobre as dimensões da experiência traumática*. O livro discute o traumatismo da criança abandonada por mães e pais, mas principalmente pelos pais; o destino psíquico da experiência de ser esquecida, e o que isso pode gerar de conflito, como a diminuição considerável da capacidade de realizações e da independência emocional, devido, segundo Schor, "ao desamparo e à impotência insuportáveis". Essa criança vai, nas ações sãs ou insanas, buscar desesperadamente preencher o vazio pustulento. Mas como será a busca só o tempo poderá responder. Pode ser que passe a vida buscando preencher o vazio que se avoluma, ou pode ser que a criança, ao crescer, preencha o vazio com excesso de comida, álcool, cigarro e até drogas mais pesadas. E por aí vai. E enquanto escrevo, purgam minhas próprias feridas que nasceram de ver o sofrimento de meu filho e de minha filha ao serem totalmente abandonados pelo pai.

O abandono causa marcas eternas que purgam vez ou outra, inflamações que os pequenos levam para a maturidade, e que se misturam aos conflitos que se sucedem ao longo da vida e vão formando uma bola de "merda" que, além de asfixiar, infecciona o cerne anímico e corporal. Filha do compositor e pianista cubano, nascido em Havana, de ascendência catalã e vivência espanhola, Joaquín Nin Castellanos, Anaïs Nin carregava lembranças de um passado em forma de uma abstrata alegria breve, reminiscências de uma época, antes dos 10 anos, em que o pai levava a filha aos concertos. Sim, eram momentos de intenso prazer, de um sentimento de pertencimento, quando se dispunha a desenhar, na mente, um imaginário mesclado à realidade do que havia sido sua vida com Joaquín Nin.

O fato é que havia um buraco imenso em sua vida, no espaço que deveria habitar o pai: "No centro de minha obra está um diário para um pai que eu tinha perdido e amado e queria conservar". Maria

Carneiro da Cunha fala sobre o primeiro exílio de Anaïs Nin: "Tudo nos Estados Unidos era diferente da atmosfera a que estava acostumada, tudo lhe parecia prosaico e despido de encanto, sem conhecer muito bem a nova língua, a quase adolescente refugiava-se em seu diário, que é seu confessor e seu amigo. Quando a criança é desenraizada, esforça-se para criar um universo do qual não possa ser arrancada". E a busca por preenchimentos, muitas vezes, leva a criança, na adolescência, a envolver-se com drogas, com promiscuidade e desvios comportamentais sérios.

O pai, apaixonado por uma mulher mais nova e bem rica, embebido em fantasias e mergulhado no narcisismo, abandona a esposa Rosa Culmell e os filhos para, então, viver sua vida sem impedimentos. Algumas pessoas acham que podem mudar tudo — deixando para trás uma história. Mas há de ter que dar conta do passado, porque não se jogam no lixo as escolhas, antes, somam-se, ampliam-se as vivências de ontem e as de hoje, procuram-se entendê-las como parte de um todo, e não como algo que deva ser esquecido. Isso é repugnante! Isso é crime de responsabilidade. Como esquecer os primeiros filhos, frutos de casamento anteriores?

Filha de um diplomata, Rosa, a mãe de Anaïs Nin, casou-se contra a vontade dos pais dela. Deveria, pois, ter refletido sobre a censura que lhe fora imposta pela família, porque o matrimônio só lhe causou sofrimento. O marido, dado a passear nas bifurcações das coxas das mulheres e a somar, com isso, inúmeras amantes, abandonou a esposa para casar-se com outra mulher. Tentando reunir os cacos que sobraram, Rosa viaja para os Estados Unidos com os três filhos, Thorvald Nin, Joaquín Nin-Culmell e Anaïs Nin.

A tristeza e a dúvida permeavam o coração da menina, não sabia se veria o pai novamente, não sabia se voltaria à França. Sem estradas para percorrer, passa a escrever cartas ao pai, ainda no navio que seguia — atravessando o vento que dava salvas à realidade — e trazia em cena uma criança à deriva. Anaïs Nin escrevera cartas até sua morte, em 1977. Nunca pensou que a separação dos pais pudesse feri-la tanto, ela que não veio ao mundo, assim como seus irmãos, por conta própria. No início escrevia as cartas com intenção de enviá-las, depois, as cartas eram destinadas a ela mesma, embora o destinatário fosse o pai. Mas nem só de cartas se sustenta seu diário.

Alguns filhos perseguem a sombra paterna e vivem entre as migalhas de um contentamento, entre aspas, curto demais, mas repleto de possibilidades oníricas. São flashbacks em que lembranças e imaginário mesclam-se em uma imensa pseudo felicidade. Aos 11 anos, Anaïs não via mais o pai e passou a escrever-lhe cartas, que nunca foram enviadas. Anos depois, tornar-se-iam seu "diário" — um produto literário, do qual as cartas a Joaquín faziam parte. Entretanto, ao futuro pertence o destino e, na vida adulta, encontraria o pai novamente.

Aos 21 anos retornou a Paris. Lá, conheceu e passou a conviver com intelectuais, poetas e literatos, como o escultor romeno Constantin Brancusi, que morava em Paris desde 1904; o dramaturgo e romancista inglês, nascido na Índia, Lawrence Durrel, autor da tetralogia *O Quarteto de Alexandria*; o poeta francês Antonin Artaud; o romancista francês André Maurois; o psicanalista austríaco Otto Rank; o escritor Henry Miller e a esposa dele, June Miller. Anaïs amava seus amigos, tinha um carinho especial dedicado a cada um deles: "Cada amigo representa um mundo dentro de nós, um mundo que talvez não tivesse nascido se não o tivéssemos conhecido". Anaïs Nin e Henry trocaram cartas até o fim da vida. Ele era completamente apaixonado por ela, como mostra o trecho da obra *Cartas de Henry a Anaïs Nin:*

> Tudo o que posso dizer é que estou louco por ti. Tentei escrever uma carta e não consegui. Estou constantemente a escrever-te... Na minha cabeça, e os dias passam, e eu imagino o que pensarás. Espero impacientemente por te ver. Falta tanto para terça-feira! E não só terça-feira... Imagino quando poderás ficar uma noite... Quando te poderei ter durante mais tempo... Atormenta-me ver-te só por algumas horas e, depois, ter de abdicar de ti. Quando te vejo, tudo o que queria dizer desaparece... Mas fazes-me tão feliz... Por que eu consigo falar contigo? Adoro o teu brilhantismo, as tuas preparações para o voo, as tuas pernas como um torno, o calor no meio das tuas pernas. Quero olhar para ti longa e ardentemente, pegar no teu vestido, acariciar-te, examinar-te. Ainda há demasiado sagrado agarrado a ti. [...] Vivo numa expectação constante. Tu chegas e o tempo escoa-se como num sonho. É só quando partes que eu entendo completamente a tua presença. E, então, é tarde demais. Atordoas-me. [...] Vejo-te na minha mente sentada nesse trono, com joias à volta do pescoço, sandálias, grandes anéis, unhas pintadas, estranha voz

espanhola, a viver uma espécie de mentira que não é exatamente uma mentira, mas um conto de fadas. Vesti esta noite as minhas calças de bombazina e reparei que estavam manchadas. Mas juro pela minha vida que não consigo associar a mancha à princesa em Louveciennes que priva com guitarristas, poetas, tenores e críticos. Não me esforcei muito para tirar a mancha. Vi-te entrar na lavandaria e encostar a tua cabeça no meu ombro. Não consigo ver-te a escrever "An un professional Study". Isto está um bocadinho bêbedo, Anaïs. Estou a dizer para mim "aqui está a primeira mulher com quem posso ser absolutamente sincero". Lembro-me de dizeres: "Tu podias enganar-me. Eu não o saberia". Quando passeio pelos boulevards e penso nisso... Não posso enganar-te... E, no entanto, gostaria de fazê-lo. [...] Mas ri, Anaïs, adoro ouvir-te rir. És a única mulher que tem tido um sentido de alegria, uma sábia tolerância... Já não mais pareces querer fazer com que eu te traia. Amo-te por isso. E por que fazes isso? Amor? Oh, é maravilhoso amar e ser livre ao mesmo tempo. Não sei o que esperar de ti, mas é algo parecido com um milagre. Vou exigir tudo de ti... Mesmo o impossível, porque tu o encorajas. És realmente forte. Até gosto da tua falsidade, da tua traição. Parece-me aristocrática. (Será que aristocrática soa mal na minha boca?). Sim, Anaïs, estava a pensar em como posso trair-te, mas não consigo. Quero-te. Quero despir-te, vulgarizar-te um pouco... Ah, não sei o que digo. Estou um bocado bêbedo porque tu não estás aqui. Gostaria de bater palmas e... voilà: Anaïs! Quero ter-te, usar-te. Quero fazer amor contigo, ensinar-te coisas. [...] Por que, por quê? Por que é que não me ajoelho e te adoro? Não consigo. Amo-te. Tenho-me portado bem contigo. Mas aviso-te de que não sou um anjo. Penso principalmente que estou um pouco bêbedo. Amo-te. Vou para a cama agora... É demasiado doloroso permanecer acordado. Amo-te. Sou insaciável. Vou pedir-te para fazeres o impossível. O quê, eu não sei. Provavelmente dir-me-ás. És mais rápida do que eu. Adoro a tua ***, Anaïs... Põe-me louco. E o modo como dizes o meu nome! Deus! É irreal. Ouve, estou muito bêbedo. Dói-me estar aqui sozinho. Preciso de ti. Posso dizer-te qualquer coisa? Posso, não posso? Vem depressa então, e faz amor comigo. Explode comigo. Enrola as tuas pernas à minha e aquece-me.[13]

---

[13] Trechos da epistolografia *Cartas a Anais Nin*, de Henry Miller.

A vida dela ainda não estava ajustada, mas esse período, na França, foi de intenso aprendizado e produção, mesmo convivendo com o fantasma do pai, que não era morto nem vivo, porque não sabia dele há anos. A que se pensar que quando o pai morre, os filhos sofrem. Mas aos poucos, acomodam-se, vivem o luto e, depois, seguem. Não obstante, o abandono deixa eternas as ignóbeis cicatrizes. E quando não se sabe nada desse pai, a loucura beira às raias do ser humano. E assim ocorria com Anaïs, que buscava esse pai na tentativa de preencher uma ausência do masculino.

O abandono é um ato indigno. Um pai pode ter dez amantes e dez esposas, mas deve dar conta de todos os filhos que pôs no mundo, e dar conta de que, independentemente de sua vontade, a história que teve com outras mulheres não se apaga, por vários motivos, não se anula o passado nem se declara guerra à mãe dos filhos, não se derrete parte do cérebro que guarda as reminiscências do passado. A comunicação entre os pais é a condição para a saúde mental e o equilíbrio dos filhos. Cortar isso é crime.

Quem pode, usando mágica ou uma varinha de condão, num piscar de olhos ou num estalar de dedos, eliminar a dor que alguns pais causam na vida dos filhos? Anaïs Nin buscou esse pai faltoso no sangue que corria em suas veias, nos trajetos que os pés desenham no chão, no limiar dos braços estendidos para o alto em forma de reza e buscou-o nos potes dos tesouros afetivos, fossem quais fossem esses potes. Buscou afeto paterno, aquele que deve assegurar os músculos do corpo e controlar os ritmos do coração, buscou um pai real e imaginário, anjo e demônio, ao mesmo tempo, procurou um personagem masculino, eternamente confundindo todos os sentimentos que moravam nela.

Anaïs Nin procurava o pai como Hilda Hilst buscava a figura paterna perdida, uma figura que a rejeitou por ser mulher, uma filha em lugar de um filho. Essa rejeição fez da vida de Hilda uma desenfreada procura pelo masculino onírico. Não obstante, Anaïs Nin, enquanto busca, não percebe a presença de quem fica, devido ao buraco que se instala no peito, à angústia, ao vazio, à ausência que provoca dor insuportável. E assim nasce seu "diário", dividido em inúmeros volumes, resultado das cartas e dos registros das experiências que teve com a mudança e a nova situação familiar e com suas vivências na vida adulta.

A devoção e a saudade excessivas de um pai pobre, boêmio e muito violento, espancando muitas vezes Rosa Culmell e os filhos, não são citadas. A realidade em torno do pai foi sublimada. Porém, nas biografias de Anaïs narram-se como Rosa se apaixonou por Joaquín Nin, um artista muito mais novo do que ela, "sem eira nem beira", como Rosa colocou-se contra a família inteira para viver esse amor, que se transformou rapidamente em agonia e como, com o tempo, a separação apresentou-se iminente, mas foi preciso Joaquín abandonar a família inteira para que Rosa percebesse que findara a sua união abusiva. Pouco se fala da mãe de Anaïs, uma mulher forte que foi com sua prole para outro país recomeçar — sozinha. Não há citações sobre a heroicidade da mãe de Anaïs. Afinal, para as sociedades que se sustentam no patriarcado é obrigação da mulher criar, educar, alimentar os filhos que foram abandonados pelo pai. Em nenhum momento, Anaïs cita a coragem e o amor incondicional da mãe por ela e pelos irmãos. Rosa Culmell foi literalmente apagada da família Nin.

Anaïs Nin amava o pai, um pai que para ela era meio mito, meio deus, meio marido, ainda que Joaquín Nin não fosse nada além de um homem egoísta, agressivo e um marido adúltero. Meio "marido", porque se sentiu mais traída e mais preterida do que a própria mãe. Mas para a escritora a ideia de pai transcendia o Olimpo. Quem sabe casou-se, aos 20 anos, com o norte-americano Hugh Guiler, conhecido por Ian Hugo, na tentativa de encontrar a figura masculina perdida na adolescência? O que se sabe é que eles viveram casados a vida inteira, Anaïs Nin e Hugh Guiler. Ele morreria com 87 anos, ela, 74.

Será que Anaïs abraçava em seu peito o complexo de Electra? Para o psicanalista Carl Gustav Jung, o complexo de Electra, baseado na história da mitologia grega, revela o desejo sexual da menina pelo pai. A história dá-se na trágica trama entre o pai Agamêmnon, a mãe Clitemnestra e os filhos Electra e Orestes. "Electra define o desejo incontrolável da filha pelo pai e, consequentemente, o impulso de triunfar sobre a mãe", diz Jung. Anaïs Nin procurou o pai nos inúmeros relacionamentos que teve, nos muitos amantes, mas não se prendia a nenhum: "Quando eu tinha dez anos, papai nos abandonou, abandonou mamãe e nos fez sofrer. Mas era a mim que ele tinha abandonado. Eu era estranha de criança, não tinha nada — e já pressentia o abandono. No momento da partida eu me apeguei a ele", diz Anaïs em seus diários.

Anaïs não se envolve com um homem, mas com muitos: "tenho amado a figura de meu pai em fragmentos dos amantes que reúno", diz. Em *Incesto*, texto que faz parte dos *Diários de Anaïs Nin*, de 1966, a autora conta em detalhes sua vida amorosa com homens, mulheres e com seu pai e evidencia um medo terrível: "Sinto medo desta nova vida de triunfo sobre os homens". Parece mesmo que o complexo de Electra se formou a partir da dor da ausência paterna e da mudança para outro país, o que a tornava mais e mais distante desse pai fantasioso. Parece que esse desejo insano de encontrar o pai resultou em desvios comportamentais que em parte destruiu sua personalidade e vida, embora fosse uma mulher que se dizia livre. Mas há liberdades e liberdades, e isso é essencial à saúde psíquica. Anaïs sentiu-se traída como se fosse a mãe, isto é, como se fosse ela a esposa de Joaquin Nin.

Mas voltemos à vida atribulada da autora. Em Paris, Anaïs Nin produzia literatura. Viu-se, portanto, tempos depois, obrigada a voltar aos Estados Unidos por causa da Segunda Guerra. Lá, tenta publicar seus livros, porém eles não são aceitos de imediato, o que a leva a escrever contos eróticos para sobreviver. Produzia sua arte lasciva para um colecionador anônimo. Quem poderia ser esse homem secreto, amante de erotismo? Algumas biografias dizem que Henry ajudava Anaïs nas encomendas e vendas dos contos eróticos. Os escritores Anaïs e Henry auxiliavam-se mutuamente, tanto que Anaïs fez o prefácio de *Trópico de Câncer*.

A aceitação de suas obras viria muito tempo depois, a sociedade a considerava inapropriada, seus contos eróticos causaram grande escândalo e ela foi considerada inadequada à ordem social e religiosa. No entanto, o que fica registrado é que Anaïs Nin foi a primeira mulher norte-americana a publicar narrativas eróticas. Escreveu inúmeras obras, entre romances, contos, ensaios e crítica literária. São eles: *O Primeiro Diário de Anaïs Nin; Henry e June; O Diário de Anaïs Nin* (sete volumes)*; Pequenos Pássaros; Uma Espiã na Casa do Amor; Sob o Signo de Vidro; Seduction of the Minotaur; Delta de Vênus; A Casa do Incesto* e outras.

Em seus diários havia de tudo: o próprio cotidiano amalgamado à ficção, receitas confusas, momentos em que o amor a invade e ela o descreve, sempre quebrando todos os paradigmas existentes fora do mundo dela, porque dentro só havia o que ela decidisse. Vanessa Santos de Souza, da Universidade Federal do Piauí, em seu texto "A Transgressão de Anaïs Nin: a matrona da casa de prostituição literária", narra o quanto a escritora "[...] é referência quando se fala em escrita de si mesma e de como ela é uma das escritoras mais transgressoras do século XX". Para Vanessa, Anaïs rompeu com todas as regras sociais e religiosas.

Henry Miller, personagem real da obra *Henry e June*, de Anaïs Nin, iniciou sua carreira aos 33 anos. Foi um escritor norte-americano conhecido por seu estilo de escrita pornográfica, mas também autobiográfica. Suas obras mais conhecidas, e que a princípio foram proibidas, são *Trópico de Câncer; Trópico de Capricórnio; The Rosy Crucificacion (Crucificação Encarnada)*, que abarca a trilogia *Sexus, Nexus e Plexus; Primavera Negra; O Mundo do Sexo* e outras. As obras dele só foram liberadas a partir de 1964. Ele teve inúmeros relacionamentos amorosos, sucessivos e simultâneos. June Miller, que se declarava bissexual, foi sua segunda esposa. Henry, aos 31 anos, deixou Beatrice Sylvas Wickens, a primeira esposa, e a filha Bárbara Miller ao conhecer June, uma jovem de 21 anos.

Quando Anaïs Nin conheceu June Miller encantou-se completamente por ela e o encantamento foi recíproco. Apaixonou-se perdidamente por Henry e relacionou-se com ele e com June. Anaïs conta sobre esse envolvimento amoroso (autobiográfico) em seu romance *Henry e June*. Seu amor pelo escritor era registrado em muitas falas e histórias. Quando não estava com ele, sentia como se o ar lhe faltasse: "Imaginei por um momento um mundo sem Henry. E jurei que no dia que em que perdesse Henry, eu mataria minha vulnerabilidade, minha capacidade para o verdadeiro amor, meus sentimentos, com a devassidão mais frenética. Depois de não ver Henry por cinco dias por causa de mil obrigações, não pude mais suportar. Pedi a ele para se encontrar comigo durante uma hora entre dois compromissos. Conversamos por um momento, então, fomos para um quarto de hotel mais próximo. Que necessidade profunda dele. Só quando estou em seus braços que as coisas parecem direitas. Depois de uma hora com ele, pude continuar o meu dia, fazendo coisas que não quero fazer, vendo pessoas que não me interessam".

O romance de Anaïs foi adaptado ao cinema com o nome *Henry e June: Delírios Eróticos*, dirigido pelo cineasta norte-americano Philip Kaufman, o mesmo diretor de *A Insustentável Leveza do Ser*, filme baseado na obra do escritor checo-francês Milan Kundera. *Henry e June* faz parte dos diários de Anaïs Nin e narra um turbilhão de emoção, é tão arrebatador que parece que o leitor cai lentamente em um abismo ao mesmo tempo em que se eleva na maciez das nuvens sobre a imensidão do céu. No elenco, escolhido a dedo, tem-se Uma Thurman, no papel de June; Fred Ward representando Henry; Maria de Medeiros como Anaïs e outros atores, como Richard E. Grant, Bruce Nyers, Féodor Atikne e Kevin Spacey. O tempo-espaço é Paris de 1930, lugar onde se passa a história de Anaïs Nin, uma mulher que viveu intensamente e que, com certeza, estava à frente de sua época, transgressora de paradigmas em pleno século XX.

Em seus diários anota suas vivências, seus tormentos, suas dores e volúpias, seus vazios e seus preenchimentos, sempre abstratos e insuficientes. Narra, ainda, feminino, feminismo, erotismo e amor. Uma metáfora do feminino no século XX, um desabrochar intenso da liberdade de ser, desejar e sentir. Talvez anotar as vivências e as lacunas tenham ajudado Anaïs Nin a viver. Seus diários revelam a angústia da mulher diante da própria intimidade, a condição da mulher tão distante quando comparada à do homem. Registra em suas obras quase toda a sua vida: as ideias libertárias, os sonhos e as cobiças de si e da relação com o outro: "A carne contra a carne produz perfume, mas o contato com as palavras apenas engendra sofrimento e divisão", dizia a escritora.

Uma das especialistas em Anaïs Nin é a antropóloga brasileira Betty Mindlin. Ela fala sobre a importância dos quatro volumes d'*Os Diários de Anaïs Nin*, publicados entre 1966 e 1971, no artigo "Revisitando Anaïs Nin", de 2002, para as mulheres que almejavam liberdade e essência: "*Os Diários de Anaïs Nin* representam uma eclosão, um novo exemplo e modelo, são os fios do sonho, da arte, da integridade interior, da ternura, do afeto, do erotismo, todos preservados a duras penas, com muito esforço. Manter a leveza e a poesia, acolher amorosamente amigos, amantes, família, construir a harmonia, cuidar, apoiar, sustentar e, sobretudo, escrever, criar como alvo primordial, viver a paixão sem tabus, desprezando proibições e convenções. Anaïs Nin parecia reunir o inalcançável". Ela nunca seguiu protocolos, antes, quebrou todos.

Sua obra erótica, embora condenada, rendia-lhe dinheiro e assim que se tornou conhecida, a hipocrisia social, familiar e religiosa choveu sobre ela. Enquanto muitos a viam como escandalosa, mais e mais os editores queriam seus contos eróticos. E as encomendas não cessavam. Assim é a sociedade: um lado demoníaco e o outro tam-

A INCRÍVEL LENDA DA INFERIORIDADE – VOLUME II

bém. Deirdre Bair, a escritora nascida na Pensilvânia, Estados Unidos, autora das biografias de Carl Jung, Saul Steinberg, Samuel Beckett e Simone de Beauvoir, biografou, também, Anaïs Nin, em 1995, com a obra intitulada *Anaïs Nin: a Biography*. Deirdre fala de como Anaïs Nin perdeu-se na celeuma que formou em sua vida, foi estruturando seus meses e anos de um modo nada convencional, em que tudo se mostrou assimetricamente. Isso não significa que o convencional seja adequado, mas o inverso totalizante tampouco. Isto é, na maioria das vezes, a vida convencional destrói o ser humano, no entanto, plainar somente sobre furacões pode resultar em erupção e, consequentemente, sair queimado ou morto.

Deirdre é considerada uma das maiores biógrafas dos Estados Unidos e da Europa, pesquisou toda a vida da escritora considerada "maldita": "[...] a biografia oferece uma visão de vida intelectual e sexual de Anaïs Nin. Inclui material extraído de arquivos inéditos e páginas de diários, e mostra como, ao longo de sua luta para se tornar uma escritora respeitada, ela construiu um modo de vida que se tornou confuso até para si mesma [...]". Deirdre é sumidade em escrever sobre os meandros psicológicos e emocionais das pessoas, principalmente das mulheres, no que tange às regras do patriarcado, à violência, à subalternidade e às dores da separação. Em sua obra *Calling it Quits* (Desistindo), adaptada para o português como *Começar de Novo: o divórcio na terceira idade*, de 2010, resultado de centenas de entrevistas, ela revela as dores da separação após os 40 anos. Além de ser uma excelente escritora, Deirdre tem a sensibilidade necessária para descrever a alma humana e suas idiossincrasias.

Em busca do amor...

Anaïs Nin, assim que se tornou adulta, e com a vida caminhando, reencontrou o pai perdido, o sonho e o pesadelo, o deleite e o desgosto, a aflição e o regozijo. Reencontrou a fantasia masculina que a assombrou e a acalentou desde os 11 anos. Reencontrou o fantasma que tanto ela perseguiu como foi por ele perseguida. E no redemoinho de sentimentos e no balouçar dos conflitos que se alvoroçam nos sentires, entre a comoção e o contentamento, ela se perdeu novamente. Em meio aos amantes, o marido e a literatura erótica, Anaïs Nin passou a relacionar-se amorosa e sexualmente com o pai. Assim como iniciou a intimidade, cessou-a quando, enfim, perdeu o interesse. Anaïs Nin, segundo Betty Mindlin, "[...] o descartou com crueldade, como fora, aos onze anos, cortada desse pai egoísta e sedutor". Ela, enfim, vingara-se?

Em que se transformou Anaïs Nin, mulher que mergulhava na confusão de seus desejos? Querubim ou condenada? Anaïs Nin registrou sua vida nos diários e romances e descreveu os abortos que praticou, de maneira prolixa, deixando o leitor enjoado. Em que momento se transformou em uma mulher fria a contar ficção baseada na realidade de si mesma?

Hoje, sua produção literária crua e nua é vista como um campo de estudo e pesquisa nas áreas da antropologia, psicologia, literatura e psicanálise. Sobre o amor, Anaïs Nin dizia: "O amor nunca morre de morte natural, morre, porque nós não sabemos como renovar suas fontes, morre de cegueira, pelos erros e traições. Morre de doença e das feridas, morre de exaustão, das devastações e da falta de brilho". Poderíamos afirmar que, assim como a planta finda quando não é regada, o amor se esvai? A sociedade é feita de desamor. Existe uma lei maior que impera e desautoriza o amor, banalizando-o a ponto de torná-lo um nada recheado de insignificâncias. A ponto de desejar perder todo o amor em busca de outro sentimento, seja ordinário ou medíocre.

Para os críticos, a obra de Anaïs Nin faz o leitor refletir sobre a psicologia da identidade feminina, tão desmerecida no decorrer da história. Mas Anaïs viveu em liberdade e registrou profundamente sua intimidade, seus pensamentos mais recônditos foram anotados de maneira espontânea, sem nenhum traço de discriminação ou tabu. Para a escritora e colunista da *Folha de S. Paulo*, Juliana de Albuquerque, Anaïs foi "a única mulher capaz de romper com a escrita tradicionalmente patriarcal. Foi neste momento que seus textos foram reconhecidos pela crítica, embora fossem 'escandalosos' para serem publicados por alguma editora, o que a levava a publicá-los às próprias custas. Sua vida foi licenciosa e isso se revela em toda a sua literatura, especialmente em seus diários, escritos desde os onze anos até a data de sua morte".

Abandono paterno: crime de responsabilidade

Quantos homens levaram as namoradas e as amantes para que elas se livrassem das gravidezes por eles indesejadas? Centenas! Milhares! Tratamos do abandono paterno, nestas linhas, tratamos do crime de responsabilidade que o pai comete quando abandona suas namoradas grávidas. O filme *O Lobo Atrás da Porta*, de Fernando Coimbra, de 2014, conta o caso real conhecido como "A Fera da Penha", uma história horrível em que Rosa envolve-se com Bernardo, um homem casado com Sylvia, acreditando que ele fosse solteiro, passa por vários abusos e, por fim, tomada de ódio, mata a filha do casal. O elenco tem Leandra Leal, Fabíula Nascimento, Isabelle Ribas e Milhem Cortaz. Coimbra mostra as tardes de amor e sexo entre Rosa e Bernardo até que ela descobre que ele é casado e as brigas começam. Violento, Bernardo a humilha, não a respeita e, assim que ela se vê grávida, ele quer que ela interrompa a gravidez. Decidida a ter o filho, larga Bernardo e vai viver sua vida. No entanto, ele a engana, pede perdão e diz que deseja levá-la ao médico, acompanhar a gravidez de perto, porque a ama. Ela se envaidece, acredita e vai com ele à consulta. Porém, é anestesiada e o médico tira o bebê de Rosa, com ela inconsciente. O médico comete o crime de um aborto não consentido. Quando acorda não está mais grávida. Que tipo de crime é esse? Como se chama? Hediondo? Doloso? Culposo? Parece que quando o homem instiga (e pratica) o aborto não é tão malvisto assim. O certo é que ele cometeu um crime! O filme ilustra a estrutura das sociedades na formação das famílias e o quanto os homens se poupam de responsabilidades. Mas a personagem Bernardo vai pagar caro por sua atitude animalesca. O filme é um exemplo de alma feminina atormentada, que vai cobrar vingança com vingança, violência com violência, a morte do filho no ventre com a morte da filha do namorado. As psicoses que surgem dentro da inadequabilidade, da agressão, da barbárie não se medem a não ser pelos especialistas, como psiquiatras, psicanalistas, neurologistas e psicólogos.

Quebrando tudo...

Anaïs Nin viveu de maneira múltipla, sorveu tudo o que a vida lhe deu, a unicidade nunca fez parte dela, sua vida era um leque cheio de possibilidades que abrangem o feminino em uma época em que toda a censura do mundo caía nas costas das mulheres. Não obstante, ela passou por todas as proibições e os lamentos. Em meados do século XX, na França e nos Estados Unidos, Anaïs Nin abraçou contra o peito tudo o que representava para si mesma e registrou todas as estradas do feminino, no que tange à sensualidade, à liberdade, ao amor e ao erotismo: "[...] a alegria das pequenas coisas é tudo o que temos para combater o trágico da vida", dizia a escritora, que se tornou conhecida no mundo todo, postumamente, ou seja, depois de 1977.

Ela amou e amou, perdeu-se, achou-se e tornou a perder-se. Mas amou intensamente. E assim, viveu, produziu e morreu a mulher que dizia: "A vida se contrai ou se expande proporcionalmente à coragem do indivíduo".

ANGELA DAVIS

Liberdade significa, para mim, não ter medo. A escravidão
nunca foi abolida da maneira americana de pensar.

(Nina Simone)

Patriarcado é um sistema político e social que afirma que o poder absoluto está nas mãos dos homens, seja na autoridade moral, religiosa ou social. Na política, na cultura (arte, literatura, teatro, dança, música, pintura, escultura, cinema) e na economia não há um setor que seja representado pela mulher como força proeminente de trabalho e de pensamento, sujando e tornando menor, inclusive, o ciclo menstrual e a maternidade.

O homem é, nesse sistema, governo e potestade, mandarim e jurisdição, domínio e arbítrio, o início, o meio e o fim, tudo o que pode representar incessantemente a ideia de superioridade. O homem seria, pelo patriarcado, o mandachuva e o ditador, o juiz e o carrasco, a aquiescência e a condenação. Eles se autodenominam humanos eminentes, seres que vieram do céu, cheios de privilégios devido à "deidade" e sugam vorazmente esses privilégios dados a eles pelos deuses, divindades estas criadas pelo universo masculino para beneficiar-lhes a vida em todos os sentidos. Esse poder total dado ao masculino viria, também, das religiões, sempre ditado por deuses criados pelos homens para favorecer o poder do patriarcado e mantê-lo.

À mulher sobravam a subalternidade, a submissão, a mudez e a obediência. Foi eleita, portanto, objeto de prazer e desejos dos homens e como objeto não tinha direito civil algum. Foi necessária muita luta para que a mulher pudesse votar; usar calças compridas; frequentar escolas e universidades; trabalhar; ter poder sobre os filhos que paria; livrar-se das caneleiras de ferro do matrimônio com o divórcio; e ter uma leve, mas falsa, igualdade de gênero. Há, ainda, muita luta para eliminar essa ideia de que o poder do mundo e do planeta é masculino. Hoje, como citado em outros capítulos, Fernanda Montenegro ocupa a cadeira de número 17 da Academia Brasileira de Letras, espaço, como todos os demais, 100% masculino até Rachel de Queiroz quebrar essa regra misógina em 1977. As mulheres criavam os filhos debaixo da autoridade paterna. Pouco ou nada significavam. Criavam os filhos machos para serem idênticos ao pai, ou seja, para que o patriarcado permanecesse inabalável. Geralmente, esses filhos viam a mãe como um imenso criadouro.

Angela Yvonne Davis, conhecida apenas por Angela Davis, é uma das muitas filósofas feministas que lutou contra o patriarcado, militou em prol da mulher e dos direitos civis dos negros, parte da população excluída da esfera social. Angela é, além de filósofa, escritora e ativista, nascida no Alabama, Estados Unidos, em 1944. Pela sua representatividade como líder foi, e ainda é, a pedra no sapato da elite branca e racista. Lutou e hoje é reconhecida mundialmente como uma das maiores feministas dos últimos anos, uma militante antirracista ao lado de figuras que vieram anterior, simultânea e posteriormente, como Alice Walker, Rosa Parks, Elizabeth Eckford, Bell Hooks, Sueli Carneiro, Jurema Werneck e a histórica Dandara, esposa de Zumbi dos Palmares, uma das primeiras feministas na luta contra a opressão e a escravidão. Dandara, quando presa, preferiu matar-se a ser escravizada novamente. De Dandara, do século XVII, a Chimamanda, Rupi Kaur e Malala, deste século, tem-se uma ideia persistente e firme de que a mulher nunca deixou de lutar pelo direito de existir livremente. Angela Davis é metáfora e realidade dessa luta. É figura e sonho. Ela representa todas as mulheres do mundo e ela própria. É mulher negra e sem medo, feminina e feminista. É justa. Vive movida pelo sonho da igualdade racial.

Angela fez parte de muitos movimentos sociais que lutavam pelos direitos da população negra, das mulheres do mundo e, principalmente, dos Estados Unidos, movimentos estes que combatiam a desigualdade de gênero, militavam pelo feminismo negro, embora Judith Butler deixe explícito que não existe feminismo sem o combate do racismo, isto é, todo feminismo é essencialmente negro. Angela foi aluna de Herbert Marcuse, na Universidade Brandeis, no Condado de Middlesex, em Boston, e segue, portanto, os postulados da Escola de Frankfurt.

Angela fez parte do Partido Revolucionário Panteras Negras, dos anos 1970, que defendia o fim da segregação racial, da desigualdade e da opressão que os negros sofriam nos Estados Unidos. A atuação do partido ficou conhecida no mundo todo por combater a violência e por enfrentar a polícia racista da época. Eles faziam ronda diária na tentativa de inibir os preconceitos e manter a paz. Era uma luta difícil, porque a desigualdade era apoiada pela maior parte das sociedades. A ideia que habitava os bairros em que os negros residiam era a de que havia muito mais medo (e maior cautela) da polícia branca norte-americana do que dos bandidos.

O Partido dos Panteras Negras surgiu em 1966 por iniciativa de dois estudantes negros californianos: Bobby Seale e Huey Newton, que viviam o racismo diariamente na pele. O grupo, que se expandiu grandemente, tinha o objetivo de combater a violência gratuita contra os negros. No início, havia apenas o desejo de proteção aos negros que eram assassinados aos magotes. Mais tarde, tornou-se um partido. A polícia matava pessoas como se chuta enraivecido um pedaço de pau que está no caminho. Eram todos norte-americanos, mas os afro-americanos não eram considerados cidadãos. No limite da segregação, brancos e negros não conviviam, não se comunicavam, deviam, sim, antes de tudo, odiarem-se. Pensar, sonhar com relações interraciais era proibidíssimo, quanto mais ocorrerem de fato. Vários filmes e livros contam as histórias de amor proibidas entre negros e brancos, por exemplo, o filme *Loving*, que conta o sofrimento de Richard e Mildred durante a luta pelos direitos civis da população negra e contra a segregação, na Virgínia, Estados Unidos. Dirigido por Jeff Nichols, narra o casamento e, em seguida, a prisão do casal que luta na Justiça pelo direito ao amor que sentia.

Assim como Angela, os Panteras Negras lutaram por humanidade, por igualdade. No início, a ideia era a de defesa, tão somente, mas com o tempo, dada a violência da polícia, lutaram para continuar existindo. Direito à vida. Direito dado por Deus a todo ser humano e que não era nem respeitado nem consentido pela sociedade estadunidense. Angela Davis esteve à frente desse movimento que almejava justiça e participou de muitos outros. A partir de então, ela passou a ser vista como militante de uma causa nobre. Direito à vida e igualdade de etnia e de gênero. A opressão que os negros sofriam, principalmente a mulher negra, que servia de objeto sexual, é hedionda. A história tem páginas cujas letras são moldadas no sangue do negro, da mulher, do indígena, do judeu. O enfrentamento contra a polícia e contra a elite branca foram atos necessários para tornar o mundo menos canalha. Menos podre. Menos assassino. No entanto, um mundo justo e pacífico ainda é um sonho. "Eu tenho um sonho", expressando seu mais profundo desejo de viver em uma sociedade justa, em que negros e brancos coabitam na paz e na harmonia, com direitos idênticos. E aqui não se pode deixar de citar Martin Luther King que deixou eternizada a frase "Eu tenho um sonho".

O pouco respeito adquirido, o final da lei de segregação, o fim da crueldade escravagista foram resultados da luta por justiça. Para Angela, participar dessa militância foi bom e ruim ao mesmo tempo. Bom, porque estava do lado certo, do lado humano, do lado da vida. Ruim, porque ninguém mais cedia emprego a ela, sendo demitida toda vez que arranjava um cargo. Foi, também, por isso, perseguida e presa por subversão. Mas o tiro saiu pela culatra e ela virou heroína da causa.

À época, a importância de Angela nos Estados Unidos, e hoje no mundo todo, é a de um imenso grito ininterrupto que clama por igualdade. Causou um levante tão intenso, tão sério, que veio a somar, ainda, aos problemas com a Justiça. Foi lindo! Inquietante. Vitorioso. A sociedade contrariada com tamanha injustiça foi às ruas, artistas e intelectuais gritaram pela liberdade da icônica militante Angela Davis. Sua frase "Em uma sociedade racista, não é suficiente não ser racista, é preciso ser antirracista"virou um lema. Os movimentos e Angela Davis eram uma só força. Juntos, fizeram história: a história do feminismo, dos movimentos sociais, a história da mulher negra e a história da legitimidade do negro como cidadão de direito.

Como ser tolerante quando a sociedade tem grupos, chamados de seitas secretas, como a Ku Klux Klan, bandos que saíam matando, incendiando casas, destruindo os lugares onde os negros residiam, enforcando e cometendo todas as atrocidades inimagináveis contra os negros? Impossível! Como diz a drag queen Rita von Hunty, nome artístico do intelectual Guilherme Terreri, em uma entrevista no programa "Saia Justa", da GNT, com Astrid Fontenelle: "Devemos todos sermos intolerantes". A tolerância reforça o ódio e a violência e demarca a desigualdade de classes.

Angela é uma das filósofas militantes mais significativas da contemporaneidade. Sua vida e lema foram temáticas na música, no teatro, no cinema, tema de outros movimentos sociais, de livros e de discursos. É uma figura feminina emblemática pela força e pela fé. Metáfora de feminismo e feminista, Angela é poesia, alumbramento e iluminação: "Uma das maiores intelectuais da modernidade; por engano, uma das criminosas mais procuradas do mundo; e como se não bastasse, também, fonte de inspiração para os Beatles e os Rolling Stones. Definir Angela Davis não é — nem de longe — uma tarefa fácil [...]. Vivenciou o racismo logo cedo, sendo vítima da polícia segregacionista, e vendo de perto as ações da Ku Klux Klan", diz Reginaldo Tomaz, repórter da *Vogue*.

Suas obras são verdadeiros arcabouços de conhecimento e experiência, e leitura obrigatória para quem deseja saber da verdade: "Sempre disse que uma das minhas primeiras memórias de infância era o som de explosões de dinamite. Casas na rua onde nasci eram bombardeadas assim que se tornavam lares de pessoas negras. Tantas bombas atingiram o bairro onde cresci que ele passou a se chamar Colina da Dinamite", diz Angela. Escreveu: *Mulheres, Raça e Classe*; *Uma Autobiografia*; *Estarão as Prisões Obsoletas*; *Mulheres, Cultura e Política*; *A Democracia da Abolição: Para Além do Império das Prisões e Torturas*, entre muitos outros.

Em *Mulheres, Raça e Classe*, Angela fala sobre o racismo, a colocação da mulher na sociedade e a divisão de classes que forma cidadãos de primeira classe, de segunda, como diz Buchi Emecheta em sua obra, e de nenhuma classe. Mulheres e mulheres negras sempre estiveram à margem. Fala dos debates sobre conceitos de inferioridade, um paradigma enraizado a que foram submetidos negros e mulheres de todas as etnias, e do discurso de ódio dos Estados Unidos com relação à população negra; demarca, ainda, o processo de escravidão e da luta abolicionista tanto quanto delineia a luta feminista com o movimento das sufragistas. Uma verdadeira joia literária, histórica, filosófica e analítica. A obra serpenteia a estrutura marxista de pensamento crítico e traz inúmeros vislumbres de mudanças sociais, culturais e políticas.

Davis é, até hoje, uma mulher que inspira respeito e dignidade, inteligência e luta. Em 1972, os Rolling Stones lançaram a música "Sweet Black Angel" em homenagem à luta que inspirou não só os músicos, mas também pessoas do mundo todo e de todas as áreas. A música fala de um anjo negro, que é definitivamente Angela, porque seu nome significa anjo. Nela, o vocalista clama pela libertação de Angela Davis que, na época, estava presa, e clama pela liberdade de todo escravizado dos Estados Unidos: "Free de sweet black slave". Yoko Ono e John Lennon cantaram uma balada para Angela no disco *Some Time in New York City*.

Há muitos filmes sobre Angela Davis, desde o *The Black Power Mixtape*, dirigido pelo cineasta sueco Göran Olsson, de 2011, que fala sobre o Movimento Black Power, até o documentário *Libertem Angela Davis*, de 2012, dirigido pela cineasta Shola Lynch, que conta a trajetória da militante na fase em que foi considerada subversiva e perigosa, acusada injustamente e presa. "Na época, Davis tornou-se a mulher mais procurada dos Estados Unidos", diz Tomaz. O mundo conheceu Davis. O mundo clamou por ela. Ela foi, e ainda é, sem dúvida, um furacão!

Angela Davis carregou multidões e mudou o mundo, pelo menos fragmentou paradigmas insanos.

Afinal, "Angela é o estopim", finaliza Tomaz.

HÉLÈNE CIXOUS

*Não cortaremos os pulsos, ao contrário, costuraremos com
linha dupla todas as feridas abertas.*

(Lygia Fagundes Telles)

O corpo feminino nunca pertenceu à mulher. Nem seu cérebro que, histórica e socialmente, foi controlado pelo medo, pela tortura psicológica, pela violência coercitiva e pela vergonha. Marcaram a ferro quente sua testa com a palavra "inferior". Ela conviveu, e ainda convive, com o termo, mesmo depois de puído. A começar pelo casamento. Não havia escolhas. E a mulher passava sua fase fértil grávida, gerando dez, doze filhos — até secar totalmente. Seu ventre era uma máquina de fazer criaturas.

O corpo feminino era do marido, dos filhos, da sociedade, da igreja, menos da mulher. Durante séculos não houve nem sinal de contraceptivos. Nem divórcio. Sua vagina era o túnel em que desaguava, ininterruptamente, a substância da libido masculina. Seus seios, ora eram objeto de prazer do homem, ora alimento dos filhos. Uma vida eternamente terceirizada. E há infinitas histórias que comprovam a não autonomia da mulher sobre si mesma. Dentro do controle do patriarcado (como citado exaustivamente), os paradigmas multiplicam-se e repetem-se.

A princesa Sarah Forbes Bonetta, conhecida por Aina, descendente da tribo egbado, foi dada como presente à rainha Vitória. Alguém pode explicar como um ser humano pode dar de presente outro ser humano a alguém? Isso sempre ocorreu, durante o longo e desesperador período escravocrata. Os brancos ganhavam cavalos e pessoas na mesma proporção. E voltando um pouco no tempo, quando os homens pediam em casamento as meninas para os pais, irmãos mais velhos ou tutores, sem ao menos a garota ter ideia dos anseios do cavalheiro, um senhor que sondava o tio de uma mocinha para ver se haveria consentimento para um futuro matrimônio, entre idas e vindas negociáveis, seu tutor, o tio, pergunta ao cavalheiro: "Por que não fala com ela?". Ao que o senhor responde: "Quando quero comprar cavalos não negocio com eles, mas com os donos". É de sufocar qualquer traqueia essa história, a pessoa ouve e engasga. E depois morre, engasgada.

Não obstante, o que não faltam são ocorrências como estas. São histórias de mulheres que nunca foram donas de si mesmas, e podemos citar Helena, que escolhe para marido Menelau, o rei de Esparta, mas por sua beleza e encanto é raptada por Páris, o príncipe de Troia. A escritora mexicana naturalizada norte-americana, Jennifer Clement, escreveu *Uma História Verdadeira Baseada em Mentiras*, de 2001, sobre os sequestros de mulheres no México. Jennifer é fundadora do PEN[14], *Poets, Essayists, Novelists do International Women's Manifest e do The Democracy of the Imagination Manifest*: "O grupo PEN, fundado em Londres, em 1921, tem a função de promover amizade e cooperação entre escritores de todos os lugares; de enfatizar o papel da literatura, no desenvolvimento da compreensão; de defender a expressão e de atuar como voz poderosa em nome de escritores, dos silenciados, das mulheres e de presos, às vezes, mortos, por seus pontos de vista".

Seguem trechos do manifesto da presidente Jennifer Clement, do PEN Internacional:

> A abertura da Carta Internacional do PEN afirma que a literatura não conhece fronteiras. Isso diz respeito tanto aos reais quanto, não menos importante, aos imaginados [...]. A imaginação é o território de todas as descobertas na medida em que vão surgindo e na medida em que as ideias se criam. É muitas vezes na experiência da profundidade encontrada na metáfora e no símile, que residem as influências humanas mais profundas. Por quase 100 anos, o PEN representa a liberdade de expressão. Controlar a imaginação pode levar à xenofobia, ao ódio e à divisão. A literatura atravessa todas as fronteiras reais e imaginárias e está no domínio do universal.

---

[14] Organização de escritores que lutam pela liberdade de expressão e pelos direitos e valores humanísticos. A sigla designa Poesia, Ensaios e Novelas. Fundada, no Brasil, em 1936, pelo romancista Claudio de Souza.

Dialogando com os manifestos principais de autores, ensaístas e poetas, há o Manifesto das Mulheres, *The PEN International Women's Manifesto*. É de extrema importância ter conhecimento acerca desses grupos de literatos que serpenteiam pela economia, política, cultura e arte, desenvolvendo formas de combate à violência e à misoginia. Mulheres de muitos países participam e ganham prêmios pela iniciativa de paz em prol dos direitos das mulheres e das escritoras, pela criação de políticas públicas que possam salvaguardar mulheres e meninas no mundo todo. A importância desse grupo e seus manifestos é o cerne dos sistemas efetivamente democráticos. Hélène Cixous tem lutado, por meio de seus ensaios, suas teorias, sua literatura para mostrar ao mundo que existir livremente é um direito civil a qualquer cidadão, inclusive às mulheres.

Seguem trechos do Manifesto das Mulheres presididos por Jennifer Clement:

> A literatura não conhece fronteiras. Para as mulheres do mundo — e para quase todas as mulheres, a última e talvez mais poderosa fronteira era a porta da casa em que morava: a casa dos pais ou a do marido. Para que as mulheres tenham liberdade de expressão, o direito de ler, o direito de escrever, elas precisam ter o direito de circular física, social e intelectualmente. O PEN acredita que o ato de silenciar uma pessoa é negar sua existência. É uma espécie de morte. A humanidade está carente da expressão plena e livre da criatividade e do conhecimento das mulheres. [...] Precisamos acabar com a violência contra as mulheres — em todas as suas formas, incluindo legal, física, sexual, psicológica, verbal e digitalmente; promover ambiente em que as mulheres possam se expressar livremente e garantir que toda a violência baseada em gênero seja investigada e punida; proteger mulheres escritoras e jornalistas e combater a impunidade por atos violentos e assédios cometidos contra mulheres escritoras e jornalistas do mundo; garantir a plena igualdade de todas as pessoas por meio do desenvolvimento e do avanço das escritoras; garantir às mulheres o acesso a toda gama de direitos civis, políticos, econômicos, sociais e culturais para permitir a participação livre e o reconhecimento público das mulheres. O PEN acredita que a violência contra as mulheres, tanto dentro dos muros do lar como na esfera pública, cria perigosas formas de censura.

Aina

Nascida em 1843, em Oke-Odan, Oeste da África, provavelmente de língua e costumes iorubás, foi roubada para servir de regalo à rainha da Inglaterra. Contam as histórias sobre Sarah com versões um pouco distintas umas das outras, que ela, ou seja, Aina, fora furtada pela tribo rival e dada ao capitão britânico Frederick Forbes, quando tinha apenas 7 anos. Parece que havia sido um presente dos reis negros aos reis brancos. Loucura? Demência! Uma das versões diz que foi o capitão que resolveu dar a menina à rainha Vitória, na tentativa de salvá-la dos inimigos invasores. Tudo indica que fora mesmo roubada, porque o rei não daria a própria filha na construção de alianças! Ou daria? A história afirma que isso ocorreu, sim, em terras não tão distantes. Contam que muitos pais davam seus filhos em troca de algo que lhes interessasse. Mas não é o caso...

Se ela foi mesmo capturada não pode ter sido um presente do rei, pai dela, uma vez que era princesa. Uma das versões afirma que as aldeias do rei Ghezo foram invadidas por tribos inimigas, coisa muito comum na época, deixando a menina Sarah órfã. E, consequentemente, mesmo não tendo mais escravidão na Inglaterra, países africanos criavam outras histórias em que o ser humano inimigo poderia ser escravizado, sim, de toda tribo que não fosse a própria. Sabe-se que foi no início do século XIX que a Câmara dos Comuns do Reino Unido aboliu o comércio e o tráfico de escravizados das colônias britânicas, na África e nas Américas, isso por volta de 1807.

No entanto, voltando à história de Sarah, que ganhou o sobrenome do capitão britânico, é provável que, com a invasão, ela tenha-se tornado escravizada dos invasores. Capturada pelas tribos inimigas, prática que existe até hoje na Nigéria — Chimamanda deixa isso registrado em suas obras, a menina princesa fica refém da sorte. Mas o que retiro dessa história real é a ideia de que o corpo e a mente de Sarah não eram dela, os desejos e as escolhas não eram dela. Um presente humano dado a uma rainha como uma joia. Na Inglaterra, a rainha Vitória ficou surpresa com a benesse e resolveu colocar Aina, ou seja, Sarah Forbes Bonetta, para iniciar estudos e aprender o inglês, e ela passou a morar no Palácio de Windsor. Bonetta era o nome do navio que levava de volta o capitão Frederick para a Inglaterra, e ele batizou a menina com o próprio sobrenome e o nome do navio.

Sarah estudou a nova língua, frequentou a escola e fez música. No entanto, para provar que os corpos femininos não pertenciam às mulheres, não citando aqui nenhuma questão de gênero, mas sim, falta de liberdade e de propriedade de si mesma, os monarcas casaram-na com o marinheiro James Pinson Davies, 15 anos mais velho. Sarah e Davies se casam e vão morar na Nigéria — de uma forma ou de outra, a menina princesa regressava ao continente africano. E parecia ter-se dado bem com o marido. Morreu extremamente jovem, aos 37 anos, e deixou três filhos: Vitória Davies, Arthur Davies e Stella Davies. Quais foram as escolhas de Sarah? Em que momento se apropriou do próprio corpo e da própria mente, que eram, por direito, dela?

O site "Biografia de Mulheres Africanas" fala sobre Sarah. Nele, diz que ela nasceu no "seio da aristocracia dos egbas", que seu nome, Omoba, vindo do iorubá, designa filha do rei, ou seja, princesa, e que foi durante a invasão do exército daomeano que Sarah foi levada por Daomé. Entretanto, Frederick E. Forbes, um oficial britânico, resgataria a menina para salvaguardá-la. Alguns textos dizem que foi o próprio Daomé quem deu a Forbes a princesa como presente. Outra história sobre a vida de Sarah encontra-se no livro *Dos ornamentos mais brilhantes da África: uma breve biografia de Sarah Forbes Bonetta*, da pesquisadora e escritora Caroline Bressey, autora, também, do *New Geographies of Race and Racism*. Sua história está sendo adaptada ao cinema pela produtora e atriz nigeriana Cynthia Erivo, ainda sem nome e sem previsão de estreia. Caroline é pioneira nos estudos, em Londres, sobre racismo e fundadora do Centro de Pesquisas para observar a presença imagética negra na Grã-Bretanha e suas histórias permeadas de preconceito.

Há uma infinidade de livros que contam essa e outras histórias. Neles, sempre há referência ao tráfico proibido de negros e à história de Sarah e outras meninas, como o livro do próprio Frederick Forbes, comandante do HMS Bonetta, que escreveu sobre sua experiência: *Seis Meses de Serviço no Bloqueio Africano de abril a outubro de 1848*.

Por quem os sinos dobram[15]

Desde que o mundo é mundo, o homem criou linguagens para representar o mundo e a relação comunicacional entre mundo-ego e ego-mundo. As mulheres não têm direito aos corpos que Deus lhes deu. E é sobre isso que a escritora Hélène Cixous fala em seus livros, principalmente seu ensaio clássico, O *Riso da Medusa*.

Sob uma vertente psicanalista, Hélène narra o feminino e a falta de propriedade da mulher sobre o próprio corpo, isto é, as mulheres estão longe de serem donas de seus corpos e de suas mentes. Escritora, crítica da literatura francesa e, também, dramaturga, ensaísta e poeta, nasceu na colônia francesa de Orã (Oran), na Argélia, em 1937, e hoje, aos 84 anos, colabora em seminários de Filosofia. Hélène Cixous é considerada uma das maiores feministas europeias vivas. Idealizou e criou a Universidade Pública de Paris VIII — conhecida como Vincennes, em Saint-Denis, França —, e o Centro de Estudos do Feminino: "[...] o primeiro da França, um exemplo de vanguarda", afirma Hélène. A partir desse centro, tem desenvolvido pesquisas sobre feminino, corpo e escrita da mulher: "Em 1968, salvei do caos um barco, um tesouro, e inventei a universidade dos sonhos, no bosque encantado de Vincennes. Uma universidade com aberturas, passagens e alianças. Como seu modelo: as *comedies*, de Shakespeare. Uma universidade de *Sonho de uma Noite de Verão*. Ali, podíamos brincar com as diferenças sexuais, ir além, ser lindas de morrer, reinar como nos sonhos. Porém, mais uma vez, eu encontrava os cadáveres de Medusa nos corredores", diz Hélène.

Em 1974, Hélène, ao lado de Catherine Clémente e Christian Bourgois, publicou *Feminismo Futuro*: "Eu serei um pássaro, digo e logo sou — Agora, as mulheres vão escrever". Um segundo volume de *Feminismo Futuro* contou com a participação de escritora Annie Leclerc. E, é claro, com a presença de Jacques Derrida. O grupo de participantes dos estudos e produções aumentava consideravelmente, e Hélène dizia: "Eu não cubro minha boca com a mão para esconder a gargalhada". São tantas coisas maravilhosas que Hélène fez que se deve enumerá-las. Mas caminhemos devagar. Quando criou a Universidade VIII, em Paris, estava tão animada, quase sem fôlego de tantas coisas que poderia fazer. "Eram mil possibilidades", dizia.

---

[15] Alusão ao livro *Por quem os sinos dobram* de Ernest Hemingway de mesmo nome, publicado em 1940.

E logo fundou o Centro de Estudos Femininos (como citado), criou o espaço de Estudos da Escrita Feminina. Para compor o grupo de pesquisa, convidou inúmeras intelectuais a participarem. Em 1968, Hélène fundou a revista *Poétique* com Gérard Genette e Tzvetan Todorov. O ministro da Educação da França, à época, pediu a ela que imaginasse e criasse uma universidade diferente, eis que surgiu, então, a já citada Universidade Paris VIII: "[...] lugar adequado ao Movimento de Libertação das Mulheres", que passa a ser conhecido pela sigla MLF. Hélène começou a trabalhar ao lado de Michel Foucault, no Grupo de Intervenção Prisional — GIP; em seguida, ela criou o Diploma de Estudos Aprofundados, conhecido pela sigla DEA. Nasceram os primeiros Estudos Femininos, uma espécie de preparação aos altos estudos como o doutorado. De repente, havia não só o Movimento de Libertação da Mulher, mas também estudos de pós-graduação sobre a escrita feminina, dedicados a elas. Tem-se, nesse sentido, o ano de 1975 como fecundo e glorioso.

A proposta de Hélène é a de que as mulheres precisam escrever, urgentemente, tomar os próprios corpos para si. Ela participou do filme *The Ladies Almanack* (2017), adaptado do romance de mesmo nome, de 1928, da escritora norte-americana Djuna Barnes, autora, também, do clássico *Nightwood* (*O Bosque da Noite*), de 1936. A autora e outras escritoras do novo século reinauguraram a literatura homossexual que hibernava há muito tempo, desde a poeta Safo, da Ilha de Lesbos. Djuna, em *O Bosque da Noite*, narra o tumultuado romance que teve com a artista plástica Thelma Wood. Em *The Ladies Almanack*, ela brinca com as escritoras que moravam e fizeram a diferença, em Paris, ao mesmo tempo em que fala de amantes e amigos.

No livro, Djuna cita a escritora Gabrielle Colette; a poeta Gertrude Stein; Dolly Wilde, a sobrinha de Oscar Wilde; a italiana Mimi Franchetti; a dançarina francesa Liane de Pougy; Radclyffe Hall, autora do romance *The Well of Loneliness* (*Poço da Solidão*), e a poeta londrina Mina Loy. Gabrielle é autora de inúmeros livros, como *Chéry*; a tetralogia *Claudine em Paris, Claudine na Escola, Claudine em Ménage, Claudine vai embora*; *Gigi, Vagabunda*, entre outros. Gertrude foi uma figura importante do movimento feminista nos EUA. Embora tenha nascido na Pensilvânia, Djuna passou a vida na França, lugar onde convivia com James Joyce, Ezra Pound, Henri Matisse, Pablo Picasso, Guillaume Apollinaire, Ernest Hemingway e outros artistas e escritores. O filme *The Ladies Almanack* abraça a intelectualidade feminina do início do século XX - no centro parisiense.

Embora a obra e o filme tratem da história de mulheres heterossexuais, homossexuais e bissexuais, e pareça que somente a mulher consiga descrever seus desejos e mágoas, suas proibições e restrições reiteradas pelo patriarcado em filmes, versos, quadros e prosa, há homens que também retratam os conflitos femininos aprisionados pelo masculino civil e religioso. Isso quer dizer que há homens maravilhosos, sensíveis, inteligentes, democráticos e livres dos "pré-conceitos" estabelecidos pelas sociedades, por exemplo, Jacques Derrida, Gilles Deleuze, Michel Foucault e Henrik Ibsen, este último, autor de *Casa das Bonecas*.

Em *Casa das Bonecas*, Ibsen denuncia "a inexistência da autonomia da mulher", pessoa que não tem direito ao próprio corpo, na Noruega do final do século XIX. Nessa obra, o dramaturgo norueguês critica "[...] o desprezo pela condição feminina em uma Noruega sempre tida como civilizada, moderna, exemplo a ser seguido por povos além da Escandinávia", diz Giancarlo Galdino, da revista *Bula*, comparando a obra de Ibsen ao filme *My Happy Family*, de 2017, dirigido pela cineasta Nana Ekvtimishvili. A opressão real que incide sobre a mulher está de certa forma escancarada em filmes, livros, ensaios, peças de teatro, na música e na dança. Mas afinal quem consome a cultura se não meia dúzia de gatos pingados que conhecem a verdade dos países, cujo sistema sociopolítico é alicerçado no capitalismo patriarcal? O filme fala de como o corpo da mulher não pertence à mulher. Usando o enredo do *My Happy Family*, Giancarlo evidencia a falta de liberdade e de autonomia femininas, na pele da personagem Manana, que tem sua vontade desprezada dentro do ambiente familiar.

Dividida em três atos, *Casa de Bonecas*, de Ibsen, conta a história de Nora, esposa de Torvald Helmer, tratada com insignificância pelo marido. Ela simplesmente aceita os nomes que ele usa para chamá-la, são nomes pejorativos, todos no diminutivo, por exemplo, "pessoinha engraçada", "minha louquinha", "minha desprotegidazinha", "meu bichinho lindo", "minha perdulariazinha". A peça de Ibsen causou escândalo e foi considerada, por isso, o obelisco do discurso feminista. Ibsen desenha cena a cena do quadro social misógino da Noruega daquela época. Quadro este que ainda hoje prevalece em muitos outros países, principalmente nos subdesenvolvidos.

O personagem Torvald Helmer, ao referir-se à esposa, utiliza-se do pronome possessivo "minha", antes de qualquer outro nome, cuja semântica indica sempre propriedade, subalternidade, inferioridade, fragilidade e ignorância. "Minha desprotegidazinha" é uma forma de tratar a mulher como tola, insipiente, objeto do marido, alguém incapaz. Logo, um objeto pode, sim, ser tratado de qualquer forma e dado de presente, como foi Sarah Forbes, considerada duas vezes pela história um objeto, primeiro por ser mulher, segundo por ser negra. Alguns teóricos, historiadores e psicanalistas defendem a realidade em que a mulher foi e está submetida aos desejos das sociedades. É controlada, vigiada, oprimida. Seus pés acorrentados não podem ser usados para ir e vir, direito legítimo dado pela Constituição.

Em 1928, Djuna lançou *The Ladies Almanack* (como citado), obra que evidencia a mulher lésbica, no início do século XX. No Brasil, Xico Sá também escreve sobre a beleza ímpar e, principalmente, a inteligência das mulheres que fizeram fama. São mais de cem mulheres brasileiras, como Leandra Leal, Marisa Monte, Lídia Brondi, Claudia Abreu, Camila Pitanga, Luiza Brunet, Fernanda Lima e tantas outras. Segundo a crítica, é uma declaração de amor de Xico às brasileiras que denomina "seres mitológicos". A obra de Xico sai um pouco da análise crítica e da evidencia de luta, sendo, por isso, basicamente uma exaltação ao feminino brasileiro. Uma poesia. Na esteira crítica, encontra-se a biógrafa norte-americana Charlotte Gordon, autora de *Mulheres Extraordinárias: a criadora e a criatura*, obra que mostra como mãe e filha lutaram para serem donas de seus corpos e destinos. Mas ambas pagaram caro por isso. Gordon conta a história de Mary Shelley e Mary Wollstonecraft. Isso significa que Hélène não estava só. Vale ressaltar que Wollstonecraft, mãe de Mary Shelley, é pioneira na luta pela igualdade de gênero, considerada uma das primeiras feministas inglesas do final do século XVIII.

A cineasta francesa Ariane Mnouchkine, do Théâtre du Soleil, dirigiu a peça de Hélène, *Tambores no Dique*, de 2002. Trata-se do teatro de marionetes mesclados ao *Nô* e ao *Bunraku* japoneses. Uma verdadeira obra-prima da arte do roteiro adaptado às animações. Uma pérola da dramaturgia que une Hélène e Ariane. É imperdível, porque essas mulheres devem ser assistidas e suas artes divulgadas.

O espetáculo estreou em 1999, com atores vestidos de preto comandando marionetes, como citado, narrado na Ásia durante a

Idade Média e tendo como ameaça a inundação dos diques que podem causar tragédias. À medida que aumenta a possibilidade de catástrofe, os tambores soam cada vez mais estridentes. Em cada conto ou fábula, Hélène faz uma crítica contundente do poder que ignora a natureza causando grandes destruições e colocando a população em risco. No caso de *Tambores no Dique*, as críticas remetem às inundações na China, em 1998. Além de denunciar a falta de autonomia da mulher consigo mesma e com a sociedade, ela divulga as realidades, como Ibsen. A arte não fala tão somente, ela urra.

Hélène com suas obras tenta derrubar paradigmas que se repetem incessantemente por meio das sociedades. Ela afirma que a mulher não tem inveja alguma do pênis, como afirma Freud (embora tenham que ser interpretadas à luz da psicanálise essas teorias e afirmações freudianas). Para desconstruir essas ideias, Hélène pede às mulheres que peguem seus corpos para si mesmas, que escrevam na tentativa de mudar o discurso masculinista que tem dirigido as sociedades até hoje: "É preciso que a mulher se coloque no texto — como no mundo — e na história — por seu próprio movimento". A música "Ain't Got No — I Got Life", interpretada divinamente por Nina Simone, fala do corpo como a consciência do que se tem, de fato: um direito inalienável à vida. Mesmo quando a mulher é impedida de ter "coisas materiais" e de ter liberdade pela desigualdade social e de gênero, ainda lhe resta o corpo vivo, mas não há essa tomada de consciência de que o corpo de uma mulher é dela tão somente.

A letra da música de Nina, traduzida para o português, diz: "[...] Deixe-me dizer o que tenho e que ninguém vai me tirar. Eu tenho meu cabelo na minha cabeça, eu tenho meu cérebro e tenho meus ouvidos, eu tenho meus olhos e meu nariz, eu tenho minha boca e meu sorriso, eu tenho minha língua e tenho meu queixo, eu tenho meu pescoço e meus peitos, eu tenho meu coração e tenho minha alma, eu tenho minhas costas e meu sexo, eu tenho meus braços e minhas mãos, eu tenho meus dedos e minhas pernas, eu tenho meus pés, eu tenho meu fígado e meu sangue. Tenho vida, tenho uma vida".

A luta e a produção impressa de Hélène foram premiadas pela excelência que lhe é inerente. Ela recebeu, além de inúmeros prêmios, muitos títulos honorários de instituições superiores, como as universidades da Irlanda, do Canadá, da Inglaterra e dos Estados Unidos. Lecionou durante muitos anos e deixou um legado de resistência, inconformismo pelo espaço nulo da mulher nas sociedades. Hélène Cixous luta, ainda, e lutará até seu último suspiro. É o obelisco da luta feminista no mundo todo. Ela, em conjunto com tantas outras e outros, traçou vertentes que nenhuma pensadora anteriormente havia traçado. Não à toa, a França resistiu por anos às obras de Hélène, proibidas em vários lugares, inclusive bibliotecas e escolas. Segundo sua biografia, "[...] a maior parte de sua obra deu-se em língua inglesa, sendo reconhecida nos países anglófonos como representante maior do chamado *French Feminism*. Na França, no entanto, sua obra foi marginalizada por aqueles que não aceitavam suas propostas femininas engajadas. Grande parte de seus textos foi publicado pela editora feminista Éditions des Femmes-Antoinette Fouque, entre 1975 e 2000".

Escreveu mais de 50 títulos entre peças de teatro, romances e ensaios. Seu Centro de Pesquisa do Feminino (Centre de Recherches en Études Féminines), em 1974, é pioneiro em toda a Europa na representação e nos estudos do feminismo de modo abrangente. Admirava Clarice Lispector e dedicou-se a estudar essa mulher ucraniana de nascimento e brasileira de alma. Os estudos resultaram no ensaio *L'Heure de Clarice Lispector*, de 1989, em que ela fala da genialidade de Clarice, desconhecida de muitos brasileiros.

Na mesma toada ensaística, escreveu sobre James Joyce, Jaques Derrida, Sam Beckett, Maurice Blanchot, Franz Kafka, a poeta russa Marina Tsvetaeva e outros. *O Exílio de James Joyce ou a Arte do Deslocamento*, de 1968, é tema de sua tese de doutoramento; *Voiles*, obra que fez com Derrida; *Retrato de Jacques Derrida como um Jovem Judeu Santo*, e *Le Voisin de Zéro: Sam Beckett* são outras obras-primas. Ela é, sem dúvida, todas as mulheres do mundo em sua multiplicidade alargada pela virtuosidade intelectual: "A nossa sexualidade está diretamente ligada à sociedade e à forma como nos comunicamos", dizia Hélène. Se não há espaço para a comunicação feminina, não há sexualidade.

A peça *O Retrato de Dora*, de Hélène, conta a relação de Freud com Dora, a paciente mais ilustre do médico. A autora vai alinhavando a história com as linhas da psicanálise, de modo a desnudar a sociedade hipócrita, sexista e burguesa do início do século XX: "[...] o corpo de Dora fala de suas angústias, clama por Freud, ele a ouve, ele a ama, mas ama sem querer, de fato, conhecê-la e, assim, erra em sua interpretação e Dora o despede". Para a escritora francesa Catherine Clément, referindo-se à peça de Hélène, "[...] se o sonho é um instrumento da psicanálise, a peça não fala sobre cura, mas sim, da relação entre homens e mulheres, pacientes e médicos".

Em sua obra *Entre Escritas*, Hélène fala literalmente da escrita feminina. São sete textos que refletem sobre o escrever feminino entre 1975 e 1984. Ela afirma: "escrevo como mulher". A mulher precisa se libertar dos nós de marinheiros que foram dados em seus braços e em suas pernas para tomar posse de si mesma e escrever. A dramaturga Anne-Marie Alonzo, nascida no Egito, mas morando a vida toda no Canadá, fala sobre *Entre Escrita*, de Hélène: "[...] é um convite à paixão, à intensidade, à poesia da imagem e ao olhar interior".

O corpo da mulher nunca é respeitado como algo pertencente ao *alter*, um corpo que não pertence a nada nem a ninguém a não ser a dona do próprio corpo: a mulher. Mas a falta de respeito faz com que até o vilipêndio seja comumente praticado quando o corpo feminino não tem vida. No filme indiano bollywoodiano *Gangubai Kathiawadi*, de 2022, há uma cena em que uma prostituta morre e, depois de uma cerimônia respeitosa somente com mulheres, Gangubai pede que a levem para ser enterrada e que não se esqueçam de amarrar muito bem as pernas delas antes de vesti-la. É tanta abordagem de violência sexual que não sabemos por onde começar a gritar: "Meu corpo não é seu, não está à disposição de ninguém".

O médico anestesista Giovanni Quintella Bezerra, que trabalhava no Hospital da Mulher Heloneida Stuart, na Baixada Fluminense, praticou mais de 20 estupros vulneráveis nas grávidas enquanto elas tinham filhos. Isso no ano de 2022. Ele dava uma quantia absurda de anestesia para que elas dormissem (e perdiam o momento mais lindo da vida delas: o nascimento de seus filhos). Enquanto elas dormiam, ele colocava o pênis na boca das parturientes até gozar. Giovanni foi preso em flagrante. Esperamos que morra na cadeia, que apodreça na prisão até aprender que o corpo das mulheres não é dele e ele tem que respeitar. Estupro é crime! E se aprender, que morra de arrependimento. O anestesista não pode viver em sociedade, porque causa danos, pratica crimes e atos irreversíveis nas mulheres. Ele é um perigo! Ele é um criminoso! Isso só acontece porque se tem a ideia de que o corpo da mulher não pertence a ela e, pior do que isso, que o machismo estrutural é aceito nas sociedades, que o homem pode tudo, inclusive ultrapassar a linha que divide o público do privado, inclusive meter seu pênis na boca de mulheres dopadas pelo excesso de anestesia, enquanto os filhos delas vêm ao mundo. Não à toa, Hélène grita para o mundo que as mulheres devem tomar para si os corpos que lhes pertencem.

Seu livro clássico e que reúne o que tem de mais psicanalítico em toda a sua obra é *O Riso da Medusa*. Assim como Helen Caldwell introduziu Machado de Assis nas universidades dos Estados Unidos e, com seus alunos e pesquisadores, conheceu e analisou as obras machadianas muito mais do que a maioria dos brasileiros, Hélène levou Clarice Lispector para a Europa. A obra clariceana foi refletida e estudada por muitos alunos e literatos no espaço europeu. Seu ensaio *A Hora de Clarice Lispector*, de 1989, é um exemplo de dedicação e divulgação, levando a obra de Clarice a novos horizontes. Clarice é um estrondo. Uma implosão. Uma autora conhecida no mundo todo.

A jornalista Marilene Felinto critica o texto ensaístico de Hélène Cixous sobre Clarice Lispector: "um surto lésbico-literário", diz. Ao conhecer a literatura clariceana, Cixous cria a tese de que a mulher escreveria com o corpo, com as pulsações, com as fruições de sua economia libidinal, única capaz de se abrir ao outro, numa generosidade sem tamanho. Lispector é essa multiplicidade humano-literária que demarca o antes e o depois de si e de sua obra com relação ao leitor. Mesmo assim, Marilene não vê com bons olhos o ensaio da francesa: "uma salada de frutas", conclui. Mas Hélène representa a apropriação da mulher do próprio corpo. Se a mulher tomar posse de seu corpo não haverá mais uma forte sociedade masculina decidindo por ela acerca da sua virgindade, do aborto ou do uso de contraceptivos, de gravidezes ou estados civis, e muito menos ditando o tipo de roupa que deve usar. Em *O Riso da Medusa*, Cixous pede à mulher leitora que tome posse do próprio corpo e escreva, ou seja, assuma tudo o que lhe pertence a crie uma literatura escrita por mulheres.

Hélène é, além de escritora, ensaísta, poeta e dramaturga (como citado), uma das teóricas mais influentes da Europa e das Américas. Suas obras, principalmente as peças, são signos múltiplos e intensamente híbridos de sua experiência pessoal e com o outro, isto é, de sua narrativa leve e densa ao mesmo tempo, meio autobiográfica, mesclada à ficção, à filosofia, à psicanálise e à poética: "[...] a obra de Cixous discute o sonho no feminino, a Argélia, a Alemanha, o amor e o outro, o animal, Derrida e o teatro. [...]. Cixous e Derrida desafiam a classificação abrindo em leques a literatura, a filosofia e a psicanálise a novos e emocionantes padrões de engajamento [...]. Nas obras de

Cixous encontram-se novas perspectivas sobre gênero, ficção, drama, religião e pós-colonialismo", diz a filóloga e pesquisadora espanhola Marta Segarra. Hélène propõe outros padrões de engajamento que afastam o comum, deslocam os padrões e desfazem paradigmas.

Marta é estudiosa em gênero, sexualidade, biopolítica e autora de várias obras, inclusive *Homens Escritos por Mulheres*. Em 2010, Marta publica *Entrevista a Hélène Cixous: no escribimos sin cuerpo,* obra que reafirma o legado de Hélène em 12 entrevistas dadas pela filósofa nos últimos 30 anos, uma verdadeira joia filosófica, histórica e psicanalítica do pensamento contemporâneo de Hélène. Para Marta, a obra reafirma o compromisso político da escritura feminina e do pensamento feminino: "[...] suas contribuições para a Teoria Feminista e de Gênero foram fundamentais, e para tanto, suas obras foram traduzidas em inúmeras línguas".

Hélène é uma intelectual ímpar, ela convida o leitor e, principalmente, as leitoras para um trabalho coletivo, uma produção da escrita feminina: "Vamos mostrar a eles nossos sextos", diz Hélène. Criadora de muitos neologismos, *sexto* designa, na linguagem da escritora franco-argelina, um termo que une sexo e texto. Para a psicanalista Amanda Mont' Alvão Veloso, o convite de Hélène "[...] faz emergir manifestos daquilo que antes não podia aparecer a não ser pela latência, pelas erupções, pelos sintomas. Marcas que, quando analisadas, lidas, olhadas, assinalam presença". Hélène remete seus estudos e produções às mulheres do mundo todo, ela "[...] nos convida a que ouçamos umas às outras, a nos juntarmos, a trocar, a abrir espaço umas para as outras", diz a escritora brasileira Fabiane Secches, autora do texto "Onde estão elas?".

A beleza não será mais proibida

Dedicado a ninguém menos que Simone de Beauvoir, com tradução de Natália Guerellus e Raísa França Bastos, prefácio do professor da Sorbonne e pesquisador em gênero Frédéric Regard, e posfácio da doutora pela Unicamp Flávia Trocoli, o ensaio de Hélène, *O Riso da Medusa*, de 1975, chegou ao Brasil pelo Bazar do Tempo e veio para engrandecer o conhecimento dos brasileiros, para, enfim, libertá-los, principalmente as mulheres, mesmo com 35 anos de atraso. O ensaio surgiu de um grito literário dado por Hélène: "[...] inscreveu-se na mitologia dos grandes ensaios feministas, nutridos pelas inglesas Mary Wollstonecraft e Virgínia Woolf", diz o professor.

O ensaio é um diálogo teórico, político, filosófico e cultural e, segundo Frédéric Regard, a proposta do ensaio é a de "[...] não se contentar em exprimir uma ironia radical contra o patriarcado reinante; mas exigir, propor e experimentar um novo estilo de feminino". Hélène começa o ensaio falando a que veio: "Eu falarei da escrita feminina: do que ela fará. É preciso que a mulher escreva, que a mulher escreva sobre a mulher, e que faça as mulheres virem à escrita, da qual elas foram afastadas violentamente quanto o foram afastadas dos próprios corpos; pelas mesmas razões, pela mesma lei, com o mesmo objetivo mortal".

Hélène não escolhe a Medusa porque é um mito feminino que, segundo ela, tem muitas línguas, porque sofre preconceito pela sua beleza, causa inveja e incomoda o mundo masculino, por isso é degolada. Morta. Assassinada. Não! Nem tampouco porque é "[...] uma figura do passado, uma ressurgida [...]. [...] se a Medusa começa a rir não é porque ela ressurge inscrevendo-se no mundo dos vivos [...] mas porque ela consegue escrever-se", diz Regard. A escrita feminina, para Hélène, não é uma questão de ressurgida, mas de recém-chegada: "[...] rir da cara de Medusa é proibir-se de ver e prever, sob a égide da arte, aquilo do que o homem teria sempre tido pavor", continua Regard. *O Riso da Medusa* é um ensaio para a autora falar da escrita feminina e convidar as mulheres a escrever: "Escrevo isso para as Mulheres. E quando digo mulher, eu falo da mulher em sua luta inevitável com o homem convencional". São 40 páginas de pura vertente filosófica e psicanalítica, vale a pena cada frase, cada neologismo criado por ela.

Para Hélène, não se pode aguardar mais nenhum minuto, deve-se assumir o corpo feminino e, por meio dele, escrever. É um ato emergente. Muitas mulheres escreveram desde 1975, no entanto, não se chegou a lugar algum. As palavras dela ao escrever *O Riso da Medusa* são inspiradoras e impulsionadoras: "Não é possível que o passado faça o futuro. Eu não nego que os efeitos do passado ainda estejam aqui. Mas eu me recuso a consolidá-los, repetindo-os; concedendo a eles uma inamovibilidade equivalente a um destino; confundindo o biológico e o cultural. É urgente antecipar".

O ensaio *O Riso da Medusa* é tão primordial, tão imprescindível que parece que o único jeito de falar dele, na totalidade estupenda que representa, sem incorrer em simples teorias e análises. É necessário que se copie todas as suas obras, palavra por palavra, explicar cada neologismo. O ensaio penetra de modo sensível e exato na essência do feminino, desde as angústias até as descobertas mais sutis, mais infinitas. Segue, portanto, um trecho do que Hélène diz sobre todo o processo de inferioridade, incapacidade e vergonha que atingiram as mulheres, mas não mortalmente, e assim ela conversa diretamente com o leitor, com a leitora (você), e consigo mesma: "Qual é a mulher que, surpresa e horrorizada pela balbúrdia fantástica de suas pulsões (já que a fizeram acreditar que uma mulher bem equilibrada, normal, é de uma calma... divina), não se acusou de ser monstruosa? Qual é a mulher que, sentindo agitar em si uma estranha vontade (de cantar, de escrever, de proferir, enfim, de pôr para fora coisas novas), não pensou estar doente? Ora, sua doença vergonhosa é o fato dela resistir à morte, é o fato dela causar tanta dor de cabeça? E por que você não escreve? Escreva! A escrita é para você, você é para você, seu corpo lhe pertence, tome posse dele. Eu sei por que você não escreveu (e por que eu não escrevi antes dos 27 anos). Porque a escrita é, ao mesmo tempo, algo elevado demais, grande demais para você, está reservada aos grandes, quer dizer, aos grandes homens; é besteira! Aliás, você chegou a escrever um pouco, mas escondido. E não era bom, porque escondido, e você se punia por escrever, você não ia até o fim; ou porque, escrevendo, irresistivelmente, assim como nos masturbamos escondido, não era para ir além, mas apenas para atenuar um pouco a tensão, somente o necessário para que o excesso parasse de nos atormentar. E, então, assim que gozamos, nos apressamos em nos culpar — para que nos perdoem —, ou em esquecer, em enterrar, até a próxima vez"[16].

E em outro momento, Hélène fala da recepção da escrita feminina: "Os verdadeiros textos de mulheres não lhes agradam; os amedrontam; os repugnam. É só ver a careta dos leitores, dos organizadores de coleções editoriais e dos grandes patrões. [...] Contra as mulheres eles cometeram o maior dos crimes: eles as levaram, insidiosamente, violentamente, a odiarem as mulheres, a serem suas próprias inimigas, a mobilizarem sua imensa potência contra elas mesmas, a serem as

---

[16] Trecho de *O riso da Medusa*, p. 44.

executoras da obra viril deles". Nesse trecho, Hélène deixa claro que a mulher deseja viver livremente, mas nunca dominar, nunca tomar atitudes que possam cercear a liberdade dos homens: eles criaram um antiamor e a mulher, um amor infinito, ela exterioriza amor: "Muito mais do que o homem chamado aos êxitos sociais, à sublimação, as mulheres são corpo. Mais corpo, portanto, mais escrita [...]. Agora, eu-mulher vou explodir a lei: estrondo possível, e inevitável: e que se faça, imediatamente, na língua".

Hélène Cixous ensina, mostra, desenha, esfuma. Ela deixa suas obras, cuja proposta é de que sejam todas lidas. Para encerrar, deixo aqui as palavras de Flávia Trocoli, em seu posfácio à obra *O Riso da Medusa*: "das águas ao vírus, o sufocamento não cessa de aumentar, e se, no Brasil, a Medusa ainda puder lembrar que é bela, que tem muitas línguas, e que a imaginação e a escrita precisam viver para dizer não a uma língua rebaixada pelo que há de pior no falso teatro da ideologia falocêntrica, talvez possamos, quem sabe um dia, rir. E, sobretudo, ir para longe do assim seja, do amém".

SYLVIA PLATH

Darem-te o domínio sobre outra pessoa é uma coisa pesada; exerceres domínio sobre outra pessoa é uma coisa errada; dares o domínio de ti mesmo a outra pessoa é uma coisa perversa.

(Toni Morrison)

Êxtase no escuro,
E um fluir azul sem substância
De penhasco e distância.

Leoa de Deus,
Nos tornamos uma,
Eixo de calcanhares e joelhos — o sulco!

Fende e passa, irmã
Do arco castanho
Do pescoço que não posso abraçar;

Olhinegra
Bagas cospem escuras
Iscas —

Goles de sangue negro e doce
Sombras
Algo mais

Me arrasta pelos ares
Coxas, pelos:
Escamas de meus calcanhares.

Godiva
Branca, me descasco -
Mãos secas, secas asperezas.

E agora
Espumo com o trigo, reflexo de mares
O grito da criança

Escorre pelo muro.
E eu
Sou flecha,

Orvalho que avança,
Suicida, e de uma vez se lança contra o olho
Vermelho, fornalha da manhã.

O poema intitulado *Ariel* faz parte da antologia poética de mesmo nome de Sylvia Plath. A primeira ideia que teve quando iniciou a produção era a de renascimento: "Imaginava *Ariel* como um sintoma de meu renascimento", disse a poeta em entrevista à BBC de Londres.

Entretanto, os poemas que compõem *Ariel* tornaram-se, aos poucos, a metáfora do relacionamento passional: "[...] por uma energia vital consumida no processo criativo levando à autoaniquilação, há um tom de resignação, sugerindo a inevitabilidade do suicídio de Plath, e um excessivo enfoque no término de seu relacionamento", diz Mariana Fonseca, no site "Cheiro de Livro".

Sylvia mudou a ideia do poema *Ariel* na mesma intensidade em que se via sendo destruída. Ela foi deprimindo-se e o poema transformando-se com palavras tão trágicas quanto seu estado. E ambos morreram. O poema porque personifica a morte; ela porque se matou. *Ariel* compõe-se de versos estruturados em tercetos, com rimas livres, palavras de intensa semântica, usadas figurativa e literalmente. São versos considerados herméticos, porque se faz necessário conhecer a vida da poeta para entendê-los e, muitas vezes, pode-se cair em erro de interpretação. Deve-se seguir, portanto, a crítica da literatura para não cometer profundos equívocos. Deve-se, ainda, ter conhecimento do que representa a poeta na condição de produtora da antologia. *Ariel* é o nome de um arcanjo e significa Leão de Deus. Segundo a crítica, a produção literária de Sylvia é fruto de questões pessoais, de seu casamento cheio de descasos e traições da parte do marido, de seu estado depressivo que, assim como o de Virgínia Woolf, tinha altos e baixos, melhoras seguidas de pioras, idas e vindas. Ela foi amada, mas muitas vezes, mal vista por sua franqueza, timidez e inteligência. Sylvia planejava seu fim trágico pelo suicídio ao mesmo tempo em que criava *Ariel* com final, também, trágico: "Goles de sangue negro e doce [...]. Sou orvalho que avança. Suicida. E de uma vez se lança contra o olho vermelho". Escrita em 1963 e publicada após sua morte, em 1965, *Ariel* traz o ressentimento mais profundo que Hughes, seu marido, causou em sua vida, ferindo sua alma de modo definitivo. Para Sylvia, não seria mais possível continuar vivendo com a alma dilacerada e com a incompreensão personificada direcionada a ela por toda a sociedade inglesa e, principalmente, por Hughes.

E foi exatamente o ex-marido quem reuniu os poemas e os lançou a público. A sociedade, na época, ficou dividida. Havia grupos que defendiam Hughes e outros, Sylvia. No entanto, de início, a maioria acusava o marido de ser o motivo propulsor do suicídio da poeta. Aos poucos se transformou em um Ariel feminino: uma Leoa de Deus. Sylvia estava no escuro e em sua frente "[...] penhascos e distâncias". Seus momentos são sombrios, fúnebres: "É a imagem de um corpo e da morte, na escritura de Ariel", diz a pesquisadora Marcia Elis de Lima Françoso, da Unesp. Em seu texto "Sylvia Plath: o corpo e o ato de morrer em cena", Márcia fala dos aspectos que a poesia da autora traz, como os elementos da tradição religiosa, mitológica, histórica, literária, dialogando com o cerne poético autobiográfico que revela as cenas de morte: "Nessa teia, a voz lírica tipicamente feminina dos poemas plathianos é constituída por meio de uma imagética corporal que a faz emergir diante desses discursos. A imagética faz par com a figurativização da morte em suas mais diversas facetas. A relação entre corpo e morte vai além da caracterização temática, pois representa o próprio processo da escritura", diz Márcia.

Os últimos poemas da poeta, de caminhos angustiantes e, portanto, atormentados, são também autobiográficos: "[...] consegue-se visualizar o cenário em que se dá o posicionamento da persona em seu discurso e, a partir de então, considerar o espaço poético como um palco de morte", diz Márcia. Há, como citado, signos mitológicos, religiosos e históricos que representam o último momento antes do cessar por completo a dor que sentia e que era insuportável a ponto de interromper a vida para fazer cessar a dor. Porque só os vivos sofrem e sentem dor: "Suicida, e de uma vez se lança contra o olho vermelho, fornalha da manhã".

Na antologia *Ariel*, tanto a figurativização quanto a ausência identitária, na vida da poeta, surgem ao longo da criação poética, e esses elementos (entre outros) vão alinhavando temas que falam de seus medos, da falta de liberdade devido ao aprisionamento em que vivia, do pai nazista, da mãe com olhos parados, das traições do marido e do sentir-se um peixe fora d'água. Segundo Márcia, esses temas aparecem em vários poemas "[...] com diversas roupagens, tais como a infertilidade que surge em *Barren Woman*; a mutilação que se revela em *Thalidomide* e em *The Courage of Shutting Up*; o pai nazista em *Daddy*; a prisão em *Purdah*; a morte aparece também sob a máscara do adultério em *The Fever 103º*; o apagamento identitário em *The Detective* e o medo em *The Bee Meeting*". São temas que se entrelaçam e se repetem durante as poesias nomeadas na antologia.

Há muito mistério em torno da morte prematura de Sylvia, deixando dois filhos sem mãe, aos cuidados do pai que não queria mais a mãe deles. O suicídio cometido, ligando o gás de cozinha e fechando as janelas, com os filhos menores no quarto que ela tomou o cuidado de vedar para que o gás não penetrasse e as crianças ficassem seguras, a salvas, transformou a poeta em um mito, uma heroína: uma figura feminina e feminista que teve seu esplendor apagado pelo patriarcado em tenra idade.

Ariel diz tudo e um pouco mais sobre a melancolia que tomava conta da autora, o que torna a antologia uma obra de genialidade ímpar. Segundo a crítica, é "[...] a dor de uma vida traumática marcada pela morte do pai e pelos conflitos vividos com o marido infiel — que se constrói". A construção é a prova do talento de Sylvia, que soube unir técnica e emoção, criatividade e dor em uma obra clássica, e depois, literalmente, morrer.

Da antologia que Sylvia deixou na cozinha, lugar de sua morte, quem a organizou o fez à revelia. Deixou à mesa sua antologia poética de morte, esperava, portanto, a publicação. Mas foi Hughes quem selecionou quais poemas iriam morrer com a poesia e a autora e quais viveriam. Ele mesmo, Ted Hughes. Na ocasião, disse que muitas poesias foram retiradas por serem agressivas. Temia que, no futuro, os poemas pudessem agredir os filhos. Organizou como bem quis. Apossou-se indevidamente daquilo que não lhe pertencia mais. Estavam separados, ele já morava há tempos com outra pessoa. Ora, se não tinha mais nada a ver com Sylvia, enquanto viva, por que achou que tinha a ver com ela morta? E por que achou que poderia se apossar da produção da poeta? Como esposa, Hughes não a queria mais! Mesmo assim, publicou o que quis e o que não quis.

O que se sabe é que não constavam todos os poemas na publicação. Para os críticos, selecionar os poemas de Sylvia, eliminando alguns, foi extremamente desrespeitoso, aviltante. Um vilipêndio! *Ariel* morria vulgarmente nas mãos de Hughes, não havia mais apoteose em torno dele. Muito se falou dela e da falta de ética do ex-marido. Após o suicídio, Sylvia virou um mito, mas também muita gente vomitou horrores sobre ela. Falar mal de um recém-morto é hediondo. Mortos não se defendem. O mesmo ocorreu com Ângela Diniz, que após ser assassinada com quatro tiros virou lixo na boca do público, principalmente das mulheres. Para inocentar o criminoso, advogados, juízes e a mídia jogaram lama sobre seu nome, escarraram em sua sepultura.

Muitas são as biografias sobre Sylvia inocentando-a ou amaldiçoando-a. Vertentes distantes da vida real. Os biógrafos, autorizados ou não, narraram sobre sua personalidade introvertida: vasculharam sua vida inteira, reviraram de ponta-cabeça sua produção literária, ofenderam-na, desacataram-na, menosprezaram-na por ser estrangeira, acusaram-na de desequilibrada devido aos estados eufóricos e depressivos. Por meses a fio ela foi assunto nos bares, nos grupos sociais, nas mídias televisivas, radiofônicas e impressas. E nos burburinhos da cidade. Ninguém questionou sua dor nem as razões pelas quais deu fim a sua vida de modo tão bem planejado.

A jornalista Janet Malcolm, por exemplo, tentou andar na contramão dessas estradas perigosas que compõem o fazer biográfico. Janet narra a vida da poeta evidenciando seu relacionamento com Ted Hughes, mas mostra, também, como os aspectos de ordem biográficas interferem na produção de uma biografia. Na obra *A Mulher Calada: Sylvia Plath, Ted Hughes e os limites da biografia*, publicada em 1992, Janet se vê buscando informações e histórias e, para tanto, relaciona-se com outros biógrafos e biógrafas. Procura ser o mais ética possível na construção da obra que fala sobre Sylvia Plath. Vive, enquanto produz, as dificuldades de decifrar quem a amava e quem a odiava. E a pior parte: aprende, aos trancos e barrancos, como lidar com a cunhada Olwyn Hughes, "calcanhar de Aquiles" da própria poeta e dos jornalistas. Olwyn virou, após a morte de Sylvia, agente do espólio da poeta: "[...] depois que morremos, não há mais a necessidade de fingir que talvez estejamos protegidos da maldade impessoal do mundo. O indiferente aparato judicial contra a injúria e a difamação nos deixa entregues a nossa própria sorte. Os mortos não podem ser injuriados ou difamados, [...] pois não podem recorrer a instâncias judiciais", diz a jornalista Janet Malcolm.

Anne Stevenson escreveu *Amarga Fama: uma Biografia de Sylvia Plath*. Uma obra sem sucesso. Anne serpenteou apenas pelos depoimentos dos que odiavam Sylvia, daqueles que não entendiam seus estados introspectivos, daqueles que estavam ao lado de Ted Hughes e, confiante no furo da reportagem, narrou somente um lado da história, um lado pessoal que nascera do "disse-me-disse", de pessoas, cujo veneno de naja, escorrendo pela boca, tentavam ocultar. Um lado, talvez, distante da realidade. Escreveu levando em conta os olhos de Caim; confiante nas serpentes que crescem no "achismo", que surgem da primeira impressão, dos falsos conceitos, da miséria humana. Narrou a vida de Sylvia segundo um pequeno grupo de ingleses, eram eles esfumando o que acreditavam conhecer sobre ela. O que imaginavam dela.

Com isso, Anne exterminou com sua carreira mesmo antes de iniciá-la. Eis o problema da investigação jornalística: ouvir somente um lado e nomeá-lo como verdadeiro e único. De repente nasce um conceito sobre alguém. Mas não foi tão de repente quanto parece ter sido. Houve uma construção alienada, uma fake news passada de boca em boca, mentiras pintadas de verdades institucionalizadas nas rodinhas sociais, lugares onde as taças de vinho erguidas em braços aparentes e dissimulados são mescladas às conversas superficiais acompanhadas, na maior parte das vezes, de gim. Havia uma amargura solta que se refletia nas paredes das casas daqueles que se diziam parte do círculo de amizade do marido da poeta. E mesmo sem nunca ter conhecido Sylvia Plath, de fato, Anne carimbou a figura que todos queriam desvendar para o bem ou para o mal, sem nenhum propósito ou coerência, a começar pelo nome da biografia: *Amarga Fama*.

O escritor norte-americano Carl Rollyson, biógrafo de *Ísis Americana: vida e arte de Sylvia Plath*, traz em sua obra uma nova visão da vida da poeta. No entanto, por mais que se leiam essas biografias, a mais próxima da realidade da vida de Sylvia é a de Janet Malcolm, que levou em conta as dificuldades de se biografar alguém morto e praticamente estrangeiro de si e do entorno. Levou primordialmente em consideração o fato de Sylvia ser estrangeira: a americana que era americana demais para o inglês Hughes e seu círculo de amizades, a americana-escritora que não suportou ser deixada pelo marido. Sylvia, a estrangeira preterida, abandonada por um marido também estrangeiro. Quem foi essa mulher? Talvez nenhuma biografia alcance a verdade sobre ela. Talvez reste apenas o mistério. A única verdade é que Sylvia matou-se aspirando o gás do fogão de sua cozinha.

O que se sabe é que ela não aguentou o tratamento desumano e implacável dos outros na vida dela. E decidiu pôr fim em tudo. Rollynson, em sua obra, fala que Sylvia tinha sérios problemas de relacionamento com a mãe, Aurélia, e fala, ainda, de sua luta contra a depressão desde tenra idade. A vida toda enfrentou dilemas: "Seus poemas foram disputados, rejeitados, aceitos e, por fim, aclamados por leitores de todo o mundo. Aos 30 anos, Sylvia cometeu suicídio enfiando a cabeça num forno, enquanto os filhos dormiam no andar de cima, em quartos que ela cuidadosamente vedara para salvaguardá-los".

Rollynson, para nomear sua produção biográfica sobre Sylvia, escolheu a deusa Ísis. Trata-se da deusa da fertilidade e da maternidade, metáfora da mulher ideal, de esposa e de mãe. O mito egípcio, conhecido no mundo grego, representa o ideal de esposa, aquela que salvou Osíris e protegeu o fruto deles, o filho Horus. Ela é a deusa mágica que tem livre-arbítrio sobre seu destino. Rollynson pensou na deusa para nomear Sylvia devido à representatividade de esposa e mãe que Sylvia desempenhava e, também, porque Ísis é a deusa que tem acesso ao mundo dos mortos. Sylvia tinha acesso ao mundo dos anjos.

Os diários de Sylvia Plath foram reunidos em uma coletânea pela Biblioteca Azul e traduzidos para o português por Celso Nogueira, em 2017, com mais de 800 páginas: "É impossível capturar a vida se a gente não mantiver diários", disse certa vez Sylvia. A obra *Journals of Sylvia Plath* foi dividida em dois volumes, datada de 1982. Outras edições foram surgindo (muitas), por exemplo, *The Unabridged Journals of Sylvia Plath: Transcripts from the Original Manuscripts at Smith College*, organizada por Karen Kukil, em 2000. É de autoria de Karen também *Sylvia Plath: Inside the Bell Jar*. Karen é curadora de livros raros na Smith College e responsável pela Coleção Sylvia Plath nos Estados Unidos. Há ainda a versão escrita pela norte-americana Frances McCullough, intitulada *The Bell Jar: Sylvia Plath*, referindo-se ao romance de Sylvia *A Redoma de Vidro*. O romance aponta para o gênero autobiográfico pautado em elementos psicológicos profundos e conta o verão de 1953, quando Sylvia foi convidada a ser editora da revista *Mademoiselle*. Fundada em 1935, *Mademoiselle* publicou até 2001.

Era a revista em que famosos publicavam, tais como Alice Munro, Julia Cameron, Tennessee Williams, Barbara Kruger, Truman Capote, William Faulkner, entre outros. O conto de Sylvia *Sunday at the Mintons* ganhou o primeiro prêmio, além da publicação, recebeu 500 dólares. E a partir disso foi convidada para exercer o cargo de editora da revista.

Seus inúmeros diários registram sua vida escolar durante os anos de 1950 a 1962, em que frequentou dois colégios: o Smith College e o Newnham College, nos Estados Unidos. São 12 anos de registros diários. Fala, ainda, de seu namoro e de seu casamento com Ted Hughes; de sua experiência como professora, na Inglaterra, lugar onde se sentia estrangeira, embora a língua fosse a mesma. E, por fim, registra o início de sua carreira como escritora na Europa.

Escreveu duas obras em sua curta existência: o romance *A Redoma de Vidro* e as poesias reunidas em *Ariel* (um composto com mais de 800 páginas), uma das mais polêmicas produções poéticas da autora. De uma beleza instigante e de uma elevada timidez que fazia dela a imagem semelhante ao rosto de um anjo, um anjo tímido. *Ariel* veio para retratá-la. Afinal, é um arcanjo, cujo nome designa Leão do Senhor. Para o biógrafo Carl Robson, Sylvia é a Marilyn Monroe da literatura contemporânea.

Mortos não falam, poesia, sim

Assim que Sylvia foi encontrada morta, o ex-marido se apossou de toda a sua obra (como citado) e decidiu o que poderia publicar e o que deveria esconder. Essa atitude revela o cerne do poder dos vivos sobre os mortos. Com que autoridade Hughes brinca de "esconde e mostra" no que tange à produção literária da ex-esposa? Jamais se saberá ao certo o que foi retirado da antologia poética. Jamais se descobrirá o que foi omitido. Sylvia foi silenciada na vida e na morte pelo sistema masculino. Tempos depois, existiram outras publicações em que se somou este ou aquele poema, mas toda adição esteve sob o olhar inquisidor de Hughes e da irmã dele, Olwyn. Nas entrevistas, ele respondia que precisava proteger seus filhos, por isso impedira a publicação em sua totalidade. Não à toa as publicações póstumas de Sylvia são tidas como misteriosas. Sylvia não pensou que, após sua morte, o ex-marido seria a primeira pessoa que entraria na casa dela e vasculharia sua obra. Ou, talvez, tenha pensado que seria ele mesmo o primeiro, uma vez que os filhos deles moravam com ela. Ele, na época, já estava há tempos com outra pessoa, apaixonado, vivendo seu romance livremente, enquanto ela atormentava-se sem respostas.

Nunca ninguém viveu tanto após a morte. A vida de Sylvia foi vasculhada de "cabo a rabo", os jornalistas entrevistaram todos os amigos e parentes possíveis. A polícia também não deixou ninguém descansar. E a cada entrevista, coisas novas. Quem odiava a poeta falou de maneira negativa; quem a amava, glorificou-a. Poucos foram sensatos e próximos da verdade. Sylvia virou a musa misteriosa que todos queriam desvendar. A única verdade é que a poeta suicidou-se e deixou sobre a mesa de sua cozinha a antologia *Ariel*.

A poeta, nascida em Boston, lutou durante muito tempo contra a depressão e chegou até mesmo a escrever o livro *A Redoma de Vidro* (1963), em que relata sua luta para vencer a doença. Mesmo vivendo dias incompreensíveis e buscando uma razão significativa para seus dias, produziu muitos poemas. Estudou, formou-se, casou-se, teve um casal de filhos e divorciou-se. Entretanto, depois de tudo isso, a corda estava esticada demais e ela não aguentou. Morreu em 1963 com apenas 30 anos.

O ex-marido, o também poeta inglês Ted Hughes, antes de morrer, publicou a obra poética *Birthday Letters*, em que conta o conturbado relacionamento com Sylvia Plath. Poucos sabiam sobre ela, a não ser pelas bocas dos familiares, jornalistas e amigos que, de uma forma ou de outra, relacionaram-se com a tímida poeta norte-americana. Suas biografias apresentam o ponto de vista de terceiros, incluindo o círculo familiar e social de Hughes. Eram ingleses que moravam na Inglaterra a falar da poeta que nasceu nos Estados Unidos, mas que morava na Inglaterra. Certa xenofobia aparecia, de quando em vez, meio blindada, no meio dos registros biográficos. Estrangeira, sim. Era estrangeira.

Suas obras revelam o estrangeirismo que sua alma exalava minuto a minuto, Sylvia era americana, mas morava na Inglaterra. Eis o ponto principal. Sentia-se estrangeira, não havia pertencimento nem nunca fora recebida de outra forma se não como estrangeira. Vivia fora de seu país natal, fora de sua vida, com um marido que ela não entendia, mas amava. Tudo isso somado à depressão levou a poeta a escrever profundos textos literários e poesias (quase indecifráveis) que retratam, de modo sensível, o sentir feminino em terras estrangeiras, o desamor, o abandono. A verdade é que o marido nunca deixou de ser um estrangeiro na vida de Sylvia. Em *A Redoma de Vidro*, Sylvia narra sua melancolia, sua depressão avassaladora, que a impedia de lutar. E de como conheceu o amor. Em 1956, conheceu, enquanto estudava na Universidade de Cambridge, Inglaterra, Ted Hughes. Eles se apaixonaram. Casaram-se em junho. Com o tempo, os filhos, Frieda e Nicholas, nasceram. Entre conflitos e desacordos, falta de comunicação e algo muito distante do felizes para sempre, o casamento chegou ao fim, em 1962, fim este que se apresentava iminente há algum tempo. Com a separação, ela se mudou com os dois filhos para Londres. *A Redoma de Vidro* chegaria um ano depois. No mesmo ano, após a estreia do romance, colocou fim em sua vida.

Além das biografias acerca da vida da poeta, a cineasta neozelandesa Christine Jeffs dirigiu *Sylvia — Paixão Além das Palavras*, em 2004. A atriz Gwyneth Paltrow faz o papel de Sylvia, e o ator britânico Daniel Craig interpreta Hughes. Craig tornou-se famoso no papel de James Bond no cinema. Estão no elenco Lucy Davenport, Michael Gambom, Blythe Danner e Jared Harris. O filme mostra a tensão do relacionamento entre eles, sempre regado a traições e a mulheres que iam e vinham e andavam ao redor de Hughes, as noites em que ela esperava por ele em vão. Sem dúvida, a conturbada relação de Sylvia e Hughes levou a poeta a revisitar os abismos dos estados depressivos. A ausência e as traições contínuas de Hughes levaram a poeta à total insanidade.

A paixão dela por ele, o casamento, a vida na Inglaterra, os amigos de Hughes que mantinham agitado o social do casal e o nascimento dos filhos, tudo mesclado à desimportância que emanava dele em relação à produção literária dela. Uma total falta de reconhecimento, de aprovação, de aceitação e, principalmente, o que motivou o desgaste e a melancolia de Sylvia: a infidelidade escancarada de Hughes. Talvez por ser poeta não queria que houvesse competição entre eles. Talvez tratasse mesmo com desimportância a produção poética da esposa, acreditando ser menor. Talvez, ainda, Hughes fosse um Oswaldo de Andrade, um Diego Rivera.

Algo a limitava. Restringia-a efetivamente. Sentia-se queda, muda. Talvez, como citado, o fato de o marido ser poeta, somado ao fato de ela sentir-se constantemente estrangeira no círculo de amizade deles aumentasse o transtorno que lhe assombrava desde o casamento: "[...] Não sei se sinto medo; não posso ler todos os livros que quero; não posso ser todas as pessoas que quero, nem posso ter todas as vidas que eu quero. E por que eu quero? Quero viver e sentir a nuance, os tons e as variações das experiências físicas e mentais possíveis de minha existência. E sou terrivelmente limitada. Tenho muita vida pela frente, mas [...] sinto-me triste e fraca. No fundo, talvez se possa localizar tal sentimento em meu desagrado por ter de escolher entre alternativas. Talvez, por isso queira ser todos — assim, ninguém poderá me culpar por eu ser eu. Assim, não precisarei assumir a responsabilidade pelo desenvolvimento do meu caráter e de minha filosofia. Eis a fuga p'ra loucura [...]", dizia Sylvia. Sua vida tanto quanto sua morte estava fincada como Excalibur em um eterno e rígido "talvez".

Não se pode culpar o marido pelo suicídio dela, não se pode nomear a poeta de insana, o fato é que ela amou mais do que foi amada. Sofreu por isso e sua dor produziu literatura. Foi uma das poetas mais brilhantes dos anos 1960, nos Estados Unidos e na Europa. Talvez Hughes se sentisse intimidado pela genialidade dela. Talvez tenha amado Sylvia em algum momento. Não obstante, a vida dela sempre será um quiçá. No entanto, há sua poesia sempre viva e disposta a representar ou a revelar um traço de sua vida: "dentro de mim mora um grito".

Seguem fragmentos de algumas poesias enumeradas à revelia:

I.
Como é frágil o coração humano —
espelhado poço de pensamentos.
Tão profundo e trêmulo instrumento
de vidro, que canta
ou chora.

II.
Dentro de mim mora um grito.
De noite, ele sai com suas garras, à caça
De algo pra amar.

III.
Cerro os olhos e cai morto o mundo inteiro
Ergo as pálpebras e tudo volta a renascer
(Acho que te criei no interior da minha mente)

Saem valsando as estrelas, vermelhas e azuis,
Entra a galope a arbitrária escuridão:
Cerro os olhos e cai morto o mundo inteiro.

Enfeitiçaste-me, em sonhos, para a cama,
Cantaste-me para a loucura; beijaste-me para a insanidade.
(Acho que te criei no interior de minha mente)

Tomba Deus das alturas; abranda-se o fogo do inferno:
Retiram-se os serafins e os homens de Satã:
Cerro os olhos e cai morto o mundo inteiro.

Imaginei que voltarias como prometeste
Envelheço, porém, e esqueço-me do teu nome.
(Acho que te criei no interior de minha mente)

IV.
A perfeição é horrível, ela não pode ter filhos.
Fria como o hálito da neve, ela tapa o útero

A Redoma de Vidro

A Redoma de Vidro é uma obra autobiográfica que percorre veios históricos, psicológicos e literários propriamente ditos. Autobiográfica porque é sua experiência, seu estranhamento eterno e sua falta de pertencimento que explicita o cerne narrativo. O livro é histórico, porque esfuma o início das lutas femininas e dos movimentos que surgiam na Europa e na América no ano de 1960. Sylvia é considerada feminista, porque sua obra demarca pioneiramente o feminismo com a invenção do anticoncepcional e o surgimento da militância em torno dos direitos da mulher.

Independentemente das atitudes de Ted Hughes, de suas traições e de ter deixado a poeta para ficar com outra pessoa, Sylvia sofria de depressão, uma doença que até hoje não é vista com bons olhos. Imagine, leitor, em 1960, na Inglaterra. *A Redoma de Vidro* narra a vida da personagem Esther Greenwood, que mora no subúrbio de Boston. Esther e Sylvia se confundem ininterruptamente. Não se pretende nessas linhas condenar Hughes por se apaixonar por outras mulheres ou seu livre-arbítrio em querer viver outros relacionamentos, mas condenam-se suas traições, seu silêncio em torno do que ocorria entre eles (ou o que não ocorria). Condena-se a falta de sensibilidade, de solidariedade, de humanismo e, principalmente, a falta de cuidados com os estados depressivos de Sylvia. Nada foi explicado, compreendido, tudo se deu à revelia. E salve-se quem quiser. Uma pessoa com depressão necessita de cuidados.

Com relação às citações e nomes bíblicos que Sylvia usa em sua literatura, pode-se demarcar uma liturgia de cânones que adornava e representava a poeta. Ora surgem arcanjos como Ariel, ora figuras femininas da história religiosa. O termo "redoma" simbolizava Sylvia perfeitamente, pois se sentia presa dentro de si mesma, como se estivesse afastada de tudo o que é exterior, como a rosa que derrama pétala a pétala, guardada num frasco de vidro hermeticamente fechado pela angustiante e solitária Fera, na obra *A Bela e a Fera*, de 1756, de

Jeanne-Marie Leprince de Beaumont. A cada pétala caída o fim se aproximava. Dentro desse *The Bell Jar* passa a sentir-se melancólica, sem vontade alguma de viver. A vida por uma simples rosa.

O romance *A Redoma de Vidro* conta sobre a personagem Esther, que é, na realidade, a história de vida da autora, a metáfora de como Sylvia se sentia. Esther era uma jovem linda que tinha tudo para ser feliz: situação financeira confortável; juventude, fonte de beleza feminina, estampada crua e nua em seu incomensurável poder; acesso ao conhecimento, às artes, ao mundo. Esther teve acesso às melhoras escolas. Cursou faculdade. E muito jovem, ainda, conseguiu um estágio em Nova Iorque, em uma revista feminina, tendo a oportunidade de trabalhar com grandes nomes da moda e do jornalismo. No entanto, sentia-se dentro de uma redoma de vidro, lugar onde só conseguia ver o mundo, sem poder participar dele. Estava profundamente infeliz e a cidade grande parecia um enorme fantasma capitalista a lhe amedrontar: aparência e consumo exagerados faziam-na questionar o sentido da vida.

A Redoma de Vidro possui uma narrativa densa e cheia de amarguras, um sentimento profundo que faz parte da existência: "Sentia-me muito calma e muito vazia, do jeito que o olho de um tornado deve se sentir, movendo-se pacatamente em meio ao turbilhão que o rodeia", dizia. Sharon Martins Vieira Noguês escreveu sobre a obra de Sylvia Plath sem considerar seus relacionamentos, principalmente com o marido Hughes, e sem levar em conta a vida pessoal de Sylvia. Os olhos de Sharon percorreram apenas a produção literária, levando em conta os processos analíticos à luz da Filosofia e seguindo os postulados da crítica da Teoria Literária. Publicou *A Arte de Morrer e Renascer em Ariel de Sylvia Plath*. Para Sharon, as biografias "[...] negligenciam o trabalho estético da poeta. Esta leitura torna-se uma fonte de inspiração, conhecimento literário, filosófico, estético, psicológico, mitológico e crítico, trazendo novas contribuições para várias áreas do saber".

De uma forma ou de outra, lendo sua obra e revisitando suas biografias, a profusão literária e o alcance dos filmes, pode-se dizer que Sylvia Plath foi silenciada, pois foi sucumbida. Muitas são as esferas que comandam a desordem e a insanidade, o desespero e a melancolia. Mesmo porque a ciência nunca se deu muito bem com os processos depressivos e, às vezes, o buraco em que se encontram os pacientes é abissal e sem retorno. O que fica de Sylvia é sua história e sua ousadia de amar mais do que foi amada e, sem dúvida, seu imenso arcabouço poético-literário.

MARY WOLLSTONECRAFT

Toda mulher quer ser amada, toda mulher quer ser feliz.

(Rita Lee)

Se Mary Wollstonecraft, uma das maiores feministas do século XVIII da Inglaterra, estivesse viva, hoje, talvez não suportasse saber que a luta da mulher pelos direitos e pela igualdade de gênero ainda engatinha, mesmo depois de passados quase três séculos. E talvez por isso morresse, como Kollontai, se ouvisse falar do tamanho do retrocesso em que vive, atualmente, a mulher. Por outro lado, pode ser que ficasse menos triste em saber que a luta não cessou. No entanto, parece que a primeira hipótese é a mais contundente. Morta desde 1797, deve revirar-se na tumba até suas cinzas tomarem conta, por completo, do sepulcro.

As mulheres continuam sendo mortas, estupradas e agredidas física e oralmente. São humilhadas, subalternizadas, inferiorizadas. Segundo dados da Unifesp, e muitos outros sites, como a Agência Patrícia Galvão, o Brasil ocupa o quinto lugar — no ranking de 83 países que mais matam mulheres no mundo. É um dado inaceitável, apesar de que nenhum número de homicídio deve ser tolerável. Se pensarmos em Christine de Pizan e Mary Wollstonecraft, e nos anos de 1364 e 1759, respectivamente, anos dos nascimentos das duas feministas, veremos que, infelizmente, pouca coisa mudou. Precisamos, com urgência, reler (e refletir) sobre *Cidade das Damas*, de Christine. Que a obra francesa possa se reerguer como obelisco de luta, que possa se agigantar nas artes (na arquitetura, no desenho, no planejamento) e nas linguagens (no teatro, no cinema, no podcast, nas esculturas e telas), e que possa dialogar com a Medusa de Hélène Cixous até sua voz tornar-se rouca. Um sussurro. Um lamento. Um pedido de socorro.

Fica o exemplo de Christine de Pizan. Ficam os exemplos dessas pensadoras, produtoras de filosofia, de literatura e militantes em prol de um espaço de justiça e de compreensão do feminino. Como dizia Clara Zetkin, "a luta não acabou". E, atualmente, um exemplo dessa luta vem de um grupo de feministas do Chile.

El violador eres tú

Un violador en tu caminho é o nome da coreografia feminista, uma ferrenha crítica contra a violência e, principalmente, contra o estupro. Chegou embasada em um coral de mulheres chilenas que viajou o mundo todo, cantando, soltando a voz, apontando culpados com os dedos e berrando verdades: "Com gestos e música de protesto, grupos em várias partes do mundo estão pedindo o fim da violência contra a mulher", diz a BBC, em 2019, no site "G1 Mundo", referindo-se à criação do coletivo feminista chileno Las Tesis.

O protesto que diz claramente "A culpa não era minha, nem onde eu estava, nem como me vestia", caminha revelando a argumentação "furada" e "contestável" — usada por séculos pelos homens da lei, e até pela língua ignorante do povo — de que a mulher sempre tem culpa pela violência sexual que sofre, devido às roupas que veste, como um short, uma saia mais curta, uma blusa decotada, ou por estarem em determinado lugar (não há lugar de mulher na história) a certa hora. O homem pode andar de bermuda ou short, sem camiseta, usar um jeans apertado e uma camisa meio aberta que apareça seu peito nu, pode estar na rua, nos bares, nas boates, nos prostíbulos, nas praças e parques e nem por isso é violentado, assediado, agredido, humilhado, morto.

As mulheres reuniram-se em Santiago, capital do Chile. Centenas delas. Com os olhos vendados, protestando contra a violência sexual. A coreografia espalhou-se pelo mundo, ressoando na Inglaterra, França, Espanha, México e outros países. Protestaram contra a violência de gênero, a falta de liberdade causando a morte de muitas mulheres e o desaparecimento de quem tem ideias próprias e são conhecedores da verdade (homens, mulheres e homossexuais). A coreografia fala de como o patriarcado se sustenta com a impunidade, porque é favorecido pelas leis que mantêm o poder masculino acima de tudo. Um deus inventado acima de todos. O protesto surgiu do Coletivo Feminista

Las Tesis, de Valparaíso, em 2019. Trata-se de um grupo de artistas mulheres que, ao criar a letra da música contestatória, usou o slogan *"Un amigo en tu camino"*, que falava da polícia chilena, uma das mais agressivas de 1990, como benevolente, bem ao contrário da realidade de sempre. No Chile, mais de 90% dos casos denunciados de estupro ficam impunes, principalmente quando praticados pela própria polícia. A música, um hino feminista, grita por justiça. Arrepia-me ouvi-lo. Arrepia-me vê-lo: "El patriarcado es un juez que nos juzga por nacer y nuestro castigo es la violencia que no ves. Es feminicidio impunidad para mi asesino [...]. El violador eres tú".

Por mais que grupos feministas do mundo todo gritem, a violência não se extingue. Não cessa. As feministas espanholas são uma das primeiras a vislumbrar algumas vitórias. Segundo os dados do Instituto de Igualdade de Gênero (EIGE), as manifestações espanholas estão sempre à frente, ganhando espaços e direito à vida: "Com mais ou menos sucesso em suas demandas, as espanholas tiveram uma vitória inequívoca, conseguiram que sua agenda se instalasse de vez no dia a dia de uma sociedade que, em apenas uma geração de mulheres, tornou-se uma das que mais avançam rapidamente em direção à paridade entre sexos".

O ditado popular, completamente misógino, "Cuide de suas cabras, porque meu bode está solto", é o retrato machista das sociedades, em que o bode (animal de quatro patas e chifres) tem o direito de estar em liberdade e de praticar o que desejar com as cabras que não estiverem sob os olhares controladores dos pais, dos tutores e dos maridos. Enfim, presas. Sem contar que a mulher é vista como um animal feito para ser violentado a qualquer momento se não estiver cercada pelos olhares masculinos. Mais preconceituoso e mais agressivo do que ouvir o ditado é ter a consciência de que quem fala acredita piamente que o bode tenha mesmo direito a tudo, e a cabra, a nada. E fica o alerta do ditado: "Se não quiser ser estuprada, não saia de casa!". O ditado costumeiro é um dos pontos mais altos do machismo escancarado por meio de um dito falado em deboche. E também de um aviso: "Olha, gente, meu pau ereto está na rua, costurem com linha dupla as vaginas de vossas cabras".

O termo "capricho", segundo a etimologia, vem da raiz *caper*, originária de *caprinae*, que forma a família dos bodes e ibexes. Isso leva a entender que os "caprichos", principalmente os sexuais dos homens, devem ser cumpridos? Íbex, animal que ostenta enorme chifre é um caprino em estado selvagem. Na Antiguidade, o bode era um animal muito usado na prática dos sacrifícios oferecidos aos deuses. Na Mitologia Romana, tem-se a Mamuralia, uma espécie de festa em comemoração à virilidade do bode. Durante os festejos, um homem vestia-se com a pele de um bode e desfilava ostentando fertilidade, lascívia, volúpia, sexualidade, virilidade e potência. Na Idade Média, os bodes representavam os demônios. A ideia de um homem metade animal, metade humano, com patas em lugar de pés, simbolizava todo o mal e, consequentemente, todo o poder que dele emanava afunilando-se na selvageria desmedida e incontrolável. Há ilustrações antigas dessa festa, realizada no mês de março, em que um velho disfarçado de bode apanhava a pauladas até a morte, na tentativa de se fazer valer a civilização nas ramificações da barbárie instintiva. Com relação à Mamuralia, os raros comentários são distintos e as variações, inúmeras. Mas, se levarmos em conta que o "bode está solto", podemos pensar, baseando-se nessas mesmas versões, que o animal é símbolo do descontrole lascivo, instintivo e diabólico. Porém, fica a dica, as cabras vão continuar soltas, e se algum bode resolver abordá-las será denunciado.

Alessandro Soler, de *O Globo*, escreveu o artigo "Espanha colhe frutos de uma Revolução Feminista iniciada há 15 anos", em que narra o estupro coletivo que ocorreu em 2016, em Navarra, cujo grupo *El Manada* (bem condizente com o ditado sobre bodes e cabras), estuprou, durante a Festa de San Fermín, uma jovem de 18 anos. Foram cinco homens e todos a estupraram. Eles foram condenados a nove anos de prisão, apenas porque grupos de mulheres reivindicaram direitos com manifestações que encheram as ruas de Madri. Os advogados, devido à pressão das mulheres, foram obrigados a rever o processo e a condenar os cinco "bodes" que estavam soltos enquanto a menina participava da festa. Uma festa religiosa, em que o Santo Firmino, padroeiro de Navarra, é cultuado em Pamplona. As manifestações exigiram a condenação dos "bois/bodes/elefantes" pelo Supremo Tribunal. Isso durou dois anos. Após e revolução feminina, "[...] o governo criou uma comissão para rever mudanças nas leis", diz Soler.

No Brasil, em 2016, uma menina de apenas 16 anos foi estuprada por 33 homens (trinta e três), que cometeram vários crimes contra ela. O primeiro foi o de violência sexual coletiva com intenção e planejamento; o segundo foi o de divulgar cenas na internet com a menina desacordada, debochando das cenas. O terceiro relaciona-se à pedofilia, porque ela era menor. Monstros. Criminosos. Eles estavam armados. A jovem foi se encontrar com o namorado na casa dele, na favela da Zona Oeste do Rio de Janeiro, e acordou em outro lugar. Estava dopada. Um crime hediondo. Quatro deles foram encontrados. As imagens na internet causaram grande revolta no mundo inteiro, tanto que, à época, a ONU pediu justiça e várias celebridades brasileiras manifestaram-se, por exemplo, Bruna Marquezine, Lázaro Ramos, Taís Araújo, Lucas Lucco, e internacionais também, como a atriz Emma Watson, da saga Harry Potter: "A culpa nunca é da vítima", disse Emma em seu perfil do Twitter. Centenas de estupros são cometidos diariamente, a violência não cessa, a misoginia alastra-se e causa insegurança: "Os atos repulsivos demonstram, lamentavelmente, a cultura machista que ainda existe, em pleno século 21. Importante ressaltar que cada frase machista, cada piada sexista e cada propaganda que torna a mulher um objeto sexual devem ser combatidas, cotidianamente, sob o risco de se tornarem potenciais incentivadoras de comportamentos perversos, ampliando o gabinete de ódio já existente e a prática de crimes. E, igualmente, lembrar que, se esse crime chegou ao conhecimento público, tantos outros permanecem ocultos, sem repercussão. Precisamos lutar contra a violência na rua, no lar, em cada comunidade, em cada bairro", afirmou em nota a OAB.

As mulheres lutam por justiça e contra a violência. Cada grupo feminino e cada uma delas isoladamente, dentro de seus instrumentos de trabalho e ativismo, lutam. E unidas se transformam em revolução! A escritora britânica Mary Beard, autora de *Mulheres e Poder: Um Manifesto,* fala de como toda a "[...] definição da masculinidade dependia do silenciamento ativo da mulher". Citando *Odisseia*, de Homero, fala do filho de Penélope (obra já comentada nestas páginas): "Para deixar de ser menino e se tornar homem, Telêmaco deve aprender a calar as mulheres". Isso significa que calar o feminino é uma prática antiga, ela veio do Oriente e do Ocidente, de todas as partes do mundo patriarcal, cujas práticas eram, e continuam sendo, misóginas. O homem precisava mostrar mais do que era e necessitava, portanto, evidenciar quem mandava: "O poder dos homens está relacionado à sua capacidade de silenciar mulheres", diz Mary.

Mary Beard, uma das maiores intelectuais da modernidade no Reino Unido, especialista em Roma Clássica, participa de debates que incluem temas sobre mulher e política, mulher e direitos. Nascida em 1955, em Much Wenlock, escreveu outros livros, como *SPQR: Uma História de Roma Antiga; Rome in the Late Republic; Religions of Rome* e *Arte Clássica da Grécia a Roma*. Em entrevista para o *El País*, na Editoria de Cultura, Mary responde às questões feitas pelo repórter Pablo Guimón, em maio de 2018, trazendo à tona o silenciamento da mulher: "Precisamos entender que são problemas profundamente enraizados na história da cultura há milênios. Com isso, não quero dizer que estejamos presos neles, mas sim, que devemos buscar soluções diferentes". Para ela, buscar a raiz desse enraizamento é um dos caminhos para a conscientização de um começo e, consequentemente, de uma saída.

E assim como Mary luta por um mundo feminino mais justo, muitas outras mulheres também lutam e, por serem destemidas, resistem. Uma delas é a filósofa e escritora inglesa do século XVIII, Mary Wollstonecraft, nascida em 1759, em Londres, mãe da escritora Mary Shelley e autora de inúmeros livros que clamam pelos direitos das mulheres, como *Uma Reivindicação pelos Direitos da Mulher*, de 1792. Lutou como pôde em um século em que a sociedade era misógina declarada e os homens se punham a ditar (e a repetir) mantras sobre a inferioridade feminina. Mary Wollstonecraft pertenceu ao século em que Rousseau dizia que "o principal papel das mulheres era o de servir aos homens" e o polonês Arthur Schopenhauer que "As mulheres têm cabelos compridos para compensarem as ideias que são curtas". Mary conviveu com essa violência declarada e argumentou contra a misoginia que se evidenciava minuto a minuto pelo sexo oposto. Mary Wollstonecraft escreveu, na época, sobre temas difíceis de serem engolidos. Ela viveu, amou, lutou: "Não desejo que as mulheres tenham poder sobre os homens, mas sim, sobre si mesmas". É, portanto, considerada uma das maiores feministas da Inglaterra do século XVIII.

Escreveu muitas obras, entre as primeiras estão *Mary: A Fiction; Original Stories from Real Life,* seu primeiro livro infantil; *Pensamentos sobre a Educação das Filhas*, com reflexões sobre a conduta feminina nos mais importantes deveres da vida e *Uma Reivindicação dos Direitos dos Homens. Mary: A Fiction* é resultado de sua experiência na Irlanda como educadora de uma família rica. O romance é considerado feminista (embora Mary, com o tempo, tenha repudiado a própria obra) porque evidencia uma personagem forte, autodidata, independente, capaz e que, por isso, modela um discurso feminino por meio da obra.

Em Londres, estudou e conviveu com artistas e intelectuais. Discutiu o lugar da mulher na sociedade e os direitos que a elas foram negados. Na França, passou a clamar pela liberdade do povo francês e mostrou sua simpatia pela revolução. Publicou *Reivindicações dos Direitos da Mulher.* Suas inquietações, permeadas de questões sem respostas, faziam-na perguntar-se por que tantas diferenças impostas: "Por que um homem que vai a festas e fica com várias mulheres é um garanhão, e a mulher na mesma condição, é malvista e mal falada?". A virgindade foi, durante muito tempo, exigida para que a mulher não tivesse experiência sexual além da vivida com o marido. É uma forma de poder, de controle e de vigília. Na obra *Mary: A Fiction,* a escritora critica, por meio da personagem Maria, tudo o que a sociedade espera da mulher no matrimônio. Para ela, o casamento é um acordo nupcial em que as mulheres deixam de viver a própria vida e vão morrendo aos poucos, seguindo as regras desumanas impostas a ela. Vive a vida que a sociedade espera dela: a vida do marido, dos pais, dos filhos. Elas são, na realidade, um apêndice e não uma pessoa.

Nesse sentido, virgindade e casamento são outras formas de controle duramente impostas à mulher, assim como a maternidade: "Se os homens e as mulheres fossem educados para serem iguais, seriam iguais", dizia Mary. Para ela, as diferenças são resultados de fortes construções sociais e religiosas: "Com o tempo, devido aos esclarecimentos e exemplos, o movimento feminista começa a negar a influência biológica, psicológica e hormonal, pois, na realidade, tudo é resultado de uma construção cultural. E deve ser derrubada", conclui.

Parafraseando Simone de Beauvoir: "Ninguém nasce mulher", a socióloga Maria Lygia Quartim de Moraes complementa: "Nem escrava!". Em um vídeo que explica e analisa a obra *Reivindicações dos Direitos da Mulher,* de Mary Wollstonecraft, Maria Lygia cita os caminhos da libertação feminina registrados pela feminista inglesa: "[...] o caminho da mudança na mulher se dá pela educação". Mas há outros caminhos tão importantes quanto o da educação, como o da real compreensão de que a luta das mulheres se dá pela conscientização dos direitos, da igualdade, do respeito, da cidadania, da civilização e da ubiquidade: precisamos estar em muitos lugares, lugares onde todos estão, ou seja, em todos os lugares sociais, políticos, econômicos, culturais e religiosos. É necessário que, durante a militância, as mulheres percebam a realidade do entorno, pois muitas vezes, o homem cordeiro em uma manifestação é o lobo selvagem. Mary Wollstonecraft é contemporânea de Olympe de Gouges, elas lutaram juntas por um mundo mais fraterno e livre. Olympe não percebeu que estava rodeada de lobos e, acreditando em seus colegas revolucionários, foi condenada à morte.

As feministas pedem por igualdade. São, portanto, pacifistas e antibelicistas, ao mesmo tempo em que completamente transgressoras, porque, inclusive, muitas são mães solo, como Mary Wollstonecratf. Para Maria Lygia, é necessário perceber o quanto o patriarcado transformou as mulheres em seres infantis, abobados, fúteis e, de certa forma, ingênuos. Mary Wollstonecraft rebateu, assim como Christine de Pizan, no século XIV, a misoginia do século XVIII. A luta pelo acesso à educação, à herança e aos documentos históricos foi vitoriosa, assim como o direito de votar.

O que os movimentos feministas pregam, hoje, Mary discursava no século XVIII — na Inglaterra. Como desconstruir o que foi estruturado pelo mundo masculino? Para muitos estudiosos e feministas, principalmente democratas, o acesso à educação de qualidade para as mulheres, como foi citado tantas vezes nestas páginas, é um dos caminhos. Mas ter-se a consciência de que ninguém é verdadeiramente amigo nas militâncias é outra condição para não tropeçar, não perder a cabeça. É necessário ter consciência e refletir constantemente durante a luta. É preciso mudar o pensamento feminino que repete paradigmas do patriarcado sem ter a consciência do que se trata. "Mary não suportava a futilidade feminina, acreditava que se houvesse uma drástica mudança no que se exige das mulheres, no plano educacional, então, todos saberiam quais tendências são naturalmente das mulheres e quais foram impostas", diz a autora da obra *A História do Feminismo*, Ana Campagnolo. Quase tudo foi construído de modo estrutural para impedir a mulher de sair do lugar comum. As mulheres precisam estar juntas para alcançarem êxito.

Fala-se muito, hoje, em sororidade, um termo que vai muito além da própria semântica, é preciso que as mulheres deixem de julgar umas as outras. Quanto mais subgrupos, mais divisões, mais diferenças, consequentemente, mais desunião. A palavra "sororidade" vem do latim *sóror* que designa irmã, fraternidade, união. Representa a amizade, a união das mulheres, o amor entre elas, mas nunca a separação. Nunca o ódio. As mulheres precisam ser solidárias umas com as outras, somente pela união, pela irmandade, elas vencem e evoluem. As mulheres precisam ouvir umas as outras. Sororidade é uma forma de aliança. Em Portugal, geralmente as freiras dos conventos são chamadas de sóror, como, por exemplo, a religiosa Sóror Mariana Alcoforado, nascida em 1640, em Beja, autora de *Cartas Portuguesas*.

Mesmo seguindo o caminho do conhecimento, que é sempre libertador, Mary Wollstonecraft caiu nas teias ilusórias da paixão, assim como sua filha Mary Shelley, e se tornou presa fácil. Envolveu-se com o norte-americano Gilbert Imlay, que pregava o amor livre. Grávida, foi abandonada. Teve uma vida nada ortodoxa, escolha que manchou sua reputação, e com a gravidez tudo parecia piorar. É difícil navegar contra ondas tempestuosas. Desesperada, resolveu suicidar-se, jogando-se no Tâmisa. Por sorte foi salva. Todo o equilíbrio e o racionalismo que pregava caíram na lama. Ela caminhou, acreditou na liberdade feminina, decidiu lutar por igualdade de direitos, era abolicionista, feminista, escritora, seus caminhos estavam desenhados com cores definidas. Entretanto, apaixonara-se pelo homem errado. Um egoísta cruzara seu caminho. E ela viveu o abandono.

Nasceu sua filha, Fanny Imlay. Algum tempo depois, conheceu aquele que seria seu segundo e último marido, o filósofo e jornalista William Godwin. Eles se apaixonaram. Mary engravidou. Eles se casaram. Mary Shelley nasceu. Viviam respeitando as liberdades e os espaços de cada um e, por isso, moravam em casas separadas. Mary Wollstonecraft, quando se apaixonava, vivia intensamente o "sentires". Jogava-se à vida. Antes de Gilbert, viveu um intenso amor com o pintor suíço Henry Fuseli. Porém, como ele era casado, não pôde continuar. Amou, teve amores e dores.

Estava muito feliz ao lado de Godwin, tudo parecia caminhar como as brisas que Éolo trazia, não obstante (e como diz Leminski: "[...] não fosse isso, era menos; não fosse tanto, era quase), devido ao parto cheio de complicações, Mary Wollstonecraft morreu no mesmo ano em que se casou, poucos dias depois que a segunda filha, Mary Shelley, nasceu. Seus romances, principalmente, *Mary: A Fiction*, marcariam o início de um discurso feminista.

Deixou um legado, o primeiro deles foi a liberdade que a filha Mary Shelley herdou, pois ela amou, escreveu, viveu como desejou e tornou-se a mãe da criatura construída pelo médico Frankenstein; o segundo, a ideia de que não existe mulher inferior em sua luta por igualdade. Mary Wollstonecraft lutou por justiça, igualdade, educação para homens e mulheres, acesso ao conhecimento de maneira idêntica. Lutou contra todo tipo de desigualdade, proclamando sociedades inteligentes e com possibilidades de felicidade, de plenitude.

"Cure o mundo", diz a música "Heal The World", de Michael Jackson. Devemos seguir os exemplos dessas mulheres que insistem em existir por si mesmas: "Para se ser uma boa mãe, uma mulher deve ter o bom senso e aquela independência de espírito que poucas mulheres possuem quando são ensinadas a depender inteiramente dos seus maridos".

QUEBRANDO PEDRAS. PLANTANDO FLORES[17]

*O não ouvir é a tendência a permanecer num lugar cômodo
e confortável daquele que se intitula poder falar sobre os
Outros, enquanto esses Outros permanecem silenciados.
O falar não se restringe ao ato de emitir palavra, mas de
poder existir.*

(Djamila Ribeiro)

Há muito que narrar sobre os feitos das mulheres no decorrer da história, no mundo todo e, principalmente, no Brasil. É urgente que se escreva e que se publique sobre elas. E é mais urgente ainda que sejam denunciadas todas as atrocidades que o feminino sofreu, sofre ou venha a sofrer. Precisamos curar o mundo.

Basta de violência!

Que as mulheres respeitem umas as outras. Que as mulheres auxiliem umas as outras. A união não faz só açúcar. A união faz revolução. E para adornar a dicotomia luta *versus* resistência segue o poema *Ainda assim eu me levanto*, da ativista norte-americana Maya Angelou, que lutou pelos direitos das mulheres, dos homens, dos desassistidos, daqueles que foram (de uma forma ou de outra) retirados das sociedades e encerrados à margem. Maya militou por meio de sua arte, de sua produção literária e, primordialmente, de sua poesia. Ela lutou para cessar o sentimento de inferioridade que foi carimbado na mulher. Afinal essa tal inferioridade não passa de uma lenda. E é incrível como ainda se crê nela, por mais absurda que pareça — em pleno século XXI.

---

[17] Trecho da poesia *Das Pedras*, de Cora Coralina.

Devemos quebrar as pedras. E depois, plantarmos flores. Precisamos curar o mundo!

Ainda assim eu me levanto

Você pode me riscar da História
Com mentiras lançadas ao ar.
Pode me jogar contra o chão de terra,
Mas ainda assim, como a poeira, eu vou me levantar.
Minha presença o incomoda?
Por que meu brilho o intimida?
Porque eu caminho como quem possui
Riquezas dignas do grego Midas.

Como a lua e como o sol no céu,
Com a certeza da onda no mar,
Como a esperança emergindo na desgraça,
Assim eu vou me levantar.
Você não queria me ver quebrada?
Cabeça curvada e olhos para o chão?
Ombros caídos como as lágrimas,
Minh'alma enfraquecida pela solidão?

Meu orgulho o ofende?
Tenho certeza que sim
Porque eu rio como quem possui
Ouros escondidos em mim.
Pode me atirar palavras afiadas,
Dilacerar-me com seu olhar,
Você pode me matar em nome do ódio,
Mas ainda assim, como o ar, vou me levantar.

Minha sensualidade incomoda?
Será que você se pergunta
Por que eu danço como se tivesse
Um diamante onde as coxas se juntam?
Da favela, da humilhação imposta pela cor
De um passado enraizado na dor
Sou um oceano negro, profundo na fé,
Crescendo e expandindo-se como a maré.

Deixando para trás noites de terror e atrocidade
Em direção a um novo dia de intensa claridade
Trazendo comigo o dom de meus antepassados,
Eu carrego o sonho e a esperança do homem escravizado.
E assim, eu me levanto.

"Você pode me riscar da história, com mentiras lançadas ao ar. Pode me jogar contra o chão de terra, mas ainda assim, como a poeira, eu vou me levantar". Com essas palavras, Maya mostra que a poesia é um dos caminhos da resistência. Ambos, resistência e poesia revelam a mesma estrada. E assim, ela luta. Não adianta cortar as raízes das rosas, porque no ano seguinte, a primavera retorna poderosa, deslumbrante, jorrando cores, folhas, aromas e flores para todos os cantos: "eu carrego o sonho e a esperança do homem escravizado, e assim, eu me levanto". Maya Angelou foi a primeira mulher negra a ser roteirista em Hollywood, no ano de 1950. Ativista dos direitos civis, amiga de Martin Luther King Junior e do também ativista dos direitos dos negros, Malcolm X, ela foi poeta, escritora, historiadora e roteirista, ganhou inúmeros prêmios, entre eles o Pulitzer e o Emmy.

Silvia Vinhas e Chimamanda Ngozi Adichie

Depois de fazer renascer a poesia de luta de Maya Angelou, nome artístico de Marguerithe Ann Johnson, nascida em Missouri, EUA, em 1928, encerro esta obra falando de outras duas mulheres incríveis:

uma nigeriana e uma brasileira, com vidas e lutas distintas, mas iguais ao mesmo tempo. Chimamanda Ngozi Adichie, já citada nestas páginas, e Silvia Vinhas. Mulheres distantes e próximas. Deixo registrado nessas páginas o legado de cada uma delas. De Silvia Vinhas deixo seu pioneirismo na vida e no jornalismo esportivo, sua ousadia e sua força, qualidades estas que resultaram em uma carreira brilhante e cheia de lauréis. De Chimamanda deixo três sugestões de leitura. Duas mulheres da atualidade que continuam lutando por aquilo que fazem delas seres imprescindíveis à sociedade. Mulheres lindas, em todos os sentidos, mulheres ousadas e inteligentes que fizeram e fazem a diferença por suas histórias, seus profissionalismos, pioneirismos e suas contribuições. Para Barack Obama, Chimamanda é uma "[...] das maiores autoras contemporâneas". Para o jornalista Heverton Guimarães, Silvia Vinhas é "[...] o maior ícone feminino do jornalismo esportivo".

As sugestões de leitura referem-se aos pequenos grandes livros de Chimamanda. Pequenos, porque são edições de bolso com menos de 80 páginas cada um. Grandes, porque a mensagem que carregam é do tamanho do planeta e sua importância é condição *sine qua non*. Eles são resultados das palestras no decorrer de sua militância e de sua produção literária: "A escrita de Adichie está envolta em crítica social e política. É uma escritora que assume seu papel como porta-voz daqueles que habitam seu continente de origem", diz o jornal *The Guardian*.

O primeiro, *Sejamos Todos Feministas*, de 2015 (50 páginas), é início de uma pequena mudança, uma espécie de solução homeopática ao mesmo tempo em que manifesta um convite ao leitor para refletir e ser, também, feminista (homens e mulheres), ou seja, lutar pela igualdade de gênero e por uma sociedade mais justa, cheia de harmonia e de amor. Nele, a autora conceitua de modo transparente o que é ser feminista, quebrando tabus que permeiam o termo. Evidencia a falsa ideia de que a feminista é feia, mal-amada, infeliz, solteira e uma mulher "meio macho". Chimamanda fala sobre como solucionou esses problemas que envolvem a palavra "feminista": ela resolveu ser uma feminista feliz, casada, africana, linda, amada e feminina. O convite é para que todos e todas vistam a camisa em prol de um mundo equilibrado, igualitário. Ser feminista não significa armar uma guerra ou criar um motim, mas sim, buscar igualdade para que no futuro tenhamos sociedades pacíficas e felizes. Mesmo porque ela fala do peso que as normas do patriarcado causam nos ombros dos homens.

O segundo livro é *Para Educar Crianças Feministas*, de 2017 (79 páginas). Nele, Chimamanda enumera 15 sugestões educativas para que haja uma sociedade futura justa e mais leve para todos: "Porque você é menina nunca é razão para nada. Jamais", diz a escritora. O terceiro, *O Perigo de Uma História Única*, de 2019 (33 páginas), trata do perigo de se ter uma ideia (única) sobre alguém, um povo, uma nação, uma religião. Generalizar, sem ao mesmo ter conhecimento acerca do que se diz, é um grande problema. As histórias importam. Muitas histórias importam, mas muitas foram usadas para espoliar e caluniar. No entanto, podem ser usadas para falar a verdade, "[...] empoderar e humanizar. Elas podem despedaçar a dignidade de um povo, mas também podem reparar essa dignidade despedaçada".

Enquanto Chimamanda fala de igualdade e harmonia e alerta para o perigo de uma história única que pode levar a ideias distorcidas ou falsas, conhecidas como fake news, Silvia Vinhas fala, em um de seus artigos, de como a falta de conhecimento dos pais pode levar um filho à insanidade. Seu artigo sobre o livro-reportagem *O Canto dos Malditos*, de Austregésilo Carrano Bueno, refere-se à história vivida pelo próprio autor, cujo pai insipiente interna o filho em um hospício ao encontrar um cigarro de maconha na roupa do garoto. E a partir daí, a vida do menino vira um inferno com tratamentos a base de choque e remédios que o deixavam dopado o tempo inteiro, causando problemas irreversíveis. As duas denunciam as mazelas sociais por meio do jornalismo e da literatura, de artigos e livros que falam de casos verídicos, de situações desse mundo e, em especial do Brasil. No caso do Brasil, tem-se a verdade pelas mãos de Silvia Vinhas, autora de inúmeras crônicas e artigos jornalísticos, como: "A jornalista que gritou alto"; "Legado"; "O tempo úmido do jogo" e muitos outros.

Vinda de uma família conservadora e católica, Silvia não só foi pioneira ao quebrar todos os paradigmas que o patriarcado pregou nas costas do feminino, mas também, e principalmente, na carreira jornalística. Nascida sob o signo de Áries, ela é exatamente o que a astrologia prega: ousada, destemida, impulsiva e intensa, não teme mudanças, ao contrário, para ela, mudança é sempre um grande desafio: "Aos 28 anos eu larguei tudo, tive a coragem de mudar tudo em minha vida, mudei de marido, de profissão e de país. Estou falando de 30 anos atrás. [...] Tive minha filha sozinha nos Estados Unidos, não foi fácil, eu trabalhei muito e, independentemente de eu estar grávida, subia andaimes, ia para todos os lados — fosse perto ou longe, viajava debaixo do sol ou da chuva, dormia no chão dos aeroportos quando perdia os voos, colocava a mochila de ladinho e dormia".

Silvia era dentista e exerceu por longos cinco anos a profissão. Sobre a vida, ela fala da contenda que era lidar com os conflitos que beiravam suas escolhas, mesmo sendo moderna e caminhando na contramão da maioria das mulheres da época, porque era vanguardista, mas lidava de uma forma ou de outra com a tradição vinda de sua família religiosa e conservadora, cujos pais e ascendentes ainda acreditavam que a virgindade era uma condição feminina. Ela foi prógona em tudo, venceu os conflitos, viveu (e vive) como desejou, pelo menos dentro do que se pode escolher ou selecionar sendo mulher na sociedade machista. Trabalhando na Fórmula Indy e casada com o pai de sua filha, Silvia teve que escolher entre o relacionamento e a carreira: "Eu fui colocada contra a parede, ele chegou para mim e disse: 'A carreira ou eu? Você está grávida!'. Eu não tinha mais nada de tradicional, e adorava atuar no jornalismo esportivo. Optei pela profissão. Foi a melhor escolha, porque vivi os melhores momentos da minha carreira, os mais intensos da minha vida, é uma sensação maravilhosa de adrenalina". E assim como Antonia Brico, Silvia escolhe a carreira.

As páginas deste livro falam repetidas vezes da discriminação que as mulheres sofrem ininterruptamente. O homem sempre teve sua carreira incentivada, apoiada, enaltecida, cultuada pelas mães, irmãs, esposas e, até mesmo, tias e avós. Sem contar com o apoio incondicional do masculino (pais e avôs) e dos muitos lauréis recebidos durante a carreira. Cabia às esposas tornar o dia a dia de seus maridos agradável, confortável de modo que ele pudesse dedicar seu tempo à profissão.

Lembro-me de minha avó guardar a carne bovina e suína, as aves, os peixes e os ovos para os filhos homens, porque eles trabalhavam, enquanto as filhas comiam taioba, arroz, fubá e couve. No entanto, o que ninguém falava era que, além de as meninas trabalharem como domésticas nas casas da elite brasileira, elas ainda limpavam a casa onde moravam, cozinhavam e lavavam as roupas dos irmãos, facilitando a vida cotidiana deles. Até quando a mulher terá que escolher entre o amor e a carreira? Quando teremos apoio masculino vindo dos pais, maridos e irmãos? Quando teremos alguém para cuidar de nossa alimentação, limpeza da casa e das roupas enquanto pensamos nossos projetos?

Mas há mulheres que desbravam outras estradas e Silvia Vinhas é uma delas: "Eu comecei aos 21 anos. Antes disso, eu era comandada pela minha família, eu era uma pessoa acuada, insegura. A minha vida teve início praticamente aos 21 anos, eu comecei a apreender tudo como uma esponja ao acompanhar a carreira de Luciano do Valle. Eu tive esse privilégio dos 21 aos 29 anos, foi uma experiência incrível que começou a amadurecer a Silvia que já existia. E a Silvia que já existia só apareceu depois dos 30".

É óbvio que a mulher guerreira sempre esteve dentro de Silvia Vinhas, o profissionalismo, a capacidade e a coragem dessa jornalista estavam adormecidas, mas assim que acordou, o eco de sua voz alcançou lugares distantes. Silvia nunca acreditou na inferioridade feminina e caminhou, subiu degraus, alçou voos altos, muito além de Ícaro, porque suas asas sempre emolduraram um quadro vitalício de força e determinação. Silvia tem asas de aço. Iniciou sua carreira na década de 1990, como correspondente da Rede Bandeirantes na Fórmula Indy. Ela é, portanto, ícone prógona em tudo.

Independentemente da mídia televisiva ou radiofônica, o jornalismo esportivo sempre foi um espaço de homens, por exemplo, Luiz Fernando Lima, Tino Marcos, Marcos Uchoa, Mauro Neves, Hedyl Valle Junior, Luiz Nascimento, Michel Laurence, Armando Nogueira, Juarez Soares, Luciano do Valle, José Regal, Raul Quadros, José Hawilla, Oscar Eurico, Gil Rocha, Ciro José, Leo Batista, Osmar Santos, Pedro Luiz, Galvão Bueno, Nelson Rodrigues, Mario Filho, Fernando Vanucci, Juca Kfouri, Paulo Vinícius Coelho, Silvio Luiz, Elia Junior, Francisco Leal, Álvaro José, Ricardo Pereira, Eduardo Vaz, Luiz Alfredo, Januário de Oliveira, Luiz Andreoli, Reginaldo Leme, Dedé Gomes, Tadeu Schmidt, Sérgio Maurício, Caio Ribeiro, Milton Neves (postos anacronicamente). Os nomes femininos são Mylena Ciribelli, Isabela Scalabrini, Débora Meneses, Cléo Brandão, Elys Marina, Angelita Feijó e Silvia Vinhas.

Com toda a grandiosidade profissional de Silvia, em matéria da Uol Esporte Vê TV, de 2017, intitulada "Os 15 jornalistas esportivos que sumiram da TV", ela está entre os 15 citados: "Ex-mulher de Luciano do Valle, trabalhava nas coberturas esportivas da Band nos anos 80 e 90 e apresentava o Show de Esportes. Também passou pela BandSports e agora faz o programa Opinião Libre, na TV Uni". Com a força que ela representa, é muito comum "abafar a representatividade feminina" ao associá-la ao marido, principalmente quando ele é, também, pioneiro no jornalismo. Mas há que separar um do outro. Primeiro que a ideia de ser uma só pessoa, como já citado, mata partes ou o todo de um dos cônjuges. Como transformar duas pessoas em uma?

No enlace religioso, duas almas e dois corpos transformar-se--iam, por meio do amor que os une, em uma só pessoa. Poderíamos pensar em tirar a cabeça da mulher (o que é bastante comum, porque paradigmático) e deixar a do homem? Em seguida, poderíamos pensar em eliminar o sexo masculino e deixar o feminino? Teríamos, então, um ser com cabeça de homem e sexo de mulher? Entretanto, o que a sociedade tem feito desde que o matriarcado foi substituído pelo patriarcado é eliminar totalmente a mulher, deixando o homem inteiro. Logo, podemos concluir que, para fazermos uma pessoa de duas, uma deve ser eliminada. Além de desconsiderada, é passada para o nome do marido como se não existisse antes dele ou como se fosse propriedade.

Chimamanda fala da obrigatoriedade de se colocar o sobrenome do marido no casamento civil. No Brasil, não há mais essa exigência desde a lei do divórcio: "Em uma sociedade realmente justa, não se devem cobrar das mulheres mudanças devido ao casamento que não são cobradas dos homens. Eis aqui uma bela solução: todo casal assumiria ao se casar um sobrenome totalmente novo, que escolheria como quisesse desde que fosse de mútuo acordo, e assim, logo no dia seguinte ao casamento, marido e mulher poderiam se dar as mãos e ir alegremente às repartições públicas para mudar seus passaportes, carteiras de motoristas, assinaturas, iniciais, contas bancárias", diz a escritora sobre a polêmica de a mulher ter que adotar o sobrenome do marido.

Silvia Vinhas, nascida em Monte Azul Paulista, interior de São Paulo, não é necessariamente a ex-esposa de Luciano do Valle. Embora tenha um orgulho imenso do pioneirismo no mundo dos esportes do ex-marido. No entanto, é necessário evidenciar que ele teve oito mulheres, Silvia foi uma delas, tão somente. Portanto, devemos nos referir a ela como a jornalista brasileira prógona em tudo. Silvia Vinhas foi a primeira mulher brasileira a cobrir a Fórmula Indy, foi a primeira mulher a participar ativamente das coberturas automobilísticas, espaço cem por cento masculino, destacou-se de maneira brilhante no universo dos esportes.

Entrevistou celebridades nacionais e internacionais, como Michael Jordan, Emerson Fittipaldi, Ayrton Senna e Paul Newman, entre outros. Às vésperas de ter sua filha, nos EUA, entrevistou Michael Jordan no vestiário, na cobertura do jogo entre Chicago Bulls e Miami Heat. Todos esperavam um jornalista, menos uma mulher, quanto mais uma mulher grávida, estado que, para eles, era uma espécie de representação do feminino sagrado. Segundo Silvia, eles ficaram perplexos e estagnados, com exceção de Jordan, que foi muito amável e extremamente cordial. Com relação à entrevista com Senna, Silvia Vinhas foi a única jornalista mulher a registrar um momento ímpar da história do automobilismo brasileiro fora do Brasil, em 1992, quando Senna foi testar o carro com Fittipaldi, em Phoenix, cidade do Arizona.

Caminhou por todos os espaços esportivos e cobriu grandes eventos, como os Jogos Olímpicos de 1996, 2004, 2008 e 2012, em Atlanta, Sydney, Atenas, Pequim e Londres, respectivamente. E cobriu as Copas Mundiais de 1994, 1998, 2006, 2010 e 2014, nos Estados Unidos, na França, Alemanha, África do Sul e no Brasil, respectivamente. É, portanto, uma jornalista, cuja trajetória profissional e de vida deve ser estudada nas escolas de graduação do Brasil e do mundo pelo profissionalismo, pela ética, responsabilidade social e ousadia: Silvia Vinhas, uma mulher sem medo de seguir e de ser feliz.

Ficam esses dois exemplos a seguir, o de Silvia Vinhas e o de Chimamanda Adichie. Precisamos gritar a verdade e eliminar os paradigmas, exterminar com as notícias falsas: indígena não é vagabundo; negro não é escravo; mulher não dorme com o diabo; gato preto não dá azar; homossexuais não são promíscuos. As histórias de mão única são perigosas e excludentes. Muitas vezes, os heróis são vilões; e os santos, profanos. Há um lado de intensa alegria em Baco, e um trágico em Apolo, como tão bem afirma Nietzsche em *O Nascimento da Tragédia: ou Helenismo e Pessimismo.*

Certa ocasião, enquanto palestrava sobre "A violência gratuita contra as mulheres", e falava sobre a prática do *Chhaupadi,* uma mulher me interrompeu dizendo que nessas questões temos que entender a cultura do país, e continuou: "A mulher era obrigada a dormir fora de casa quando menstruava, porque a menstruação significava um óvulo não fecundado, logo, a impossibilidade de vida", e terminou em um tom de quem sabe tudo. O que dizer nessas horas? O que dizer das tradições culturais com base na manipulação? Elas são horrendas, coercitivas e de uma gigante e infinita opressão. A mulher é vista com um ser reprodutor e se ela não está grávida a culpa é dela mesma. Essa história tem mais misoginia do que aparenta. Mas deixarei esse tema para desenvolver em outro momento. Toda explicação, paradigmática ou não, voltada às questões culturais ou religiosas, que fere e torna o outro subalterno pode e deve ser desconstruída.

Precisamos tomar banhos de civilidade e evolução: "Vem, vamos embora que esperar não é saber. Quem sabe faz a hora, não espera acontecer. Vem, vamos embora que esperar não é saber. Quem sabe faz a hora, não espera acontecer. Caminhando e cantando e seguindo a canção. Somos todos iguais, braços dados ou não, nas escolas, nas ruas, campos, construções. Caminhando e cantando e seguindo a canção. [...] Pelos campos há fome em grandes plantações, pelas ruas marchando indecisos cordões. Ainda fazem das flores seu mais forte refrão. E acreditam nas flores vencendo o canhão. Vem, vamos embora que esperar não é saber"[18].

---

[18] Letra da música *Para não dizer que não falei das flores*, de Geraldo Vandré.